普通高等院校应用型人才培养“十四五”系列教材

数据结构教程

（C语言版）

顾玲芳◎主编

中国铁道出版社有限公司
CHINA RAILWAY PUBLISHING HOUSE CO., LTD.

内 容 简 介

“数据结构”是高等院校计算机及其相关专业的重要课程，也是计算机软件开发及应用人员必备的专业基础。本书首先介绍数据结构与算法的基础知识，然后系统地论述线性表、栈、队列、数组、串、树和二叉树、图等基本数据结构，并讨论了常用的查找和排序技术。

本书语言与选材精练、层次清晰、深入浅出。各章节所涉及的数据结构与算法均给出了C语言描述，并附有大量的经典习题。

本书适合作为高等院校计算机类和电子信息类专业数据结构课程的教材，也可供从事计算机软件开发及应用的工程技术人员阅读和参考，还可作为研究生入学考试的复习参考书。

图书在版编目（CIP）数据

数据结构教程 ：C语言版 / 顾玲芳主编. -- 北京 ：中国铁道出版社有限公司，2025. 7. --（普通高等院校应用型人才培养“十四五”系列教材）. -- ISBN 978-7-113-32192-5

Ⅰ. TP311. 12;TP312. 8

中国国家版本馆CIP数据核字第2025HJ9547号

书　　名：数据结构教程（C语言版）
作　　者：顾玲芳

策　　划：贾　星　王　阳　　　**编辑部电话：**（010）63549501
责任编辑：贾　星　徐盼欣
封面设计：刘　颖
责任校对：安海燕
责任印制：赵星辰

出版发行：中国铁道出版社有限公司（100054，北京市西城区右安门西街8号）
网　　址：https://www.tdpress.com/51eds
印　　刷：北京联兴盛业印刷股份有限公司
版　　次：2025年7月第1版　2025年7月第1次印刷
开　　本：880 mm×1 230 mm　1/16　**印张：**16. 5　**字数：**499千
书　　号：ISBN 978-7-113-32192-5
定　　价：49. 80元

前言

党的二十大报告指出："教育是国之大计、党之大计。培养什么人、怎样培养人、为谁培养人是教育的根本问题。育人的根本在于立德。全面贯彻党的教育方针，落实立德树人根本任务，培养德智体美劳全面发展的社会主义建设者和接班人。"随着人工智能（artificial intelligence，AI）技术的发展，AI人才紧缺，信息技术相关课程成为AI技术人才培养的主战场。

"数据结构"是电子信息类和计算机类专业重要的专业基础课程与核心课程之一。全国硕士研究生入学统一考试计算机科学与技术学科全国联考的考试科目"计算机学科专业基础综合"涵盖四门课程，"数据结构"作为重要的一门，其所占比例和分值均较高。"数据结构"课程主要是学习基本数据结构及其应用、检索和排序算法的各种实现方法与分析比较。在"数据结构"课程教学中，对数据结构本质和各种算法思想的掌握与理解并不依赖描述工具。

为适应我国AI技术人才培养的需求，进一步提高计算机及相关专业"数据结构"课程的教学质量，编者根据多年教学经验，结合高等教育普及化的趋势，编写了本书。

本书分为3篇：第1篇为基础理论，重点介绍几种基本数据结构、检索和排序的理论基础；第2篇是经典试题，并给出了试题的详尽解析；第3篇给出了较为详细的基础实验指导。附录A给出了北京科技大学天津学院"数据结构与算法"课程设计的任务书，以方便教师开展课程实验教学，帮助学生掌握数据结构知识，提高算法设计和实践能力。

本书具有以下特色：

（1）对数据结构的基本概念、基本理论的阐述注重科学性和严谨性。对各种基本算法描述尽量详细，叙述清楚。对许多算法给出了详尽的图示，帮助读者理解算法的思路，以便读者更好地掌握理论知识，提高抽象思维的能力。

（2）注重实用。对于数据结构和算法的描述，采用了大多数读者较熟悉的C语言进行描述，每个算法都用C语言的函数形式给出。

（3）选取多层次经典试题。试题设计严谨，考查知识点全面而深入。题目语言表达准确，逻辑清晰，无歧义；难度适中，区分度高，能准确反映不同水平学生的能力。

本书由顾玲芳主编，李亚红、张永拓、赵成参编。具体编写分工如下：第1篇的第1~5章由顾玲芳编写，第6章由李亚红编写，第7章由张永拓编写；第2篇的第1~5章由顾玲芳编写，第6章由李亚红编写，第7章由张永拓编写；第3篇及附录A由赵成编写。全书由顾玲芳统稿。在本书写作过程中，编者得到了数据结构课程组老师的指导和帮助，在此，向他们表示衷心的感谢。

由于编者水平有限，加上时间仓促，书中难免有疏漏及欠妥之处，恳请同行专家及广大读者批评指正。编者的电子邮箱是jellyku@ qq. com。

编　者

2025年1月

目 录

第1篇　基础理论

第2篇 经典试题与解析

第3篇 实验指导

第 1 篇 基础理论

党的二十大报告指出："坚持面向世界科技前沿、面向经济主战场、面向国家重大需求、面向人民生命健康，加快实现高水平科技自立自强。"华为发布为鸿蒙系统研发的编程语言"仓颉"，扩展了鸿蒙的生态建设道路，为程序员打开了国产编程语言的科技创新思路。程序编程语言中的数据结构是一种存储和组织数据的方式，目的是便于访问和修改，从而高效地对数据进行处理，包括搜索和排序。数据结构决定了程序性能的优劣，不同的数据结构适用于不同的任务。

本篇从数据结构的重要性、基本概念出发，重点介绍几种基本数据结构、检索和排序的理论基础。

第 1 章 绪　论

学习目标

1. 熟悉数据结构中的基本概念和术语；
2. 掌握数据结构的三要素；
3. 理解数据类型和抽象数据类型的含义；
4. 理解算法五个要素的确切含义，注意算法与程序的区别；
5. 了解计算语句频度和估算算法时间复杂度的方法。

知识导图

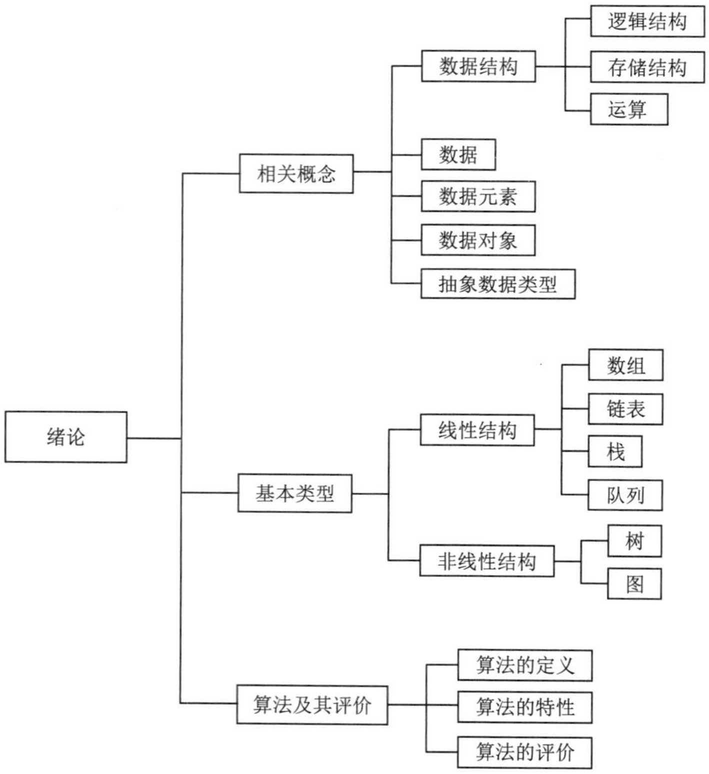

数据结构指的是数据与数据之间的逻辑关系，算法指的是解决特定问题的步骤和方法。“程序 = 数据结构+算法”公式是由尼古拉斯·沃斯（Niklaus Wirth）提出的。 由该公式可见数据结构与算法这两者对于程序员设计程序的重要性。

1.1　数据结构概述

数据结构由数据和结构组成，是一门研究非数值计算的程序设计问题中计算机的操作对象以及它们之间的关系和操作的学科。

1.1.1 数据结构的相关概念

1. 数据结构的定义

数据结构（data structure）是由数据和结构两方面组成的。

比如教学管理系统中，每一门课程由课程号、课程名、学时、是否必修等组成，每门课的课程号是唯一的。每个专业由专业代码、专业名称组成。每一位学生由学号、姓名、专业代码、性别、出生日期等组成。而不同的学生可能属于不同的专业，不同的学生可能选修不同的课程。通过为学生表建立按专业排列的索引表和按选修课程排列的索引表（见表1.1.1~表1.1.3），即可实现按学号或专业或选修课程快速找到想要的学生信息。

表1.1.1 学生表

学号	姓名	专业代码	性别	出生日期	籍贯	是否团员
20510101	翟中华	51	男	2002-05-08	浙江	TRUE
20510102	马力	51	女	2001-10-09	江西	FALSE
…	…	…	…	…	…	…

表1.1.2 专业索引表

专业名称	姓名
计算机科学与技术	翟中华
计算机科学与技术	马力
…	…
人工智能	刘思远
人工智能	赵明亮
…	…

表1.1.3 课程索引表

课程名	姓名
高等数学	翟中华
高等数学	盖大众
…	…
基础外语	马力
基础外语	张明亮
…	…

本示例中数据就是学生、课程和专业，结构就是学生与专业和课程的关系，它体现的是一种最简单的线性关系。除了线性结构外，还有集合结构和更为复杂的树形结构和图形结构。

2. 其他概念

数据（data）：是对信息的一种符号表示。在计算机科学中是指所有能输入计算机中并被计算机程序处理的符号的总称，包括文字、表格、图像等。

数据元素（data element）：是数据的基本单位，如表1.1.1中的每一行代表一位学生，它在计算机程序中通常作为一个整体进行考虑和处理。一个数据元素可由若干数据项组成，如一位学生由学号、姓名等项来表示。数据项是数据的最小单位。

数据对象（data object）：是性质相同的数据元素的集合。数据对象是数据的一个子集。

1.1.2 数据结构的三要素

数据结构主要有以下三个要素：

1. 数据的逻辑结构

数据的逻辑结构是指同种类的数据元素及它们之间的逻辑关系，即前驱后继关系。可以用二元组 $DS=(D,R)$ 表示，其中 D 是数据元素集，R 是关系集。

$D=\{d_i,1\leqslant i\leqslant n,n\geqslant 0\}$，$R=\{r_j,1\leqslant j\leqslant m,m\geqslant 0\}$，且 $r_j=\{\langle x,y\rangle \mid x,y\in D\}$。其中 $\langle x,y\rangle$ 序偶表示元

素 x 和元素 y 之间存在关系，并且称元素 x 为元素 y 的前驱，元素 y 为元素 x 的后继。如果元素 x 既是元素 y 的前驱，也是元素 y 的后继，即 $\langle x,y\rangle$ 且 $\langle y,x\rangle$，则用 (x,y) 形式表示。

一个数据元素称为一个**结点**。没有前驱的结点称为**首结点**（**头结点**），没有后继的结点称为**尾结点**（**终端结点**）。有的结点可能存在零个、一个或多个前驱结点，有的结点可能存在零个、一个或多个后继结点。

根据前驱与后继的个数可以简单地将逻辑结构分为集合、线性结构、树形结构和图形结构。

① 在集合中，数据元素无前驱后继关系，只是属于同一个集合。元素关系比较松散。

② 在线性结构中，数据元素之间存在一对一的关系，除首结点和尾结点之外，任何一个结点都有唯一的前驱和唯一的后继。

③ 在树形结构中，数据元素之间存在一对多的关系，除根结点，任何一个结点只有唯一的一个前驱、可以有多个后继。树形结构是典型的非线性结构。

④ 在图形结构中，数据元素之间存在多对多的关系。任何一个结点都可以有多个前驱，也可以有多个后继。图形结构也称网状结构。

数据的逻辑结构还可以用图形示意图形象地表示出来。

如二元组 $L=(D,R)$，其中 $D=\{1,2,3,4,5\}$，$R=\{\langle 1,2\rangle,\langle 2,3\rangle,\langle 3,4\rangle,\langle 4,5\rangle\}$，其对应的示意图如图 1.1.1（a）所示。

如二元组 $L=(D,R)$，其中 $D=\{A,B,C,D,E,F,G,H,I,J,K\}$，$R=\{\langle A,B\rangle,\langle A,C\rangle,\langle A,D\rangle,\langle B,E\rangle,\langle B,F\rangle,\langle D,G\rangle,\langle D,H\rangle,\langle D,I\rangle,\langle H,J\rangle,\langle H,K\rangle\}$，其对应的示意图如图 1.1.1（b）所示。

图形中的每一个结点对应着一个数据元素，两结点之间带箭头的连线（有向弧或边）对应着关系的一个序偶，其中序偶的第一元素为有向边的起始结点，第二元素为有向边的终端结点，即箭头所指结点。

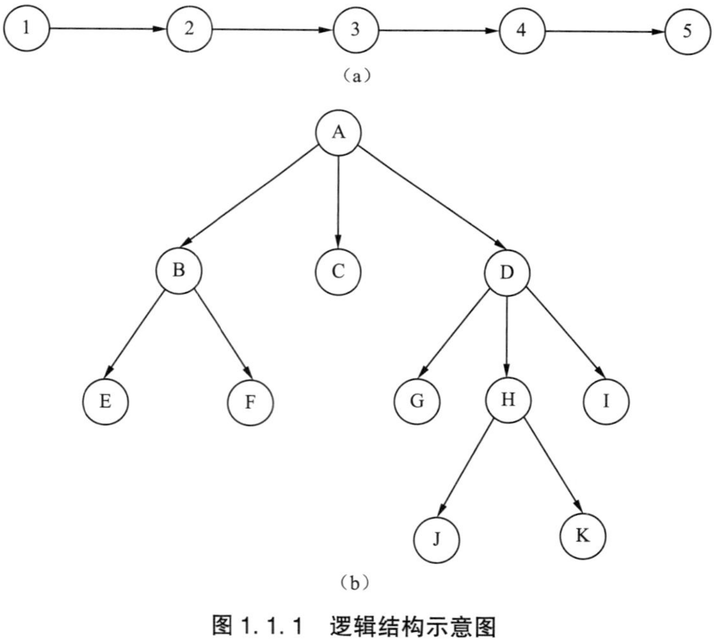

图 1.1.1　逻辑结构示意图

2. 数据的存储结构

数据的逻辑结构是从逻辑关系上来观察数据，它与数据的存储无关，是独立于计算机的，数据的存储结构是逻辑结构在计算机存储器里的存储方式，它是依赖计算机的。

计算机的存储器由有限多个存储单元组成，每个存储单元有唯一的地址，各存储单元的地址是连续编码的，也就是说，每个存储单元都有唯一的后继单元。每个存储单元的大小为 1 字节，若干相邻的存储单元整体上称为存储区域。存储区域的地址以区域中第一个存储单元的地址作为其地址。

存储方式有以下四种：

（1）顺序存储

顺序存储方法是把逻辑上相邻的数据元素存储在物理位置相邻的存储单元中，结点间的逻辑关系由存储单元的邻接关系来体现，由此得到的存储表示称为顺序存储结构。顺序存储结构是一种最基本的存储表示方法，具有逻辑相邻则物理相邻的这一特点，通常借助程序设计语言中的数组来实现。

假设图 1.1.1（a）中每个结点占用四个存储单元，第一个结点存放在以 1000H 为地址的存储区域中，则顺序存储实现如图 1.1.2 所示。

（2）链式存储

链式存储方法对逻辑上相邻的元素不要求其物理位置相邻，可以简单地认为各数据元素是分散存储在存储器中，元素间的逻辑关系通过附设的指针来表示。即将结点所占用的存储单元分为两部分，一部分存放数据元素本身的值，称数值域，另一部分存放此结点的后继结点所对应的存储单元的地址，称为指针域。由此得到的存储表示称为链式存储结构。

图 1.1.1（a）所示的逻辑结构，若采用链式存储方式，则在 32 位存储器上的实现如图 1.1.3 所示。

1000H	1
1004H	2
1008H	3
100CH	4
1020H	5

图 1.1.2　顺序存储示意图

2000H		
2008H	1	1018H
2010H		
2018H	2	1038H
2020H		
2028H	4	1030H
2030H	5	^
2038H	3	1028H
2040H		

图 1.1.3　链式存储示意图

图 1.1.3 中无法直接看出结点的前驱后继关系，所以为了清晰化，可用更简洁的图 1.1.4 表示。

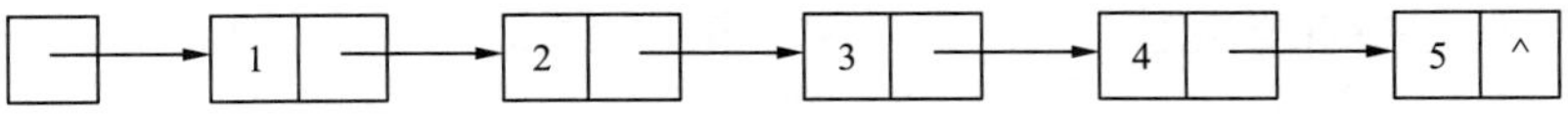

图 1.1.4　链式存储的简洁示意图

（3）索引存储

索引存储方法是在存储结点信息的同时，还建立附加的索引表。索引表中的每项包含关键字和地址，关键字是能够唯一标识一个数据元素的数据项，地址指示出数据元素所在的存储位置。索引存储主要是针对数据内容的存储，而不强调关系的存储。索引存储方法主要面向查找操作。

（4）散列存储

散列存储方法是以数据元素的关键字的值为自变量，通过某个函数（散列函数）计算出该元素的存储位置。散列存储也是针对数据内容的存储方式。

以上四种存储方法中，顺序存储方法和链式存储方法是最基本、最常用的，索引存储方法和散列存储方法在具体实现时需要用到前两种方法。

存储结构是数据结构的三要素之一，若逻辑结构相同但存储结构不同，则为不同的数据结构。在实际应用中，一种逻辑结构选用何种存储结构，需视具体情况而定。

3. 数据的运算

运算就是对数据的处理。与逻辑结构关系紧密，一种逻辑结构对应一个运算的集合。运算主要分为引用型运算和加工型运算两种。

数据的运算是定义在数据的逻辑结构上的，但运算的具体实现是在数据的存储结构上进行的。数据的运算是数据结构不可分割的一个方面，在数据的逻辑结构和存储结构给定之后，如果定义的运算集及运算的性质不同，也会导致完全不同的数据结构，比较鲜明的就是线性表、栈和队列这三种数据结构。

1.1.3 抽象数据类型

数据类型（data type）是相互之间存在一种或多种特定关系的数据元素的集合，如整型、字符型和浮点型等数据类型。类型显式或隐式地规定了数据元素的取值范围，以及附加在它上面的操作。所以数据类型是一个值的集合以及定义在这个值集上的一组操作的总称。

抽象数据类型（abstract data type，ADT）是指一个数学模型以及定义在该模型上的一组操作，它可以看作数据的逻辑结构及其在逻辑结构上定义的操作。所以 ADT 可以表示成三元组形式 ADT = (D,R,P)，其中 D 和 R 就是数据的逻辑结构二元组，P 则对应相关操作即运算。

抽象数据类型比一般数据类型的含义更广、更抽象。一般数据类型（如整型 int）是由具体程序设计语言系统内部定义的，称为预定义数据类型。而抽象数据类型是由编程者定义，包含定义它所使用的数据（数据的逻辑结构）和在其上的一组操作，与存储结构和操作的具体实现无关。

1.2 算法和算法评价

本节主要介绍算法概念、特性、描述、评价几方面的内容。

数据结构是数据存储的方式，算法则是处理数据的方法，算法与数据结构是相辅相成的。解决某一特定类型问题的算法可以选定不同的数据结构，而且选择恰当与否直接影响算法的效率。反之，一种数据结构的优劣由各种算法的执行来体现。

1.2.1 算法概念与特性

算法（algorithm）是对特定问题求解步骤的一种描述，是指令的有限序列。其中每一条指令表示一个或多个操作。一个算法必须满足以下五个重要特性：

① 有穷性：对于任意一组合法输入值，在执行有穷步骤之后一定能结束，即算法中的每个步骤都能在有限时间内完成。

② 确定性：对于每种情况下所应执行的操作，在算法中都有确切的规定，使算法的执行者或阅读者都能明确其含义及如何执行。并且在任何条件下，算法都只有一条执行路径。

③ 可行性：算法中的所有操作都必须可行，都可以通过执行有限次已经实现的基本操作运算实现。

④ 输入：作为算法加工对象的量值，通常体现为算法中的一组变量。有些输入量需要在算法执行过程中输入，而有的算法表面上可以没有输入，实际上已被嵌入算法之中。

⑤ 输出：它是一组与“输入”有确定关系的量值，是算法进行信息加工后得到的结果，这种确定关系即为算法的功能。

1.2.2 算法的描述

算法可以使用各种不同的方法来描述。主要有自然语言、伪代码、程序流程图、N-S 图等算法描述工具。用自然语言或伪代码来描述算法的优点是简单，且便于人们对算法的阅读，缺点是不够严谨。算法描述工具的特点是描述过程简洁明了。无论是用自然语言还是用算法描述工具描述的算法都不能直接在计算机上执行。

还可以直接使用某种程序设计语言（C 或 C++语言等）来描述算法，这样既便于读者阅读算法，又便于读者将算法转换成的程序上机运行。本书采用 C 语言来描述算法。

算法的含义与程序十分相似，但又有区别。一个程序不一定满足有穷性。例如操作系统，只要整个系统不遭破坏，它将永远不会停止，即使没有作业需要处理，它仍处于动态等待中。因此，操作系统不是一个算法。另外，程序中的指令必须是机器可执行的，而算法中的指令则无此限制。算法代表了对问题的解，而程序则是算法在计算机上的特定实现。一个算法若用程序设计语言来描述，则它就是一个程序。

1.2.3　算法的评价

要设计一个好的算法通常要从**正确性**、**可读性**等方面来评价。

一个正确的算法是指在合理的数据输入下，能够在有限的运行时间内得到正确的执行结果。

算法不仅仅是让机器来执行的，而且要便于人的阅读和交流。一个可读性好的算法应当思路清晰、层次分明、简单明了且易读易懂。一个好的算法应该能够识别出错误数据并做适当处理。一般来说，求解同一问题若有多种算法，则执行时间短的、所占空间少的算法较好。但是，算法的时间开销和空间开销往往相互制约，只能根据具体问题折中处理。

对同一问题多种不同的算法的分析与评价，目的既在于从解决同一问题的不同算法中选择出比较合适的算法，也在于从中知道如何对现有算法进行改进，从而设计出更好的算法。算法的评价一般从算法的计算时间与所需空间来度量优劣。

1. 时间复杂度

一个算法的时间复杂度是指算法运行从开始到结束所需要的时间。

从算法中选取一种对于所研究的问题来说是**基本操作**的原操作，以该基本操作在算法中**重复执行的次数**作为算法运行时间的衡量准则。后续讨论算法的时间复杂度主要指最好时间复杂度、最坏时间复杂度和平均时间复杂度。

2. 空间复杂度

一个算法的空间复杂度是指算法运行从开始到结束所需的存储量。算法的存储量指的是算法执行过程中所需的最大存储空间。算法执行期间所需要的存储量包括三部分：输入数据所占空间；程序本身所占空间；辅助变量所占空间。

算法的时间复杂度和空间复杂度通常是所处理问题规模的一个函数 $T(n)$ ，常采用数量级的形式表示。数量级形式可分为常量级 $O(1)$、对数级 $O(\log_2 n)$、线性级 $O(n)$、平方级 $O(n^2)$、立方级 $O(n^3)$、指数级 $O(2^n)$等。

例 1.1.1　求下面程序中对 x 赋值语句的频度。

```
for(i=1; i<=n; i++)
    for(j=1;j<=i;j++)
        x++;
```

因为 x++语句执行次数为$1+2+\cdots+(n-1)+n=(1+n)\cdot n/2$，故对 x 赋值语句的频度为 $O(n^2)$。

第 2 章

线性表及其存储

学习目标

1. 理解线性表的概念；
2. 掌握线性表的顺序存储，以及顺序表的各种操作；
3. 掌握线性表的链式存储，以及带头结点的单链表的各种操作；
4. 掌握顺序存储与链式存储的优缺点。

知识导图

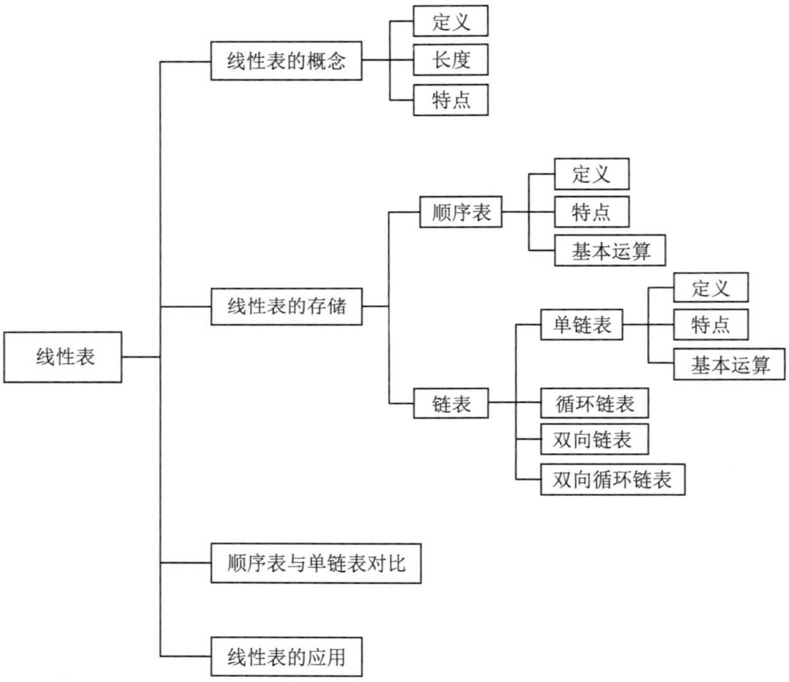

线性结构是一个数据元素的有序集，集合中必存在唯一的“第一元素”和唯一的“最后元素”，除最后元素之外，所有元素均有唯一的后继（若无特殊说明，本书中的后继均指直接后继）；除第一元素之外，所有元素均有唯一的前驱（若无特殊说明，本书中的前驱均指直接前驱）。 线性结构主要包括线性表、栈与队列这三种结构。 本章主要介绍线性表。

2.1 线性表的概念

线性表是最简单的线性结构。

线性表 L 是 $n(n\geqslant 0)$ 个具有相同属性的数据元素组成的有限序列。一个非空的线性表可表示为 $L=(a_1,a_2,\cdots,a_i,\cdots,a_n)$。其对应的逻辑结构如图 1.2.1 所示。

图 1.2.1　线性表的逻辑结构示意图

其中，线性表中数据元素的个数 n 称为线性表的长度，当 n 为 0 时称为空表。a_i 称为线性表中第 i 个元素，a_{i-1}是 a_i 的前驱（$i>1$），a_{i+1}是 a_i 的后继（$i<n$）。

线性表具有以下几个特点：

① 非空的线性表中也有唯一的“第一个”元素，称为表头元素，以及唯一的“最后一个”元素，称为表尾元素。

② 线性表中的元素位置是有先后次序的，除表头元素外，每一个元素都有唯一的前驱；除表尾元素外，每一个元素都有唯一的后继。表头元素只有一个后继没有前驱，表尾元素只有一个前驱没有后继。

③ 线性表中的数据元素的类型是相同的。

数据结构的基本运算作为逻辑结构的一部分，是定义在逻辑结构上的，而这些运算的具体实现则建立在存储结构上。

线性表的基本运算主要有：

① 初始化线性表 L：InitList(L)，构造一个空（表长为 0）的线性表 L。

② 求线性表 L 的长度：GetLength(L)，求表中结点的个数，即求表的长度。

③ 按序号读取元素：GetNode(L,i)，读取线性表中的第 i 个元素，i 满足条件$1 \leqslant i \leqslant$ GetLength(L)。

④ 按值查找：Locate(L,e)，在 L 中查找值为 e 的结点，并返回该结点在 L 中的位置。若 L 中有多个结点的值和 e 相同，则返回首次找到的结点位置；若 L 中没有结点的值为 e，则返回一个特殊值表示查找失败。

⑤ 插入新元素：InsertList(L, i, e)，在线性表上的第 i 个位置上插入一个值为 e 的新结点，使得原编号为 $i \sim n$ 的结点变为编号为 $i+1 \sim n+1$ 的结点。i 需满足条件 $1 \leqslant i \leqslant n+1$，而 n 是原表 L 的长度。插入后，表 L 的长度变为 $n+1$。

⑥ 删除元素：DeleteList(L,i)，删除线性表 L 的第 i 个结点，使得原编号为 $i+1 \sim n$ 的结点变成编号为 $i \sim n-1$ 的结点。i 需满足条件 $1 \leqslant i \leqslant n$，而 n 是原表 L 的长度。删除后表 L 的长度为 $n-1$。

⑦ 打印线性表的所有元素：Print(L)，按顺序依次打印从表头元素至表尾元素的所有元素。

2.2　线性表的顺序存储

线性表的顺序存储是最简单、最直接的一种存储方式，即把线性表的结点按逻辑顺序依次存放在一组地址连续的存储单元里，使得逻辑上相邻的元素存储在物理地址相邻的存储单元里，这样的线性表称为**顺序表**。

1. 顺序表的特点

顺序表具有以下特点：

① 所有元素占用的是一片连续的存储区域。

② 每个元素在存储区域中是按逻辑结构中的顺序依次存放的。

③ 任一数据元素可以随机存取。

由于线性表中每个元素的类型是相同的，所以每个元素所占用的存储单元的个数也是相同的。因此只要知道了第一个元素 a_1 的存储地址，及其占用的存储单元个数，即可推得第 i 个元素 a_i 的地址。假定 a_1 的存储地址为 Loc(a_1)，占用 k 个字节，则第 i 个元素的地址为 $\mathrm{Loc}(a_i)=\mathrm{Loc}(a_1)+(i-1)\times k$，其中 i 满足 $1 \leqslant i \leqslant n$。线性表的顺序存储结构如图 1.2.2 所示。

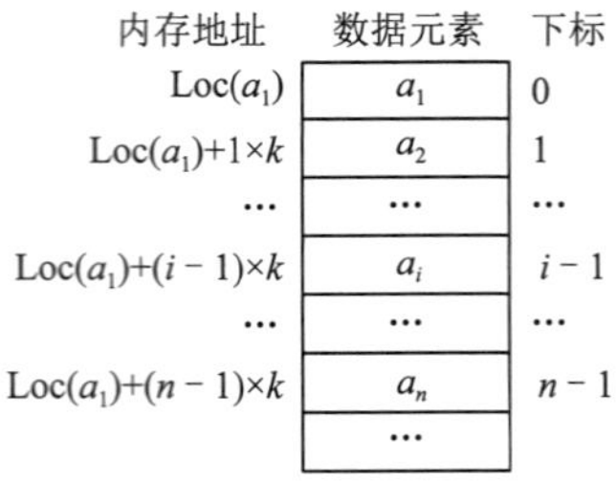

图 1.2.2　线性表的顺序存储结构示意图

2. 顺序表的 C 语言描述

一个线性表的顺序存储结构需要考虑各个数据元素的存储，以及元素个数的记录。由于编程语言中的数组也有随机存取的特点，下面就用数组来描述线性表的顺序存储结构。数组定义时需要确定大小，并为后续元素的增加留有余量，而实际个数可能在不同的时刻有所不同，故需要一个整型变量来记录实时个数。若数据元素的类型为 int，则顺序表有如下 C 语言描述：

```
#define  MaxLength  100
typedef  int  DataType;
typedef  struct {
   DataType   data[MaxLength];
   int length;                //表长
} SeqList;                    //顺序表的类型
```

若需要描述如学生这样的结构体类型的线性表，则只需将语句“typedef　int　DataType;”改成：

```
typedef  struct Student {
   int number;
   char name[10];
   …
}DataType;
```

3. 顺序表上基本运算的实现（以 int 数据元素类型为例）

算法 1.2.1　初始化

```
//顺序表的初始化即将表的长度置为 0
void Init(SeqList *L){
      L->length = 0;
}
```

算法 1.2.2　创建一个非空的顺序表（由键盘输入元素）

```
void Input(SeqList *L){
   DataType  x;
   Init(L);
   printf("请输入一组数据,以 0 作为结束符: \n");
   scanf("%d", &x);
   while(x){
      L->data[L->length++] = x;
      scanf("%d", &x);
   }
}
```

算法 1.2.3　求顺序表的长度

```
int GetLength(SeqList *L) {
      return L->length;
}
```

算法 1.2.4　取顺序表中的第 i 个结点

```
//取表中第 i 个结点只需返回 L->data[i-1]即可
DataType GetNode(SeqList *L, int i){
    if(i<1 ||i> L->length) {
        printf("position error");
        exit(1);
    }
    return L->data[i-1];
}
```

算法 1.2.5　在顺序表中查找值为 e 的结点

```
//如果顺序表中存在该元素,则返回其下标,否则返回-1
int  Locate(SeqList *L, DataType  e){
    int  i = 0;
    while( i<L->length && L->data[i]! =e)
        i++;
    if(i<L->length )
        return  i;
    else
        return-1;
}
```

算法 1.2.6　在顺序表第 i 个位置上插入元素 e

```
void  Insert(SeqList *L, DataType e, int  i) {          //i 是位序
    int j;
    if(i<1 || i>L->length+1) {
        printf("position error"); exit(1);
    }
    if(L->length == MaxLength ) {                        //空间溢出,退出运行
        printf ("overflow");    exit(1);
    }
    for(j = L->length-1; j >= i-1; j--)
        L->data[j+1] = L->data[j];                       //数据元素后移
    L->data[i-1]= e;                                     //插入 e
    L->length++;                                         //表长加 1
}
```

算法 1.2.7　删除顺序表第 i 个位置上的元素，并将该元素返回

```
DataType Delete (SeqList *L,int i)  {                    //i 是位序
    int j;
    DataType e;
    if(i<1 ||i>L->length) {
        printf("position error"); exit(1);
    }
    e = L->data[i-1];
    for(j = i; j <= L->length-1; j++)
```

```
        L->data[j-1] = L->data[j];              //数据元素前移
    L->length--;                                //表长减小
    return e;
}
```

分析算法1.2.5~算法1.2.7，可以得到表1.2.1所示的信息。算法的时间开销大部分花在数据元素的移动或比较上，当 n 较大时，这三个算法的效率都是比较低的，其时间复杂度均为 $O(n)$。

表1.2.1　线性表插入删除操作的性能分析

性能分析	最　好	最　坏	平　均
查找（算法1.2.5）	查找元素在表头，比较1次，时间复杂度是 $O(1)$	查找元素在表尾或不存在，比较 n 次，时间复杂度是 $O(n)$	等概率情况下平均比较次数 $(n+1)/2$，时间复杂度为 $O(n)$
插入（算法1.2.6）	$i=n+1$，即在表尾插入时移动结点次数为0，时间复杂度是 $O(1)$	$i=1$，即在表头插入时移动结点次数为 n，时间复杂度是 $O(n)$	等概率情况下平均移动 $n/2$，时间复杂度为 $O(n)$
删除（算法1.2.7）	$i=n$，即删除表尾元素时移动结点次数为0，时间复杂度是 $O(1)$	$i=1$，即删除表头元素时移动结点次数为 $n-1$，时间复杂度是 $O(n)$	等概率情况下平均移动 $(n-1)/2$，时间复杂度为 $O(n)$

算法1.2.8　打印顺序表所有元素

```
voidPrint(SeqList *L) {
    int i;
    if(L->length<=0) {
        printf("NULL"); exit(1);
    }
    for(i=0; i< L->length;i++)
        printf("%6d", L->data[i]);
    printf("\n");
}
```

4. 顺序表的应用

例1.2.1　两个集合的并集。利用两个顺序表La和Lb分别存储两个集合中的元素。

算法思路：扩大表La，将存在于表Lb中而不存在于表La中的数据元素插入表La中。

算法实现：

算法1.2.9　并集

```
void Union(SeqList *La, SeqList *Lb) {
    DataType e;
    La_len = GetLength(La);                     //求线性表的长度
    Lb_len = GetLength(Lb);
    for(i = 1;i <= Lb_len;i++) {
        e = GetNode(Lb, i);                     //取Lb中第i个数据元素赋给e
        if(Locate(La, e) == -1 )                //La中不存在时插入
            Insert(La, ++La_len, e);
    }
}
```

当并集元素个数大于表La的最大长度时，算法1.2.9就无法正常执行。请读者思考此时该如何解决。

扩展：求差集La-Lb=>La 、交集La∩Lb=>Lc的算法实现。

例1.2.2　两个有序顺序表的合并。

算法思路：假设顺序表 L1 与 L2 递增有序，合并之后的结果保存在 L3 中，L3 也为递增有序。现分别用两个指针（下标）定位两个顺序表的元素，用于比较两表对应元素大小。若 L1 中的元素小，则把 L1 里的此元素加入 L3 的末尾，同时两表（L1 与 L3）指针后移（下标++）。若 L2 中的元素小，则把 L2 里的此元素加入 L3 的末尾，同时两表（L2 与 L3）指针后移（下标++）。重复此过程，直到其中一个表（L1 或 L2）所有的元素都已经加入 L3 中。此时再把另一个表中剩下的元素依次加入表 L3 中即可。

算法实现：

算法1.2.10　有序顺序表的合并

```
void Merge(SeqList *L1, SeqList *L2, SeqList *L3)  {
    int i, j, k;            //i、j、k 分别表示 L1、L2、L3 的下标
    i = j = k = 0;
    Init (L3);              //L3->length = 0;
    while(i < L1->length && j < L2->length){
        if(L1->data[i] > L2->data[j]){
            L3->data[k] = L2->data[j];  j++;  k++;
        }
        else{
            L3->data[k] = L1->data[i];  i++;  k++;
        }
    }
    while(i<L1->length){
        L3->data[k] = L1->data[i];  i++;  k++;
    }
    while(j<L2->length){
        L3->data[k] = L2->data[j];  j++;  k++;
    }
    L3->length = k;         //上述三个循环体中的 k 可以用 L3->length 代替,此时删除该语句
}
```

2.3　线性表的链式存储

顺序存储要求所有的元素依次存放在一片连续的存储空间中，而链式存储方法无须占用一整块存储空间，即对逻辑上相邻的元素不要求其物理位置相邻，可以简单地认为各数据元素是分散存储在存储器中。这样元素间的逻辑关系需附设指针来表示，即将结点所占用的存储单元分为两部分，一部分存放数据元素本身的值，称数值域，另一部分存放此结点的前驱后继结点所对应的存储单元的地址，称为指针域。由此得到的存储表示称为链式存储结构。根据结点所包含的指针个数、指针指向和指针连接方式，可将链表分为单链表、循环链表、双向链表等。

2.3.1　单链表

1. 单链表的定义

单链表中结点包含两个域，一个是数据域，一个是指针域，数据域中存储数据，指针域中存储后继元素的地址。线性表 $L=(a_1,a_2,\cdots,a_i,\cdots,a_n)$ 的链式存储结构如图 1.2.3（a）所示，这一个个结点组成序列称为链表，也称线性链表。因只有一个后继指针域，也称**单链表**。空表时 head 为空，如图 1.2.3（b）所示。

为了操作方便，在第一个结点之前虚加一个“头结点”，该结点的数据域不存放任何信息。以指向该结点的指针为链表的头指针，称为带头结点的单链表，如图 1.2.4 所示。当 head 的后继指针域为空时，则为空链表。

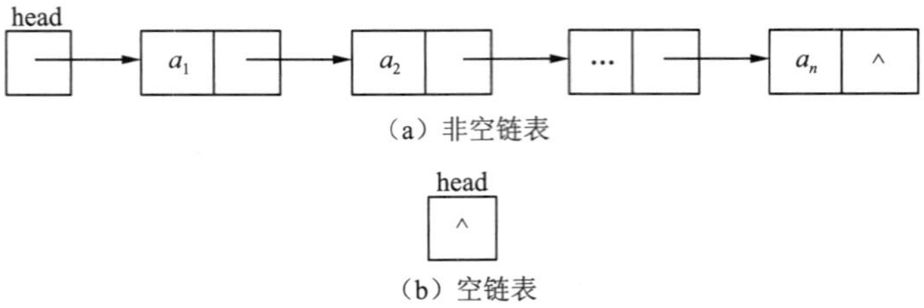

图 1.2.3　线性表链式存储结构示意图

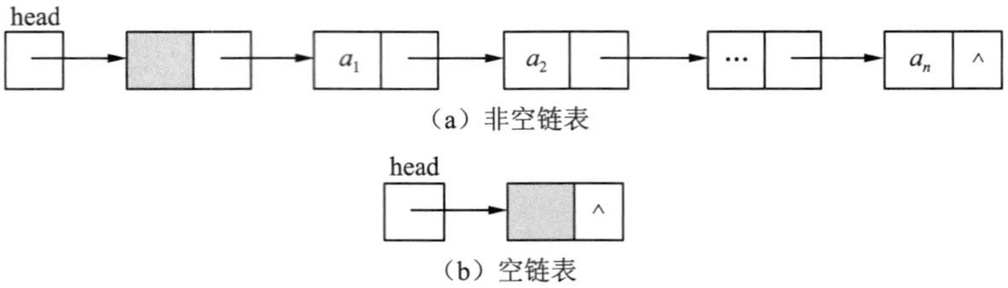

图 1.2.4　带头结点单链表示意图

线性表的顺序存储结构是逻辑位置和物理位置都相邻，而链式存储结构是逻辑位置相邻，但物理位置不一定相邻，各元素的存储地址是任意的，可连续也可不连续。相比顺序存储结构，链式存储结构**不能随机存取元素**，但在插入和删除操作时**不需要移动元素**。

2. 单链表结构 C 语言描述

```
typedef  char  DataType;
typedef  struct  LNode {
    DataType     data;                          //数据域
    struct LNode  *next;                        //指针域
} ListNode, * LinkList;
```

此处类型 LinkList 就相当于类型 * ListNode 。此时可以用 LinkList 定义头指针 “LinkList head;”。

3. 带头结点单链表基本运算的实现

算法 1.2.11　建立带头结点的空链表

```
LinkList  InitList() {
    LinkList  L;
    L = (LinkList) malloc(sizeof (ListNode));
    L->next = NULL;
    return  L;
}
```

算法 1.2.12　头插法创建带头结点的单链表

```
//在空链表中逆序插入 n 个数据元素,建立带头结点的非空单链表
void CreateList(LinkList L, int n) {              //L 为空链表
    LinkList p;
    int i;
    for(i = n; i > 0; --i) {
        p = (LinkList) malloc(sizeof(ListNode));
        scanf("%c", &p->data);                    //输入元素值
        p->next = L->next;                        //插入
        L->next = p;
    }
}
```

算法 1.2.13　输出带头结点的单链表，即顺序打印各结点信息

```
void  Print (LinkList  L) {
    LinkList p;
    p = L->next;
    while(p) {
        printf("%c", p->data);
        p = p->next;
    }
}
```

算法 1.2.14　求带头结点的单链表的表长

```
int  ListLength(LinkList L) {
    LinkList p;
    int  j;
    p = L->next;
    j = 0;
    while(p) {
        j++;
        p = p->next;
    }
    return  j;
}
```

算法 1.2.15　读取带头结点的单链表中第 i 个元素

```
ListNode* GetNode(LinkList L, int i) {
    int j;
    LinkList p;
    if( i<1 || i>ListLength(L) )   exit(1);        //i 不合法
    p = L->next;   j = 1;                          //p 指向第一个结点,j 为计数器
    while(p && j < i ) {                           //顺指针向后查找,直到 p 指向第 i 个元素
        p = p->next;
        j++;
    }
    return  p;                                     //返回第 i 个元素的指针
}
```

算法 1.2.16　在带头结点的单链表第 i 个位置上插入新元素 e

```
//即在单链表 L 的第 i-1 个结点之后插入新元素
void ListInsert(LinkList L, int i, DataType e) {
    int j;
    LinkList p, s;
    if( i<1 || i>ListLength(L)+1 ) exit(1);      //i 不合法
    p = L; j = 0;                                 //p 指向头结点,j 为计数器,如此也能在头结点之后插入
    while(p && j < i-1)  {                        //查找第 i-1 个结点,并令 p 指向它
        p = p->next;
        j++;
    }
    s = (LinkList) malloc ( sizeof (ListNode));//生成新元素结点
    s->data = e;
    s->next = p->next;                            //插入新元素
    p->next = s;
}
```

算法1.2.17　删除带头结点的单链表中第 i 个结点

```
DataType ListDelete(LinkList L, int i)  {
    int j;
    LinkList p, s;
    DataType e;
    if( i<1 ||i>ListLength(L) )   exit(1);      //i 不合法
    p = L;  j = 0;
    while(p->next && j < i-1)  {                 //查找第 i-1 个结点,并令 p 指向它
        p = p->next;
        j++;
    }
    s = p->next;  p->next = s->next;             //删除第 i 个结点
    e = s->data;
    free(s);                                      //释放结点占用的内存
    return  e;
}
```

算法1.2.18　将带头结点的单链表重新置为一个空表

```
void ClearList(LinkList L) {
    LinkList p;
    while(L->next){
        p = L->next;
        L->next = p->next;
        free(p);
    }
}
```

4. 单链表的应用

例1.2.3　设计一个算法实现带头结点的单链表的就地逆转。所谓“就地”指辅助空间应为 $O(1)$。

算法思路： 将原链表中的若干结点按顺序头插到新的空链表中即可。

算法实现：

算法1.2.19　带头结点的单链表的就地逆转

```
void Reverse(LinkList L) {
    LinkList head, p;
    head = L->next;                          //令 head 指向原链表第一个结点
    L->next = NULL;                          //L 先置为空链表,作为新链表
    //将 head 指向的原链表中的结点按顺序头插到新链表 L 中
    while(head ! = NULL){
        p = head;                            //p 指向 head 中的第一个结点
        head = head->next;                   //令 head 指向下一个结点
        p->next = L->next;                   //把 p 指向的结点插入 L->next 之后(头插)
        L->next = p;
    }
}
```

例1.2.4　写出判断两个带头结点的单链表是否相等的算法。

算法思路： 按顺序依次比较两个链表对应结点的数据域的值，如果相等，则比较下一组对应结点。如果不相等，则不需要再比较下一组结点值，直接判定结果为不相等（返回-1）。若直至表尾元素，所有对应结点值均相等（返回1），则判定两表相等。若出现表长不一样的情况，即一表到达表尾、另一表

未到表尾，则亦可判定结果为不相等（返回-1）。

算法实现：

算法 1.2.20　判断两个带头结点的单链表是否相等

```
int Equal(LinkList A, LinkList B){
    LinkList p = A->next;
    LinkList s = B->next;
    while(1){
        if(p == NULL && s ==NULL)          //两表的指针同时到达表尾(指向空)
            return 1 ;
    else if(p != NULL && s != NULL) {
            if(p->data == s->data) {       //对应结点值相等,则两指针同时后移
                p = p->next;
                s = s->next;
            }//if
            else
                return -1;
        }//else if
        else                               //其中一表的指针到达表尾(指向空)、另一表指针未到表尾
            return -1 ;
    }//while
}
```

2.3.2　其他链表

1. 循环单链表

令单链表中表尾结点的指针域指向头结点，就得到循环单链表，如图 1.2.5 所示。单链表中判断某结点 p 是最后一个结点的条件是 p->next==NULL。对于一个循环单链表，若头指针为 head，则判断结点 p 是最后一个结点的条件为 p->next==head。

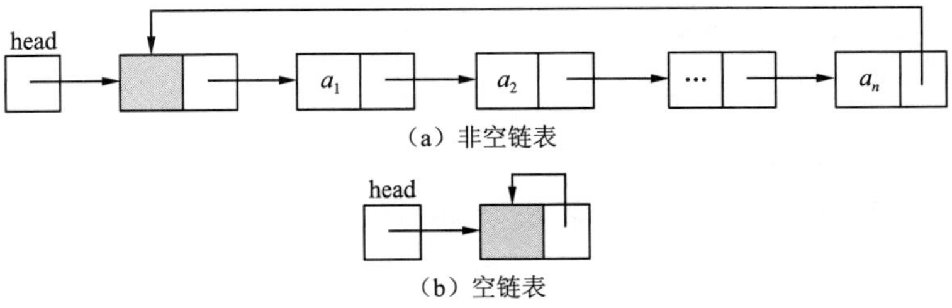

图 1.2.5　带头结点单链表示意图

循环单链表结点的描述与单链表结点描述相同。

2. 双链表

无论是单链表还是循环单链表，其结点的指针域均是指向它的后继结点的，如果需要找某结点 p 的前驱结点，则必须从头指针开始查找，当某个结点 pre 的指针域指向的是结点 p 时，即 pre->next==p 时，则说明 pre 是 p 的前驱结点。如果常常需要知道一个结点的前驱和后继结点，上述链表是不适合的。既然单链表中每个结点有一个指针域指向它的后继结点，那自然地想到再增设一个指针域指向它的前驱结点，这就构成了双链表。即双链表的结点包括三个域，一个是存放数据信息的 data 域，另外两个是指针域，这里用 prior 和 next 表示，prior 指向前驱，next 指向后继。线性表的双向链式存储结构如图 1.2.6 所示。

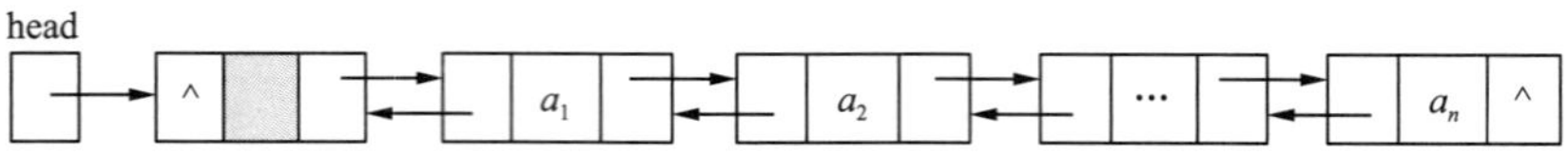

（a）非空双链表

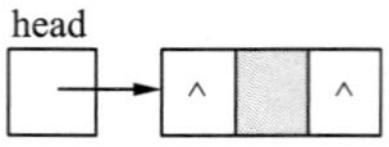

（b）空双链表

图 1.2.6　带头结点单链表示意图

其结点的 C 语言描述：

```
typedef  char  DataType;
typedef  structDLNode {
    DataType      data;                    //数据域
    struct DLNode   *prior, *next;         //指针域
}DListNode, * DLinkList;
```

双链表的“查询”操作和单链表相同，但“插入”和“删除”时需要同时修改两个方向上的指针。

（1）“插入”操作

在结点 p 之后插入结点 s 的关键语句：

```
s->next = p->next;
p->next = s;
s->next->prior = s;
s->prior = p;
```

（2）“删除”操作

删除结点 p 的后继结点的关键语句：

```
pp = p->next;
p->next = pp->next;
p->next->prior = p;
free(pp);
```

3. 循环双链表

令双链表中表尾结点的 next 指针域指向头结点，令头结点的 prior 指针域指向表尾结点就得到循环双链表，如图 1.2.7 所示。循环双链表结点的描述与双链表结点描述相同，“插入”和“删除”操作也相同。

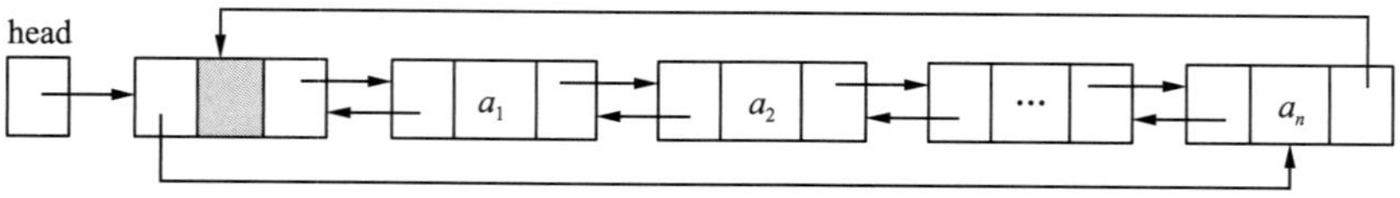

（a）非空循环双链表

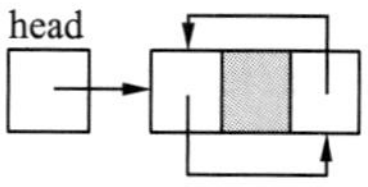

（b）空循环双链表

图 1.2.7　带头结点单链表示意图

第 3 章

特殊线性表

学习目标

1. 理解栈和队列的概念与特点；
2. 掌握栈的顺序存储结构，以及顺序表的各种操作实现；
3. 掌握队列的顺序存储结构，以及顺序队列、顺序循环队列的各种操作实现；
4. 理解栈与队列的链式存储；
5. 理解多维数组的定义及其存储；
6. 理解特殊矩阵、随机稀疏矩阵的压缩存储；
7. 了解广义表的概念、特点、表示与存储；
8. 理解串的概念，掌握字符串模式匹配。

知识导图

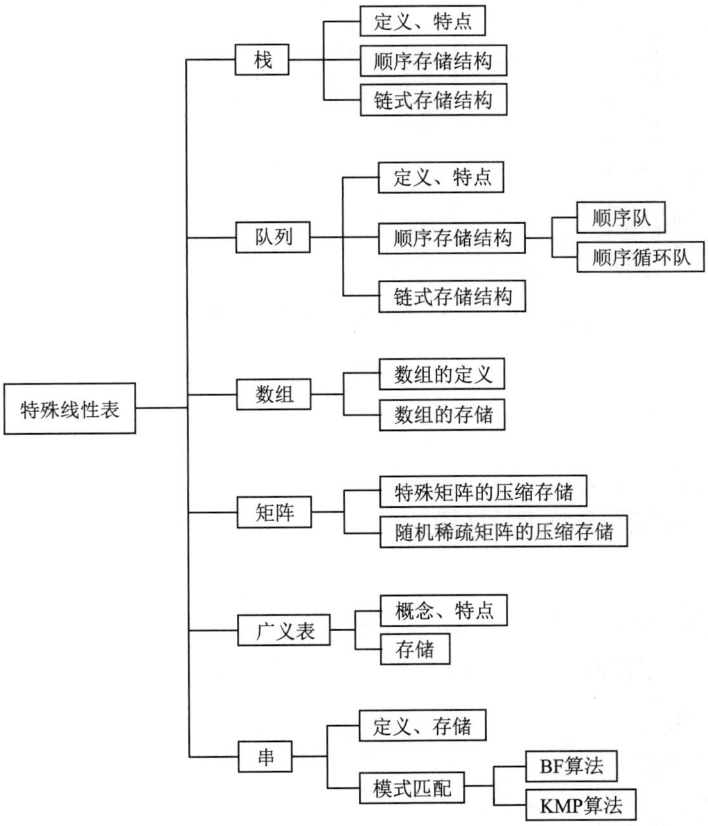

在线性表中，可以在表中任意位置插入和删除元素结点。 对于本章所介绍的和队列能在指定的位置插入和删除元素结点。 对于栈来说，插入和删除等操作仅在栈顶进行。 对于队列来说,插入操作仅在队列的尾部进行，而删除操作仅在队列的头部进行。 戋与队列长操作受限的两种特殊的线性表，这两种线性表在插入与删除操作上受到了限制。

本章要介绍的数组与矩阵、广义表是线性表的扩展形式。

串是字符串的简称，串的每个数据元素是一个字符，可以将串看作一种特殊的线性表。

计算机越来越多地应用于解决非数值处理问题，所涉及的主要操作对象是字符串。例如在管理信息系统中，用户的姓名、地址、商品的名称、规格等都是字符串，字符串已成为数据处理中不可缺少的数据对象。目前，大多数程序设计语言都支持串操作，可以执行各种运算。

3.1 栈及其存储

栈是一种限定的线性表，只允许在线性表的一端进行插入和删除，在计算机系统和程序系统中广泛应用。

3.1.1 栈的定义

栈是只能在表尾进行插入或删除操作的线性表，通常称表尾端为栈顶，表头端为栈底，它是一种先进后出（first in last out，FILO）的线性表，即只能在表尾端插入元素，称为入栈，只能在表尾端删除元素，称为出栈，如图 1.3.1 所示。

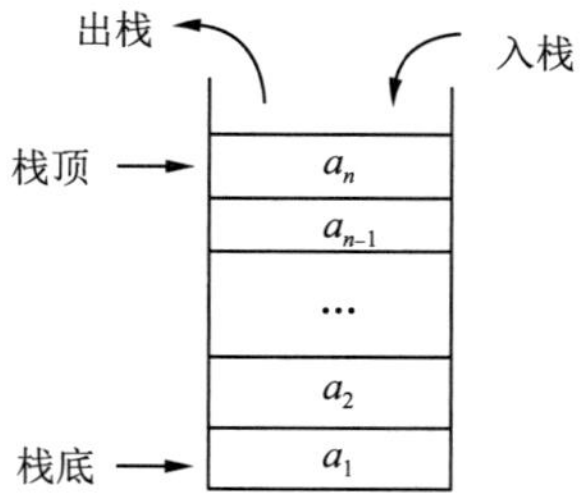

图 1.3.1 栈结构示意图

栈的进出栈操作可能交替出现，即在进栈过程中，可能伴随着出栈。图 1.3.2 中栈的大小为 5，进栈序列为 ABCDEFGH，但出栈序列为 DCHGFEBA。A 先于 B 进栈，但后于 B 出栈，其他元素也类似。

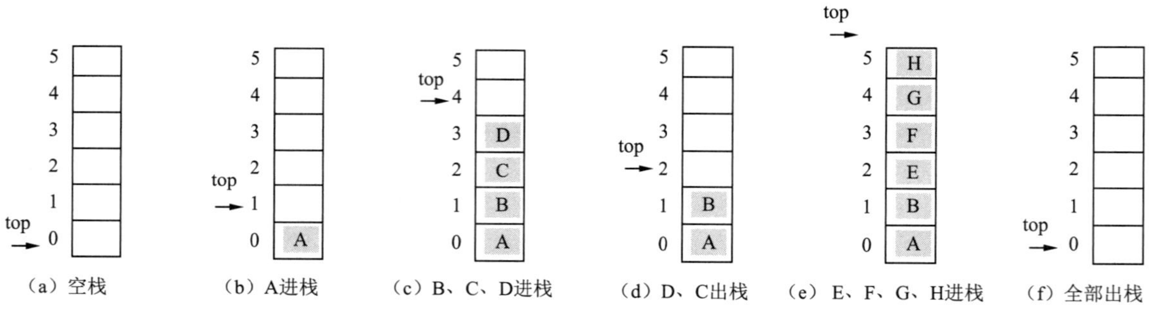

图 1.3.2 顺序栈的进出栈示意图

3.1.2 顺序栈

栈既然也是线性表，那么它也有顺序存储结构和链式存储结构两种表示方法，应重点掌握栈的顺序存储结构实现。栈的顺序存储结构称为顺序栈。

1. 顺序栈的描述

顺序栈如顺序表一样，利用一个一维数组来存放各个元素，为了实现只能在栈顶进行插入、删除操作，故设立一个 top 变量，用来标记栈顶。故有顺序栈的 C 语言描述：

```
#define  MaxSize  100
typedef  char  DataType;
typedef struct {
   DataType data[MaxSize];
   int  top;
}SeqStack;
```

因此栈的存储空间为 data[0]~data[MaxSize-1]。本书设定 top 用于指示下一个插入位置（即下标），是栈顶元素的后一个位置。top==0 表示栈空，top==MaxSize 表示栈满，所以取值范围为 0~MaxSize。

2. 顺序栈的基本运算的实现

算法 1.3.1 初始化栈即置空

```
int InitStack(SeqStack *S) {
    S->top=0;
    return 1;
}
```

算法 1.3.2 判断栈是否为空

```
int IsEmpty(SeqStack *S) {
    return(S->top==0?1:0);
}
```

算法 1.3.3 入栈操作——插入

```
int Push(SeqStack *S, DataType x) {
    if(S->top==MaxSize) {
        printf("\n Stack is full!");
        return 0;
    }
    S->data[S->top]=x;
    S->top++;
    return 1;
}
```

算法 1.3.4 出栈操作——删除

```
int Pop(SeqStack *S) {
    if(IsEmpty(S)){
        printf("\n Stack is free!");
        exit(1);
    }
    S->top--;
    return  S->data[S->top];                    //返回出栈元素
}
```

算法 1.3.5 读取栈顶元素

```
DataType GetTop(SeqStack *S) {
    if(IsEmpty(S)) {
        printf("\n Stack is free!");
        exit(1);
    }
    return S->data[S->top -1];
}
```

算法 1.3.6 打印栈中的元素

```
void Print(SeqStack *S) {
    int i;
    if(IsEmpty(S)) {
        printf("\n Stack is free!");
        exit(1);
    }
```

```
    for(i = 0; i<S->top; i++)                  //从栈底开始打印,至栈顶
        printf("%c\t", S->data[i]);
    printf("\n");
}
```

3. 顺序栈的应用

例 1.3.1　数制转换。

算法思路： 十进制转换为 b 进制的原理是模 b 取余原理。

算法实现：

算法 1.3.7　十进制转八进制

```
void DecToOctal(int n) {
    DataType  e;
    SeqStack st;
    InitStack(&st);
    while(n) {
        Push(&st, n%8);
        n = n/8;
    }                                          //转换
    while( !IsEmpty(&st) ) {
        Pop(&st, &e);
        printf ("%d", e);
    }                                          //输出
}
```

对算法 1.3.7 稍作修改（将两个常量 8 改成 2），即可实现十进制转二进制，但无法按照此方法实现十进制转十六进制。对于如何在不大修改程序情况下，完成十进制与其他进制的转换，下面给出一种修改方法。字符数组 B 是整个算法程序的灵魂所在。

算法 1.3.8　十进制转其他进制

```
void DecToOctal2 (int n, int b) {              //参数 b 可取 2,8,16
    char B[17]="0123456789ABCDEF";
    DataType e;
    SeqStack st;
    InitStack(&St);
    while(n) {
        Push(&St, n%b);
        n = n/b;
    }                                          //转换
    while(!IsEmpty(&St)) {
        Pop(&St, &e);
        printf("%d", B[e]);
    }                                          //输出
}
```

例 1.3.2　表达式中括号配对问题。设一个表达式中可以包含三种括号：小括号、中括号和大括号，各种括号之间允许任意嵌套，如小括号内可以嵌套中括号、大括号，但是不能交叉。

算法思路： 从左到右扫描表达式，扫描过程中遇到一个左括号，则期待一个与之对应的右括号，且后遇到的左括号期待右括号的程度优于先遇到的左括号期待右括号的程度。具体方法：① 利用栈，依次

存放扫描过程中出现的左括号。② 当出现右括号时，若栈顶元素与之配对，则栈顶出栈（删除），否则表达式中括号不匹配。③ 若正好配对，则扫描结束时栈为空栈，否则非空。

算法实现：

算法 1.3.9　判断表达式中括号配对与否

```
intMatch(char c[]) {                              //参数 c 为表达式字符串
    InitStack(&st);
    for(i = 0; c[i]!='\0'; i++) {                 //从左到右扫描表达式
        switch(c[i]) {
            case '{':
            case '[':
            case '(':  Push(&st,c[i]);  break;
            case '}': if( !IsEmpty(&st) && GetTop(&st)=='{') { Pop(&st); break; }
                else return 0;
            case ']': if( ! IsEmpty(&st) && GetTop(&st)=='[') { Pop(&st); break; }
                else return 0;
            case ')': if( ! IsEmpty(&st) && GetTop(&st)=='(') { Pop(&st); break; }
                else return 0;
        }
    }
    return (IsEmpty(&st));                        //栈为空则匹配,否则不匹配
}
```

3.1.3　链栈

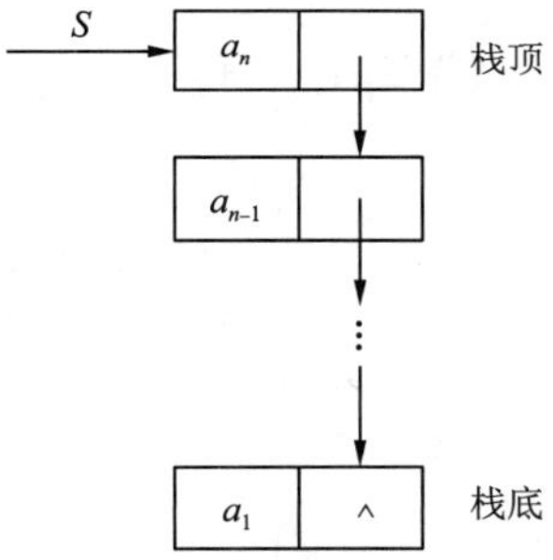

图 1.3.3　链栈示意图

由于顺序栈和顺序表一样，受到最大空间容量的限制，虽然可以在“满员”时重新分配空间扩大容量，但工作量较大，应该尽量避免。因此在无法预先估计栈可能达到的最大容量时，还是应该使用链栈。

链栈是指采用链式存储结构实现的栈。其实现原理类似于单链表，结点结构与单链表相同，由于对栈的主要操作是在栈顶插入和删除元素，显然以链表的头部作为栈顶是最方便的，而且没必要像单链表那样为了操作方便附加一个头结点，如图 1.3.3 所示。

1. 链栈的描述

链栈的结点结构用 StackNode 表示，定义如下：

```
typedef int DataType;
typedef struct stackNode{
    DataType data;
    struct StackNode *next;
}StackNode,*LinkStack;
```

2. 顺序栈的基本运算的实现

算法 1.3.10　链栈的初始化操作

```
void InitStack(LinkStack S) {                     //构造一个空栈 S,栈顶指针置空
    S = NULL;
}
```

和顺序栈的入栈操作不同的是，链栈在入栈前不需要判断栈是否满，只需为入栈元素分配一个结点空间，如图 1.3.4（a）所示。

算法1.3.11 链栈的入栈操作

```
void Push(LinkStack S, DataType e) {                //在栈顶插入元素 e
    p= (*StackNode)malloc(sizeof(StackNode));       //①创建新结点(为新元素分配空间)
    p->data=e;                                      //②将新结点数据域置为 e
    p->next=S;                                      //③将新结点插入栈顶
    S=p;                                            //④修改栈顶指针为 p
}
```

和顺序栈一样，链栈在出栈前也需要判断栈是否为空，不同的是，链栈在出栈后需要释放出栈元素占用的空间，如图 1.3.4（b）所示。

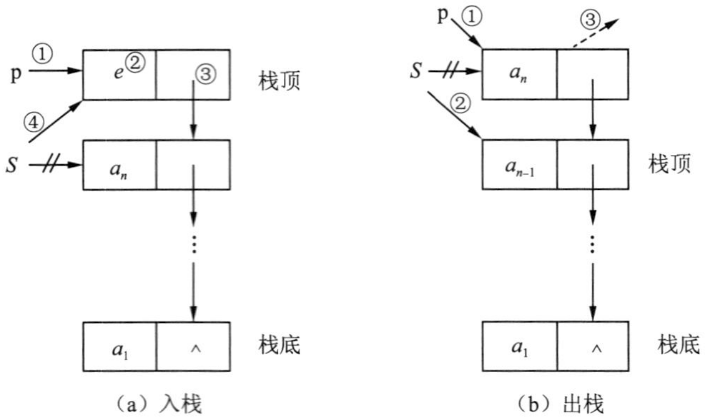

图 1.3.4 链栈的入栈与出栈操作示意图

算法1.3.12 链栈的出栈操作

```
void Pop(LinkStack S, DataType *e) {                //删除 S 的栈顶元素,用 e 返回其值
    if(S==NULL)  exit(0);                           //栈空
    *e = S->data;                                   //将栈顶元素赋给 e
    P=S;                                            //①用 p 临时保存栈顶元素空间,以备释放
    S=S->next;                                      //②修改栈顶指针
    free(p);                                        //③释放原栈顶元素的空间
}
```

与顺序栈一样，当栈非空时，取栈顶元素操作返回当前栈顶元素的值，栈顶指针 S 保持不变。

算法1.3.13 取链栈的栈顶元素

```
DataType GetTop(LinkStack S) {                      //返回 S 的栈顶元素,不修改栈顶指针
    if(S!=NULL)                                     //栈非空
        return S->data;                             //返回栈顶元素的值,栈顶指针不变
```

3.2 队列及其存储

队列（queue）也是一种操作受限的线性表，但与栈的限制不同。

3.2.1 队列的定义

队列限定插入在表的某一端进行，删除只能在表的另一端进行。允许插入的一端称为队尾，允许删除的一端称为队头，如图 1.3.5 所示。插入操作称为入队，删除操作称为出队。

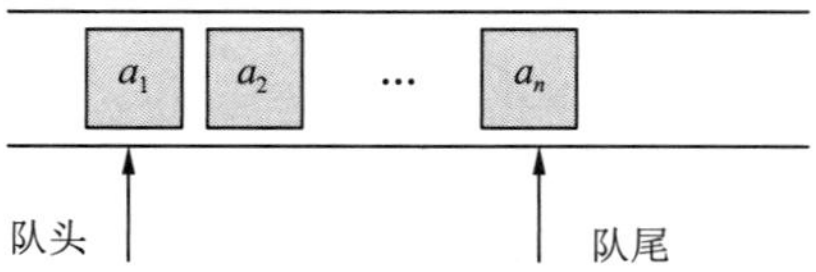

图 1.3.5 队列结构示意图

队列操作的特点是先进先出（first in first out，FIFO）。因此，

队列也称先进先出表。

队列结构如日常生活中的排队，但不允许中途离场或中间加塞。当队列大小为 4 时，其出入状态如图 1.3.6 所示。

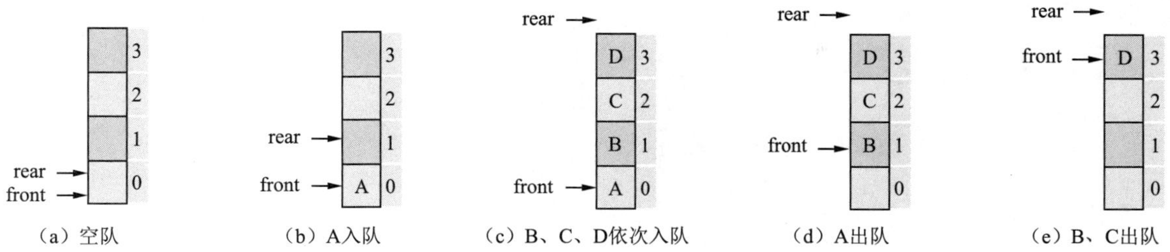

图 1.3.6 顺序队列的出入队示意图

3.2.2 顺序队列

队列也是线性表，它也有顺序存储结构和链式存储结构两种表示方法，应重点掌握队列的顺序存储结构实现。队列的顺序存储结构称为顺序队列。

1. 顺序队列的描述

顺序队列如顺序表一样，利用一个一维数组来存放各个元素，为了实现在队尾进行插入、在队头进行删除操作，设立一个 rear 变量（用来标记队尾）和一个 front 变量（用来标记队头）。故有顺序队列的 C 语言描述：

```
#define  MaxSize  100                 //最大队列长度
typedef  int  DataType;
typedef struct {
    DataType data[MaxSize];
    int  front;                       //队头元素标记变量,标记队头下标
    int  rear;                        //队尾标记变量,标记队尾后一个位置下标
} SeqQueue;                           //顺序队
```

因此队列的存储空间为 data[0]~data[MaxSize-1]。其中 front 为队头所在位置（下标），为了操作上的方便，rear 为队尾的后一个位置（下标）。若 front==rear 则称为队空。若一维数组中所有位置上都被元素装满，即尾指针满足 rear==MaxSize，且头指针满足 front==0，则称为队满。

2. 顺序队列的基本运算的实现

算法 1.3.14 初始化为空队列

```
int InitQueue(SeqQueue *SQ)  {
    SQ->rear=SQ->front=0;
    return 1;
}
```

算法 1.3.15 判队队列是否为空

```
int IsEmpty(SeqQueue *SQ)  {
  return(SQ->rear==SQ->front)?1:0;
}
```

算法 1.3.16 读取队头元素

```
DataType GetHead(SeqQueue*SQ)  {
    if(IsEmpty(SQ))  {
        printf("\n Queue is free"); exit(1);
```

```
    }
    return SQ->data[SQ->front];
}
```

算法 1.3.17　获取队列长度

```
int GetLength(SeqQueue*SQ)  {
    if(IsEmpty(SQ))  {
        printf("\n Queue is free"); exit(1);
    }
    return SQ->rear - SQ->front;
}
```

算法 1.3.18　入队操作

```
voidEnQueue(SeqQueue *SQ, DataType e)  {
    if(SQ->rear == MaxSize) {                       //rear 是否达到范围上限
        printf("\n Queue is full!"); exit(1);
    }
    SQ->data[SQ->rear]= e;
    SQ->rear++;
}
```

算法 1.3.19　出队操作

```
DataType OutQueue(SeqQueue *SQ)  {
    DataType e;
    if(IsEmpty(SQ))  {
        printf("\n Queue is free"); exit(1);
    }
    e = SQ->data[SQ->front];
    SQ->front ++;
    return e;
}
```

算法 1.3.20　打印队列中的元素

```
void Print(SeqQueue *SQ)  {
    int i;
    if(IsEmpty(SQ)){
        printf("\n Queue is free!"); exit(1);
    }
    for(i = SQ->front; i<SQ->rear; i++)             //从队头开始打印,至队尾
        printf("%c\t", SQ->data[i]);
    printf("\n");
}
```

3. 顺序队列存在的问题

顺序队列在连续的出入队操作下，会出现图 1.3.6（e）所示的状态，此时队列是一种满的状态——不能再插入新的结点，但实际上数组的前部还有许多空的位置，称为假溢出。

克服假溢出的方法：

① 将队列中的剩余元素均向前移动；

② 采用循环队列——在数组的前部继续作插入运算。

显然第一种方法因移动元素导致效率较低，故本书采用循环处理来解决假溢出问题。

3.2.3 循环队列

循环队列的物理存储未发生任何改变（还是顺序存储），只是充分利用数组空间，想象将数组的首尾连接起来，形成一个循环队列。当队列大小 MaxSize 为 6 时，其出入队状态如图 1.3.7 所示。

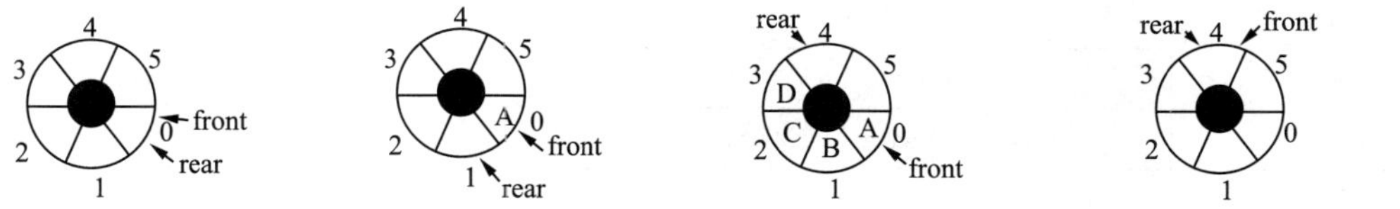

图 1.3.7　循环队列的出入队示意图

其中 front 与 rear 的含义与顺序队列中的含义相同。但为了区分空和满两种状态，此处牺牲一个存储单元，故循环队列的存储空间为 MaxSize-1 个。这样处理之后会对出入队操作、判断是否队满、读取队列的长度操作有影响。

1. 循环队列的基本运算的实现

算法 1.3.21　循环队列入队操作

```
void EnQueue(SeqQueue *SQ, DataType e) {
    if((SQ->rear+1)%MaxSize==SQ->front) {          //队满的条件
        printf("\n Queue is full!"); excit(1);
    }
    SQ->data[SQ->rear]=e;
    SQ->rear=(SQ->rear+1)%MaxSize;
}
```

算法 1.3.22　循环队列出队操作

```
DataType OutQueue(SeqQueue *SQ)  {
    DataType  e;
    if(IsEmpty(SQ)) {
        printf("\n Queue is free"); excit(1);
    }
    e = SQ->data[SQ->front];
    SQ->front =(SQ->front+1)%MaxSize;
    return e;
}
```

算法 1.3.23　循环队列读取队列长度

```
int GetLength(SeqQueue *SQ)  {
    int len;
    if(IsEmpty(SQ))  {
        printf("\n Queue is free"); excit(1);
    }
    len=(SQ->rear-SQ->front+MaxSize)%MaxSize;
    return len;
}
```

2. 顺序队列与循环队列的对比

顺序队列和循环队列都是队列的顺序存储结构，均利用一维数组来存放队列的各个元素，但是在出入队等操作上有些不同，两种队列的对比见表 1.3.1。

表 1.3.1　顺序队列与循环队列的对比

对　比　项	顺序队列	循环队列
存储空间	MaxSize	MaxSize-1
rear\front 初值	均为 0	均为 0
rear\front 取值	0~ MaxSize	0~ MaxSize -1
空的条件	rear = = front	rear = = front
满的条件	front = = 0&&rear = = MaxSize	(rear+1)% MaxSize = = front
入队	rear++	rear = (rear+1)% MaxSize
出队	front++	front = (front+1)% MaxSize
长度(元素个数)	rear-front	(rear-front+ MaxSize)% MaxSize

例 1.3.3　假设将循环队列定义：以变量 rear 和 length 分别指示循环队列中队尾元素的位置和内含元素的个数。试设计该循环队列的存储结构，给出循环队列的队满条件，并写出相应的入队和出队的算法。

根据题意，可得到循环队列的存储结构如下：

```
#define QueueSize 100
typedef char DataType;                          //设元素的类型为 char 型
typedef struct{
    int length;
    int rear;
    Datatype Data [QueueSize];
}CirQueue;
```

循环队列的队满条件是：Q->length = =QueueSize。

知道了尾指针和元素个数，当然就能计算出队头元素的位置。算法描述如下：

(1) 判断队满

```
int IsFull( CirOueue *Q) {                      //判队满,队中元素个数等于空间大小
    return Q->length== QueueSize;
}
```

(2) 入队

```
void EnQueue ( CirQueue * Q,Datatype x)  {       //x 入队
    if(IsFull(Q))
        Error("队已满,无法入队");
    Q->Data[Q>rear] = x;
    Q->rear=(Q->rear+1)%QueueSize;              //在循环意义上的加 1
    Q-> length++;
}
```

(3) 出队

```
Datatype OutQueue( CirQueue *Q)  {                              //出队
    int tmpfront;                                               //设一个临时队头指针
    if(Q->length == 0)
        Error("队已空,无元素可出队");
    tmpfront = (QueueSize+Q->rear-Q->length+1)% QueueSize;      //计算头指针位置
    Q-> length--;
    return Q->Data [tmpfront ];
}
```

3.2.4　链队

链队是指采用链式存储结构实现的队列。一个链队显然需要两个分别指示队头和队尾的指针，分别称为队头指针与队尾指针。通常链队用单链表表示，如图 1.3.8 所示。为了操作方便，给链队添加一个头结点，并令队头指针始终指向头结点。

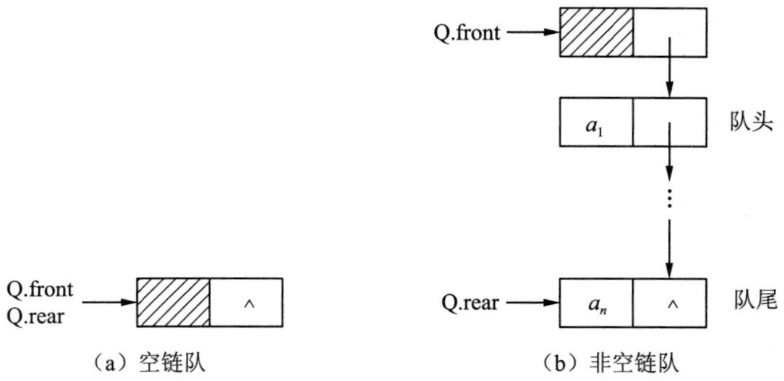

图 1.3.8　链队示意图

队列的链式存储结构如下：

```
typedef struct QNode {
    QDataType data;
    struct QNode *next;
}QNode,*QueuePtr;
typedef struct {
    QueuePtr front;                    //队头指针
    QueuePtr rear;                     //队尾指针
}LinkQueue;
```

1. 链队的基本运算的实现

链队的入队和出队操作即为单链表插入和删除操作的特殊情况，只需修改队尾指针或队头指针。下面给出链队初始化、入队、出队操作的实现。

链队的初始化操作就是构造一个只有一个头结点的空队，如图 1.3.8（a）所示。即创建一个新结点作为头结点，其指针域为空，队头和队尾指针指向此结点。算法描述如下：

算法 1.3.24　链队的初始化

```
void InitQueue (LinkQueue Q) {                    //构造一个空队列 Q
    Q.front=Q.rear=( QueuePtr )malloc(sizeof(QNode));
    Q.front->next=NULL;
}
```

和顺序队列、循环队列的入队操作不同的是，链队在入队前不需要判断队是否满，只需要为入队元素动态分配一个结点空间，如图 1.3.9（a）所示。

算法 1.3.25　链队的入队操作

```
void EnQueue(LinkQueue Q, QDataType e) {          //插入元素 e 为 Q 的新队尾元素
    p=( QueuePtr )malloc(sizeof(QNode));          //①创建结点,p 指向
    p->data=e;                                    //②新结点数据域置为入队元素 e
    p->next=NULL;                                 //③新结点指针域置为空
    Q.rear->next=p;                               //④将新结点插入到队尾(修改队尾指针)
    Q.rear=p;                                     //⑤修改队尾指针指向新结点 p
}
```

和循环队列一样，链队在出队前也需要判断队列是否为空，但不同的是，链队在出队后需要释放队头元素（非头结点）所占的空间，如图1.3.9（b）所示。需要注意的是，当队列最后一个元素出队后rear指针指向的结点空间被释放，此时需要修改rear指针指向头结点。

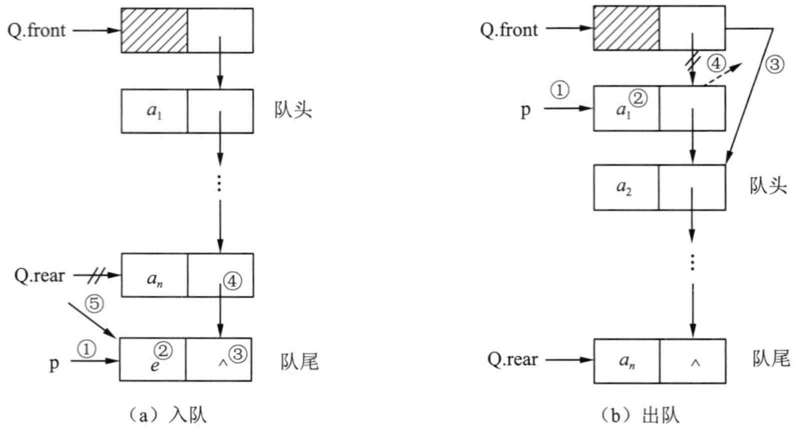

图1.3.9　链队的入队出队操作示意图

算法1.3.26　链队的出队操作

```
DeQueue(LinkQueue Q, QDataType * e) {          //删除Q的队头元素,用e返回其值
    if(Q.front==Q.rear) exit(0);               //若队列为空,则返回
    p = Q.front->next;                         //①p指向队头元素
    *e = p->data;                              //②e保存队头元素的值
    Q.front->next=p->next;                     //③修改头结点的指针域
    if(Q.rear==p} Q.rear=Q.front;              //最后一个元素被删,队尾指针指向头结点
    free(p);                                   //④释放原队头元素的空间
}
```

与循环队列一样，当队列非空时，此操作返回当前队头元素的值，队头指针保持不变。

算法1.3.27　取链队的队头元素

```
QDataType GetHead(LinkQueue  Q) {              //返回Q的队头元素,不修改队头指针
    if(Q.front != Q,rear)                      //队列非空
        return Q.front->next->data;            //返回队头元素的值,队头指针不变
}
```

2. 队列的应用

在信息处理中有一大类问题需要逐层或逐行处理。这类问题的解决方法往往是在处理当前层时就对下一层做预处理，把处理顺序安排好，等到当前层处理完毕，就可以处理下一层。使用队列是为了保存下一步的处理顺序。下面以二叉树层次遍历为例说明队列的应用。

例1.3.4　二叉树如图1.3.10所示。表1.3.2描述了层次遍历二叉树的过程。

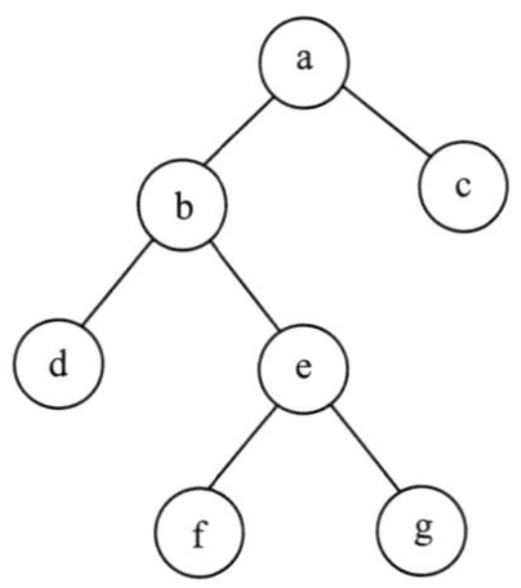

图1.3.10　二叉树

表1.3.2　层次遍历二叉树的过程

序号	已遍历序列	过程说明	队内元素
1		a入队	a
2	a	a出队，bc入队	bc
3	ab	b出队，de入队	cde
4	abc	c出队，fg入队	defg
5	abcd	d出队	efg
6	abcdefg	efg出队	

该二叉树层次遍历的过程可简单描述：

① 根结点指针入队。

② 当队列非空时，队列中队头元素出队，并访问之。若该元素存在左孩子，则将左孩子指针入队；若该元素存在右孩子，则将其右孩子指针入队。

③ 重复②，直到队列为空结束。

队列还可应用于非递归方法创建二叉链表，详细内容请参看二叉树相关章节。

3.3　数组及其存储

高级语言都支持数组，但高级语言的教材通常重点介绍数组的使用方法，本节重点介绍数组的内部实现、数组元素的映射、存储。

3.3.1　数组的定义

数组（array）是由 $n(n>1)$ 个相同类型数据元素 $a_0,a_1,\cdots,a_i,\cdots,a_n$ 构成的有限序列。数组中元素的值与下标一一对应。

根据数组元素 a_i 的组织形式不同，数组可以分为一维数组、二维数组以及多维（n 维）数组。当 a_i 是单元素（原子）时，称为一维数组；当 a_i 本身是一个一维数组时，称为二维数组；依此类推。

线性表也是由 $n(n\geqslant 0)$ 个相同属性的数据元素组成的有限序列，所以可以将数组看成线性表的推广，数组亦是线性表的一种存储方式。

当非空的线性表元素是单原子时，线性表就是一维数组（也可称为向量）。当非空的线性表元素本身又是一个线性表时，就形成多维数组。

对于一个有 m 行 n 列的二维数组：

$$A[m][n]=\begin{pmatrix} a_{0,0} & a_{0,1} & \cdots & a_{0,n-1} \\ a_{1,0} & a_{1,1} & \cdots & a_{1,n-1} \\ \vdots & \vdots & & \vdots \\ a_{i,0} & a_{i,1} & \cdots & a_{i,n-1} \\ \vdots & \vdots & & \vdots \\ a_{m-1,0} & a_{m-1,1} & \cdots & a_{m-1,n-1} \end{pmatrix}$$

若将 $A[m][n]$ 看成一个包含 m 个行向量类型的数据元素的线性表 A，此时 $A[m][n]$ 中每一行成为线性表 A 的一个元素，则 A 可以表示成：$A=(a_0,a_1,\cdots,a_i,\cdots,a_{m-1})^{\mathrm{T}}$，每个元素 a_i 是一个行向量，即 $a_i=(a_{i,0},a_{i,1},\cdots,a_{i,n-1})$，$0\leqslant i\leqslant m-1$。此时可以简单地理解为二维数组由 m 个一维数组（一行）叠放而成。

也可以将 $A[m][n]$ 看成一个包含 n 个列向量类型的数据元素的线性表 B，此时 $A[m][n]$ 中每一列成为线性表 B 的一个元素，则 B 可以表示成：$B=(b_0,b_1,\cdots,b_j,\cdots,b_{n-1})$，每个元素 b_j 是一个列向量，$b_j=(a_{0,j},a_{1,j},\cdots,a_{m-1,j})$，$0\leqslant j\leqslant n-1$。此时可以简单地理解为二维数组由 n 个一维数组（一列）叠放而成。

二维数组 $A[m][n]$ 中的每个元素 $a_{i,j}$ 既属于第 i 个行向量，又属于第 j 个列向量。

对于 $m(m\geqslant 3)$ 维数组，可以依据上述规律类推。

3.3.2　数组的存储

一个数组中的所有元素占用一片连续的存储空间。数组是一种多维结构，而存储空间是一个一维结构，故需要将多维数组映射到一维存储空间。

1. 一维数组的存储地址

对于一维数组 $A[n]=(a_{i,0},a_{i,1},\cdots,a_{i,n-1})$，若每个元素占用 L 个存储单元，则其元素 a_i（$0\leqslant i\leqslant n-1$）的地址为 $\mathrm{Loc}(a_i)=\mathrm{Loc}(a_0)+i\times L$。记忆口令：$a_i$ 前有 i 个元素。

2. 二维数组的存储地址

二维数组数据元素的顺序映射有两种方式：

① 按行优先：先行后列，先存储行号较小的元素，行号相同者先存储列号较小的元素。

以二维数组 $A[m][n]$ 为例，按行优先顺序存储时的线性序列为 $a_{0,0},a_{0,1},\cdots,a_{0,n-1},a_{1,0},a_{1,1},\cdots,a_{1,n-1},\cdots,a_{m-1,0},a_{m-1,1},\cdots,a_{m-1,n-1}$，则元素 $a_{i,j}(0\leqslant i\leqslant m-1,\ 0\leqslant j\leqslant n-1)$ 的地址为：$\mathrm{Loc}(a_{i,j})=\mathrm{Loc}(a_{0,0})+(i\times n+j)\times L$。记忆口令：排在元素 $a_{i,j}$前面的元素个数包含上有 i 行元素（每行有 n 个，即列数），左有 j 个元素。

$$A[m][n]=\begin{matrix}i\left\{\vphantom{\begin{matrix}a_{0,0}\\ \vdots\end{matrix}}\right.\\ \vphantom{\begin{matrix}a_{i,0}\\ \vdots\\ a_{m-1,0}\end{matrix}}\end{matrix}\overbrace{\begin{pmatrix} a_{0,0} & a_{0,1} & \cdots & a_{0,j} & \cdots & a_{0,n-1}\\ \vdots & \vdots & & \vdots & & \vdots\\ a_{i,0} & a_{i,1} & \cdots & a_{i,j} & \cdots & a_{i,n-1}\\ \vdots & \vdots & & \vdots & & \vdots\\ a_{m-1,0} & a_{m-1,1} & \cdots & a_{m-1,j} & \cdots & a_{m-1,n-1}\end{pmatrix}}^{n}$$

② 按列优先：先列后行，先存储列号较小的元素，列号相同者先存储行号较小的元素。

以二维数组 $A[m][n]$ 为例，按列优先顺序存储时的线性序列为 $a_{0,0},a_{1,0},\cdots,a_{m-1,0},a_{0,1},a_{1,1},\cdots,a_{m-1,1},\cdots,a_{0,n-1},a_{1,n-1},\cdots,a_{m-1,n-1}$，则元素 $a_{i,j}$（$0\leqslant i\leqslant m-1$，$0\leqslant j\leqslant n-1$）的地址为：$\mathrm{Loc}(a_{i,j})=\mathrm{Loc}(a_{0,0})+(j\times m+i)\times L$。记忆口令：排在元素 $a_{i,j}$前面的元素个数包含左有 j 列元素（每列有 m 个，即行数），上有 i 个元素。

3. 三维数组的存储地址

对于三维数组 $A[p][m][n]$，可以想象成有 p 个 $m\times n$ 这样的二维数组从下往上叠放在一起。如要计算按行优先存放时元素 $a_{k,i,j}(0\leqslant k\leqslant p-1,\ 0\leqslant i\leqslant m-1,\ 0\leqslant j\leqslant n-1)$ 的地址，则先算排在元素 $a_{k,i,j}$前面的元素个数，包含下有 k 个二维数组，前有 i 行，左有 j 个元素，进而可得 $\mathrm{Loc}(a_{k,i,j})=\mathrm{Loc}(a_{0,0,0})+(k\times m\times n+i\times n+j)\times L$。

进而推得四维甚至 n 维数组 $A[d_1][d_2]\cdots[d_n]$ 按行优先顺序存放时数组元素的存储地址：$\mathrm{Loc}(a_{i_1,i_2,\cdots,i_n})=\mathrm{Loc}(a_{0,0,\cdots,0})+(i_1\times d_2\times\cdots\times d_n+i_2\times d_3\times\cdots\times d_n+\cdots+i_{n-1}\times d_n+i_n)\times L$。

例 1.3.5　假设有按行优先存放的四维数组 A（4,6,5,7），物理下标从 0 开始，则元素 $A[3][4][2][5]$ 的物理下标是多少？

四维数组 $A(4,6,5,7)$ 可理解为 4 个三维数组（6,5,7）叠放而成，每个三维数组（6,5,7）又是由 6 个二维数组（5,7）叠放而成，每个二维数组又是由 5 个一维数组（7）叠放而成。四维数组元素 $A[p][k][i][j]$按行优先顺序存放于物理下标 0 开始的存储空间时，要计算某个元素的物理下标只需计算该元素前面共有多少个元素即可。而元素 $A[p][k][i][j]$前有 p 个三维数组$+k$ 个二维数组$+i$ 个一维数组+左有 j 个，即前有 $p\times6\times5\times7+k\times5\times7+i\times7+j=210p+35k+7i+j$ 个，将元素 $A[3][4][2][5]$的四个逻辑下标分别代入，$210\times3+35\times4+7\times2+5=789$。

3.4　矩阵的存储

在编程语言中，通常用二维数组来存储矩阵。

高阶矩阵中有时非零元素呈现某种规律分布，有时又会出现大量零元素，如果按常规的方法存储，会浪费很多存储空间，所以为了节省存储空间，需要对这类矩阵进行压缩存储。

压缩存储的原则是：

① 为多个值相同的元素只分配一个存储空间；

② 对零元素不分配存储空间。

3.4.1　特殊矩阵的压缩存储

特殊矩阵是指非零元素或零元素的分布有一定规律的矩阵，如对称矩阵、三角矩阵、带状矩阵。

1. 对称矩阵的压缩存储

若矩阵 $\boldsymbol{A}_{n\times n}$ 中的元素满足 $a_{ij}=a_{ji}(0\leqslant i,\ j\leqslant n-1)$ 时，称 $\boldsymbol{A}$ 为 n 阶对称矩阵，如图 1.3.11 所示。由此可知，主对角线上的元素行下标与列下标相等，即 $i=j$。图 1.3.12 是一个 5 阶对称矩阵。

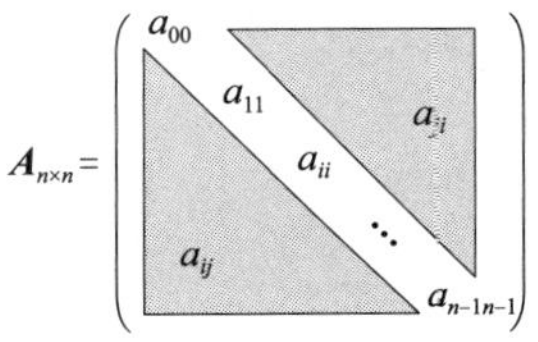

图 1.3.11　n 阶对称矩阵

$$\boldsymbol{A}_{5\times 5}=\begin{pmatrix} 3 & 6 & 4 & 7 & 8 \\ 6 & 2 & 3 & 0 & 2 \\ 4 & 3 & 1 & 9 & 1 \\ 7 & 0 & 9 & 0 & 5 \\ 8 & 2 & 1 & 5 & 7 \end{pmatrix}$$

图 1.3.12　5 阶对称矩阵

为描述方便，将矩阵划分为三个区：上三角区、主对角线和下三角区。上三角区即对角线上方的所有元素，下三角区即对角线下方的所有元素。不难发现，上三角区中的元素行列下标满足 $i<j$ 关系，下三角区中的元素行列下标满足 $i>j$ 关系。

由于对称矩阵中的各元素沿主对角线对称相等，即上三角区与下三角区是重复的元素值，因此在存储时，只需存储对称矩阵中的上三角区+主对角线或下三角区+主对角线，使得对称相等的两个元素只占用一个存储单元。

下面以存储下三角区+主对角线元素为例，将图 1.3.11 所示的 n 阶矩阵按行优先顺序压缩存储到从下标 0 开始的一维数组 $B[N]$ 中，即依次存放第 1 行的 1 个元素，第 2 行的第 2 个元素，依此类推，直到第 n 行的 n 个元素，如图 1.3.13 所示。称数组 B 为压缩表。按此方案压缩存放时，只占用 $n\times(n+1)/2$ 个存储单元，由于从 B 数组的下标 0 开始存放，所以 N 至少为 $n\times(n+1)/2$。而不压缩存储需要 n^2 个存储单元。当 n 很大时，几乎能压缩原存储空间的一半。

0	1	2	3	4	5	…	…	…	k	…	…	…	…	…	$n(n+1)/2-1$
$a_{0,0}$	$a_{1,0}$	$a_{1,1}$	$a_{2,0}$	$a_{2,1}$	$a_{2,2}$	…	$a_{i,0}$	…	$a_{i,j}$	…	$a_{i,i}$	…	$a_{n-1,0}$	…	$a_{n-1,n-1}$

图 1.3.13　对称矩阵对应的压缩表

在数组 B 中，位于元素 $a_{i,j}(i\geqslant j)$ 前的元素个数如下：

第 1 行：1 个元素（$a_{0,0}$）。

第 2 行：2 个元素（$a_{1,0},a_{1,1}$）。

……

第 i 行：i 个元素（$a_{i-1,0},a_{i-1,1},\cdots,a_{i-1,i-1}$）

第 $i+1$ 行：j 个元素（$a_{i,0},a_{i,1},\cdots,a_{i,j-1}$）

因此，二维数组元素 $a_{i,j}$ 在一维数组 B 中的下标 $k=1+2+\cdots+i+j=i\times(i+1)/2+j$（因为在数组 B 中从下标 0 开始存放）。

因为只存储下三角区+主对角线元素，因此当要访问的元素 $a_{i,j}$ 处于上三角区时，只需访问对应的下三角元素 $a_{j,i}$ 即可。因此，可得二维数组元素与一维数组元素下标之间的关系：

$$k=\begin{cases} i\times(i+1)/2+j, & i\geqslant j \\ j\times(j+1)/2+i, & i<j \end{cases}$$

若每个元素占用 L 个字节，$\mathrm{Loc}(a_0,0)$为数组 B 的起始地址，则元素 $a_{i,j}$的物理存储地址计算公式为

$$\mathrm{Loc}(a_{i,j})=\begin{cases} \mathrm{Loc}(a_{0,0})+[i\times(i+1)/2+j]\times L, & i\geqslant j \\ \mathrm{Loc}(a_{0,0})+[j\times(j+1)/2+i]\times L, & i<j \end{cases}$$

算法 1.3.28　对称矩阵的压缩算法

```
int CompressSymMatrix (int (*A)[], int n, int B[] )  {
    int k = 0;
    int i,j;
    for(i = 0; i<n; i++)
        for(j = 0; j<=i; j++)
            B[k++] = A[i][j];
    return k;
}
```

算法 1.3.29　对称矩阵的解压算法

```
void UncompressSymMatrix (int (*A)[], int n, int B[] )  {
    int k;
    int i,j;
    for(i = 0; i<n; i++)
        for(j = 0; j<n; j++)  {
            if(i >= j)
                k = i*(i+1)/2+j;
            else
                k = j*(j+1)/2+i;
            A[i][j] = B[k];
        }
}
```

2. 三角矩阵的压缩存储

在矩阵处理中，经常会遇到上三角区（或下三角区）元素为常量（用 C 表示，最特殊的常量就是 0），称为下三角矩阵（或上三角矩阵），如图 1.3.14 和图 1.3.15 所示。此时采用这多个相同的常量共享一个存储单元方式进行压缩存储，当阶数较高时可节约大量存储空间。

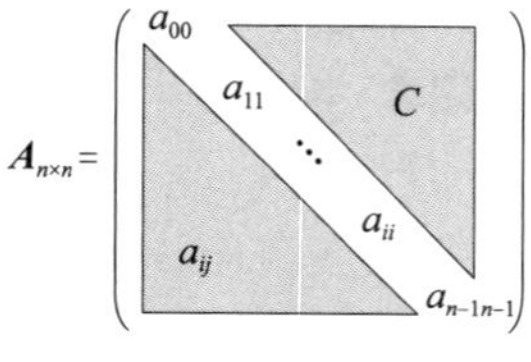

图 1.3.14　n 阶下三角矩阵

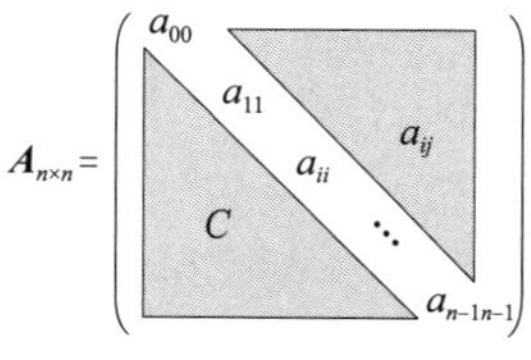

图 1.3.15　n 阶上三角矩阵

（1）下三角矩阵

对于图 1.3.14 所示的 n 阶下三角矩阵，可按照对称矩阵的压缩方法将下三角区和主对角线元素压缩存储于 B 数组中，并将上三角区相同的常量 C 存放在下标 $n\times(n+1)/2$中，如图 1.3.16 所示。

0	1	2	3	4	5	…	…	…	k	…	…	…	…	…	$n(n+1)/2-1$	$n(n+1)/2$
$a_{0,0}$	$a_{1,0}$	$a_{1,1}$	$a_{2,0}$	$a_{2,1}$	$a_{2,2}$	…	$a_{i,0}$	…	$a_{i,j}$	…	$a_{i,i}$	…	$a_{n-1,0}$	…	$a_{n-1,n-1}$	C

图 1.3.16　下三角矩阵对应的压缩表

因此易得，二维数组元素与一维数组元素下标之间的关系：

$$k=\begin{cases} i\times(i+1)/2+j, & i\geqslant j \\ n\times(n+1)/2, & i<j \end{cases}$$

若每个元素占用 L 个字节，$\mathrm{Loc}(a_{0,0})$ 为数组 B 的起始地址，则元素 $a_{i,j}$ 的物理存储地址计算公式为

$$\mathrm{Loc}(a_{i,j})=\begin{cases} \mathrm{Loc}(a_{0,0})+[i\times(i+1)/2+j]\times L, & i\geqslant j \\ \mathrm{Loc}(a_{0,0})+n\times(n+1)/2\times L, & i<j \end{cases}$$

算法 1.3.30　下三角矩阵的压缩算法

```
int CompressLowerMatrix (int (*A)[], int n, int B[] )  {
    int k = 0;
    int i,j;
    for(i = 0; i<n; i++)
        for(j = 0; j<=i; j++)
            B[k++] = A[i][j];
    B[k++] = A[0][1];                   //常量
    return k;
}
```

算法 1.3.31　下三角矩阵的解压算法

```
void UncompressLowerMatrix (int (*A)[], int n, int B[] )  {
    int k;
    int i,j;
    for(i = 0; i<n; i++)
        for(j = 0; j<n; j++)  {
            if(i >= j)
                k = i*(i+1)/2+j;
            else
                k = n*(n+1)/2;
            A[i][j] = B[k];
        }
}
```

（2）上三角矩阵

对于图 1.3.15 所示的 n 阶上三角矩阵压缩存储，其上三角区与主对角线元素也可按行优先顺序压缩存储到从下标 0 开始的一维数组 $B[N]$ 中，即先存放第 1 行的 n 个元素，再存放第 2 行的第 $n-1$ 个元素，依此类推，直到第 n 行的 1 个元素。并将下三角区相同的常量 C 存放在下标 $n\times(n+1)/2$ 中，如图 1.3.17 所示。

0	1	…	$n-1$	n	$n+1$	…	$2n-2$	…	k	…	$n(n+1)/2-3$	$n(n+1)/2-2$	$n(n+1)/2-1$	$n(n+1)/2$
$a_{0,0}$	$a_{1,0}$	…	$a_{0,n-1}$	$a_{1,1}$	$a_{1,2}$	…	$a_{1,n-1}$	…	$a_{i,j}$	…	$a_{n-2,n-2}$	$a_{n-2,n-1}$	$a_{n-1,n-1}$	C

图 1.3.17　上三角矩阵对应的压缩表

在数组 B 中，位于元素 $a_{i,j}(i\leqslant j)$ 前的元素个数如下：

第 1 行：n 个元素 $(a_{0,0},a_{0,1},\cdots,a_{0,n-1})$。

第 2 行：$n-1$ 个元素 $(a_{1,1},a_{1,2},\cdots,a_{1,n-1})$。

……

第 i 行：$n-i+1$ 个元素 $(a_{i-1,i-1},a_{i-1,i+1},\cdots,a_{i-1,n-1})$

第 $i+1$ 行：$j-i$ 个元素 $(a_{i,i},a_{i,i+1},\cdots,a_{i,j-1})$

因此，二维数组元素 $a_{i,j}$ 在一维数组 B 中的下标 $k=n+(n-1)+\cdots+(n-i+1)+(j-i)=i\times n-i\times(i+1)/2+j$

（因为在数组 B 中从下标 0 开始存放）。进而可得二维数组元素与一维数组元素下标之间的关系：

$$k=\begin{cases} n(n+1)/2, & i>j \\ i\times n-i\times(i+1)/2+j, & i\leqslant j \end{cases}$$

若每个元素占用 L 个字节，$\mathrm{Loc}(a_{0,0})$ 为数组 B 的起始地址，则元素 $a_{i,j}$ 的物理存储地址计算公式为

$$\mathrm{Loc}(a_{i,j})=\begin{cases} \mathrm{Loc}(a_{0,0})+n\times(n+1)/2\times L, & i>j \\ \mathrm{Loc}(a_{0,0})+[i\times n-i\times(i+1)/2+j]\times L, & i\leqslant j \end{cases}$$

算法 1.3.32　上三角矩阵的压缩算法

```
int CompressUpperMatrix (int (*A)[], int n, int B[] )  {
    int k = 0;
    int i,j;
    for(i = 0; i<n; i++)
        for(j = i; j<n; j++)
            B[k++] = A[i][j];
    B[k++] = A[1][0];                    //常量
    return k;
}
```

算法 1.3.33　上三角矩阵的解压算法

```
void UncompressUpperMatrix (int (*A)[], int n, int B[] )  {
    int k;
    int i,j;
    for(i = 0; i<n; i++)
        for(j = 0; j<n; j++)  {
            if(i > j)
                k = n*(n+1)/2;
            else
                k = i*n-i*(i+1)/2+j;
            A[i][j] = B[k];
        }
}
```

3. 带状矩阵的压缩存储

对于 n 阶方阵，若其非零元素分布在以对角线为中心的带状区域中，这个带状区域包含主对角线元素以及上下各 b 条对角线元素，则称该方阵为半带宽为 b 的带状矩阵，或称为 $2b+1$ 对角矩阵。

下面以图 1.3.18 所示的 n 阶三对角矩阵为例描述其压缩存储。

在三对角矩阵中，所有的非零元素集中在以对角线为中心的三条对角线上，其他区域的元素都为常量 C。仔细观察，不难发现 n 阶三对角矩阵中首尾两行都只有两个非零元素，中间行每行均有三个非零元素。所以也可以进行压缩存储。

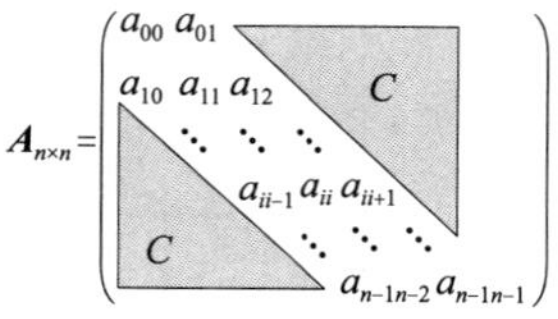

图 1.3.18　n 阶三对角矩阵

若按行优先顺序将三条对角线上的元素压缩存储到从下标 0 开始的一维数组 $B[N]$ 中，即依次存放第 1 行的 2 个元素，第 2 行的第 3 个元素，……，第 $n-1$ 行的 3 个元素，第 n 行的 2 个元素，最后存放其他区域中的相同常量 C，如图 1.3.19 所示。按此方案压缩存放时，只占用 $3\times n-1$ 个存储单元，由于从 B 数组的下标 0 开始存放，所以 N 至少为 $3\times n-1$。

0	1	2	3	4	…	k	…	$3n-7$	$3n-6$	$3n-5$	$3n-4$	$3n-3$	$3n-2$
$a_{0,0}$	$a_{0,1}$	$a_{1,0}$	$a_{1,1}$	$a_{1,2}$	…	$a_{i,j}$	…	$a_{n-2,n-3}$	$a_{n-2,n-2}$	$a_{n-2,n-1}$	$a_{n-1,n-2}$	$a_{n-1,n-1}$	C

图 1.3.19　三对角矩阵对应的压缩表

在数组 B 中，位于元素 $a_{i,j}(i-1\leqslant j\leqslant i+1)$ 前的元素个数为：

第1行：2个元素（$a_{0,0},a_{0,1}$）。

第2行：3个元素（$a_{1,0},a_{1,1},a_{1,2}$）。

……

第 i 行：3个元素（$a_{i-1,i-2},a_{i-1,i-1},a_{i-1,i}$）

第 i+1 行：$j-i+1$ 个元素（$a_{i,i-1},a_{i,i},\cdots,a_{i,j-1}$）

因此，元素 $a_{i,j}$ 在数组 B 中的下标 $k=2+3+\cdots+3+(j-i+1)=3\times i-1+(j-i+1)=2\times i+j$（因为在数组 B 中从下标0开始存放）。进而可得二维数组元素与一维数组元素下标之间的关系：

$$k=\begin{cases}2\times i+j, & i-1\leqslant j\leqslant i+1\\3\times n-2, & j\leqslant i-2,j\geqslant i+2\end{cases}$$

若每个元素占用 L 个字节，$\mathrm{Loc}(a_{0,0})$ 为数组 B 的起始地址，则元素 $a_{i,j}$ 的物理存储地址计算公式为

$$\mathrm{Loc}(a_{i,j})=\begin{cases}\mathrm{Loc}(a_{0,0})+(2\times i+j)\times L, & i-1\leqslant j\leqslant i+1\\\mathrm{Loc}(a_{0,0})+(3\times n-2)\times L, & j\leqslant i-2,j\geqslant i+2\end{cases}$$

算法 1.3.34　三对角矩阵的压缩算法

```
int  CompressTridiagonalMatrix (int (*A)[], int n, int B[] )  {
    int k = 0;
    int i,j;
    //首行两个元素
    B[k++] = A[0][0]; B[k++] = A[C][1];
    //中间行
    for(i = 1; i<n-1; i++)
        for(j = i-1; j<=i+1; j++)
            B[k++] = A[i][j];
    //末行两个元素
    B[k++] = A[n-1][n-2]; B[k++] = A[n-1][n-1];
    B[k++] = A[0][2];                       //常量
    return k;
}
```

算法 1.3.35　三对角矩阵的解压算法

```
void  UncompressTridiagonalMatrix (int (*A)[], int n, int B[] )  {
    int k;
    int i,j;
    for(i = 0; i<n; i++)
        for(j = 0; j<n; j++)  {
            if(i - 1 <= j && j <= i + 1)
                k = 2*i+j;
            else
                k = 3*n-2;
            A[i][j] = B[k];
        }
}
```

3.4.2　稀疏矩阵的存储

矩阵中非零元素个数相对于元素总个数来说非常少，称为稀疏矩阵。若采用常规的二维数组存储稀疏矩阵，将会浪费非常多的存储空间，所以采用只存储非零元素的压缩方法。而由于非零元素的分布没有规律，所以仅仅存储非零元素本身是不能完成解压缩的，因此还需要存储非零元素所在的行下标与列

下标，以便快速确定非零元素的位置。

通常将非零元素所在的行、列及它的值构成一个三元组，然后按照某种方法存储这些三元组（i，j，a_{ij}）。稀疏矩阵的三元组若采用数组存储（约定第一个结点存储稀疏矩阵的行列数以及非零元素的个数），称为三元组顺序表，如图 1.3.20 所示；也可以采用链式存储，称为十字链表，如图 1.3.21 所示。

$$A_{5\times6}=\begin{pmatrix}0&0&1&0&2&0\\0&0&0&0&0&0\\5&0&0&0&0&3\\0&0&0&-1&0&0\\0&9&0&0&0&0\end{pmatrix}$$

（a）稀疏矩阵

下标	row	col	value
0	5	6	6
1	0	2	1
2	0	4	2
3	2	0	5
4	2	5	3
5	3	3	-1
6	4	1	9
…	…	…	…

（b）三元组顺序表

图 1.3.20　稀疏矩阵及其对应的三元组顺序表

$$A_{4\times4}=\begin{pmatrix}1&0&0&4\\0&2&0&0\\3&0&0&0\\0&0&0&5\end{pmatrix}$$

（a）稀疏矩阵

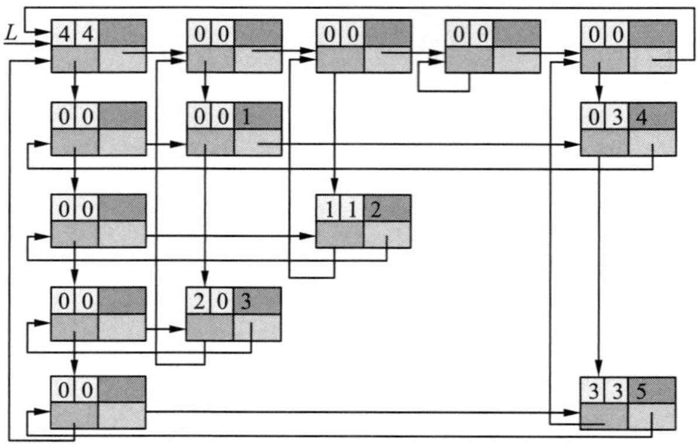

（b）十字链表

图 1.3.21　稀疏矩阵及其对应的十字链表

例 1.3.6　设有对称矩阵 A 为

$$\begin{pmatrix}1&0&0&4\\0&3&0&0\\0&0&0&5\\4&0&5&0\end{pmatrix}$$

① 若将 A 中包括主对角线的下三角元素按列优先顺序压缩到数组 S 中，试求 A 中任一元素的行列下标 i、j（$1\leqslant i, j\leqslant4$）与 S 中元素的下标 k 的关系。

② 若将 A 视为稀疏矩阵时，试画出其三元组压缩存储表。

下标	1	2	3	4	5	6	7	8	9	10
	1	0	0	4	3	0	0	0	5	0

$$k=\frac{(2\times4-j+2)(j-1)}{2}+i-j+1,\quad i\geqslant j$$

$$k=\frac{(2\times4-i+2)(i-1)}{2}+j-i+1,\quad i<j$$

下标	row	col	value
0	1	1	1
1	1	4	4
2	2	2	3
3	3	4	5
4	4	1	4
5	4	3	5

3.5　广　义　表

广义表也可以看成线性表的一种扩充，即线性表的数据元素自身又是一个数据结构。本节主要介绍广义表的基本概念和存储结构。

3.5.1　广义表的定义

顾名思义，广义表是线性表的推广，也称列表。广泛地用于人工智能等领域的表处理语言 LISP 语言，把广义表作为基本的数据结构，就连程序也表示为一系列的广义表。

广义表一般记作　　　　　　　　$LS=(a_1,a_2,\cdots,a_i,\cdots,a_n)$

其中，LS 是广义表$(a_1,a_2,\cdots,a_i,\cdots,a_n)$的名称，$n$ 是其长度。在线性表的定义中，$a_i(n\geqslant i\geqslant 0)$ 只限于是单个元素。而在广义表的定义中，a_i 可以是单个元素，也可以是广义表，分别称为广义表 LS 的原子和子表。习惯上，用大写字母表示广义表的名称，用小写字母表示原子。

显然，广义表的定义是一个递归的定义，因为在描述广义表时又用到了广义表的概念。下面列举一些广义表的例子。

（1）$A=()$

A 是一个空表，其长度为 0，深度为 1。

（2）$B=(e)$

B 只有一个原子 e，其长度为 1，深度为 1。

（3）$C=(a,(b,c,d))$

C 的长度为 2，两个元素分别为原子 a 和子表(b,c,d)，深度为 2。

（4）$D=(4,B,C)$

D 的长度为 3，3 个元素都是广义表。显然，将子表的值代入后，则有 $D=((),(e),(a,(b,c,d)))$。D 的深度为 3。

（5）$E=(a,E)$

这是一个递归的表，其长度为 2。E 相当于一个无限的广义表 $E=(a,(a,(a,\cdots)))$。

从上述定义和例子可推出广义表的三个重要结论：

① 广义表的元素可以是子表，而子表的元素还可以是子表……由此，广义表是一个多层次的结构，可以用图形象地表示。例如，图 1.3.22 表示的是广义表 D，图中以圆表示广义表，以矩形表示原子。

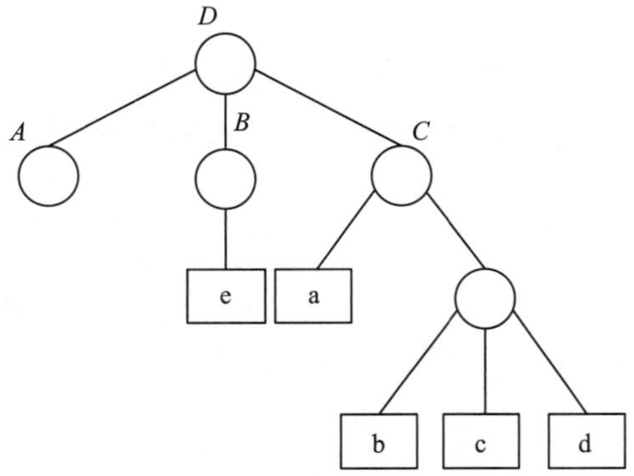

图 1.3.22　广义表 D

② 广义表可为其他广义表所共享。例如在上述例子中，

广义表 A、B 和 C 为 D 的子表，则在 D 中可以不必列出子表的值，而是通过子表的名称来引用。

③ 广义表可以是一个递归的表，即广义表也可以是其本身的一个子表。例如，表 E 就是一个递归的表。

由于广义表的结构比较复杂，其各种运算的实现也不如线性表简单，其中，最重要的两个运算如下：

① 取表头 GetHead(LS)：取出的表头为非空广义表的第一个元素，它可以是一个单原子，也可以是一个子表。

② 取表尾 GetTail(LS)：取出的表尾为除去表头之外由其余元素构成的表，即表尾一定是一个广义表。若有广义表 LS=$(a_1,a_2,\cdots,a_n)$，则 GetHead(LS)的结果为 a_1，GetTail(LS)的结果为$(a_2,a_3,\cdots,a_n)$。

例 1.3.7 利用 Gethead()与 GetTail()两个运算从广义表 G=(a,(b,d,e))中获取单元素 d。

其运算为：

首先对广义表 G 取表尾操作：Gettail(G)=((b,d,e))。

其次对结果取表头操作：Gethead(Gettail(G))=(b,d,e)。

再次对第二步结果取表尾操作：Gettail(Gethead(Gettail(G)))=(d,e)。

最后对第三步结果取表头操作：Gethead(Gettail(Gethead(Gettail(G))))=d。

3.5.2 广义表的存储

由于广义表中的数据元素可以有不同的结构（或是原子，或是列表），因此难以用顺序存结构表示，通常采用链式存储结构。

由于广义表中的数据元素可能为原子或广义表，因此存储需要两种结构的结点：一种是表结点用，以表示广义表；另一种是原子结点，用以表示原子。无论是表结点还是原子结点均由三个域组成。表结点：标志域、指示表头的指针域和指示表尾的指针域。原子结点：标志域和值域。如图 1.3.23 所示，其中 tag 是标志域，值为 1 时表明结点是子表，值为 0 时表明结点是原子。hp 指向子表头，tp 指向下一个元素，data 为原子结点的值。为操作方便，引入头结点，其形式同表结点。

（a）表结点　　（b）原子结点

图 1.3.23　广义表的结点结构

例 1.3.8 设职工工资的表头 H 如图 1.3.24 所示。请设计其存储结构。

工资收入A			扣除B			实发工资 X
基本工资 a_1	岗位津贴 a_2	福利 a_3	房租 b_1	水电 b_2	其他 b_3	

图 1.3.24　职工工资的表头

由图可知 H 相当于一个广义表，由三部分构成，其中工资收入 A 与扣除 B 相对于广义表中的表结点，实发工资 X 为广义表中的原子结点。故采用链式存储结构来存储，如图 1.3.25 所示。

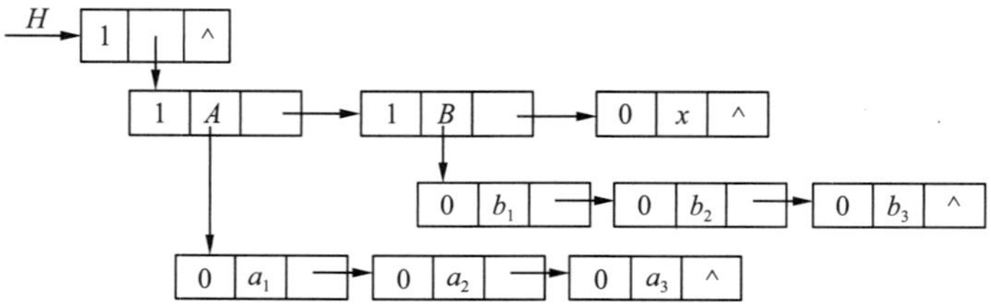

图 1.3.25　H 的存储结构示意图

3.6 串

计算机上的非数值处理的对象大部分是字符串数据，字符串一般简称为串。串是一种的线性表，其特殊性体现在数据元素是一个字符，也就是说，串是一种内容受限的线性表。在不同类型的应用中，所处理的字符串具有不同的特点，要有效地实现字符串的处理，就必须根据具体情况使用合适的存储结构。本节主要讨论串的定义、存储结构和基本操作，重点讨论串的模式匹配算法。

3.6.1 串的定义

字符串（string）简称串，是由零个或多个字符组成的有限序列，一般记为

$$S="a_1,a_2,\cdots,a_i,\cdots,a_n"\ (n\geqslant 0)$$

其中，S 是串的名，用双引号标识的字符序列是串的值；$a_i(1\leqslant i\leqslant n)$ 可以是字母、数字或其他字符；串中字符的数目 n 称为串的长度。零个字符的串称为空串，其长度为 0。

串中任意个连续的字符组成的子序列称为该串的子串，包含子串的串相应地称为主串。通常称字符在序列中的序号为该字符在串中的位置。子串在主串中的位置则以子串的第一个字符在主串中的位置来表示。当且仅当两个串的长度相等且每个对应位置的字符均相等时，称这两个串是相等的。

例如，假设串 A="Tianjin College"，B="Tianjin"，C="College"，则 A 的长度为 15，B 与 C 的长度均为 7。B 与 C 均为 A 的子串，B 在 A 中的位置为 1，C 在 A 中的位置为 9。

在各种应用中，空格常常是串的字符集合中的一个元素，因而可以出现在其他字符中间。由一个或多个空格组成的串称为空格串，其长度为串中空格字符的个数。为清楚起见，以后用符号“∅”来表示“空串”。

串的逻辑结构和线性表极为相似，区别仅在于串的数据对象限定为字符集。但在基本操作上，串和线性表有很大差别。线性表的基本操作主要以单个元素作为操作对象，如查找、插入或删除某个元素等；而串的基本操作通常以子串作为操作对象，如查找、插入或删除一个子串等。

3.6.2 串的存储结构

1. 定长顺序存储表示法

类似于线性表的顺序存储结构，用一组地址连续的存储单元存储串值的字符序列。在串的定长顺序存储结构中，为每个串变量分配一个固定长度的存储区，即定长数组。

```
#define MaxLength  256              //预定义最大串长为 255
typedef struct {
    char ch[MaxLength];
}SString;
```

串的实际长度只能小于等于 MaxLength-1（因串的结束标记字符“\0”也需占用一个存储位置），超过预定义长度的串值会被舍去，称为截断。在一些串的操作（如插入、连接等）中，若串的长度超过上界 MaxLength，约定用“截断”法处理，要克服这种弊端，只能不限定串长的最大长度，即采用动态分配的方式。

2. 堆分配存储表示法

堆分配存储表示法仍然以一组地址连续的存储单元存放串值的字符序列，但它们的存储空间是在程序执行过程中动态分配得到的。

```
typedef struct{
    char *ch;                    //按串长分配存储区,ch 指向串的基地址
```

```
    int length;//串的当前长度
}HString;
```

在C语言中，存在一个称之为“堆”的自由存储区，并用malloc()和free()函数来完成动态存储管理。利用malloc()函数为每个新产生的串分配一块实际串长所需的存储空间，若分配成功，则返回一个指向起始地址的指针，作为串的基地址，这个串由ch指针来指示；若分配失败，则返回NULL。已分配的空间可用free()函数释放掉。

上述两种存储表示通常为高级程序设计语言所采用。类似于线性表的链式存储结构，也可采用链表方式存储串，此处不做详细讨论。下节讨论的模式匹配算法也是基于串的定长顺序存储结构实现的。

3.6.3 串的模式匹配

子串的定位运算通常称为串的模式匹配或串匹配。此运算的应用非常广泛，比如在搜索引擎、拼写检查、语言翻译、数据压缩等应用中，都需要进行串匹配。

设有两个字符串 S 和 T，设 S 为主串，也称正文串；设 T 为子串，也称模式。在主串 S 中查找与模式 T 相匹配的子串，如果匹配成功，确定相匹配的子串中的第一个字符在主串 S 中出现的位置。

著名的模式匹配算法有BF算法和KMP算法，下面详细介绍这两种算法。

1. BF算法

最简单直观的模式匹配算法是BF（Brute-Force）算法，也称朴素模式匹配算法。其基本思想是：将模式串 T 中的各个字符依次与主串 S 进行比较，即从主串 S 的第一个字符开始和模式 T 的第一个字符进行比较，若相等，则继续比较两者的后续字符；否则，从主串 S 的第二个字符开始和模式 T 的第一个字符进行比较，重复上述过程，直到 T 中的字符全部比较完毕，则说明本趟匹配成功，即 T 的全部字符比较完成后都与 S 的对应字符相同，则说明在主串 S 中找到了模式 T。若主串 S 中字符全部比较完，则说明匹配失败。

不妨假设主串 S 与模式串 T 比较的字符下标分别为 i 和 j，图1.3.26给出了BF算法的示意图。

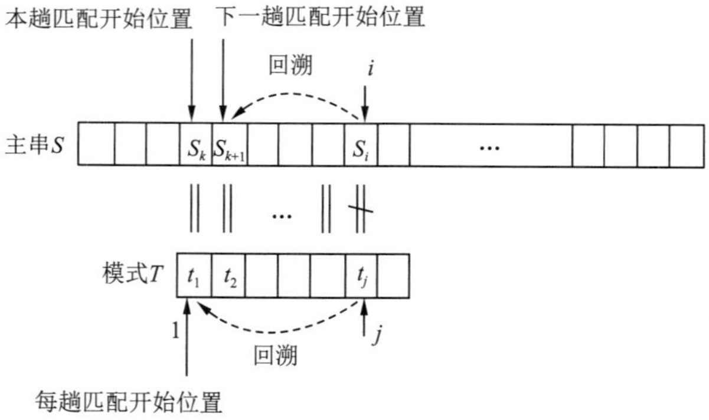

图1.3.26 BF算法示意图

下面给出BF算法的伪代码。

① 初始化主串 S 和模式串 T 的字符下标 i 和 j。

② 若 S 和 T 都没有比较完，则循环以下步骤：

步骤1：如果 $S_i = T_j$，则下标 i 和 j 后移；

步骤2：否则，i 回溯到本次起始位置的下一个位置，j 回溯到开始位置。

③ 若 T 中所有字符都已经比较完，则返回 T 在 S 中的位置。否则，查找失败。

在BF算法中，当一次比较不成功，i 需要回溯到本次起始位置的下一个位置。假定本次起始位置为 k，则有等式：$i-k=j-1$。由此，$k=i+1-j$，因此 i 应回溯到 $i+2-j$。图1.3.27给出了在主串"aacaaba"中匹配模式串"aab"的过程。

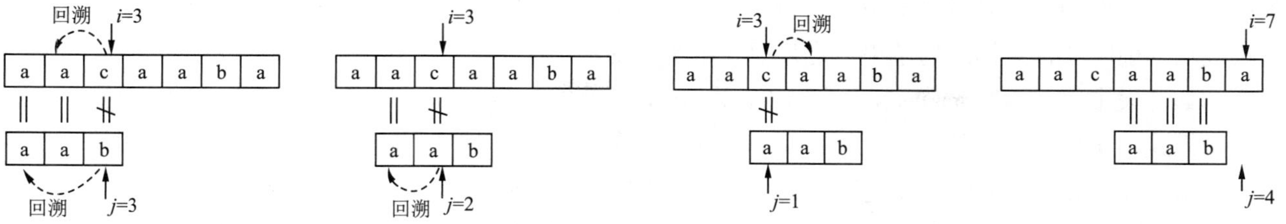

（a）第一趟匹配过程 （b）第二趟匹配过程 （c）第三趟匹配过程 （d）第四趟匹配过程

图 1.3.27 BF 算法匹配过程

依据上述思想，BF 模式匹配算法如下：

算法 1.3.36 BF 模式匹配算法

```
/*若主串 S 中第 pos 个字符之后存在与 T 相等的子串,返回第一个这样的子串在 S 中的位置,否则返回 0*/
int Index(SString S, SString T, int pos) {
    if(pos>0) {
        i = pos; j = 1;
        while( i<=strlen(S.ch) && j<=strlen(T.ch) )  {
            if(S.ch[i]==T.ch[j]) { ++ i; ++ j;}                //继续比较后续字符
            else   { i = i - j +1;  j = 1; }                   //指针后退重新开始匹配
        }
        if( j>StrLength(T) )return i-Strlength(T);
        else   return 0;
    }
}
```

在匹配成功的情况下，考虑两种极端情况。假设主串 S 和模式串 T 的长度分别为 m、n，若 $S=$ "aaaaaaaaaabcdeee"，T="bcd"，此时不成功的匹配都发生在串 T 的第一个字符，成功匹配发生在 11 趟，前 10 趟每趟比较 1 次，所以前 10 趟比较次数为 10 次，第 11 趟比较了 3 次，总比较次数达到最少，此时算法效率最高，其时间复杂度为 $O(m+n)$。但若 $S=$"aaaa…aaaab"共有 50 个“a”和 1 个“b”，$T=$ "aaaaab"共有 5 个“a”和 1 个“b”。由于每趟比较都是在模式串 T 的最后一个字符时出现不相等，此时需要将主串 S 位置指针 i 回溯到本趟起始位置的下一个位置，并从模式 T 的第一个字符（即模式 T 的位置指针 j 回溯到 T 的起始位置）开始重新比较，在整个匹配过程中位置指针 i 一共要回溯 50−5=45 次，即前 45 趟匹配均不成功，第 46 趟匹配成功，每趟比较次数为模式 T 的长度，总比较次数达到最多，为 $(45+1)\times6=276$次，所以，在最坏的情况下 BF 算法的时间复杂度为 $O(mn)$。

2. KMP 算法

BF 算法的特点是匹配过程简单，易于理解，但是效率不高，其原因是每次匹配不成功时，只能回溯 i 到上一趟起始比较位置的下一个位置。实际上很多回溯没有必要，因此 D. E. Knuth、J. H. Morris 和 V. R. Pratt 提出了另一种模式匹配算法，简称 KMP 算法。它是一种改进的模式匹配算法，可使时间复杂度在 $O(m+n)$的数量级上完成串的模式匹配操作。其改进在于每当一趟匹配过程出现字符比较不等时，不需回溯 i 指针，而是利用已经得到的“部分匹配”结果将模式向右“滑动”尽可能远的一段距离后，继续进行比较。

在论述“滑动”规则前，先看前缀子串和后缀子串的概念。一个串的前缀子串是指该串从第一个字符到某个位置的字符构成的子串。例如:"aacaaba"的前缀子串有"a"、"aa"、"aac"、"aaca"等。一个串的后缀子串是指该串从某个位置的字符到最后一个字符构成的子串。例如：“aacaaba”的后缀子串有"a"、"ba"、"aba"、"aaba"等。

对于 BF 算法，每次匹配不成功时，模式串 T 需要回溯到开头，主串 S 需要回溯到上次起始位置的下一个位置。而如果事先对模式串 T 进行分析，则不需要回溯主串 S，因为主串 S 从上次起始位置到匹配不成功的前一个位置构成的子串一定是模式串 T 的前缀子串。

例如：设主串 S 为"aacaaba"，模式串 T 为"aab"，当第一次匹配不成功，即主串 S 第三个字符"c"不等于模式串 T 第三个字符"b"时，主串 S 前两个字符构成的子串"aa"显然是模式串 T 的前缀子串，如图 1.3.28（a）所示。若采用 BF 算法，需要从主串 S 第二个字符重新开始匹配。而实际上，通过分析模式串 T 可知，由于模式串 T 的前两个字符相同，主串 S 第二个字符"a"一定与模式串 T 第一个字符"a"相同，因此不需要匹配这两个字符，只需要从主串 S 第三个字符" c" 与模式串 T 的第二个字符"a"重新开始匹配即可，如图 1.3.28（b）所示。

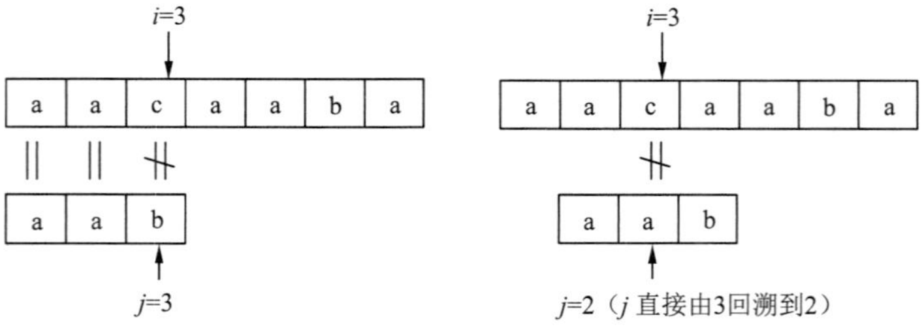

（a）第一次匹配在j=3时不成功　　（b）i无须回溯，j回溯到2

图 1.3.28　回溯方式的改进

上述匹配过程显然加快了匹配速度，这就是 KMP 算法的思想。该算法中主串不进行回溯，模式串回溯的位置由该串内容及出现不匹配的位置决定。通常为模式串构造 next 数组存储回溯位置，数组长度为模式串的长度，当模式串的第 j 个字符与主串不匹配时，将 j 回溯到 next[j]位置。令 next[1]=0，即模式串的第一个字符（$j=1$）匹配不成功时，j 回溯值为 0。

通过以上分析可知，next 数组的构造仅与模式串有关，且是 KMP 算法的关键步骤。前面已经讨论了 $j=1$时 next[j]的取值，而当 j 指向其他位置字符出现匹配失败时，next[j]的取值该如何计算呢？

当 $j=2$ 时，表示主串与模式串的第二个字符匹配不成功。若模式串第一个字符与第二个字符不同，j 回溯到 1，即 next[2]=1，重新开始匹配，如图 1.3.29（a）所示。若模式串第一个字符与第二个字符相同，显然主串 i 对应字符不可能与模式串第一个字符相同，因此 j 可回溯到 0，即 next[2]=0，然后将主串下标 i 和子串下标 j 都移向下一个位置，重新开始匹配，如图 1.3.29（b）所示。

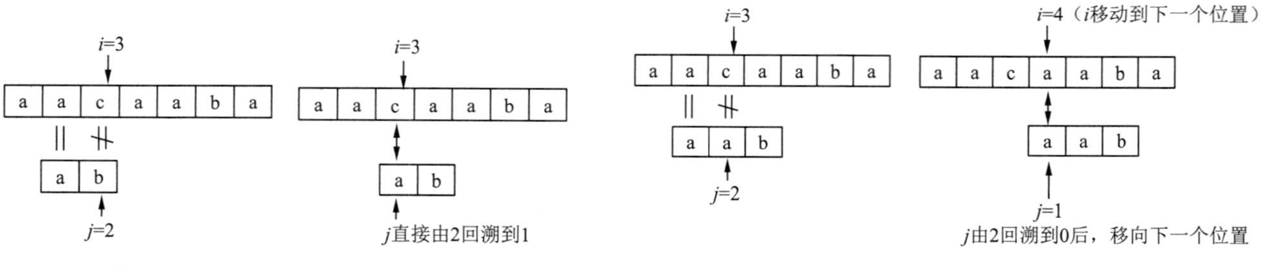

（a）模式串第一个字符与第二个字符不同时的回溯　　（b）模式串第一个字符与第二个字符相同时的回溯

图 1.3.29　$j=2$ 匹配不成功时的回溯

需要指出的是，第二种情况也可以采用第一种方式处理，两种情况的操作本质上是完全等价的。因为若按第一种处理方式，让 j 回溯到 1，显然匹配不成功，j 继续回溯为 next[1]，即 $j=0$，将主串下标 i 和子串下标 j 都移向下一个位置，两下标都分别指向下一个位置后，重新开始匹配，与第二种方式本质上完全相同。综上所述，只需要设置 next[2]=1。

通过分析 $j=2$ 时不难发现，当匹配不成功时，模式串的回溯位置实际上由一个因素决定，即模式串已匹配成功子串是否存在相同的后缀子串与前缀子串，若存在，则回溯位置为前缀子串下一个字符的位置，若不存在，则直接回溯到模式串的第一个字符位置。例如，设定模式串为"ababc"，当下标 $j=5$ 时匹配不成功，则主串的内容必为"…ababx…"，x 表示主串匹配不成功的字符，即下标 i 对应的字符。由于"ab"是模式串已匹配成功子串"abab"的前后缀子串的最长公共子串，该子串长度为2，因此 j 应回溯到 $2+1=3$，即模式串中前缀子串"ab"的下一个字符的位置，如图1.3.30（a）所示。若后缀子串都不是前缀子串，则 j 可回溯到1，如图1.3.30（b）所示。

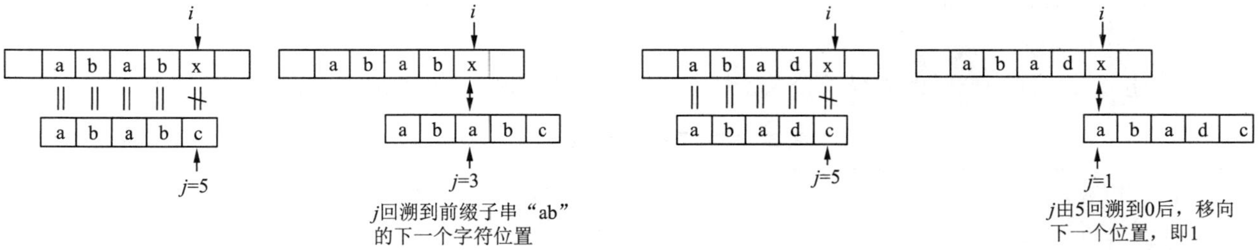

（a）模式串已匹配子串的后缀子串也是前缀子串的回溯　（b）模式串已匹配子串的后缀子串不是前缀子串的回溯

图1.3.30　一般情况下匹配不成功时的回溯

通过以上分析，可以总结出next数组的取值如下：

$$next[j]=\begin{cases}0, & j=1\\ 1, & j=2\text{或}j>2\text{且不存在满足条件的前缀子串}\\ k+1, & j>2\text{且}k\text{是满足条件的前后缀最长公共子串长度}\end{cases}$$

如何查找满足条件的最长前缀子串呢？设模式串为 $T=$"$t_1t_2\cdots t_m$"，j 所指位置匹配不成功，则需要在子串 $M=$"$t_1t_2\cdots t_{j-1}$"中查找最长子串，该子串既是 M 的前缀子串，又是 M 的后缀子串。设 $p=next[j-1]$，下面分几种情况考虑。

若 $p=1$，说明 $j-1$ 位置匹配不成功时直接回溯到1，当 j 所指位置匹配不成功，则需要比较字符 t_1 与 t_{j-1} 是否相同。

① 若 t_1 与 t_{j-1} 相同，j 回溯到2。例如，设模式串为"abax"，则 next[4] = 2。

② 若 t_1 与 t_{j-1} 不同，j 回溯到1。例如，设模式串为"abx"，则 next[3] = 1。

若 $p>1$，则说明串"$t_1t_2\cdots t_{p-1}$"与串"$t_{j-p}\cdots t_{j-2}$"相同，只需比较字符 t_p 与 t_{j-1} 是否相同。

① 若 t_p 与 t_{j-1} 相同，说明串"$t_1t_2\cdots t_p$"是满足条件的最长前缀子串，则 j 应回溯到 $p+1$。例如，设模式串为"ababx"，next[4] = 2，next[5] = 3。

② 若 t_p 与 t_{j-1} 不同，则满足条件的最长前缀子串只可能存在于串"$t_{j-p}\cdots t_{j-2}t_{j-1}$"中，接下来在该串中继续搜索，不难发现最长前缀子串实际上就是"$t_1t_2\cdots t_{next[p]-1}$"。例如，模式串为"ababcababax"，显然 next[5] = 3，next[10] = 5，当x字符匹配不成功时，需要在"ababcababa"中查找满足条件的最长前缀子串，显然"aba"是满足条件的子串，因此 next[11] = 4。

例1.3.9　现有模式 $T=$"abaabcac"，求 T 的next数组。

当冲突位置 $j=1$ 时，已匹配子串为空串∅，规定最长公共子串的长度为-1。

当冲突位置 $j=2$ 时，已匹配子串为"a"，有唯一的前缀子串∅和唯一的后缀子串∅，故最长公共子串的长度为0。

当冲突位置 $j=3$ 时，已匹配子串为"ab"，有非空前缀子串"a"和非空后缀子串"b"，无公共子串，故最长公共子串的长度为也为0。

当冲突位置 $j=4$ 时，已匹配子串为"aba"，有非空前缀子串"a"、"ab"和非空后缀子串"a"、"ba"，故最长公共子串为"a"，其长度为1。

当冲突位置 $j=5$ 时，已匹配子串为"abaa"，有非空前缀子串"a"、"ab"、"aba"和非空后缀子串"a"、"aa"、"baa"，故最长公共子串为"a"，其长度为1。

当冲突位置 $j=6$ 时，已匹配子串为"abaab"，有非空前缀子串"a"、"ab"、"aba"、"abaa"和非空后缀子串"b"、"ab"、"aab"、"baab"，故最长公共子串为"ab"，其长度为 2。

当冲突位置 $j=7$ 时，已匹配子串为"abaabc"，有非空前缀子串"a"、"ab"、"aba"、"abaa"、"abaab"和非空后缀子串"c"、"bc"、"abc"、"aabc"、"baabc"，故最长公共子串为∅，其长度为 0。

当冲突位置 $j=8$ 时，已匹配子串为"abaabca"，有非空前缀子串"a"、"ab"、"aba"、"abaa"、"abaab"和"abaabc"和非空后缀子串"a"、"ca"、"bca"、"abca"、"aabca"、"baabca"，故最长公共子串为"a"，其长度为 1。

由上述分析，回溯位置即为最长公共子串长度+1，所以可得表 1.3.3 所示的 next 数组。

表 1.3.3　模式 T="abaabcac"的 next 数组

冲突位置 j	1	2	3	4	5	6	7	8
模　式　串	a	b	a	a	b	c	a	c
最长公共子串长度	−1	0	0	1	1	2	0	1
next[j]	0	1	1	2	2	3	1	2

用 C 语言实现计算 next 数组的算法如下：

算法 1.3.37　next 数组的计算

```
void GetNext(SString T, int* next) {
    int j=0, i=1, n=0;
    next[1]=0;
    next[2]=1;
    while(T.ch[n])    n++;             //计算模式串的长度
    while(i<=n) {
        if(j==0||T.ch[i] == T.ch[j] ) { i++, j++; next[i] = j;}
        else j = next[j];
    }
}
```

KMP 算法是在模式串的 next 数组值的基础上执行，在匹配失败时，i 不变，j 退回到 next[j] 所指示的位置上重新进行比较，并且当 j 退回到零时，i 和 j 需同时增 1。

算法 1.3.38　KMP 模式匹配算法

```
int KMP (SString S , SString T, int * next) {
    int i = 1, j=1;
    while( i<=strlen(S.ch) && j<=strlen(T.ch)) {
        if(j == 0 ||S.ch[i] == T.ch[j]) {
              i++; j++;
          }
          else j = next[j];
          if(j>strlen(T.ch))
              return i- strlen(T.ch);
          else
              return 0;
        }
}
```

第 4 章

树和二叉树

学习目标

1. 理解树的定义、常用术语及存储、遍历；
2. 掌握二叉树的概念、特征、性质；
3. 掌握二叉树的三种存储与三种遍历；
4. 理解二叉树三种线索化，了解线索二叉树的遍历；
5. 了解树、森林和二叉树之间的相互转换；
6. 掌握二叉排序树的概念，理解其构造、查找、删除算法、查找效率分析；
7. 掌握平衡二叉树的相关概念，掌握其构造方法；
8. 掌握哈夫曼树的相关概念及构造方法、哈夫曼编码。

知识导图

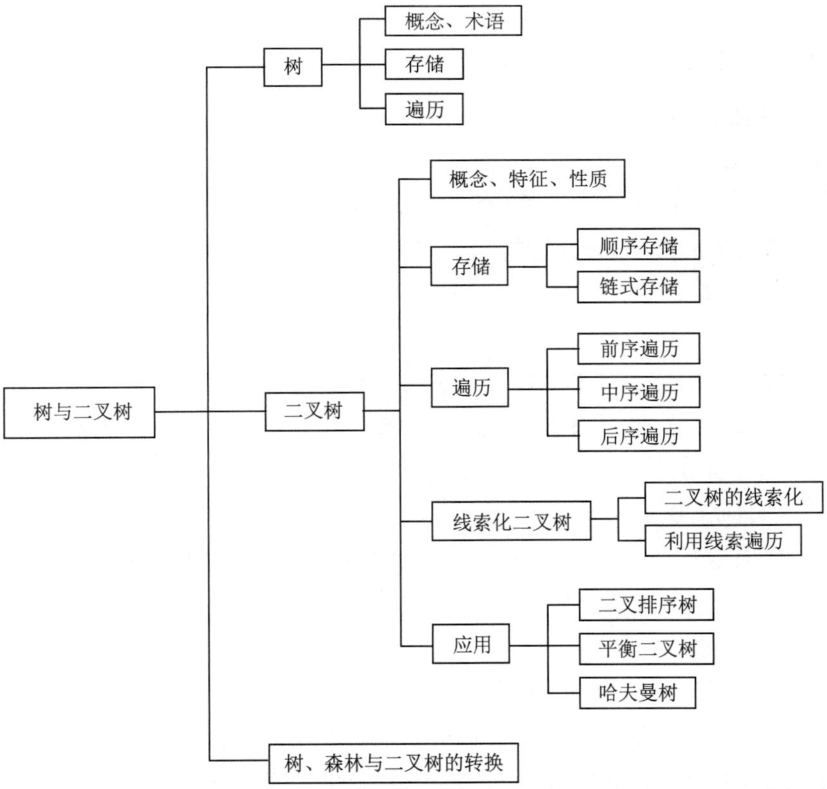

线性数据结构的结点之间具有线性关系，即有唯一的头结点和尾结点，除头结点和尾结点之外的结点都有且只有一个前驱结点和一个后继结点。 但还有许多其他数据结构其结点间却呈现出非线性关系，换言之，一个结点可能有多个前驱结点或多个后继结点。 这类数据结构被称为非线性数据结构。

树形结构是非常重要的非线性数据结构，每个结点最多有一个前驱结点，可能有多个后继结点。 其特点是结点之间有分支，并具有层次关系。 它主要用于对客观世界中一对多的层次性、分支性关系进行描述，如人类社会的族谱、各种社会组织机构、Windows 操作系统的文件目录结构等。树在计机领域中有着广泛的应用，在源程序的编译中，用树来表示源程序的语法结构；在数据库系统中，可以用树来组织信息；在计算机信息存储或传输方式中，XML、DOM 树、JSON 数据、磁盘路径结构等也都是用树来组织信息的。

4.1 树

直观地说，树是按分支关系将数据组织起来的数据结构，就像自然界中的具有树杈分支的树一样。本节主要讨论一般意义上的树，主要涉及树的定义、树的表示方法、相关术语，以及树的存储与遍历。

4.1.1 树的相关概念

树是由 $n(n\geqslant 0)$ 个结点构成的有限集合，当 $n=0$ 时，称为空树；当 $n\neq 0$ 时，树中的结点应该满足以下三个条件：

① 有且仅有一个特定的结点称为根。

② 其余结点分成 $m(m\geqslant 0)$ 个互不相交的有限集合 $T_1,T_2,\cdots,T_m$，其中每一个集合又都是一棵树，称 $T_1,T_2,\cdots,T_m$ 为根结点的子树。

③ 每棵子树的根结点有且仅有一个前驱，可以有多个后继。

树形结构一般用树形示意图来表示，如图 1.4.1 所示。和线性结构相比，树型结构中只有一个根结点（无前驱），可能有多个叶子结点（无后继），树中其他结点有且仅有一个前驱，可能有多个后继。

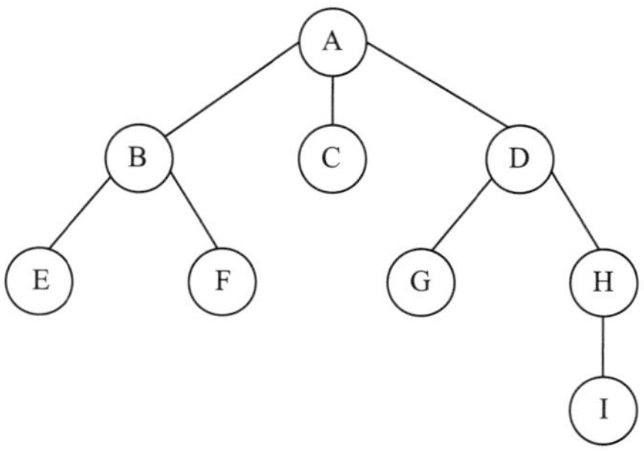

图 1.4.1　树形示意图

下面列举树形结构中的一些基本概念：

① 结点：数据元素+若干指向子树的分支。

② 结点的度：结点拥有的子树个数，如图 1.4.1 中结点 A 的度为 3，结点 B 的度为 2，结点 C 的度为 0。

③ 树的度：若树中所有结点的度的最大值为 m，则树的度为 m，称为 m 叉树，图 1.4.1 所示的树的度为 3，即为三叉树。

④ 叶子结点：度为零的结点（终端结点），如图 1.4.1 中的结点 C、E、F、G 和 I。

⑤ 分支结点：度大于零的结点（非终端结点），如图 1.4.1 中的结点 A、B、D 和 H。

⑥ 孩子、双亲、兄弟：结点的后继称为该结点的孩子，该结点称为孩子的双亲（即结点的前驱就是该结点的双亲），同一个双亲的孩子之间互称兄弟。如图 1.4.1 中结点 A 的孩子为 B、C、D，所以 B、C、D 的双亲是 A，故 B、C、D 互为兄弟。

⑦ 祖先、子孙：从根结点到某结点的所经分支上的所有结点，称为该结点的祖先。反之，以某结点为根的树中所有的结点称为该结点的子孙。如图 1.4.1 中结点 H 的祖先为 A、D，而结点 D 的子孙为 G、H、I。

⑧ 结点的层次：根结点的层次为 1，根的孩子为第 2 层，依此类推。

⑨ 树的高度：树中结点所在层次的最大值称为树的高度或深度，如图 1.4.1 所示的树的高度为 4。

⑩ 结点的路径、路径长度：从根结点到某结点所经过的结点序列就构成了该结点的路径，路径上所经过的分支的个数即为路径长度。图 1.4.1 所示的树中结点 I 的路径为 ADHI，其路径长度为 3。

⑪ 有序树、无序树：若树中结点的孩子从左到右是有次序的，则该树称为有序树，否则称为无序树。

⑫ 森林：是 $m(m\geqslant 0)$ 个互不相交的树的集合。对某结点而言，其子树的集合即为森林。

4.1.2　树的存储

存储结构不仅需要考虑数据元素本身如何存储，还需要重点考虑数据元素之间的逻辑关系的存储。根据树形结构元素之间关系的不同表述，树的常用存储结构主要有三种：双亲表示法、孩子表示法和孩子兄弟表示法。

1. 双亲表示法

在树形结构中，只有根结点没有前驱，其他每个结点的双亲是确定的，有且仅有一个，因此可根据树的这一特性存储结点时，除了结点本身以外，同时存储该结点的双亲——用于体现逻辑关系，所以可用一个顺序表来存储一棵树，每个结点应包含两个信息 data（结点本身）和 parent（双亲所在的存储下标），根结点没有双亲，故用-1 来表示。图 1.4.2 就是图 1.4.1 所示树的双亲表示法。

下标	data	parent
0	A	-1
1	B	0
2	C	0
3	D	0
4	E	1
5	F	1
6	G	3
7	H	3
8	I	7

图 1.4.2　树的双亲表示法

2. 孩子表示法

用孩子表示法表示一棵树时，每个结点除了存储结点本身以外还需存储孩子结点的信息。由于树中结点的孩子数量不同，对于度为 m 的树，一般就用长度为 m 的数组来存放孩子信息。根据数组的类型不同，可形成数组方式的孩子表示法和指针方式的孩子表示法。

例 1.4.1　图 1.4.3 和图 1.4.4 就是图 1.4.1 所示树的两种孩子表示法。

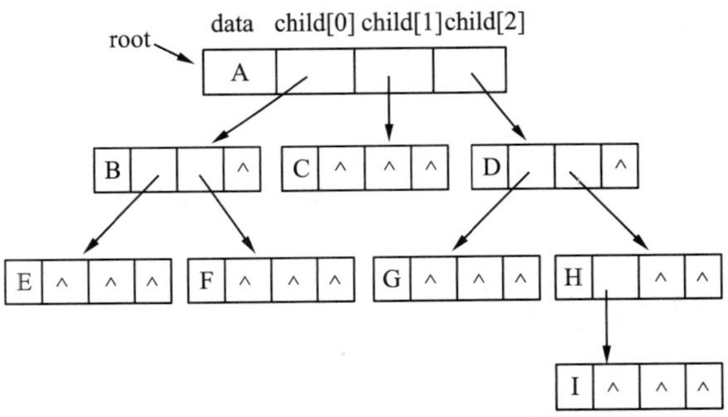

图 1.4.3　指针方式的孩子表示法

下标	data	child[0]	child[1]	child[2]
0	A	1	2	3
1	B	4	5	-1
2	C	-1	-1	-1
3	D	6	7	-1
4	E	-1	-1	-1
5	F	-1	-1	-1
6	G	-1	-1	-1
7	H	8	-1	-1
8	I	-1	-1	-1

图 1.4.4　数组方式的孩子表示法

无论是数组方式的孩子表示法还是指针方式的孩子表示法，均存在一个共同的缺点：结点的孩子数量不相同，而 child 数组的大小由树的度决定，所以当结点孩子个数小于 m 时就造成了空间的浪费。所以可采用一种改进的方法：把结点的孩子串起来形成一个单链表，这样树中的 n 个结点就形成 n 个单链表；而每个结点信息除了本身以外，只需包含单链表的头指针，这样 n 个结点与 n 个单链表的头指针又组成一个顺序表，就得到链表方式的孩子表示法。

例 1.4.2　给出图 1.4.1 所示树对应的链表方式的孩子表示法。

图 1.4.5 就是图 1.4.1 所示树对应的链表方式的孩子表示法。

3. 孩子兄弟表示法

孩子兄弟表示法，即在存储树中每个结点时，除了包含该结点值域外，还设置两个指针域 firstchild 和 rightsibling，分别指向该结点的第一个孩子和其右兄弟，即以二叉链表方式加以存储。

例 1.4.3　给出图 1.4.1 所示树对应的孩子兄弟表示法。

图 1.4.6 就是图 1.4.1 所示树对应的孩子兄弟表示法。

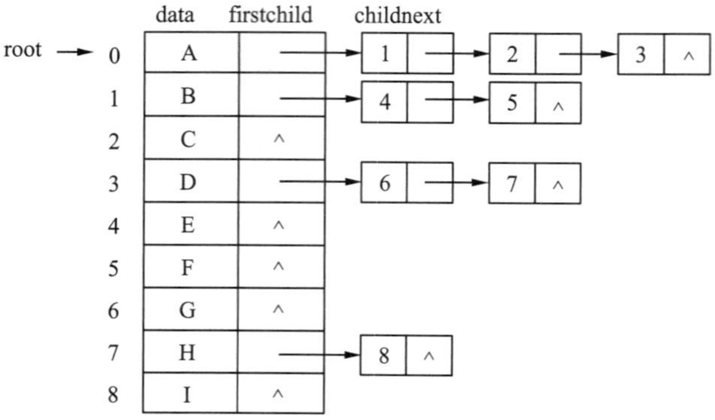

图 1.4.5　链表方式的孩子表示法

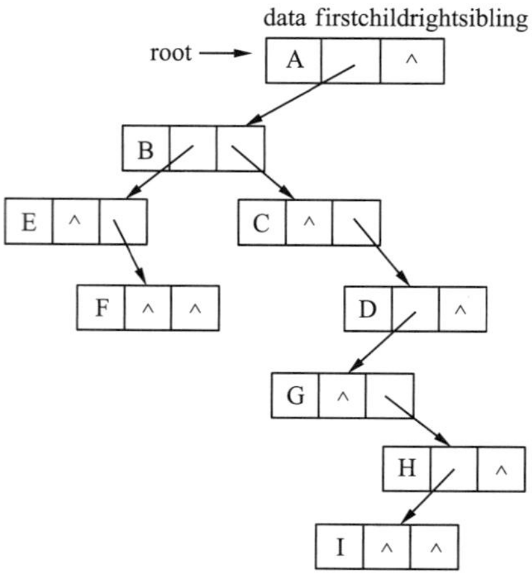

图 1.4.6　孩子兄弟表示法

4.1.3　树的遍历

树的遍历是指按某种规定的顺序访问树中的每个结点，且每个结点仅被访问一次。树的遍历方式分为以下三种：

① 树的前序遍历：若树非空，首先访问根结点，再依次按前序遍历的方式访问根结点的每一棵子树。

② 树的后序遍历：若树非空，首先按后序遍历的方式访问根结点的每一棵子树，然后再访问根结点。

③ 树的层次遍历：若树非空，首先访问第一层上的根结点，然后从左到右依次访问第二层上的所有结点，再以同样的方式访问第三层上的所有结点，……，最后访问树中最底层的所有结点。

例1.4.4　给出图 1.4.1 所示树的前序、后序、层次遍历结果。

前序遍历结果为 ABEFCDGHI，后序遍历结果为 EFBCGIHDA，层次遍历结果为 ABCDEFGHI。

4.2　二叉树的概念与性质

在进一步讨论树之前，先讨论二叉树。二叉树的每个结点最多有两个孩子结点，便于计算机处理。另外，任何树都可以转化为二叉树处理。因此，二叉树是一种简单而重要的树形结构。

4.2.1　二叉树的基本概念

二叉树是每个结点至多有两个区分左右的孩子结点的树。所以二叉树是有序树，即使树中的某结点只有一个孩子结点，也要区分它是左孩子还是右孩子。故二叉树有五种形态，如图 1.4.7 所示。

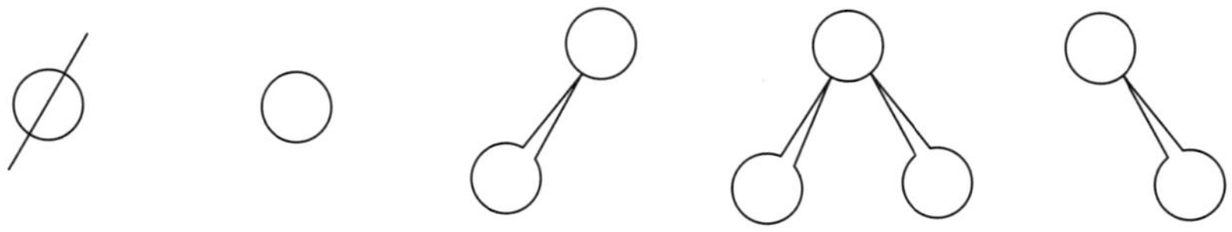

(a) 空二叉树　(b) 只有根结点　(c) 只有左子树　(d) 左右子树均有　(e) 只有右子树

图 1.4.7　二叉树的五种形态

二叉树与度为 2 的树的区别：

① 度为 2 的树的结点个数至少为 3，而二叉树的结点个数可以为 0。

② 二叉树的度不一定为2，可以小于2。

③ 树分为有序树与无序树，有序树中当某结点只有一个孩子时，不区分左右，而二叉树一定是有序树，无论结点的孩子数是否为2，均需确定左右次序（即使只有一个孩子，也需确定左右）。

两类特殊的二叉树：

（1）满二叉树

当二叉树中每层的结点达到最多时，称该二叉树为满二叉树。此时所有叶子结点均位于同一层次，而分支结点的度数均为2。如图1.4.8所示。因此深度为 h 的满二叉树中含有 2^h-1 个结点。若按照从上到下、同一层次上的结点按从左到右的顺序对满二叉树中的所有结点从1开始顺序编号，则结点 $i(i \geqslant 1)$ 的左孩子编号为 $2i$，右孩子编号为 $2i+1$，故具有15个结点的满二叉树的结点编号如图1.4.8所示。

（2）完全二叉树

如果一棵二叉树扣除其最大层次那层后即成为一棵满二叉树，且层次最大那层的所有结点均向左靠齐，则称该二叉树为完全二叉树。完全二叉树中所含的 n 个结点和满二叉树中编号为 $1 \sim n$ 的结点所在位置一一对应，如图1.4.9所示。

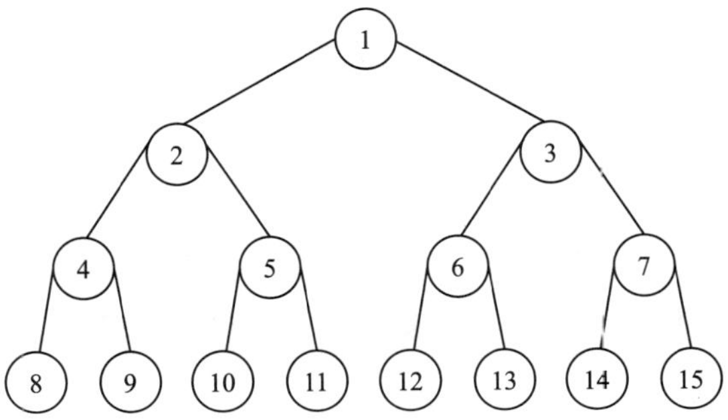

图1.4.8 满二叉树

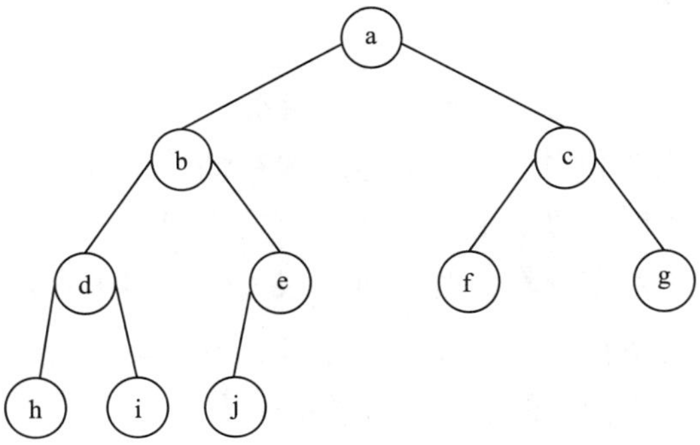

图1.4.9 完全二叉树

4.2.2 二叉树的性质

性质1 一棵非空二叉树的第 i 层上至多有 2^{i-1} 个结点（$i \geqslant 1$）。

性质2 深度为 h 的二叉树至多有 2^h-1 个结点（$h \geqslant 1$）。

性质3 对于任何一棵二叉树 T，如果其终端（叶子）结点数为 n_0，度为2（双分支结点）的结点数为 n_2，则 $n_0=n_2+1$。

性质4 对于具有 n 个结点的完全二叉树，对于编号为 i 的结点：

① 如果 $i>1$，则编号为 i 的结点其双亲结点的编号为 $\lfloor i/2 \rfloor$；如果 $i=1$，则结点 i 为根结点，没有双亲。

② 如果 $2i>n$，则结点 i 无左孩子（此时结点 i 为终端结点）；否则其左孩子为结点 $2i$。

③ 如果 $2i+1>n$，则结点 i 无右孩子；否则其右孩子为结点 $2i+1$。

性质5 具有 n 个结点完全二叉树，其高度 $h=\lfloor \log_2 n \rfloor+1$ 或 $h=\lceil \log_2(n+1) \rceil$。

推论 具有 n 个结点的完全二叉树，其叶子结点个数为 $\lceil n/2 \rceil$。

4.3 二叉树的存储与遍历

要存储一棵二叉树，必须存储其所有结点的数据信息、左孩子和右孩子地址。即既要考虑结点数据信息的存储，还需考虑结点关系的存储。

4.3.1 二叉树的存储

二叉树的存储与线性表的存储类似，也分为顺序存储和链式存储。

1. 顺序存储

（1）完全二叉树的顺序存储

将 n 个结点可按结点编号顺序依次存入一组地址连续的存储单元。此处设定结点编号即为结点存储的下标，即 1 号单元存放根结点。这样存储既能最大限度地节省存储空间，又能利用结点编号体现结点逻辑关系，进而通过下标确定结点之间的关系。

图 1. 4. 9 所示的完全二叉树的顺序存储如图 1. 4. 10 所示。

1	2	3	4	5	6	7	8	9	10
a	b	c	d	e	f	g	h	i	j

图 1. 4. 10　完全二叉树的顺序存储

根据性质 4，无须附加其他信息就能根据每个结点的下标找到该结点的孩子结点和双亲结点。但是对于图 1. 4. 11 所示的一般二叉树，这种存储方式存在明显不足。不难分析得出，它只适合完全二叉树或满二叉树的存储。

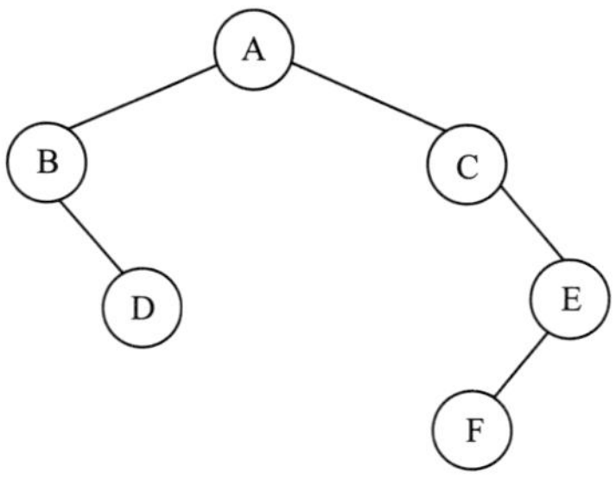

图 1. 4. 11　一般二叉树

（2）一般二叉树的顺序存储

仍然利用一组地址连续的存储单元存放二叉树中的各个结点。由于二叉树中每个结点最多只有两个孩子，于是存储一个结点时，除了包含结点本身外，增加两个域，分别用来存储该结点的两个孩子在数组中的下标，没有孩子时为-1。图 1. 4. 12 给出了图 1. 4. 11 所示的一般二叉树的顺序存储结构。这种存储方式类似树的数组方式的孩子表示法。

2. 链式存储

二叉树采用链式存储时，每个结点包含结点本身外，还有两个指针域，分别用来指向该结点的左右孩子结点在内存中的存储地址，没有孩子时指针域为空。图 1. 4. 13 给出了图 1. 4. 11 所示二叉树的链式存储结构。

下标	left	data	right
0	1	A	2
1	-1	B	3
2	-1	C	4
3	-1	D	-1
4	5	E	-1
5	-1	F	-1

root= 0　$n = 6$

图 1. 4. 12　一般二叉树的顺序存储

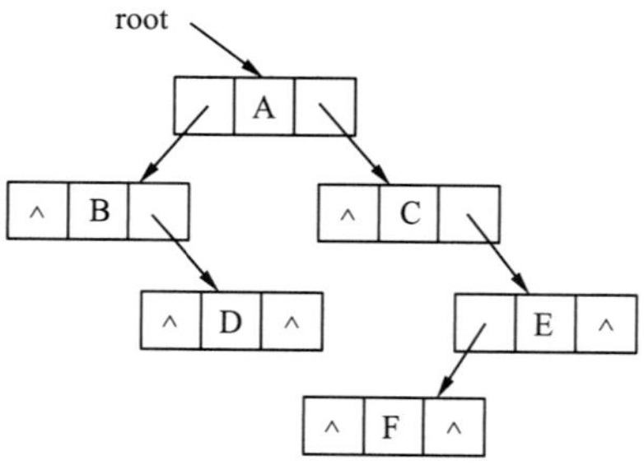

图 1. 4. 13　二叉树的链式存储

由于每个结点增加了两个指针域，若二叉树中的结点总数为 n，则总指针域为 $2n$；而分支数为 $n-1$，故空指针数为 $2n-(n-1)=n+1$。

4. 3. 2　二叉树的遍历

1. 二叉树遍历的含义

“遍历”对线性结构而言，只有一条搜索路径（因每个结点均只有一个后继）。而二叉树是非线性结构，每个结点可能存在两个后继，则存在按什么样的搜索路径遍历的问题。可规定先左后右，按根结点访问位置的不同，通常把二叉树的遍历分为三种形式：前序遍历、中序遍历和后序遍历。

（1） 前序遍历

若二叉树为空树，则空操作；否则：

① 先访问根结点；

② 再按照前序遍历方法访问根结点的左子树；

③ 最后按照前序遍历方法访问根结点的右子树。

（2） 中序遍历

若二叉树为空树，则空操作；否则：

① 先按照中序遍历方法访问根结点的左子树；

② 再访问根结点；

③ 最后按照中序遍历方法访问根结点的右子树。

（3） 后序遍历

若二叉树为空树，则空操作；否则：

① 先访问根结点；

② 先按照后序遍历方法访问根结点的左子树；

③ 再按照后序遍历方法访问根结点的右子树；

④ 最后访问根结点。

例1.4.5 试给出图1.4.11所示二叉树的三种遍历结果。

根据以上定义，可得图1.4.11所示二叉树的前序遍历为ABDCEF，中序遍历为BDACFE，后序遍历为DBFECA。

2. 二叉树遍历的递归实现

二叉树链式存储时结点可描述为：

```
typedef  char DataType;
typedef struct Node {
    DataType  data;
    struct  Node  *lchild, *rchild;        //左右孩子指针
} BinTNode, *BinTree;
```

算法1.4.1 前序遍历递归实现

```
void PreOrder(BinTree T) {
    if(T) {                                //非空
        printf("%c", T->data);             //访问根结点
        PreOrder(T->lchild);               //遍历左子树
        PreOrder(T->rchild);               //遍历右子树
    }
}
```

算法1.4.2 中序遍历递归实现

```
void InOrder(BinTree T) {
    if(T) {                                //非空
        InOrder(T->lchild);                //遍历左子树
        printf("%c", T->data);             //访问根结点
        InOrder(T->rchild);                //遍历右子树
    }
}
```

算法 1.4.3　后序遍历递归实现

```
void PostOrder(BinTree T) {
    if(T) {                                 //非空
        PostOrder(T->lchild);               //遍历左子树
        PostOrder(T->rchild);               //遍历右子树
        printf("%c", T->data);              //访问根结点
    }
}
```

3. 二叉树前序遍历的非递归实现

算法思路：设一存放结点指针的栈 S。从根开始，每访问一结点后，按前序遍历规则应访问左子树，但若该结点的右子树存在，则右孩子指针进栈，以便访问完左子树之后能正确地遍历相应右子树。

算法 1.4.4　二叉树前序遍历的非递归实现

```
void  PreOder-1(BinTree T) {                //先序非递归遍历二叉树 T
    BinTree p; Stacktype S;
    InitStack(S);                           //置栈 S 为空
    Push(S, T);                             //根指针 T 进栈
    while( ! IsEmpty (S)  ){
        p = Pop(S);                         //出栈，栈顶=>p
        while(p != NULL) {
            printf("%c", p->data);          //访问 p 结点
            if(p->Rchild != NULL)
                Push(S, p->rchild);         //右孩子指针进栈
            p = p->lchild;                  //向左走
        }
    }
}
```

4. 二叉树的层次遍历

层次遍历是指从二叉树的第一层（根结点）开始，从上到下逐层遍历，在同一层中按照从左到右的顺序对结点逐个访问。可得图 1.4.14 所示二叉树的层次遍历结果为 ABCDEF。

算法思路：要进行层次遍历，需要借助一个队列。先将二叉树根结点入队，然后出队访问出队结点。若该结点存在左孩子，则左孩子指针入队；若该结点存在右孩子，则右孩子指针入队。然后出队，访问出队结点……如此反复直到队列为空。

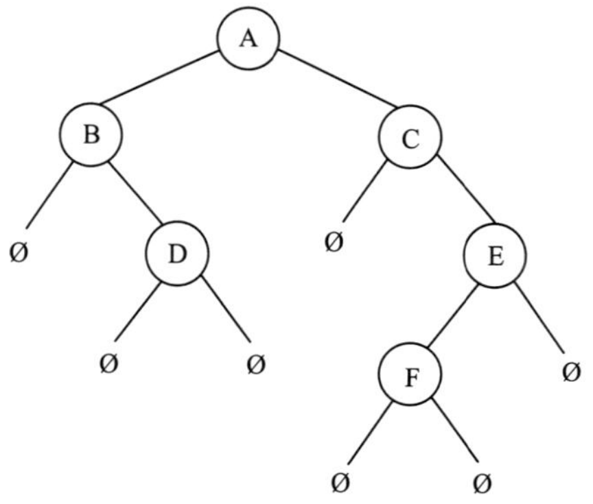

图 1.4.14　补齐孩子结点后的二叉树

算法 1.4.5　二叉树的层次遍历

```
void LevelOrder(BinTree T) {
    InitQueue(Q);
    BinTNode *p;
    EnQueue(Q, T);
    while(!IsEmpty(Q)) {
        p = OutQueue(Q);
        printf("%c", p->data);
        if(p->lchild != NULL)
            EnQueue(Q, p->lchild);
```

```
        if(p->rchild != NULL)
            EnQueue(Q, p->rchild);
    }
}
```

5. 由遍历序列构造二叉树

由二叉树的前序遍历序列和中序遍历序列可以唯一地确定一棵二叉树。

在前序遍历序列中，第一个结点一定是二叉树的根结点 T；而在中序遍历中，根结点必然将中序序列分割成两个子序列，左边的子序列是根结点的左子树 T1 的中序序列，右边的子序列是根结点的右子树 T2 的中序序列。根据这两个子序列，在前序序列中找到对应的左子树 T1 的前序序列和右子树 T2 前序序列。在 T1 的前序序列中，第一个结点是左子树 T1 的根结点，在 T2 的前序序列中，第一个结点是右子树 T2 的根结点。再由 T1、T2 的根结点分别将 T1 的中序序列和 T2 的中序序列分割成两个子序列，如此递归地进行下去，便能唯一地确定这棵二叉树。

同理，由二叉树的后序序列和中序序列也可以唯一地确定一棵二叉树。

因为后序序列的最后一个结点就如同前序序列的第一个结点，可以将中序序列分割成两个子序列，然后采用类似的方法递归地进行划分，进而得到一棵二叉树。

由二叉树的层次遍历序列和中序序列也可以唯一地确定一棵二叉树。需要注意的是，若只知道二叉树的前序序列和后序序列，则无法唯一确定一棵叉树。

例 1.4.6　试求后序序列 DCBGFEA 和中序序列 BDCAGFE 所确定的二叉树。

首先，由后序序列可知 A 为二叉树的根结点。中序序列中 A 左侧的 BDC 为左子树 T1 的中序序列，A 右侧的 GFE 为右子树 T2 的中序序列，如图 1.4.15（a）所示。

然后由后序序列找到 T1 的后序序列为 DCB，T2 的后序序列为 GFE，进而确定 T1 的根结点为 B，T2 的根结点为 E。再由 T1 的中序序列确定根结点 B 没有左子树，右子树 T3 的中序序列为 DC；由 T2 的中序序列确定根结点 E 的左子树 T4 的中序序列为 GF，没有右子树，如图 1.4.15（b）所示。

再由后序序列找到 T3、T4 的后序序列分别为 DC、GF，进而确定 T3、T4 的根结点分别为 C、G。并由 T3 的中序序列 DC 确定 C 的左孩子为 D，没有右孩子；由 T4 的中序序列 GF 确定 F 的左孩子为 G，也没有右孩子。最后得到的二叉树如图 1.4.15（c）所示。

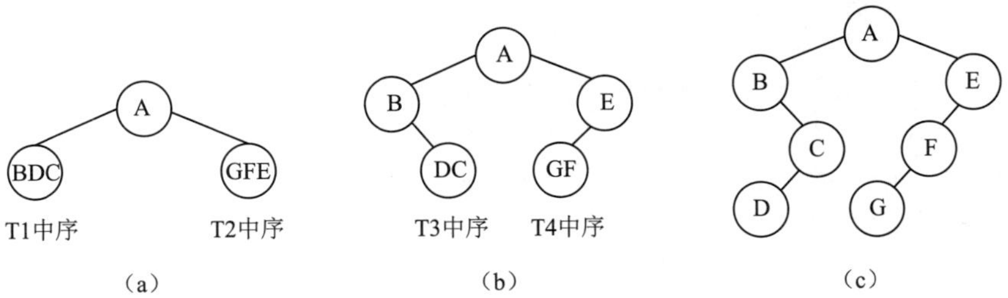

图 1.4.15　二叉树的构造过程

6. 二叉树遍历算法的应用

遍历是二叉树各种操作的基础，可以在遍历的过程中对结点进行各种操作，如对一棵已知二叉树求结点的双亲、求结点的孩子结点、求二叉树的深度、求二叉树的叶子结点个数等。所有这些操作都建立在二叉树遍历的基础上，因此必须掌握二叉树的各种遍历过程，并能灵活运用以解决各种问题。

例 1.4.7　试设计一个算法，实现利用前序遍历序列创建二叉树。

算法思路：

① 第一个输入的结点作为二叉树的根结点。

② 根据后续输入的结点序列（为二叉树左子树前序遍历的结果）生成二叉树的左子树。

③ 根据后续输入的结点序列（为二叉树右子树前序遍历的结果）生成二叉树的右子树。

④ 而后两步均与由整棵二叉树的前序遍历结果生成该二叉树的过程完全相同，只是对象范围不同，于是可以使用递归方式实现。

算法实现：

算法 1.4.6 前序递归遍历建立一棵二叉树

```
BinTree CreateBinTree() {
    char ch;
    BinTree  t;
    if ( ( ch = getchar() ) != '#') {
        t = (BinTNode *)malloc(sizeof(BinTNode));
        t->data = ch;
        t->lchild = CreateBinTree();
        t->rchild = CreateBinTree();
    }
    else
        t = NULL;
    return t;
}
```

递归算法执行过程中会判断所有非空结点的孩子是否存在，故此处补齐所有非空结点的孩子结点，如图 1.4.15 所示。若空结点用#表示，则该二叉树的前序遍历序列为 AB#D##C#EF###。在调用上述 CreateBinTree 算法时，只需输入此序列即可创建该二叉树。

例 1.4.8 试设计一个算法，打印二叉树中叶子结点的值。

算法思路：可将前序（或中序，或后序）遍历二叉树时“访问根结点”的操作改为如下条件打印语句：

```
if(t->lchild == NULL && t->rchild == NULL)
    printf(t->data);
```

算法 1.4.7 前序递归遍历打印叶子结点

```
void PrintLeaf(BinTree T){
    if ( T ) {
        if(T->lchild==NULL&&T->rchild==NULL)
            printf(t->data);                    //T为叶子
        PrintLeaf ( T->lchild );
        PrintLeaf ( T->rchild );
    }
}
```

例 1.4.9 试设计一个算法，实现求二叉树的结点数。

求二叉树的结点数的算法思路：将前序（或中序，或后序）遍历二叉树时“访问根结点”的操作改为计数操作。计数结果的获取可以有全局变量、形参指针和函数返回三种方式。

算法 1.4.8 前序递归遍历统计总结点数

```
int n = 0;                                      //全局变量,初值为0
void CountNodes(BinTree T){
    if ( T ) {
        n++;                                    //计数器累加1
        CountNodes( T->lchild );
```

```
        CountNodes( T->rchild );
    }
}
```

例 1.4.10　试设计一个算法，实现求二叉树中各类结点的数量。

算法思路：利用前序（或中序，或后序）遍历二叉树，在遍历过程中查找三类结点，并计数。由此，需在遍历算法中增添三个“计数”的参数，并将算法中“访问根结点”的操作改为：

① 若是叶子，则计数器 d0+1。

② 若只有一个孩子结点，则计数器 d1+1。

③ 若存在两个孩子结点，则计数器 d2+1。

算法 1.4.9　前序递归遍历统计三类结点数

```
void Count (BinTree T,int*d0, int * d1, int* d2){
    if ( T ) {
        if(T->lchild==NULL&&T->rchild==NULL)        //T 为叶子
            (*d0)++;
        else if(T->lchild&&T->rchild)               //T 为度为 2 的结点
            (*d2)++;
        else                                        //T 为度为 1 的结点
            (*d1)++;
        Count( T->lchild, d0, d1, d2);
        Count( T->rchild, d0, d1, d2);
    }
}
```

例 1.4.11　试设计一个算法，实现求二叉树的深度。

算法思路：首先分析二叉树的深度和它的左、右子树深度之间的关系。从二叉树深度的定义可知，二叉树的深度应为其左、右子树深度的较大值加 1。由此，需先分别求得左、右子树的深度，算法中“访问根结点”的操作为：求得左、右子树深度的较大值，然后加 1。

算法 1.4.10　后序递归遍历求二叉树的深度

```
int Depth (BinTree T ){
    if ( !T )
        depth = 0;
    else  {
        depthLeft = Depth( T->lchild );
        depthRight = Depth( T->rchild );
        depth = 1 + ( depthLeft > depthRight ? depthLeft : depthRight );
    }
    return depth;
}
```

4.4　二叉树的线索化及与树的转换

二叉树的二叉链表存储结构中有很多空指针。设二叉树有 n 个结点，则其对应的二叉链表存储结构共有 $2n$ 个指针域。这些指针域只有 $n-1$ 个存储了有用的指针，其余 $n+1$ 个都是空指针。这是二叉链表存储结构的固有问题。但是，Perlis A J 和 Thormton C 通过巧妙的设计更有效地利用空指针所占的内存空间，使用空指针域存储连向二叉树的其他结点的线索（thread），用于辅助二叉树的遍历，即线索二叉树。

4.4.1 线索二叉树

1. 线索二叉树的基本概念

对二叉树进行遍历可以把二叉树中所有结点排列为一个线性序列。在该序列中，除第一个结点外，每个结点有且仅有一个前驱结点；除最后一个结点外，每个结点有且仅有一个后继结点。但是，二叉树中每个结点在此线性序列中的前驱和后继是什么并没有在二叉树的二叉链表存储结构中反映出来（在二叉树的二叉链表存储结构中，只能找到结点的左右孩子信息），这种信息只能在二叉树遍历过程中得到。

如何保存这种在遍历过程中得到的信息呢？利用 n 个结点的二叉链表存储结构 $n+1$ 个空指针域来存放结点的前驱和后继信息——二叉树的线索化概念。为此作如下规定：

① 若结点有左子树，则其 lchild 域指示其左孩子，否则，令 lchild 域指示其在某种遍历序列中的**前驱**。

② 若结点有右子树，则其 rchild 域指示其右孩子，否则，令 rchild 域指示其在某种遍历序列中的**后继**。

这样二叉链表的左右指针域在不同的情况下具有不同的含义，所以在二叉链表的结点结构中增加两个标志域 lTag 与 rTag，如图 1.4.16 所示。

lchild	ltag	data	rtag	rchild

图 1.4.16　线索二叉链表结点存储结构

$$\text{ltag}=\begin{cases}0, & \text{lchild 指向本结点左孩子}\\ 1, & \text{lchild 用于指向本结点前驱}\end{cases}$$

$$\text{rtag}=\begin{cases}0, & \text{rchild 指向本结点右孩子}\\ 1, & \text{rchild 用于指向本结点后继}\end{cases}$$

以这种结点存储结构构成的二叉链表称为线索二叉链表，其中指向结点前驱或后继的指针称为线索。加了线索的二叉树称为线索二叉树。

按照序列得到方法的不同，线索二叉链表分为前序线索二叉链表、中序线索二叉链表和后序线索二叉链表。

例 1.4.12　某二叉树如图 1.4.17 所示，试画出对应的前序线索二叉链表、中序线索二叉链表和后序线索二叉链表。

该二叉树对应的前序线索二叉链表、中序线索二叉链表和后序线索二叉链表，如图 1.4.18 ~ 图 1.4.20 所示。图中实线表示指针，虚线表示线索。

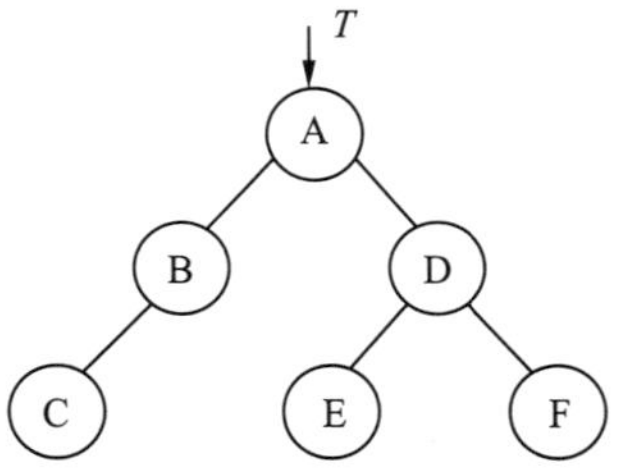

图 1.4.17　一棵二叉树

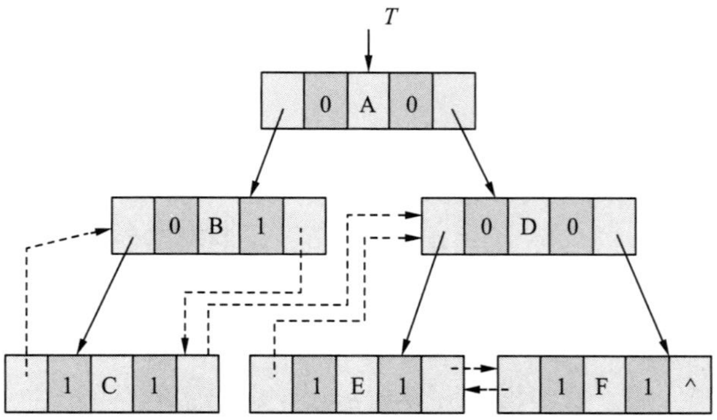

图 1.4.18　前序线索二叉链表

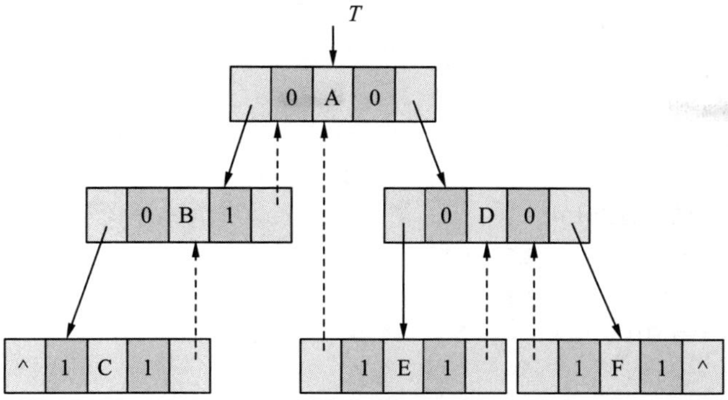

图 1.4.19　中序线索二叉链表

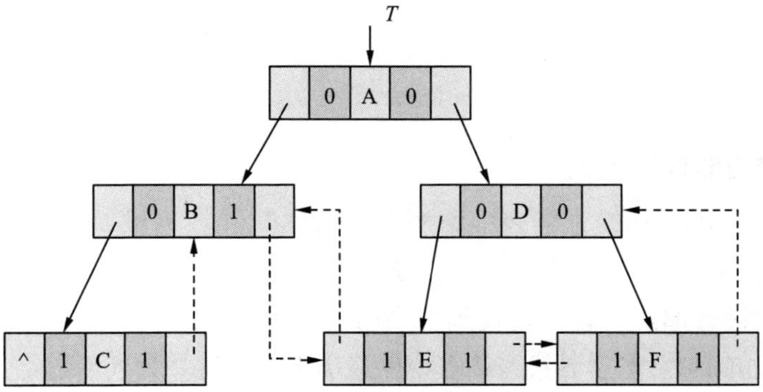

图 1.4.20　后序线索二叉链表

2. 中序线索二叉树的创建

线索二叉链表结点的描述：

```
typedef char  DataType;
typedef struct BinThrNode {
   DataType  data;
   struct BinThrNode  *lchild, *rchild;          //左右指针
   int  ltag,  rtag;                             //左右标志
} BinThrNode,  *BinThrTree;
```

要创建一棵中序线索二叉树，首先应按照一般二叉树的创建方法建立一棵二叉树，然后再对其进行中序线索化。中序线索化可利用中序遍历算法，只需将遍历过程中访问结点的操作改为检查当前结点的左右指针域是否为空，如果为空，则修改为指向前驱或后继的线索。为实现这一操作，须设置一个指针 pre（初值为 NULL），记录当前结点的中序遍历的前驱结点。具体实现如算法 1.4.11 所示。

算法 1.4.11　中序线索二叉树的创建

```
BinThrTree CreateBinThrTree(){                //建立一棵二叉树
   DataType ch;
   BinTree  t;
   if ( ( ch = getchar() ) != '#')  {
      t = (BinThrNode *)malloc(sizeof(BinThrNode));
      t->data = ch;
      t->lchild = CreateBinThrTree();
      t->rchild = CreateBinThrTree();
   }
   else
      t = NULL;
```

```
    return t;
}
BinThrTree  pre = NULL;
void InThreading(BinThrTree   p) {                //对以p为根的非空二叉树进行中序线索化
    if (p) {
        InThreading(p->lchild);                   //左子树中序线索化
        p->ltag = p->lchild==NULL?1:0;
        p->rtag = p->rchild==NULL?1:0;
        if (p->lchild ==NULL )                    //p建前驱线索
            p->lchild = pre;
        if (pre! =NULL&& pre->rchild==NULL)       //pre建后继线索
            pre->rchild = p;
        pre = p;                                  //保持pre指向p的前驱
        InThreading(p->Rchild);                   //右子树中序线索化
    }
}
```

3. 中序线索二叉树的非递归遍历

线索二叉树建立以后，由于在线索链表中添加了“前驱”和“后继”的信息，从而简化了遍历的算法。再对其遍历，无须递归，也不必用栈技术，且速度较快。

要对中序线索链表的进行遍历，首先要找到中序遍历的第一个结点［即左子树上处于“最左下”（没有左子树）的结点］，并访问它。然后寻找该结点中序遍历下的后继并访问后继结点，直到所有的后继结点均被访问。要寻找某结点中序遍历下的后继结点也很方便，只需判断该结点的右标志位，若右标志位为1，则该结点的右指针域就是其中序遍历下的后继结点；若右标志位为0，说明该结点的右子树存在，则该结点中序遍历下的后继结点就是右子树中序遍历的第一个结点（最左下的结点）。具体实现如算法1.4.12所示。

算法1.4.12 中序线索二叉树的非递归遍历

```
void InOrder_Thr(BinThrTree T) {
    p = T;                                        //p指向根结点
    while(p != NULL)  {                           //非空树
        while(p->ltag==0){                        //找到中序下的第一个结点
            p = p->lchild;
        }
        printf("%c", p->data);
        while(p->rtag==1 && p->rchild != NULL) {  //访问后继结点
            p = p->rchild;
            printf("%c", p->data);
        }
        p = p->rchild;                            //p进至其右子树根
    }
}
```

4.4.2 二叉树与树的转换

树和二叉树虽是不同的数据结构，但实际上是可以相互转换的。任何一棵树（或森林）对应唯一的二叉树；反之，任何一棵二叉树也对应唯一的树（或森林）。

1. 树 *T* 转换成二叉树 BT

转换方法：

① 在所有兄弟之间添加一条连线。

② 对树中的每个结点，保留与第一个孩子的连线，断开与其他孩子的连线。

③ 将所有兄弟之间的连线顺时针旋转 45°。

转换后，原结点的第一孩子为左孩子，而原结点的第二孩子（即第一孩子的右兄弟）成为第一孩子的右孩子。一棵树如图 1.4.21（a）所示，经过①与②得到图 1.4.21（b），再经③得到对应的二叉树图 1.4.21（c）。由图可知，由树转成的二叉树，其根结点的右孩子一定为空。

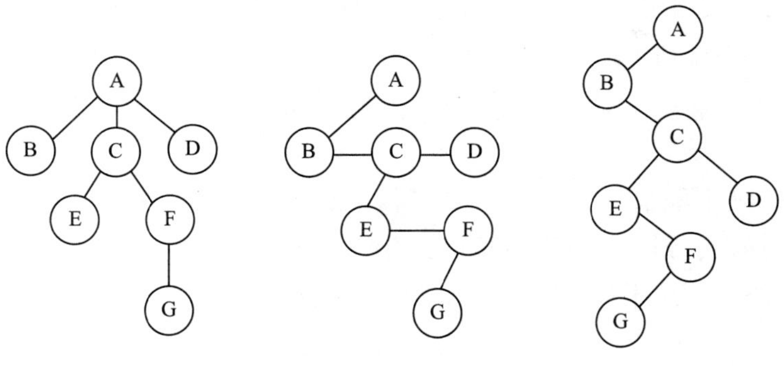

（a）　　（b）　　（c）

图 1.4.21　树到二叉树的转换

2. 森林 *F* 转换成二叉树 BT

转换方法：先将 *F* 中各树转换成二叉树；然后各二叉树通过根的右指针相连。图 1.4.22 是一个森林，包含 T_1、T_2、T_3 三棵树，其对应的二叉树如图 1.4.23 所示。

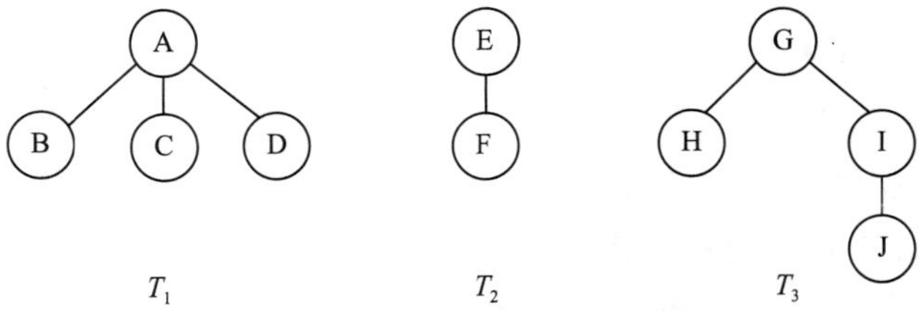

T_1　　T_2　　T_3

图 1.4.22　一个森林

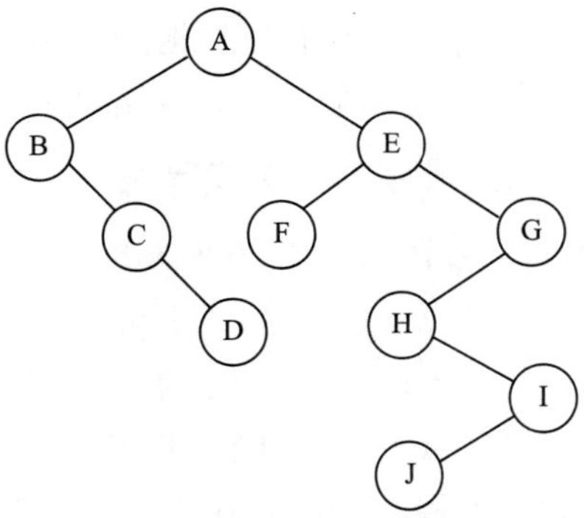

图 1.4.23　对应的二叉树

3. 二叉树 BT 恢复成森林 *F*

对 BT 中任一结点，其左孩子结点仍为孩子，而右孩子结点变为该结点的右兄弟，即“左指针为第一个孩子，右指针为右兄弟”。具体转换方法：断开结点与右孩子的连线，并将该结点的双亲与右孩子相连。

图 1.4.24 所示二叉树对应的森林如图 1.4.25 所示。

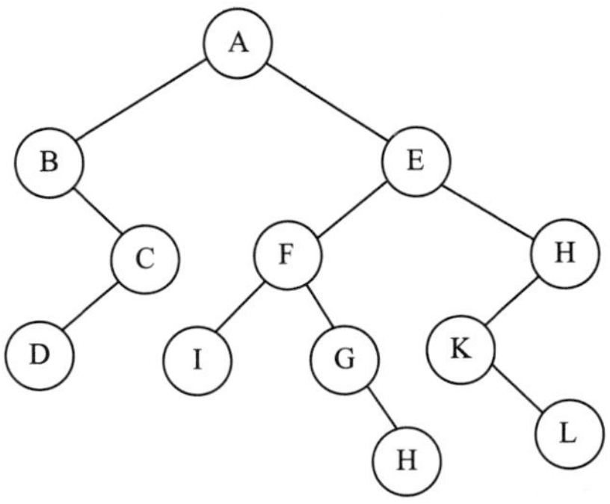

图 1.4.24　一棵二叉树

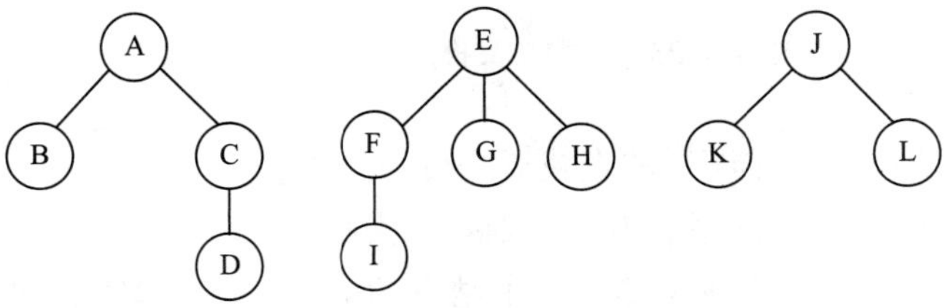

T_1　　T_2　　T_3

图 1.4.25　对应的森林

4.5 二叉树的应用

二叉树在计算机科学中有广泛的应用，主要包括以下几个方面：

① 二叉排序树（二叉查找树）：二叉排序树是一种动态排序数据结构，其特点是左子树上所有结点的值均小于根结点的值，右子树上所有结点的值均大于根结点的值。二叉排序树的查找、插入和删除操作的时间复杂度期望为 $O(\log_2 n)$，最坏情况下为 $O(n)$。通过平衡二叉树（如 AVL 树、红黑树）可以进一步优化性能。

② 平衡二叉树：一种自平衡的二叉搜索树，任何结点的两个子树的高度最大差别为 1。它通过旋转操作来保持树的平衡，插入、删除和查找的时间复杂度均为 $O(\log_2 n)$。

③ 哈夫曼树（最优树）：用于数据压缩，通过构建带权路径长度最短的树来实现最优编码。

4.5.1 二叉排序树

1. 二叉排序树的定义

二叉排序树或者是一棵空树，或者是具有如下特性的二叉树：

① 若它的左子树非空，则左子树上所有结点的值均小于根结点的值；

② 若它的右子树非空，则右子树上所有结点的值均大于根结点的值；

③ 它的左、右子树本身也都是二叉排序树。

对二叉排序树进行中序遍历可以得到按结点值递增排列的结点序列。图 1.4.26 即为一棵二叉排序树，对其进行中序遍历得到的结果为10,20,25,30,35,40,50,80,85,90。

2. 二叉排序树的查找算法

例如，若在图 1.4.26 所示的二叉排序树中查找关键字 key 为 35 时，从根结点 50 开始比较，由于 key 小于根结点的值，继续与 50 的左子树根结点 30 比较；由于 key 大于 30，继续与 30 的右子树根结点 40 比较；由于 key 小于 40，继续与 40 的左子树根结点 35 比较，此时正好相等，说明查找成功。若要查找的关键字 key 为 95，则按照刚才的方法，发现查找的路径沿着右子树行进，直到 key 大于 90 需再向 90 的右子树查找时发现 90 的右子树为空，故查找失败。无论查找成功还是失败，都生成了一条查找路径，如图 1.4.27 所示。

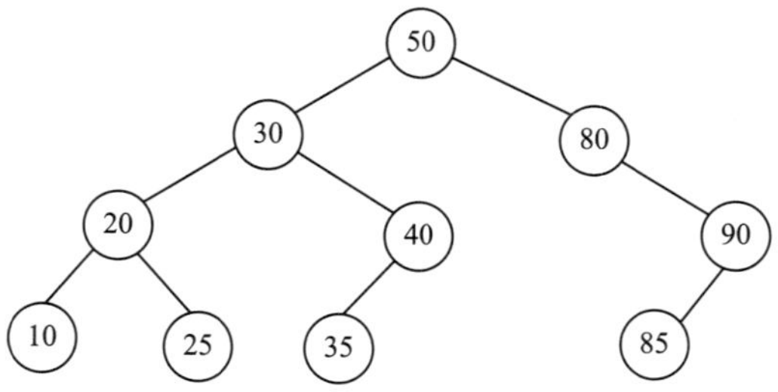

图 1.4.26 一棵二叉排序树

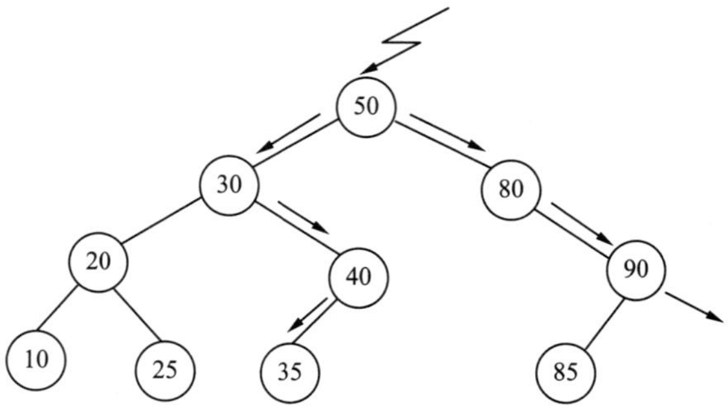

图 1.4.27 查找路径

所以二叉排序树的查找算法可描述为：

① 若二叉排序树为空，则查找失败；

② 若给定的 key 值等于根结点的关键字，则查找成功；

③ 若给定的 key 值小于根结点的关键字，则继续在左子树上进行查找；

④ 若给定的 key 值大于根结点的关键字，则继续在右子树上进行查找。

通常，用二叉链表作为二叉排序树的存储结构，二叉排序树的结点结构为：

```
typedef  int  DataType ;
typedef struct BSTNode {
    DataType data;
    struct BSTNode *lchild, *rchild;            //左右孩子指针
}BSTNode, *BSTree;
```

算法思路： 可采用递归方法在二叉排序树 *T* 中查找关键字等于 key 的结点，若查找成功，则返回该结点指针（p 指向）；若查找失败，返回查找路径上的最后一个非空结点（p 指向）。此处进行这样的处理：为便于后续二叉排序树的插入算法。要想得到最后一个非空结点，只需再设指针 f 指向当前访问结点的双亲即可，而 f 的初始值应为 NULL（因为根结点无双亲结点）。

算法实现：

算法1.4.13　二叉排序树的查找算法

```
int SearchBST(BSTree T, DataType key,BSTNode * f, BSTNode *p ) {      //f 为 T 的双亲
    if( !T ) { p = f; return 0; }                                     //树空时 p 的值即为 NULL
    else  if (key == T->data.key )   { p = T; return 1; }             //相等
    else  if (key < T->data.key)                                      //小
        SearchBST (T->lchild, key, T, p);
    else                                                              //大
        SearchBST (T->rchild, key, T, p);
}
```

3. 二叉排序树的插入算法

插入算法可利用上述查找算法实现，即在查找不成功时进行“插入”操作。

算法思路：

当二叉排序树中不存在关键字等于 key 的结点时，插入元素值为 key 的结点，并返回 1；否则，不进行插入并返回 0。若二叉排序树为空树，则新插入的结点为新的根结点；否则，新插入的结点必为一个新的叶子结点，其双亲即为查找算法的 f 指针所指向结点。

算法实现：

算法1.4.14　二叉排序树的插入算法

```
int InsertBST(BSTree T, DataType e){
    BSTNode *p, *s;
    if ( !SearchBST ( T, key, NULL, p ) ) {          //不存在时 p 为要插入结点的双亲
        s = (BSTree) malloc (sizeof (BSTNode));      //为新结点分配空间
        s->data = key;
        s->lchild = s->rchild = NULL;
        if( !p )
            T = s;                                   //s 为新的根结点
        else  if (key < p->data. key )
            p->lchild = s;                           //s 为 p 的左孩子
        else
            p->rchild = s;                           //s 为 p 的右孩子
        return 1;
    }
    return 0;
}
```

4. 二叉排序树的构造

其实构造一颗二叉排序树的过程就是由空树开始逐个插入以关键字为结点的过程。

例1.4.13 请给出以关键字序列50,30,40,20,35,80,10,25,90,85为顺序（不唯一）逐步构造的二叉排序树的过程。

按关键字顺序构造二叉排序树的过程如图1.4.28所示。

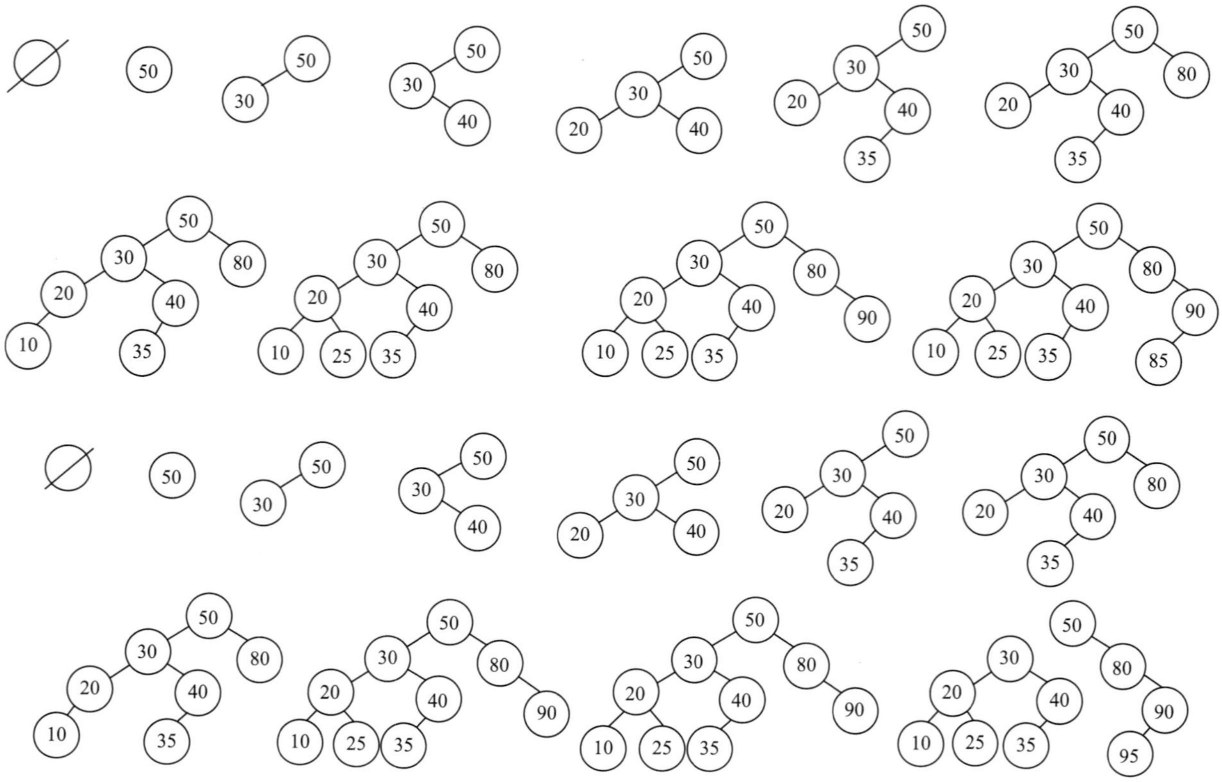

图1.4.28 构造二叉排序树的过程

5. 二叉排序树的删除

和插入相反，删除在查找成功之后进行，并要求在删除二叉排序树上某个结点之后，仍然保持二叉排序树的特性。

算法思路：

二叉排序树 T 中存在其关键字等于 key 的数据元素（p 指向），则删除该数据元素结点，并返回 1，否则返回 0。

删除结点的操作可分为以下四种情况：

① 当被删除的结点 p 是叶子时：其双亲结点中相应指针域的值改为“空”，即当 p 是双亲的左孩子，则双亲的左指针域改为“空”，反之，当 p 是双亲的右孩子，则双亲的右指针域改为“空”。

② 当被删除的结点 p 只有左子树时：其双亲结点的相应指针域的值改为“p 的左孩子指针”，即当 p 是双亲的左孩子，则双亲的左指针域改为“p 的左孩子指针”，反之，当 p 是双亲的右孩子，则双亲的右指针域改为“p 的左孩子指针”。

③ 当被删除的结点 p 只有右子树时：其双亲结点的相应指针域的值改为“p 的右孩子指针”。与②相似。

④ 当被删除的结点 p 既有左子树，也有右子树时：以其中序前驱（即为 p 的左子树中序遍历最后一个结点，就是 p 的左子树最右的结点，该结点必定无右孩子）或后继（即为 p 的右子树中序遍历第一个结点，就是右子树最左的结点，该结点必定无左孩子）替代之，然后再删除该前驱或后继结点。以下算

法选取后继结点——右子树中序遍历第一个结点替代 p。

算法实现：

算法 1.4.15　二叉排序树的删除

```
int DeleteBST (BSTree T, DataType key ) {
    BSTNode *p, *f = NULL;
    if ( SearchBST ( T, key, f, p ) ) {            //查找成功时 p 所指向的是要删除的结点,f 是 p 的双亲
        if(p->lchild == NULL && p->rchild == NULL) {  //p 为叶子
            if( f != NULL)  {                      //p 存在双亲
                if (f->lchild == p)
                    f->lchild = NULL;
                else
                    f->rchild = NULL;
            }
            else                                   //p 是根结点时,即原二叉排序树只有一个根结点
                T = NULL;
        }
        else if(p->lchild == NULL) {               //p 左孩子为空,把 p 的右孩子接到双亲的对应指针域
            if( f != NULL)  {                      //p 存在双亲
                if (f->lchild == p)
                    f->lchild = p->rchild;
                else
                    f->rchild = p->rchild;
            }
            else                                   //p 是根结点时,p 的右孩子成为新的根结点
                T = p->rchild;
        }
        else if(p->rchild == NULL) {               //p 右孩子为空,把 p 的左孩子接到双亲的对应指针域
            if( f != NULL) {                       //p 存在双亲
                if (f->lchild == p)
                    f->lchild = p->lchild;
                else
                    f->rchild = p->lchild;
            }
            else                                   //p 是根结点时,p 的左孩子成为新的根结点
                T = p->lchild;
        }
        else                                       //p 的左右子树均非空
        {//在 p 的右子树中找中序遍历下的第一个结点(r 指向),r 必定无左孩子
        //因为最后还需妥善处理 r 的原右子树,故还需要记录该结点的双亲(s 指向)
            s = p;
            r = p->rchild;                         //s 为 r 的双亲
            while (r->lchild != NULL){  s = r; r = r->lchild; }
            r->lchild = p->lchild;                 //p 的左孩子成为 r 的左孩子
            if( r != p->rchild ){                  //r 不是 p 的右孩子,即 p != s(r 为 p 右孩子时无须处理)
                s->lchild = r->rchild;             //r 的右孩子成双亲 s 的左孩子,r 无左孩子,不用处理
                r->rchild = p->rchild;             //p 的右孩子成为 r 的右孩子
            }
            if( p == T)                            //p 为根结点时,r 成为新的根结点
                T = r;
            else { //p 不是根结点时将双亲 f 的对应指针域修改为 r,即 r 成为 f 的孩子
                if( f->lchild == p)  f->lchild = r;
                else f->rchild = r;
```

```
            }
        }
        free(p);
        return 1;
    }
    else
        return 0;
}
```

例 1.4.14　基于算法1.4.15，试画出图1.4.29（a）所示的二叉排序树中依次删除叶子结点25，左子树为空的结点80，右子树为空的结点20，左右子树均非空的30后的二叉排序树。

结果如图1.4.29（b）~（e）所示。

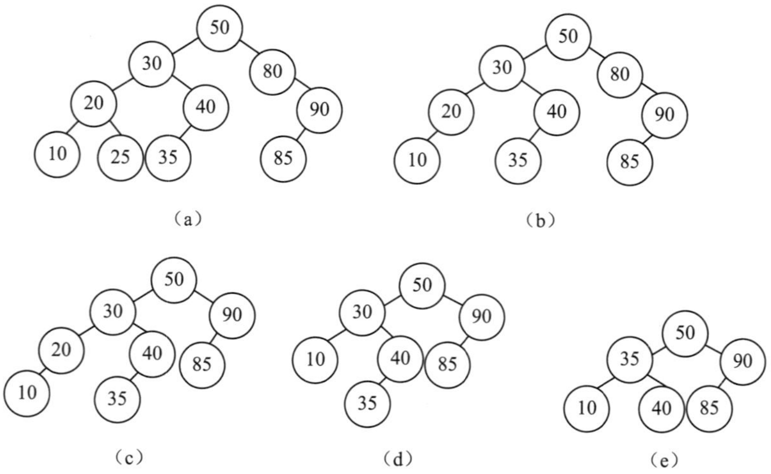

图 1.4.29　二叉排序树中结点的删除

6. 二叉排序树的查找性能分析

对于每一棵特定的二叉排序树，均可按照平均查找长度的定义来求它的ASL值。显然，由值相同的 n 个关键字，构造所得的不同形态的各棵二叉排序树的平均查找长度的值不同，甚至可能差别很大。

例如，由关键字序列{1,2,3,4,5}构造而得的二叉排序树，如图1.4.30（a）所示。由关键字序列{3,1,2,5,4}构造而得的二叉排序树，如图1.4.30（b）所示。假设查找每个关键字的概率相同，均为1/5，又因查找成功时与关键字的比较次数为结点所在层次，所以查找成功时图1.4.30（a）的平均查找长度ASL=(1+2+3+4+5)/5=3，而图1.4.30（b）的平均查找长度ASL=(1+2+2+3+3)/5=2.2。

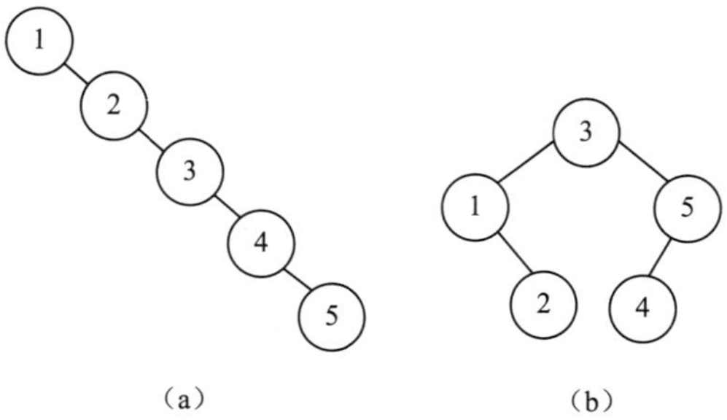

图 1.4.30　二叉排序树

由此可见，二叉排序树的查找性能与该树的形态有关，在最坏情况下，n 个结点的二叉排序树是一棵单支树，高度达到最大，其平均查找长度与顺序表查找相同，为 $(n+1)/2$。在最好情况下，二叉排序树各结点左右子树的形态较均匀，高度达到最小，其平均查找长度与二分查找相同（二分查找的相关内容请参看查找相关章节），约为 $O(\log_2 n)$。

4.5.2　平衡二叉树

1. 平衡二叉树的定义

由上节可知，二叉排序树的查找效率取决于二叉树的形态。二叉排序树上实现的插入、删除和查找等基本操作的时间复杂度虽为 $O(\log_2 n)$，但在最坏情况下，二叉排序树退化成一个只有单分支结点的单链表，此时树高达到最大，这些操作的时间复杂度增至 $O(n)$。

二叉排序树的形态与生成树时结点的插入次序有关，而结点的插入次序往往不能预先确定，这就需要在生成树时进行动态的调整，以构造形态匀称的二叉排序树。

平衡二叉树（balanced binary tree，AVL）就是一种形态匀称的二叉排序树。它或者是一棵空树，或者是一棵满足所有结点左子树和右子树高度之差的绝对值不超过 1 的二叉排序树。若结点左子树和右子树高度之差称为结点的平衡因子，则平衡二叉树中结点的平衡因子只能取-1、0、1 三值之一。

图 1.4.31 给出了两棵二叉排序树，每个结点旁边所注数字是该结点的平衡因子。若树中存在平衡因子绝对值大于 1 的结点，则这棵树就不是平衡二叉树。所以图 1.4.31（a）所示的二叉排序树就不是平衡树，图 1.4.31（b）所示的二叉排序树中所有结点的平衡因子绝对值均不大 1，因此它是一棵平衡二叉树。

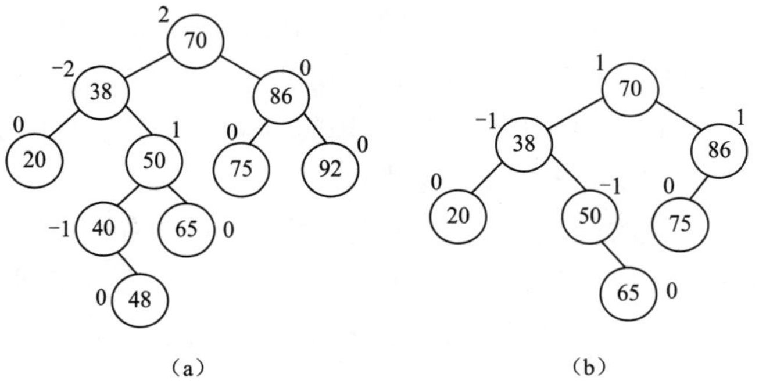

图 1.4.31　平衡和不平衡二叉树的示例

2. 平衡二叉树的构造

平衡二叉树的构造过程其实就是结点不断插入、调整的过程。在平衡二叉树上插入一个结点时，可能会使二叉树失去平衡，所以需要对失去平衡的树进行调整。

例如，以关键字{5,4,2,8,6,9}为插入顺序，逐步构造平衡二叉树的过程，如图 1.4.32 所示。

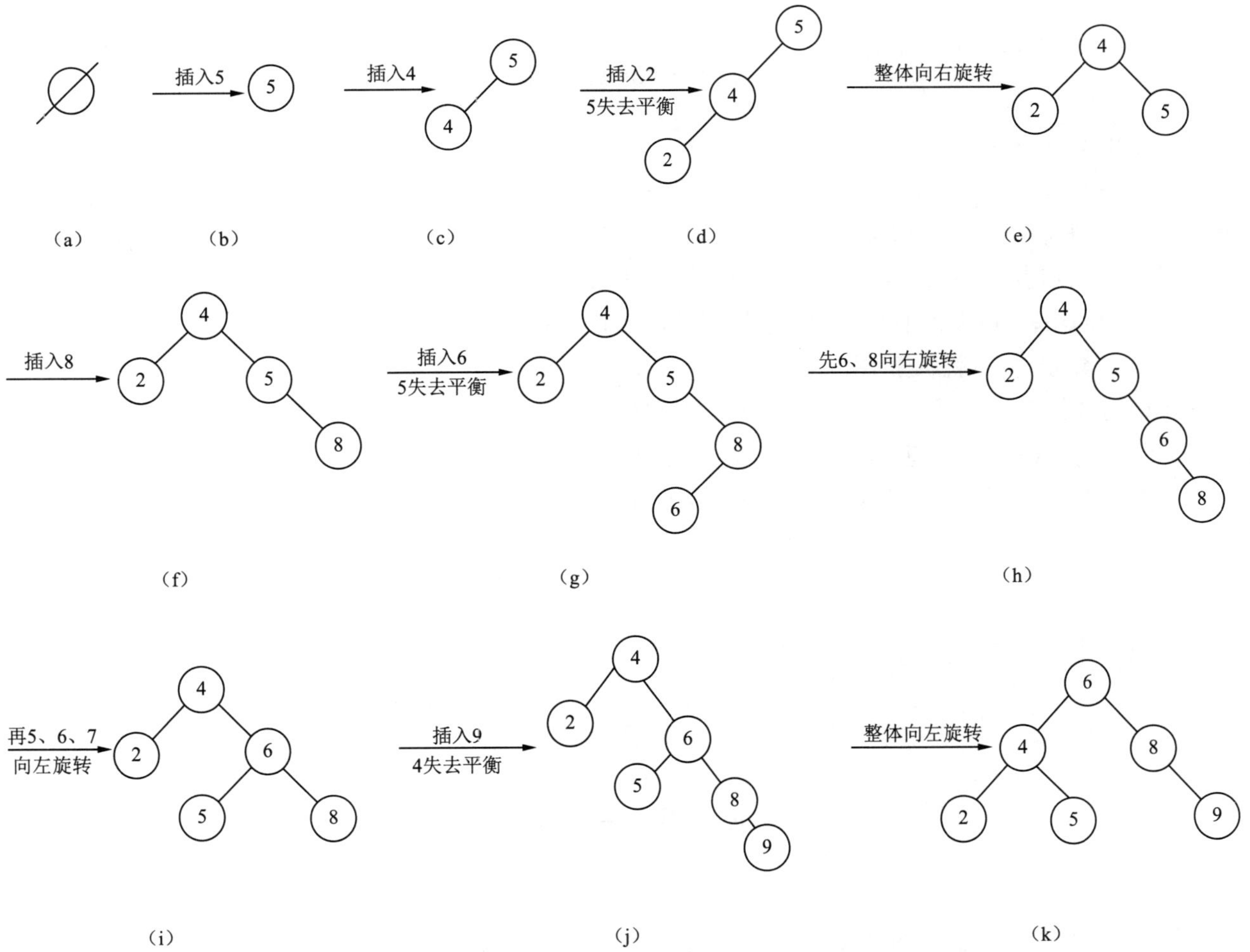

图 1.4.32　平衡二叉树的构造过程

3. 平衡二叉树的平衡调整

为了得到匀称的树，只需对失去平衡的最小子树进行调整。调整后的二叉树除了满足各结点平衡因子绝对值不大于1之外，还需保持二叉排序树的特性。设结点A为新结点x插入后失去平衡的最小子树的根结点（即A为距离插入结点最近的，平衡因子不是-1、0和1的结点），对该子树调整的情况可能有以下四种：

（1）LL型

图1.4.33（a）所示的树是一棵平衡树，其中AR、BL和BR分别是结点A的右子树、结点B的左子树和结点B的右子树，三棵子树的高度均为h。在子树BL上插入x结点，导致结点A的平衡因子绝对值大于1，以结点A为根结点的子树失去平衡，如图1.4.33（b）所示。

这种失衡是因为在失去平衡的最小子树根结点A的左孩子B的左子树上插入结点造成的，因此称为LL型，图1.4.32（d）就属于LL型。

LL型的调整策略：对失衡的最小子树向右旋转，即将结点B作为新的根结点，结点A作为结点B的右孩子，结点A的右子树不变，结点B的右子树作为结点A的左子树，结点B的左子树不变。图1.4.33（b）调整后的二叉树如图1.4.33（c）所示。

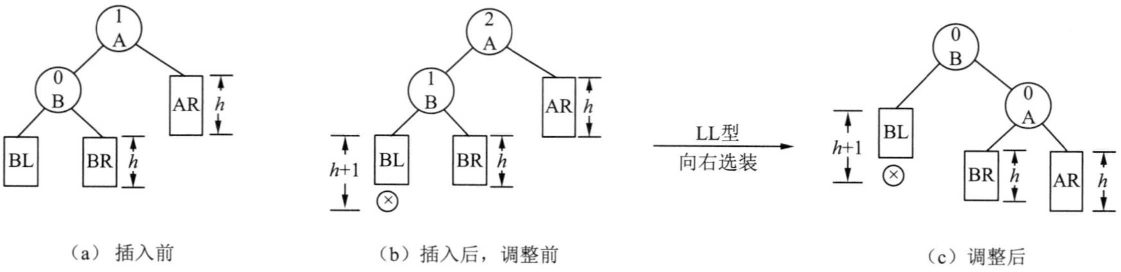

图1.4.33 LL型调整

（2）RR型

图1.4.34（a）所示的树是一棵平衡树，其中AL、BL和BR分别是结点A的左子树、结点B的左子树和结点B的右子树，三棵子树的高度均为h。在子树BR上插入x结点，导致结点A的平衡因子绝对值大于1，以结点A为根结点的子树失去平衡，如图1.4.34（b）所示。

这种失衡是因为在失去平衡的最小子树根结点A的右孩子B的右子树上插入结点造成的，因此称为RR型，图1.4.32（j）就属于RR型。

RR型的调整策略：对失衡的最小子树向左旋转，即将结点B作为新的根结点，结点A作为结点B的左孩子，结点A的左子树不变，结点B的左子树作为结点A的右子树，结点B的右子树不变。图1.4.34（b）调整后的二叉树如图1.4.34（c）所示。

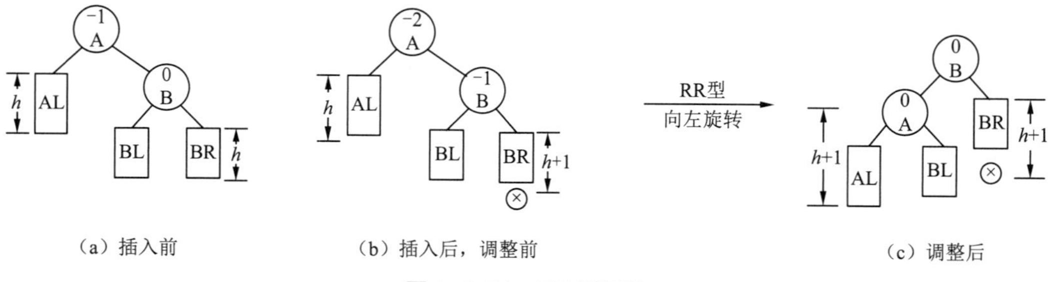

图1.4.34 RR型调整

（3）LR型

图1.4.35所示的树是一棵平衡树，其中AR、BL、CL和CR分别是结点A的右子树、结点B的左子

树、结点C的左子树和结点C的右子树，结点A的左子树比右子树的高度高1。将结点x插入结点B的右子树（无论是插入结点C的左子树还是右子树）上，使结点B的右子树的高度增加1，从而使得结点A的平衡因子的绝对值大于1，导致以结点A为根的子树失去平衡，如图1.4.36（a）所示。

这种失衡是因为在失去平衡的最小子树根结点A的左孩子B的右子树上插入结点造成的，因此称为LR型。

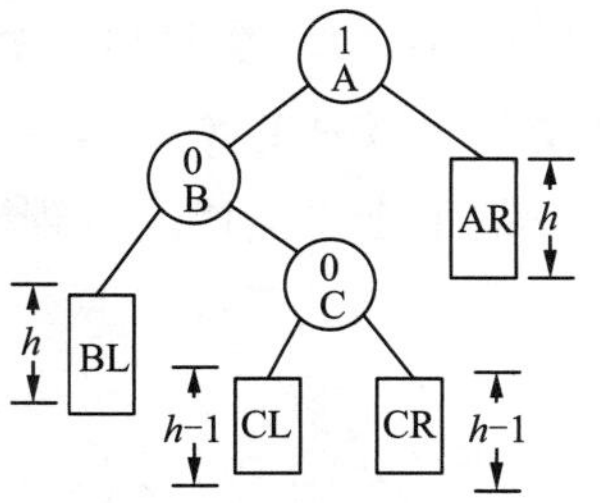

图1.4.35 插入前的平衡二叉树

LR型的调整策略：无论将结点x插入结点C的左子树还是右子树，调整的方法是一样的，此处以插入结点C的左子树为例。先将以B为根的子树向左旋转，再将以A为根的子树向右旋转，即将结点C作为新的根结点，结点B作为结点C的左孩子，结点A作为结点C的右孩子，结点B的左子树不变，结点C的左子树作为结点B的右子树，结点C的右子树作为结点A的左子树，结点A的右子树不变。调整前后的二叉树如图1.4.36所示。

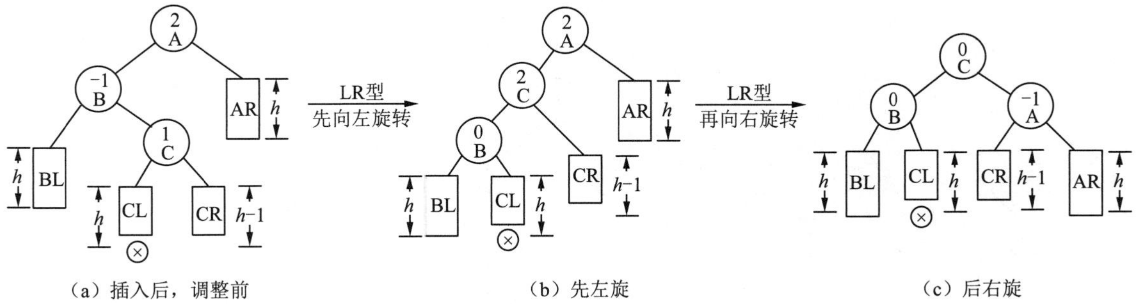

图1.4.36 LR型调整

（4）RL型

图1.4.37所示的树是一棵平衡树，其中AL、BR、CL和CR分别是结点A的左子树、结点B的右子树、结点C的左子树和结点C的右子树，结点A的右子树比左子树的高度高1。将结点x插入结点B的左子树（无论是插入结点C的左子树还是右子树）上，使结点B的左子树的高度增加1，从而使得结点A的平衡因子的绝对值大于1，导致以结点A为根的子树失去平衡，如图1.4.38（a）所示。

这种失衡是因为在失去平衡的最小子树根结点A的右孩子B的左子树上插入结点造成的，因此称为RL型。图1.4.32（g）就属于RL型。

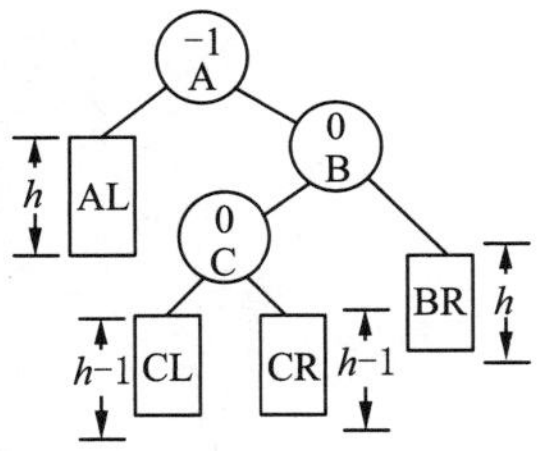

图1.4.37 插入前的平衡二叉树

RL型的调整策略：无论将结点x插入结点C的左子树还是右子树，调整的方法是一样的，此处以插入结点C的左子树为例。先将以B为根的子树向右旋转，再将以A为根的子树向左旋转。即将结点C作为新的根结点，结点A作为结点C的左孩子，结点B作为结点C的右孩子，结点A的左子树不变，结点C的左子树作为结点A的右子树，结点C的右子树作为结点B的左子树，结点B的右子树不变。调整前后的二叉树如图1.4.38所示。

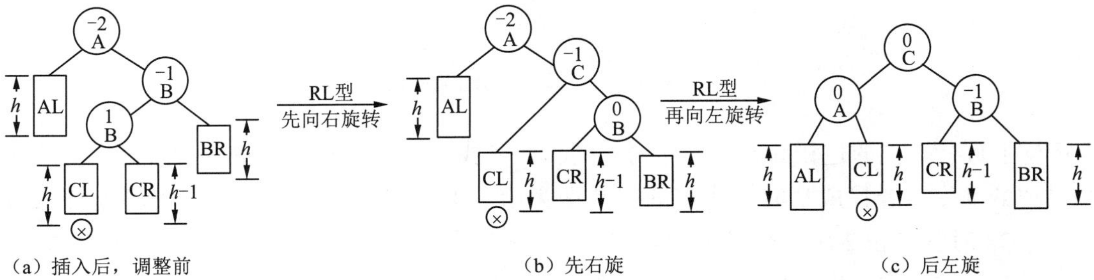

图1.4.38 RL型调整

例 1.4.15 尝试以关键字序列22,14,5,29,18,39,33,12,3,10为顺序逐个插入、调整，构造一棵平衡二叉树，并计算等概率情况下，这棵树查找成功的平均查找长度。

构造平衡二叉树的过程如图 1.4.39 所示。

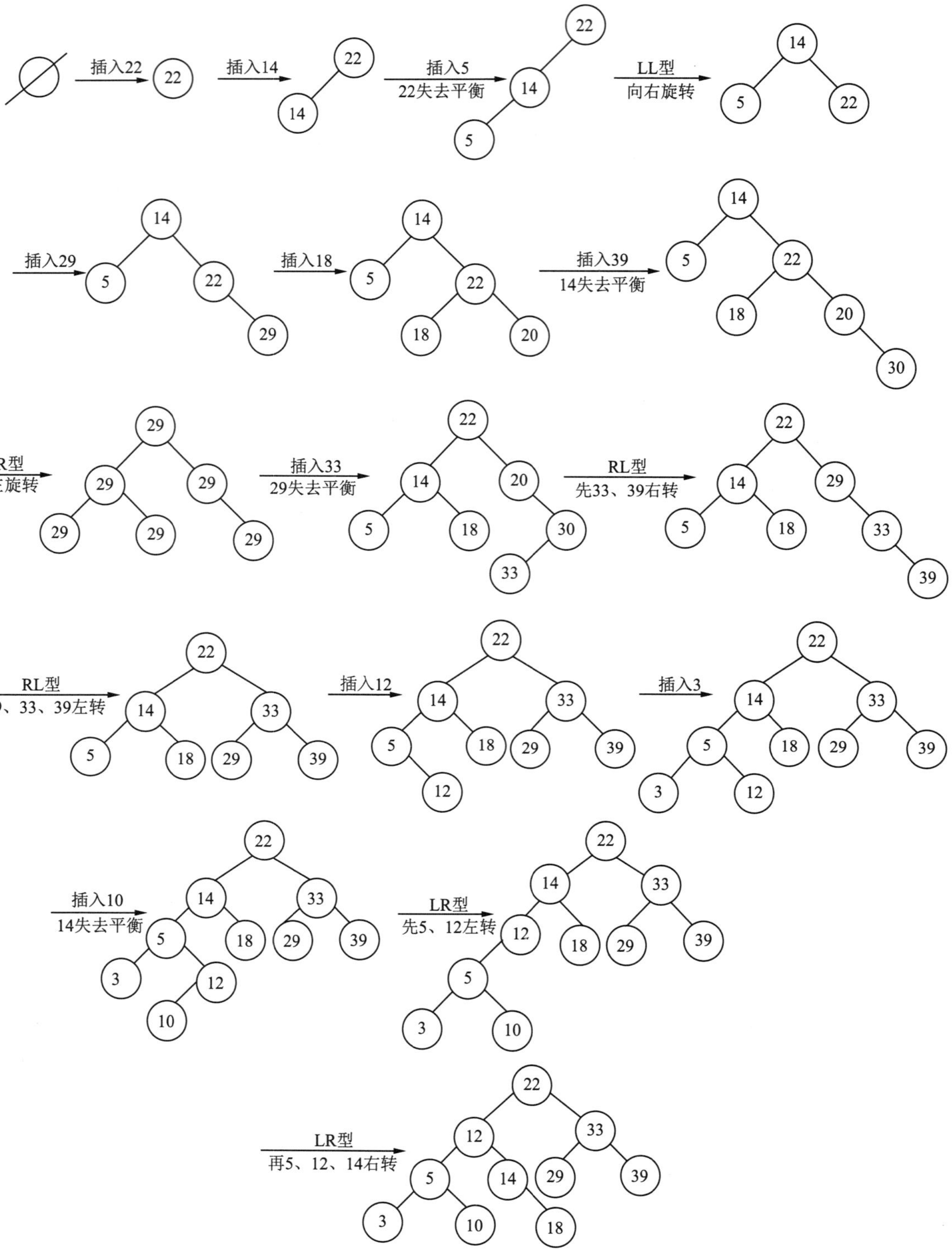

图 1.4.39　平衡二叉树的构造过程

在平衡树上进行查找的过程和二叉排序树相同，在查找过程中与给定值进行比较的关键字个数（次数）不超过树的高度。查找成功时，比较的次数即为给定值在树中所处的层次。所以查找 22 时比较 1 次，查找 12、33 时各比较 2 次，查找 5、14、29、39 时各比较 3 次，查找 3、10、18 时各比较 4 次，故等概率情况下查找成功的平均查找长度为$(1\times1+2\times2+3\times4+4\times3)/10=2.9$。

假设以 n_h 表示深度为 h 的平衡树中包含的最少结点数，则 $n_0=0$，$n_1=1$，$n_2=2$，且 $n_h=1+n_{h-1}+n_{h-2}$，即可证明含有 n 个关键字的平衡树，高度最大为 $O(\log_2 n)$，所以平均查找长度为 $O(\log_2 n)$，与二分查找相同。

4.5.3 哈夫曼树

数据压缩是计算机科学中的重要技术。数据压缩过程称为编码，即将文件中的每个字符均转换为一个唯一的二进制位串。数据解压过程称为解码，即将二进制位串转换为对应的字符。压缩的关键在于编码的方法。哈夫曼编码是一种最常用的无损压缩编码方法。利用哈夫曼树可构造哈夫曼编码。

1. 哈夫曼树的定义及构造

哈夫曼（Huffman）树，又称最优二叉树，是带权路径长度最小的二叉树。

路径：由树中一个结点到另一个结点之间的分支构成。

路径长度：路径上的分支个数。

树的路径长度：是指根到每个结点的路径长度之和。完全二叉树是树的路径长度最小的二叉树。

结点的带权路径长度：该结点的路径长度与权值的乘积。

树的带权路径长度（weighted path length，WPL）：树中所有叶子结点的带权路径长度之和，记作：

$$WPL = \sum_{k=1}^{n} W_k \times L_k$$

其中，n 为叶子结点的个数；W_k 为第 k 个叶子的权值；L_k 为 k 个叶子的路径长度。

对于给定权值的一组叶子结点，可以构造若干棵形态各异的二叉树，称 WPL 最小的那棵树为哈夫曼树。可以验证，完全二叉树的带权路径长度不一定为最小。

2. 哈夫曼树的构造

对于给定权值 $\{W_1,W_2,\cdots,W_n\}$ 的 n 个叶子结点，如何构造一棵哈夫曼树？根据哈夫曼树的定义，一棵二叉树要使其 WPL 到达最小，必须使权值越大的结点越靠近根结点，而权值越小的结点越远离根结点。哈夫曼根据这一特点给出了一种构造哈夫曼树的算法，称为哈夫曼算法。具体算法流程为：

① 以给定的 n 个权值 $\{W_1,W_2,\cdots,W_n\}$ 构造 n 棵二叉树的集合 $F=\{T_1,T_2,\cdots,T_n\}$，其中每棵二叉树中均只含一个带权值为 W_i 的根结点，其左、右子树为空树。

② 在 F 中选取其根结点的权值为最小的两棵二叉树，分别作为左、右子树构造一棵新的二叉树，这棵新二叉树根结点的权值为其左、右子树根结点的权值之和。此处构造新二叉树时左右子树根结点的权值可满足左小右大，也可左大右小。实际构造时任选一种即可。

③ 从 F 中删去这两棵树，同时加入刚生成的新树。

④ 重复②和③两步，直至 F 中只含一棵树为止。

例 1.4.16 以权值 $\{5,6,2,9,7\}$ 作为叶子结点，构造一棵哈夫曼树，并计算哈夫曼树的带权路径长度。

因为算法流程涉及频繁插入、删除操作，而链式存储的插入、删除效率较高，故采用链式存储结构。哈夫曼树的具体构造过程为：

① 以权值 $\{5,6,2,9,7\}$ 为结点关键字建立有序的单链表，即5个根结点按权值递增的顺序建立的单链表，如图1.4.40所示：此处单链表中结点的数据域为二叉树结点类型（包含三个域：data、lchild 和 rchild），此时两个指针域 lchild 和 rchild 均为 NULL。

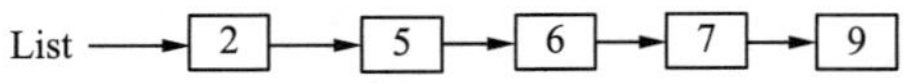

图1.4.40 有序单链表

② 从链表中选取权值最小的两棵树作为左右子树，生成一棵新的二叉树（新树树根的权值为两棵子树树根权值之和），将新二叉树树根插入有序表中，并从有序表中删除为建立新树所选的权值最小的两棵树树根。如此重复，直到有序表中只剩一个结点，即只剩一棵树为止，如图 1.4.41 所示。

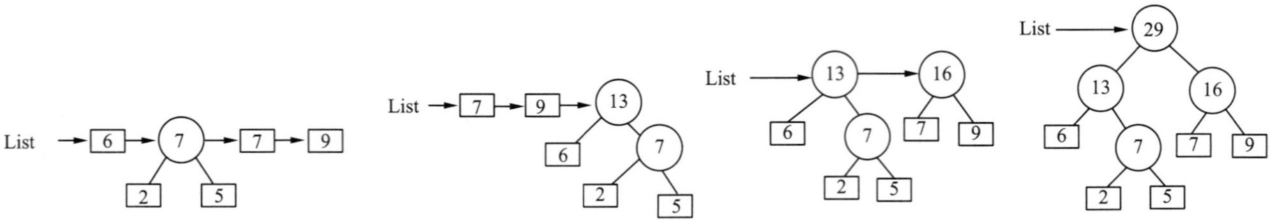

（a）　（b）　（c）　（d）

图 1.4.41　哈夫曼树的构造过程

图 1.4.41（d）所示哈夫曼树的带权路径长度为 $6\times2+2\times3+5\times3+7\times2+9\times2=65$。

若图 1.4.41（a）中新树根 7（圆形）插在单链表原有树根 7（方形）之后，这样就会得到一棵不同的哈夫曼树，如图 1.4.42（a）所示。

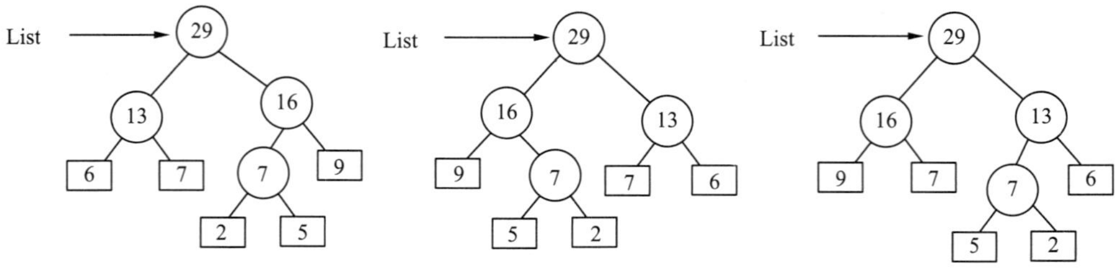

（a）　（b）　（c）

图 1.4.42　三棵可能的哈夫曼树

不难发现，图 1.4.41（d）和图 1.4.42（a）所示哈夫曼树中非叶子结点都是左子树根结点的权值小于右子树根结点的权值。实际也可以构造左子树根结点权值大于右子树根结点权值的哈夫曼树，如图 1.4.42（b）、（c）所示。另外，因为图 1.4.42 中的三棵哈夫曼树中的各叶子结点的路径长度与图 1.4.41（d）中各叶子结点的路径长度是一样的（即同一个叶子结点所在的层次是相同的），所以图 1.4.42 中的三棵哈夫曼树的带权路径长度也是 65。因此对于给定权值的叶子结点，其对应的哈夫曼树不唯一，但带权路径长度唯一。

3. 哈夫曼树的编码与译码

若有字符集 $\{a,b,c,d,e\}$，各字符出现的相对频率分别为 $\{5,6,2,9,7\}$。若采用等长编码给该字符集中的字符进行编码，则每个字符需占用 3 个二进制位，其中的一种编码方案可以为 $\{a{:}000,b{:}001,c{:}010,d{:}011,e{:}100\}$。这种编码方案没有因为使用频率不同而设置不同的编码长度。

对于给定的哈夫曼树，按不同编码的规则，可得不同的编码树，进而得到不同的编码方案。图 1.4.41（d）所示的哈夫曼树按照左 1 右 0 或左 0 右 1 规则构造的两棵编码树，如图 1.4.43 所示。

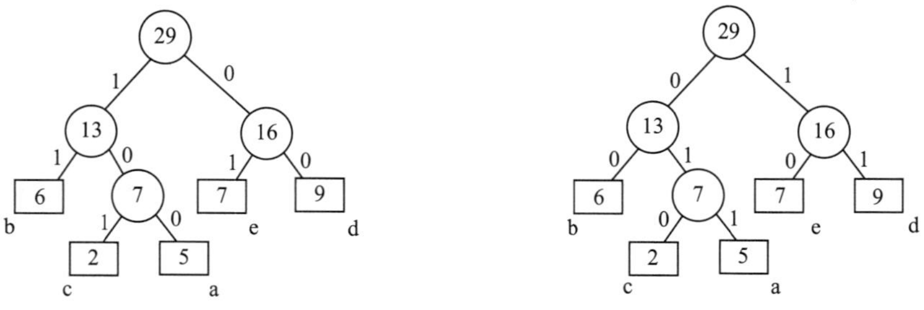

（a）左1右0　（b）左0右1

图 1.4.43　哈夫曼编码树

图1.4.43（a）哈夫曼编码树对应的各字符的哈夫曼编码为{a:100,b:11,c:101,d:00,e:01}。图1.4.43（b）哈夫曼编码树对应的各字符的哈夫曼编码为{a:011,b:00,c:010,d:11,e:10}。

无论是哪种编码规则，同一字符的哈夫曼编码长度是一样的，不同字符的哈夫曼编码长度不同，出现频率越大的字符其编码长度越短。又因这些字符的总相对频度为5+6+2+9+7=29，所以这两种编码方案的平均编码长度均为$5/29\times3+6/29\times2+2/29\times3+9/29\times2+7/29\times2=2.24$。不难发现，平均编码长度的计算方法与哈夫曼树的WPL的计算方法是一样的，所以利用哈夫曼树构造的哈夫曼编码能使得电文的信息量达到最小。

观察字符集的哈夫曼编码还可以发现，字符集中的任何一个字符的编码都不是同一字符集中另一个字符的编码的前缀，称这种编码为前缀编码；又因不同字符的哈夫曼编码长度不同，所以哈夫曼编码是一种不等长的前缀编码。

利用编码树不仅可以给字符编码，也可以用于译码。设电文对应的二进制码串已存入字符型文件中，则译码过程如下：

① 根据编码时建造的编码树（叶子结点存有对应字符，且编码规则为左0右1），从编码树的根结点出发，逐个读取二进制码串中的二进制码。

② 若当前二进制码="0"，则走左孩子，否则走右孩子，一旦到达编码树的叶子结点，读取相应叶子结点中的字符。再从根出发，从二进制码串中的下一位开始继续这一过程，直到电文结束，即可得到电文信息。

第 5 章

图

学习目标

1. 掌握图的基本概念和存储结构；
2. 掌握图的广度优先与深度优先遍历算法；
3. 理解生成树，掌握最小生成树的求解方法；
4. 理解拓扑排序，掌握关键路径的求解方法；
5. 理解最短路径，掌握单源最短路径的求解方法。

知识导图

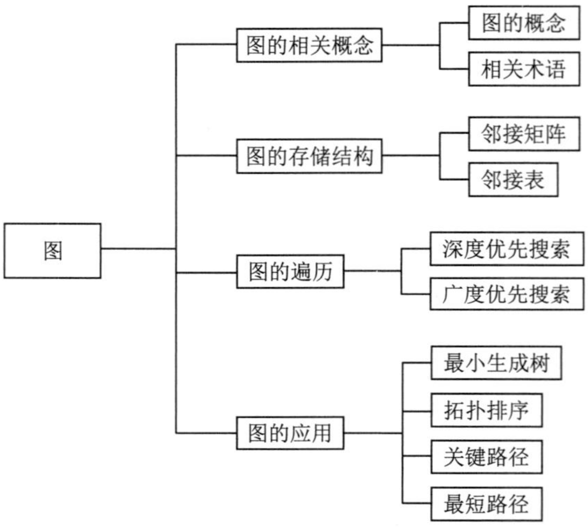

前面已经介绍了两种基本数据结构：线性表和树。

线性表是一种线性结构，除了头结点和尾结点外，每个数据元素（即结点）都只有唯一的前驱结点和唯一的后继结点。

树是一种非线性结构，数据元素（即结点）之间的关系是父子关系，除根结点外，每个结点有且仅有一个父结点（前驱），有零个或多个孩子结点（后继）。很明显，树形结构是在结点之间建了一种层次关系，一个结点可以和下一层的零个或多个结点相关，但只能和上一层的一个结点相关（根结点除外，它没有上层结点）。

本章介绍一种新的数据结构——图。在图形结构中，数据元素（称为顶点）之间的关系是任意的，每个顶点都可以和其他任何顶点相关。由此可见，图是比线性表和树结构更加复杂的一种数据结构，而树实际是一种特殊形式的图。

图的出现最早可以追溯到 1736 年，著名的数学家欧拉使用它解决了经典的柯尼斯堡七桥难题。从此，有关图的理论形成了一个专门的数学分支——图论。图论已成为描述和解决实际问题的最有效的数学工具之一。计算机的出现和计算机科学的深入发展赋予图论新的生命力，有关图的概念、理论和算法被广泛地应用在包括交通、电力、通信和信息管理等各种基础领域中。图不仅成为数学和计算机科学的重要研究内容，在化学、物理、生物、工程甚至社会科学中也都经常出现与图有关的概念和理论。可以说，在所有的数据结构中，图被最广泛地应用着。图论是一门复杂的数学理论，本章仅从数据结构的角度介绍图的基本知识，主要包括图的基本概念、基本存储结构和基本算法。

5.1　图及其存储

图（graph）是一种复杂的非线性结构。图中结点之间的关系可以是任意的，从逻辑结构图来看，图中任一结点的前驱和后继的个数都没有限制，所以结点之间的关系是“多对多”。

5.1.1　图概述

1. 图的相关概念

图可以定义为 $G=(V,E)$，其中 V 表示有穷非空顶点集；E 是 V 中顶点构成的偶对，称为边集。

若 v，w 是顶点集 V 中的两个顶点，偶对 (v,w) 表示 v 与 w 之间的一条无向边，是无序的，即与 (w,v) 表示同一条边，此时称图为无向图，如图 1.5.1（a）所示。而偶对 $\langle v,w\rangle$ 表示从 v 到 w 的一条弧（或有向边），即偶对 $\langle v,w\rangle$ 是有序的，此时称图为有向图，如图 1.5.1（b）所示。有向边 $\langle v,w\rangle$ 也称弧，顶点 v 为弧尾（或始点），顶点 w 为弧头（或终点），有向边 $\langle v,w\rangle$ 既是顶点 v 的出边，也是顶点 w 的入边。

2. 网

若图中的边标上了具有某种含义的权值（weight），可表示一个顶点到另一个顶点的距离、费用等，称带权的无向图为无向网，称带权的有向图为有向网，如图 1.5.2 所示。

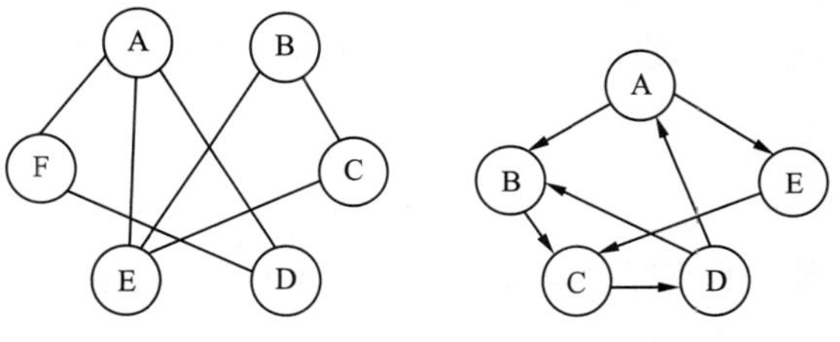

（a）无向图 G_1　　（b）有向图 G_2

图 1.5.1　图的示例

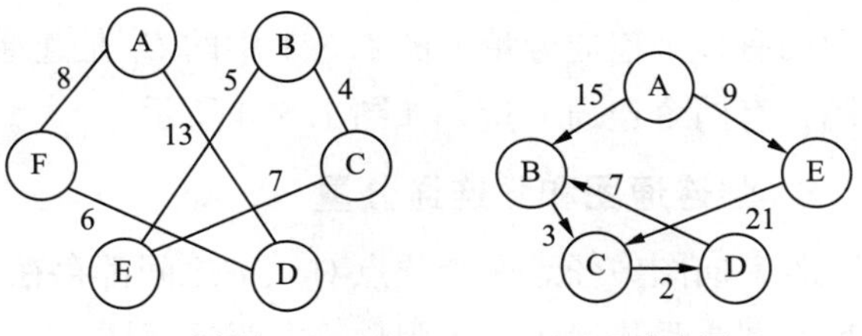

（a）无向网 G_3　　（b）有向网 G_4

图 1.5.2　网的示例

3. 子图

设图 $G=(V,E)$ 和图 $G'=(V',E')$，且 $V'\subseteq V$，$E'\subseteq E$，则称 G' 为 G 的子图。图 1.5.3 给出了图 G_2 的若干子图。一个图的极大子图就是其自身，包含所有的顶点和所有的边，图 1.5.3（e）即为 G_2 的极大子图。

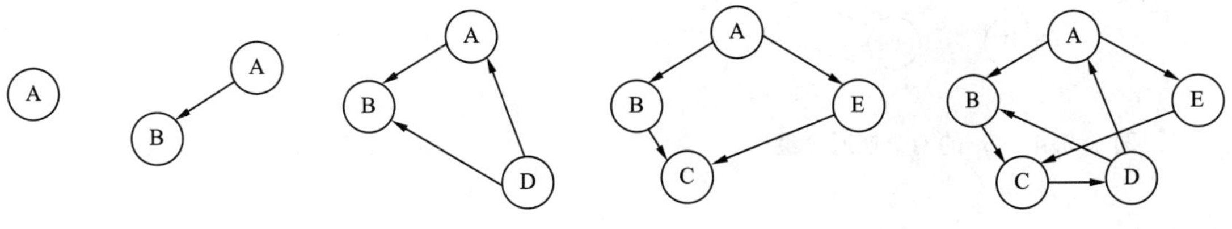

（a）　（b）　（c）　（d）　（e）

图 1.5.3　图 G_2 的若干子图

4. 完全图

任何一个有 n 个顶点的无向图，其无向边数 e 一般小于等于 $n(n-1)/2$，当 e 等于 $n(n-1)/2$时，称该无向图为完全无向图。任何一个有 n 个顶点的有向图，其有向边数 e 一般小于等于 $n(n-1)$，当 e 等于 $n(n-1)$ 时，称该有向图为完全有向图。

5. 度

和顶点 v 关联的边的数目称为 v 的度，记作 $D(v)$。无向图 G_1 中顶点 A 的度为 3，顶点 B 的度为 2。

在有向图中，以顶点 v 为弧头的边的数目称为 v 的入度，记作 $\mathrm{ID}(v)$，以顶点 v 为弧尾的边的数目称为 v 的出度，记作 $\mathrm{OD}(v)$，顶点的度为该顶点的入度和出度之和，即 $D(v)=\mathrm{ID}(v)+\mathrm{OD}(v)$。有向图 G_2 中顶点 A 的入度为 1，出度为 2，故顶点 A 的度为 3。

在一个具有 n 个顶点、e 条边的图中，所有顶点的度与边数 e 之间满足关系：$e=\sum_{i=1}^{n} D(v_i)/2$。

6. 路径

若图中从顶点 v 到顶点 w 之间存在一条顶点序列的路径，则该路径上经过的边的数目称为该路径的长度。若一条路径上除起点和终点外，其余顶点均不相同，则称此路径为简单路径；若路径上起点与终点相同，则称为回路；若简单路径上的起点和终点为同一个顶点，则称为简单回路。

例如，无向图 G_1 中从顶点 B 到顶点 F 的一条路径 B—C—E—A—F 是一条简单路径，该路径的长度为 4；路径 B—C—E—B 是一条简单回路，长度为 3。有向图 G_2 中从顶点 A 到顶点 C 的一条路径 A—B—C—D 是一条简单路径，路径长度为 3；路径 A—E—C—D—A 是一条简单回路，长度为 4。

7. 连通图和连通分量

若无向图中任意两个顶点之间都有路径相通，则称此图为连通图，否则称为非连通图。

无向图的极大连通子图称为连通分量。显然，任何连通图的连通分量只有一个，就是它本身。非连通图则有多个连通分量。图 1.5.1 中的 G_1 是连通图，其连通分量就是 G_1 本身。图 1.5.2 中的 G_3 是非连通图，有两个连通分量，如图 1.5.4 所示。

8. 强连通图和强连通分量

若有向图中任意两个顶点对 v,w 之间都存在一条从 v 到 w 的路径，且同时存在一条从 w 到 v 的路径，则称此图为强连通图，否则称为非强连通图。

有向图的极大连通子图称为强连通分量。显然，任何强连通图的强连通分量也只有一个，就是它本身。非强连通图则有多个强连通分量。图 1.5.1 中的 G_2 是强连通图，图 1.5.2 中的 G_4 是非强连通图，有三个强连通分量，如图 1.5.5 所示。

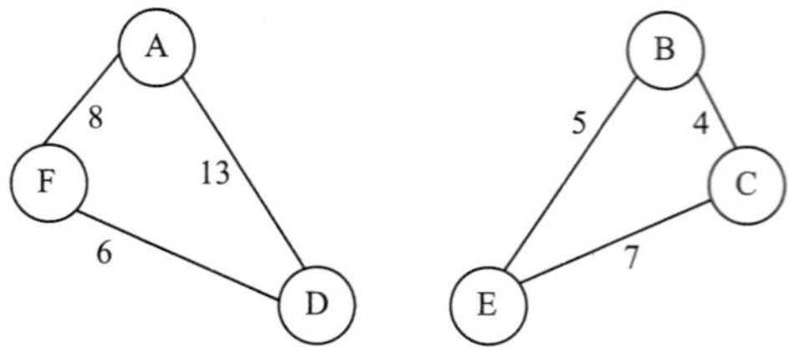

（a）　（b）

图 1.5.4　G_3 的两个连通分量

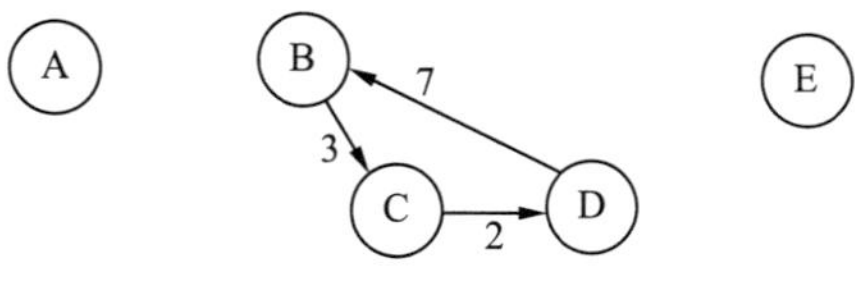

（a）　（b）　（c）

图 1.5.5　G_4 的三个连通分量

9. 生成树

若一个具有 n 个顶点和若干条边的连通图，其 $n-1$ 条边和 n 个顶点构成一个连通子图，称该连通子图为此连通图的极小连通子图，即**生成树**。对于非连通图，则称由各个连通分量的生成树的集合为此非连通图的**生成森林**。由概念可知，生成树不唯一，生成森林亦不唯一。无向图 G_1 和无向网 G_3 的一个生成森林如图 1.5.6（a）、（b）所示。

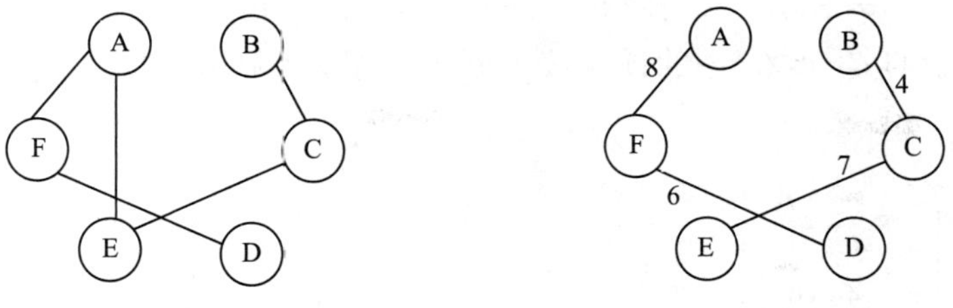

图 1.5.6 生成树和生成森林

5.1.2 图的存储

设 $G=(V,E)$ 是一个具有 n 个顶点的图，则图 G 的存储不仅需要考虑顶点集 V 的存储，还需要考虑关系集 E 的存储。一般用一个顺序表来存储顶点集，而关系集 E 的存储有邻接矩阵和邻接表两种。

1. 邻接矩阵

若用一个 n 阶矩阵 $\boldsymbol{A}$ 来表示图 G 中 n 个顶点之间的相邻关系，则称矩阵 $\boldsymbol{A}$ 为图 G 的邻接矩阵。此时图的数据类型可定义为：

```
#define  MAXINF  32767              //定义一个足够大的常量值代表无穷
#define  MAX  100                   //最大顶点数
typedef  char  vDataType;           //顶点的类型
typedef  struct {
   vDataType  v[MAX];               //存放顶点
   int  vNum;                       //顶点数
   int  A[MAX][MAX];                //邻接矩阵
   int  eNum;                       //边数
}AdjMatrixGraph;
```

(1) 图的邻接矩阵

图的邻接矩阵元素为

$$A[i][j]=\begin{cases}1, & v_i,v_j \in V,且(v_i,v_j)或\langle v_i,v_j\rangle \in E\\0, & v_i,v_j \in V,但(v_i,v_j)或\langle v_i,v_j\rangle \notin E\end{cases}$$

例如，图 1.5.1 所示的 G_1 和 G_2 中的顶点按字母顺序存储，则 G_1 和 G_2 对应的邻接矩阵如图 1.5.7(a)、(b) 所示。

$$\boldsymbol{A}_{6\times6}=\begin{pmatrix}0&0&0&1&1&1\\0&0&1&0&1&0\\0&1&0&0&1&0\\1&0&0&0&0&1\\1&1&1&0&0&0\\1&0&0&1&0&0\end{pmatrix}$$

(a) G_1 的邻接矩阵

$$\boldsymbol{A}_{5\times5}=\begin{pmatrix}0&1&0&0&1\\0&0&1&0&0\\0&0&0&1&0\\1&1&0&0&0\\0&0&1&0&0\end{pmatrix}$$

(b) G_2 的邻接矩阵

图 1.5.7 图的邻接矩阵

(2) 网的邻接矩阵

网的邻接矩阵元素为

$$A[i][j]=\begin{cases}w_{ij}, & v_i,v_j \in V,\ 且(v_i,v_j)或\langle v_i,v_j\rangle \in E\\\infty, & v_i,v_j \in V,\ 但(v_i,v_j)或\langle v_i,v_j\rangle \notin E,i\neq j\\0, & v_i,v_j \in V,i=j\end{cases}$$

其中，w_{ij}表示边上的权值；∞ 表示一个计算机允许的、大于所有边上权值的数。

例如，图 1.5.2 所示的 G_3 和 G_4 中的顶点按字母顺序存储，则 G_3 和 G_4 对应的邻接矩阵如图 1.5.8（a）、（b）所示。

$$\boldsymbol{A}_{6\times6}=\begin{pmatrix}0&\infty&\infty&13&\infty&8\\\infty&0&4&\infty&5&\infty\\\infty&4&0&\infty&7&\infty\\13&\infty&\infty&0&\infty&6\\\infty&5&7&\infty&0&\infty\\8&\infty&\infty&6&\infty&0\end{pmatrix}$$

（a）G_3 的邻接矩阵

$$\boldsymbol{A}_{5\times5}=\begin{pmatrix}0&15&\infty&\infty&9\\\infty&0&3&\infty&\infty\\\infty&\infty&0&2&\infty\\\infty&7&\infty&0&\infty\\\infty&\infty&21&\infty&0\end{pmatrix}$$

（b）G_4 的邻接矩阵

图 1.5.8　网的邻接矩阵

关于邻接矩阵，需注意以下三点：

① 对于无向图或网，(v_i,v_j)和(v_j,v_i)表示同一条边，因此在邻接矩阵中 $A[i][j]=A[j][i]$，所以无向图或网的邻接矩阵是关于主对角线的对称矩阵。对于有向图或网，$\langle v_i,v_j\rangle$和$\langle v_j,v_i\rangle$表示方向不同的两条有向边，两权值不一定相同，所以 $A[i][j]$与 $A[j][i]$不一定相等，故有向图或网的邻接矩阵一般不具有对称性。

② 用邻接矩阵表示图，很容易判定任意两个顶点之间是否有边相连，求得各个顶点的度数。对于无向图，顶点 v_i 的度数是邻接矩阵中第 i 行或第 i 列中值为 1 的元素个数，即 $D(v_i)=\sum_{j=0}^{n-1}A[i][j]$ 或 $D(v_i)=\sum_{j=0}^{n-1}A[j][i]$。对于有向图，邻接矩阵中第 i 行中值为 1 的元素个数为顶点 v_i 的出度，第 i 列中值为 1 的元素的个数为顶点 v_i 的入度，即 $\mathrm{OD}(v_i)=\sum_{j=0}^{n-1}A[i][j]$，$\mathrm{ID}(v_i)=\sum_{j=0}^{n-1}A[j][i]$。

③ 用邻接矩阵表示图，占用的存储单元个数只与图中顶点的个数有关，而与边的数目无关。一个含有 n 个顶点的图，如果其边数比 n^2 少得多，那么它的邻接矩阵就会有很多 0 或 ∞ 元素，浪费了存储空间。

2. 邻接表

若用一个单链表来表示图中某个顶点与其他顶点的所有相邻关系，单链表也称该顶点的边表或邻接表。若图 G 具有 n 个顶点，则需要 n 个邻接表来表示图 G 中顶点之间的关系。此时存放顶点集的顺序表中每个元素除存放顶点数据域外，还需存放表示该顶点与其他顶点关系的单链表的头指针。这种图的存储方式称为邻接表。图的邻接表中顺序表结点、单链表结点的存储结构示意图，分别如图 1.5.9（a）、（b）所示。

vertex	firstEdge

（a）顶点顺序表的结点结构

adjvexIndex	edgeW	next

（b）单链表的结点结构

图 1.5.9　邻接表中结点存储结构示意图

进而图的邻接表数据类型可描述为：

```
#define  MAX  100                          //最大顶点数
typedef char  vDataType;                   //顶点的类型
typedef  struct  eNode {
    int  adjvexIndex;                      //存放邻接点的位置(下标)
    int  edgeW;                            //边上的权值(边不带权时,省略)
    struct  eNode * next;                  //指向下一条邻接边
```

```
}adjNode;                          //单链表的结点类型,简称表结点类型
typedef  struct  vNode {
    vDataType  vertex;             //顶点数据域
    adjNode * firstEdge;           //第一条邻接边
}vNode;                            //顶点顺序表的结点类型
typedef  struct  {
    vNode  vlist[MAX];             //顶点顺序表
    int vNum, eNum;                //顶点数和边数
}AdjListGraph;                     //邻接表类型
```

(1) 图的邻接表

例如，图 1.5.1 中 G_1 的邻接表如图 1.5.10 所示。

对于无向图，顶点 v_i 的邻接表中每个表结点都对应于与 v_i 相关联的一条边；对于有向图来说，如果每一顶点 v_i 的邻接表中每个表结点都存储以 v_i 的为始点的一条出弧（出边），则称这种表为有向图的出边表（有向图的邻接表），反之，若每一顶点 v_i 的邻接表中每个表结点都对应于以 v_i 为终点的一条入弧（入边），则称这种表为有向图的入边表（又称逆邻接表）。例如，图 1.5.1 中 G_2 的出边表和入边表如图 1.5.11（a）、（b）所示。

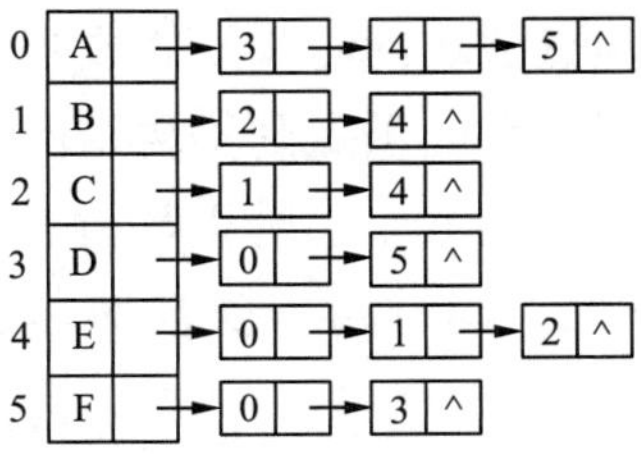

图 1.5.10　图 G_1 的邻接表

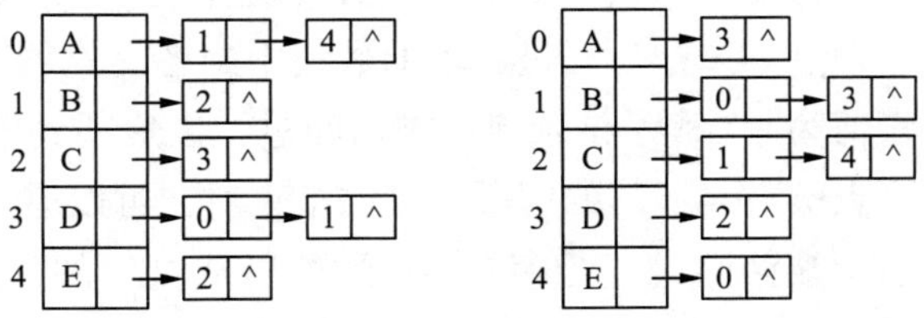

（a）G_2的出边表　　（b）G_2的入边表

图 1.5.11　图 G_2 的邻接表

(2) 网的邻接表

例如，图 1.5.2 中 G_3 的邻接表如图 1.5.12 所示。

图 1.5.2 中 G_4 的出边表和入边表如图 1.5.13（a）、（b）所示。

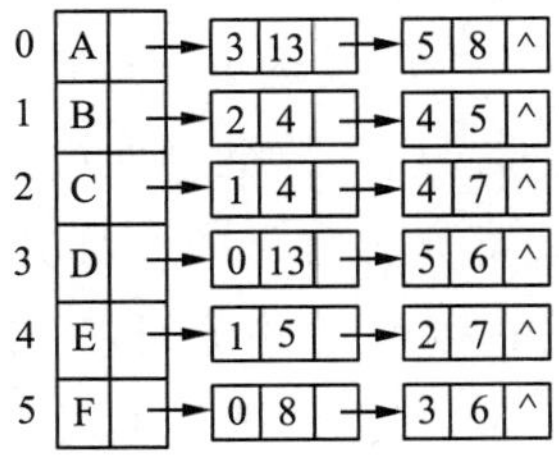

图 1.5.12　图 G_3 的邻接表

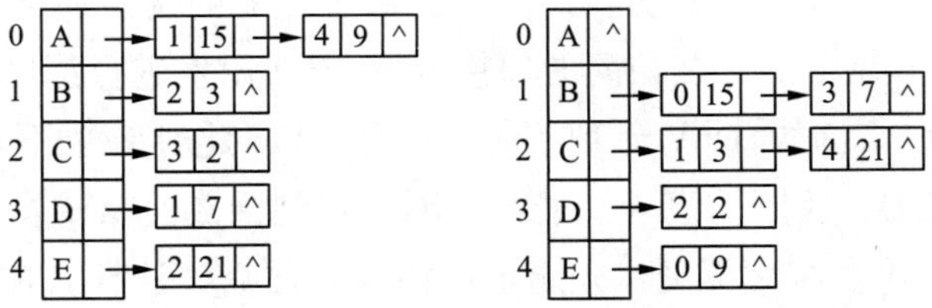

（a）G_4的出边表　　（b）G_4的入边表

图 1.5.13　图 G_4 的邻接表

关于邻接表的两点说明：

① 在无向图的邻接表中，顶点 v_i 的度为第 i 个单链表中结点的个数；而在有向图的出边表中，第 i 个单链表中的结点个数是顶点 v_i 的出度；在有向图的入边表中，第 i 个单链表中的结点个数是顶点 v_i 的入度。

② 无向图中所有顶点的度为图中无向边的数目的 2 倍，无向图的邻接表中单链表结点的个数为图中无向边的数目的 2 倍。有向图中所有结点的出度等于所有结点的入度，即为有向边的数目，有向图的出边表中单链表结点的个数等于有向边的数目，有向图的入边表中单链表结点的个数也等于有向边的数目。

5.2 图的遍历

图的遍历是指从图中某个顶点出发，按照某种遍历方法访遍图中其余顶点，并且使图中的每个顶点仅被访问一次的过程。图的遍历有深度优先遍历和广度优先遍历两种方法。

5.2.1 深度优先遍历

图的深度优先遍历，类似于树的前序遍历，它是指从图中某顶点 v_0 出发：

① 访问顶点 v_0；

② 再访问 v_0 的未被访问的邻接点 v_1；

③ 然后再从 v_1 出发；访问 v_1 的未被访问的邻接点 v_2；

……

若某顶点的邻接点全部访问完毕，则回溯到它的上一顶点，然后再从该顶点访问该顶点的未被访问的邻接点，即又按深度优先的方法搜索下去，直到能访问的顶点均被访问为止。

在图结构中，一个顶点可以和其他多个顶点相连，所以在遍历过程中可能沿某路径搜索后重新又回到该顶点。为避免顶点被重复访问，需要设置一个辅助数组，用于记录每个顶点是否已被访问。算法开始时，所有顶点均未被访问过，辅助数组中的各元素均为 0，当某个顶点被访问时，则修改其对应的辅助数组元素值为 1，表示该顶点已被访问过，以后遇到辅助数组元素值为 1 的顶点则不再访问它，这样可以避免顶点被重复访问的问题。算法结束时，可以通过检查 visited 数组的元素值是否都为 1 来判断是否所有顶点均被访问过。若存在 0，则可以从对应的顶点开始继续遍历，这样可以实现对非连通图的遍历。

例 1.5.1 对图 1.5.14 所示的无向图 G_5 从顶点 A 出发进行深度优先搜索。

首先访问顶点 A，访问顶点 A 之后，再在 A 的两个邻接点 B、C 中任选一个顶点，此处选择 B，因为 B 未被访问，故访问顶点 B。再从 B 出发进行深度优先遍历；即访问 B 之后，选择 B 的一个未被访问的邻接点 D 并访问它，继续从 D 出发进行深度优先遍历；访问 D 之后，选择 D 的未被访问的邻接点 E 并访问它，从 E 出发进行深度优先遍历；访问 E 之后，选择 E 的一个未被访问的邻接点 F 并访问它，从 F 出发进行深度优先遍历；访问 F 之后发现 F 的两个邻接点均已被访问，此时需回溯至 F 的前一个顶点 E，选择 E 剩下的未被访问的邻接点 I，从 I 出发进行深度优先遍历；访问 I 之后发现 I 不存在未被访问的邻接点，此时需回溯至 I 的前一个顶点 E，此时 E 也不存在未被访问的邻接点，故继续回溯至 E 的前一个顶点 D，相同的道理，继续回溯，直到回溯至 A，发现 A 还有一个未被访问的邻接点 C 并访问它，继续从 C 出发继续深度优先遍历；访问 C 之后，选择 C 的一个未被访问的邻接点 G 并访问它，继续从 G 出发进行深度优先遍历；访问 G 之后，选择 D 的未被访问的邻接点 H 并访问它，继续从 H 出发进行深度优先遍历；访问 H 之后，发现 H 的所有邻接点均已被访问，因此需回溯至 G，而 G 的邻接点也均已被访问，故继续回溯到前一个顶点 C，相同的道理，继续回溯至 A，此时 A 的邻接点也均已被访问，至此搜索遍历过程结束，得到顶点访问序列为 ABDEFICGH。

按照以上深度优先方法遍历图 G_5 的所有顶点过程中产生了一棵搜索树，称为深度优先搜索树，如图 1.5.15 所示。由连通图的所有顶点和遍历过程中经过的边所构成的子图是极小连通子图，即为图的生成树，故图 1.5.15 所示的深度优先搜索树就是 G_5 的一棵生成树。

由于没有规定访问邻接点的顺序，深度优先序列不是唯一的。比如上述访问 A 之后，选择邻接点 C 并访问它，再从 C 出发继续深度优先遍历，则可能得到的遍历序列为 ACGHBFEDI。

但是，在存储结构已确定的情况下，遍历的结果将是确定的。在下面的算法中，选用邻接表来存储图。

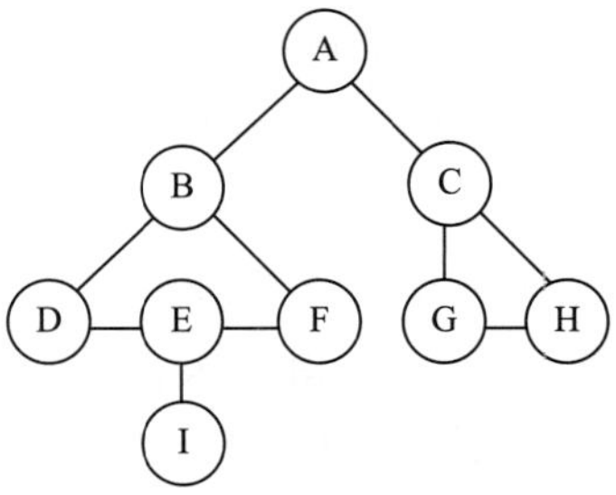

图 1.5.14 无向图 G_5

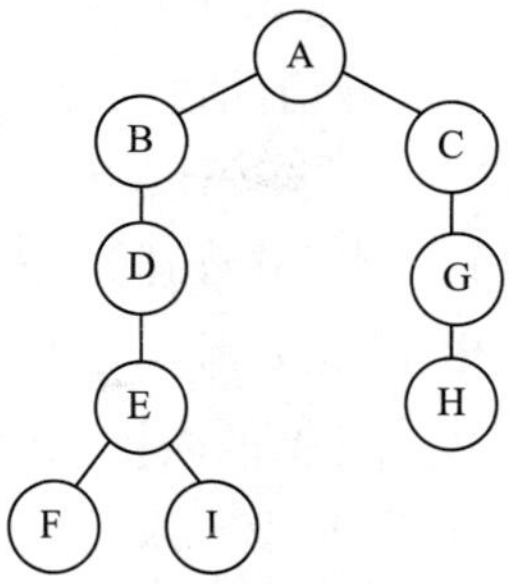

图 1.5.15 图 G_5 深度优先搜索树

算法 1.5.1 深度优先搜索算法

```
int visited[MAX];                                    //辅助数组
void DFS (AdjListGraph *g, int i) {                  //从顶点 i 出发深度优先遍历图 g
    adjNode *p;
    printf("%c\t",g->vlist[i].vertex);
    visited[i]=1;                                    //访问顶点 i
    p = g->vlist[i].firstEdge;
    while (p) {                                      //从 p 的邻接点出发进行深度优先搜索
        if (!visited[p->adjvexIndex])
            DFS(g, p->adjvexIndex);
        p = p->next;
    }
}
void DFSTraverse(AdjListGraph *g) {
    int i;
    for (i=0; i<g->vNum; i++)
        visited[i] = 0;                              //初始化辅助数组
    for (i=0; i<g->vNum; i++)
        if (visited[i] == 0)                         //顶点 i 未访问过
            DFS(g, i);
}
```

分析上述算法，在遍历时，如果是连通图，函数 DFS( ) 只需被函数 DFSTraverse( ) 调用一次，图中的各个顶点就全部得到访问。

如果是非连通图，函数 DFS( ) 被函数 DFSTraverse( ) 调用一次仅能访问包含出发点的连通分量中的所有顶点，即连通分量存在几个，则函数 DFS( ) 需被调用几次才能访问全图。对于非连通图的遍历，则每个连通分量对应一棵搜索树，所以非连通图遍历得到的是一个生成森林。

遍历图的过程实质上是对每个顶点查找其邻接点的过程，即对每条边处理一次，每个顶点访问一次。其耗费的时间则取决于所采用的存储结构，当用邻接矩阵（二维数组）表示图的存储结构时，查找每个顶点的邻接点所需时间为 $O(n^2)$，其中 n 为图中顶点数，而当以邻接表作图的存储结构时，找邻接点所需时间为 $O(e)$，其中 e 为图中边的数量。因此，当以邻接表作存储结构时，深度优先遍历算法的时间复杂度为 $O(n+e)$。

5.2.2 广度优先遍历

图的广度优先遍历类似树的按层次遍历。

① 初始时，图中各顶点均未被访问。

② 从图中某顶点（设 v_0）出发，访问 v_0。

③ 依次访问 v_0 的各未被访问过的邻接点。然后，分别从这些刚被访问过的邻接点出发，仍按照广度优先的策略搜索其未被访问过的邻接点，……，直到能访问的顶点都访问完毕为止。

④ 若此时图中尚有顶点未被访问（即非连通图），则任选一个未被访问的顶点作起始点，重复上述过程，直至图中所有顶点都被访问到为止。

例1.5.2 对图 1.5.16 所示的有向图 G_6 从顶点 A 出发进行广度优先搜索。

首先访问 A，再访问 A 的未被访问的邻接点 B、C、E，然后依次访问 B 的未被访问的邻接点 F（以出弧找邻接关系），C 和 E 没有未被访问的邻接点，最后访问 F 的未被访问的邻接点 D。此时图中所有顶点均被访问，完成了图的广度遍历，得到的顶点序列为 ABCEFD。

按照以上广度优先方法遍历图 G_6 的所有顶点过程中产生了一棵搜索树，称为广度优先搜索树，如图 1.5.17 所示。该广度优先搜索树也称图 G_6 的一棵生成树。

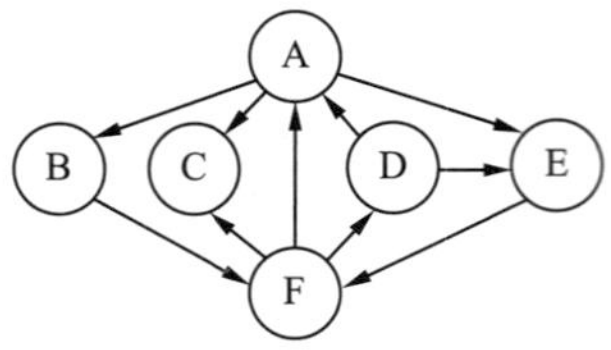

图 1.5.16　有向图 G_6

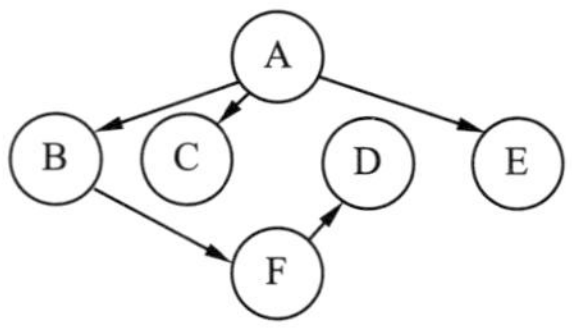

图 1.5.17　图 G_6 广度优先搜索树

由于没有规定访问邻接点的顺序，因此广度优先序列也不是唯一的。比如上述访问 A 之后，再访问 A 的三个未被访问的邻接点时顺序可以为多种，如 E、B、C，则最终可得遍历序列为 AEBCFD。但是，在存储结构已确定的情况下，遍历的结果是唯一的。

和深度优先遍历类似，在遍历过程中也需要设置一个辅助数组。广度优先遍历与树的层次遍历相似，在访问当前一层时，需要记住已被访问的顶点，以便在访问下层顶点时，从已被访问的顶点出发搜索其邻接点，所以需要设置一个队列，使已访问的顶点顺序由队尾进入队列。在搜索访问下层顶点时，先从队头读取一个已访问的上层顶点，再从该顶点出发搜索访问它的各邻接点。在下面的算法中，选用邻接表（对有向图时选用出边表）来存储图，邻接表的数据类型定义详见 5.1.2 节。

算法1.5.2 广度优先遍历算法

```
int visited[MAX];                                   //辅助数组
void BFS(AdjListGraph *g, int i) {                  //从顶点 i 出发广度优先遍历图 g
    int j;
    adjNode *p;
    SeqQueue Queue;                                 //顺序队列
    InitQueue(&Queue);                              //初始化队列
    printf("%c ", g->vlist[i].vertex);              //访问源点 i
    visited[i] = 1;
    EnQueue(&Queue, i);                             //被访问顶点入队
    while( !IsEmpty(&Queue) ) {                     //当队列非空时
        j = OutQueue(&Queue);                       //出队
        p = g->vlist[j].FirstEdge;
        while(p) {                                  //依次访问 j 的邻接点
            if (visited[p->adjvexIndex] == 0) {
                printf("%c ", g->vlist[p->adjvexIndex].vertex);
                 EnQueue(&Queue, p->adjvexIndex); //被访问顶点入队
                visited[p->adjvexIndex] = 1;
            }//if
            p = p->next;
        }//while
    }//while
```

```
}//BFS
int BFSTraverse(AdjListGraph *g) {
    int i, count=0;
    for(i=0; i<g->vNum; i++)
        visited[i]=0;                           //初始化辅助数组
    for(i=0; i<g->vNum; i++)
        if(!visited[i]){                        //i 未访问过
            count++;                            //连通分量个数加 1
            BFS(g, i);
        }
    return count;
}// BFSTraverse
```

遍历图的过程实质是通过边找邻接点的过程，因此广度优先搜索遍历图的时间复杂度和深度优先搜索遍历相同，两者不同之处仅仅在于对顶点访问的顺序不同。

若是连通图或强连通图，则从其中的任一顶点出发都可以访问到图中的所有顶点，在这种情况下，遍历产生的生成树只有一棵。

若是非连通图或非强连通图，则从任一项点出发一般不能访问图中的所有顶点，只能访问到此顶点所在的连通分量（或强连通分量）中的所有顶点。要访问到其他顶点则需从未被访问的顶点中找一个起点再进行遍历，这样最后得到的是多棵生成树，一个连通分量对应一棵生成树，即生成森林。

5.3 图的最小生成树

连通网中各边权值之和最小的生成树称为最小生成树。一般来说，包含 n 个顶点的连通网的最小生成树满足以下准则：

① 最小生成树中只有 $n-1$ 条边。

② 最小生成树上的边只能是连通网中的边。

③ 树上的 $n-1$ 条边不能构成回路。

④ 树上的 $n-1$ 条边能保证 n 个顶点是连通的。

⑤ 树上的 $n-1$ 条边的权值之和最小。

5.3.1 普里姆算法

假设 $G=(V,E)$ 是一个连通网，U 是顶点集 V 的一个非空真子集，若 (u,v) 是满足 $u\in U$，$v\in V-U$ 的边（称这种边为两栖边）且 (u,v) 的权值是在所有的两栖边中最小的，则必存在一棵包含边 (u,v) 的最小生成树。

普里姆算法的基本思想：

① 初始时选定顶点 u_0 作为最小生成树的根，令 $U=\{u_0\}$；

② 初始时最小生成树中边的集合为空，即边集 Et=｛｝。

③ 从所有满足 $u\in U$，$v\in V-U$ 的两栖边选一条最小权值的边 (u,v)，并将边 (u,v) 加入边集 Et 中，同时将顶点 v 加入集合 U 中。

④ 重复步骤③直到 $U=V$，得到最小生成树。

若连通网含有 n 个顶点，则步骤③需要重复 $n-1$ 次以得到最小生成树的 $n-1$ 条边。

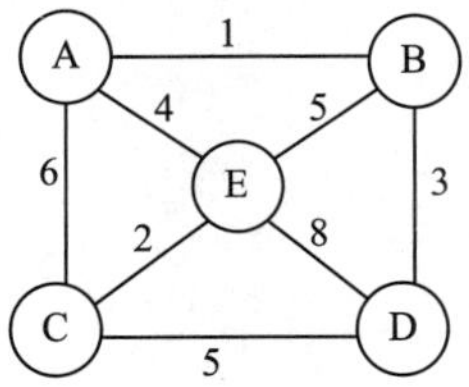

图 1.5.18 无向网 G_7

例 1.5.3 给定一个无向网 G_7，如图 1.5.18 所示。该无向网中共有 6 个顶点，故需逐条选出 5 条两栖边构成最小生成树。下面以从顶点 A 出发为例，利用普里姆算法给出边逐条加入最小生成树的详细过程。

① 初始状态时 $U=\{A\}$，则此时 U 集和 $V-U$ 集之间共有 3 条两栖边，即(A,B)，(A,C)和(A,E)，权值分别为1,6,4，如图 1.5.19（a）所示。故选取其中权值最小的两栖边(A,B)加入最小生成树的边集 Et 中，如图 1.5.19（b）所示。同时顶点 B 加入 U 集，所以 $U=\{A,B\}$。

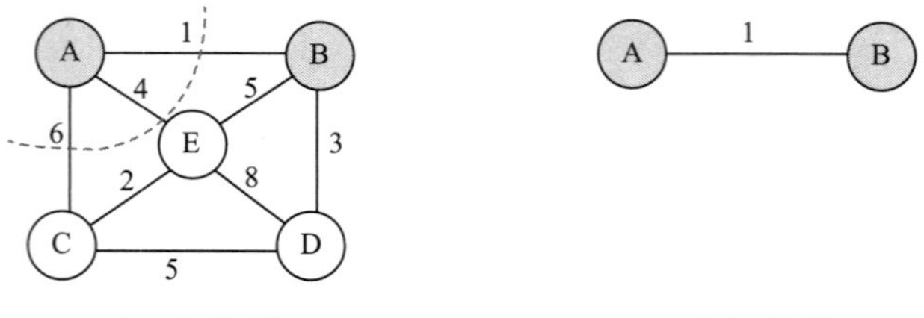

（a）3条两栖边　　（b）选定两栖边(*A*,*B*)

图 1.5.19　第一步

② $U=\{A,B\}$，则 U 集和 $V-U$ 集之间共有 4 条两栖边，即(A,C)、(A,E)、(B,E)和(B,D)，权值分别为6,4,5,3，如图 1.5.20（a）所示。故选取其中权值最小的两栖边(B,D)加入最小生成树的边集 Et 中，如图 1.5.20（b）所示。同时顶点 D 加入 U 集，所以 $U=\{A,B,D\}$。

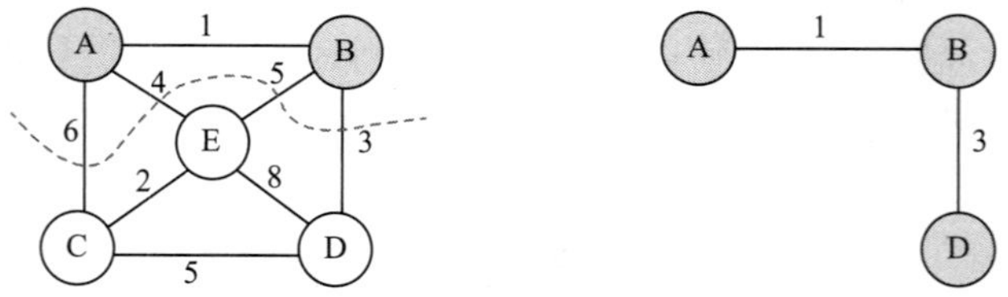

（a）4条两栖边　　（b）选定两栖边(B,D)

图 1.5.20　第二步

③ $U=\{A,B,D\}$，则 U 集和 $V-U$ 集之间共有 5 条两栖边，即(A,C)、(A,E)、(B,E)、(D,E)和(D,C)、权值分别为6,4,5,8,5，如图 1.5.21（a）所示。故选取其中权值最小的两栖边(A,E)加入最小生成树的边集 Et 中，如图 1.5.21（b）所示。同时顶点 E 加入 U 集，所以 $U=\{A,B,D,E\}$。

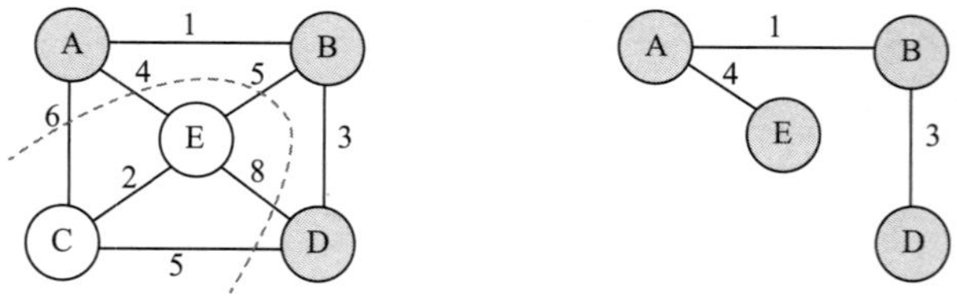

（a）5条两栖边　　（b）选定两栖边(B,F)

图 1.5.21　第三步

④ $U=\{A,B,D,E\}$，则 U 集和 $V-U$ 集之间共有 3 条两栖边，即(A,C)、(E,C)和(D,C)，权值分别为6,2,5，如图 1.5.22（a）所示。故选取其中权值最小的两栖边(C,E)加入最小生成树的边集 Et 中，如图 1.5.22（b）所示。同时顶点 C 加入 U 集，所以 $U=\{A,B,C,D,E\}$。

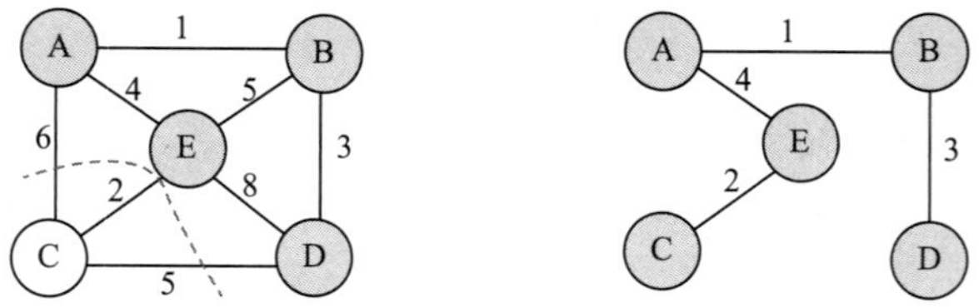

（a）3条两栖边　　（b）选定两栖边(B,C)

图 1.5.22　第四步

至此，网 G_7 中的 5 个顶点均已加入 U 集，共有 4 条边加入 Et 边集，得到网 G_7 的最小生成树，如图 1.5.22（b）所示。

为了实现上述算法，引入一个辅助数组 T，大小为顶点的个数，元素有两个域，分别是 adjvex 和 lowcost，用 T[i].lowcost 表示序号为 i 的顶点不在生成树上但其邻接点序号为 T[i].adjvex 的顶点在生成树 T 上的所有边中权值最小的边的权值。

无向连通网采用邻接矩阵存储，v 是开始顶点。由于 n 个顶点的生成树有 $n-1$ 条边，所以，选择边的过程共需要重复 $n-1$ 次。每次扫描数组 T 的 lowcost 分量，找出拥有最小 lowcost 分量的边的顶点，设其为 j，则将顶点 j 和边（$T[i]$. adjvex, j）加入最小生成树中。然后令 $T[j]$. lowcost = 0（表示顶点 j 已加入最小生成树中）。由于顶点 j 的加入会引起数组 T 的 adjvex 和 lowcost 分量的变化，因此，一旦有一个新的顶点加入最小生成树中，就需要根据情况修改数组 T 的 adjvex 和 lowcost 分量。相关数据结构描述如下：

```
#define  MAXINF 32767              //定义一个足够大的常量值
#define  MAX  100                  //最大顶点数
typedef char  vDataType;           //顶点的类型
typedef  struct {
    vDataType  v[MAX];             //存放顶点
    int  vNum;                     //顶点数
    int  A[MAX][MAX];              //邻接矩阵
    int  eNum;                     //边数
}AdjMatrixGraph;                   //邻接矩阵类型
struct{
    int adjvex;
    int lowcost;
}T[MAX];                           //辅助数组记录运算过程中权最小的边
```

算法 1.5.3　普里姆算法

```
int LocateVex(AdjMatrixGraph *G, vDataType v) {
    int i;
    for(i = 0; i < G->vNum; i++)
        if(v[i] == v)
            return i;
}
void MiniSpanTree_PRIM(AdjMatrixGraph *G, vDataType v) {     //v 为开始顶点
    int k, j, i, minCost;
    k = LocateVex(G, v);                                     //找到开始顶点的序号
    for(j = 0; j < G->vNum; ++j)                             //初始化辅助数组
        if(j != k) {
            T[j].adjvex = k;
            T[j].lowcost = G->A[k][j];
        }
    T[k].lowcost = 0;                                        //开始顶点加入生成树
    for(i = 1; i < G->vNum; ++i) {      //G->vNum -1 次循环,寻找当前最小权值的边
        minCost = MAXINF;
        for(j = 0; j < G.vexnum; ++j)                        //求生成树下一个顶点 k
            if(T[j].lowcost < minCost && T[j].lowcost != 0) {
                minCost = T[j].lowcost;
                k = j;
            }//if
```

```
        printf("(%c,%c),权值为%d\n", G->v[T[k].adjvex], G->v[k], T[k].lowcost);
        T[k].lowcost = 0;                      //标记序号为k的顶点已加入生成树
        for(j = 0; j<G->vNum; ++j)             //顶点k加入生成树后重新计算T数组的分量
            if(T[j].lowcost!=0 && G->A[k][j]<T[j].lowcost) {
                T[j].adjvex = k;
                T[j].lowcost = G->A[k][j];
            }//if
    }//for
}//MiniSpanTree_PRIM
```

若以字母顺序存放顶点，则网 G_7 的邻接矩阵如图 1.5.23 所示。

$$A_{5\times5}=\begin{pmatrix}0&1&6&\infty&4\\1&0&\infty&3&5\\6&\infty&0&5&2\\\infty&3&5&0&8\\4&5&2&8&0\end{pmatrix}$$

图 1.5.23　网 G_7 的邻接矩阵

从顶点 A 出发，利用普里姆算法构造网 G_7 的最小生成树的过程中，辅助数组 T、U 集、$V-U$ 集的变化情况如图 1.5.24 所示。

i		[初始]	1	2	3	4
T[0]	adjvex	0	0	0	0	0
	lowcost	0	0	0	0	0
T[1]	adjvex	0	0	0	0	0
	lowcost	1	0	0	0	0
T[2]	adjvex	0	0	3	4	4
	lowcost	6	6	5	2	0
T[3]	adjvex	0	1	1	1	1
	lowcost	∞	3	0	0	0
T[4]	adjvex	0	0	0	0	0
	lowcost	4	4	4	0	0
k			1	3	4	2
*U*集（顶点序号）		{0}	{0,1}	{0,1,3}	{0,1,3,4}	{0,1,2,3,4}
*V-U*集（顶点序号）		{1,2,3,4}	{2,3,4}	{2,4}	{2}	{}

图 1.5.24　辅助数组 T、U 集、$V-U$ 集的变化情况

5.3.2　克鲁斯卡尔算法

克鲁斯卡尔算法是一种按权值递增的次序选择合适的边来构造最小生成树的方法。

假设 $G=(V,E)$ 是一个具有 n 个顶点的无向连通网，$T=(U,\mathrm{Et})$ 是 G 的最小生成树，U 等于 V，即 T 包含 G 的全部顶点，Et 的初值为空集。

克鲁斯卡尔算法的基本思想是：按权值从小到大的顺序依次选取图 G 中的边，若选取的边未使生成树 T 形成回路，则把边加入 Et 中（该边作为生成树 T 的一条边）；若选取的边使生成树 T 形成回路，则将其舍弃。如此进行下去，直到 Et 中包含 $n-1$ 条边为止，此时的 T 即为最小生成树。

例 1.5.4　对于给定一个无向连通网 G_8，如图 1.5.25 所示。利用克鲁斯卡尔算法给出边逐条加入最小生成树的详细过程，如图 1.5.26 所示。

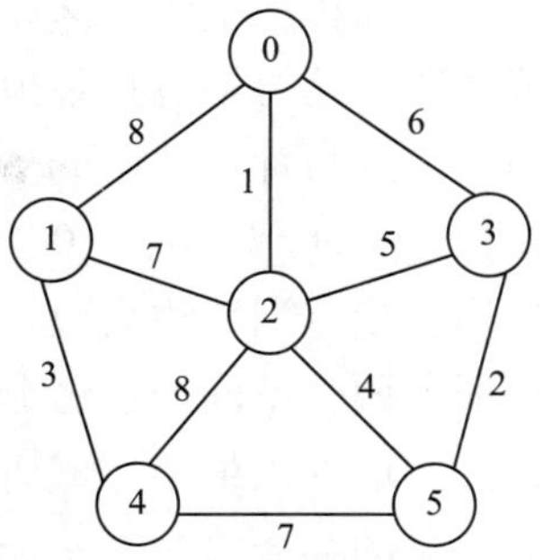

图 1.5.25　无向连通网 G_8

在构造过程中，所有的边根据权值从小到大的顺序排列，不断选取当前未被选取的权值最小的边加入生成树中。因为无向连通网 G_8 中含有 6 个顶点，所以需要重复上述过程，直至选取了 5 条边，就构成了一棵最小生成树。在先后选取了权值为 1 的边(0,2)、权值为 2 的边(3,5)、权值为 3 的边(1,4)和权值为 4 的边(2,5)之后，若选取权值为 5 的边(2,3)添加到生成树中，则生成树会形成回路，故舍弃这条边。对于权值为 6 的边(0,3)也是相同的道理，舍弃之，最后对于边(1,2)和(4,5)，权值均为 7，则可任选其一加入生成树，因此所构成的最小生成树不唯一，但树的权值总和相等。所以若选取边(1,2)则最终得到图 1.5.26（f）所示的最小生成树。若选取边(4,5)，则最终得到图 1.5.27 所示的最小生成树。

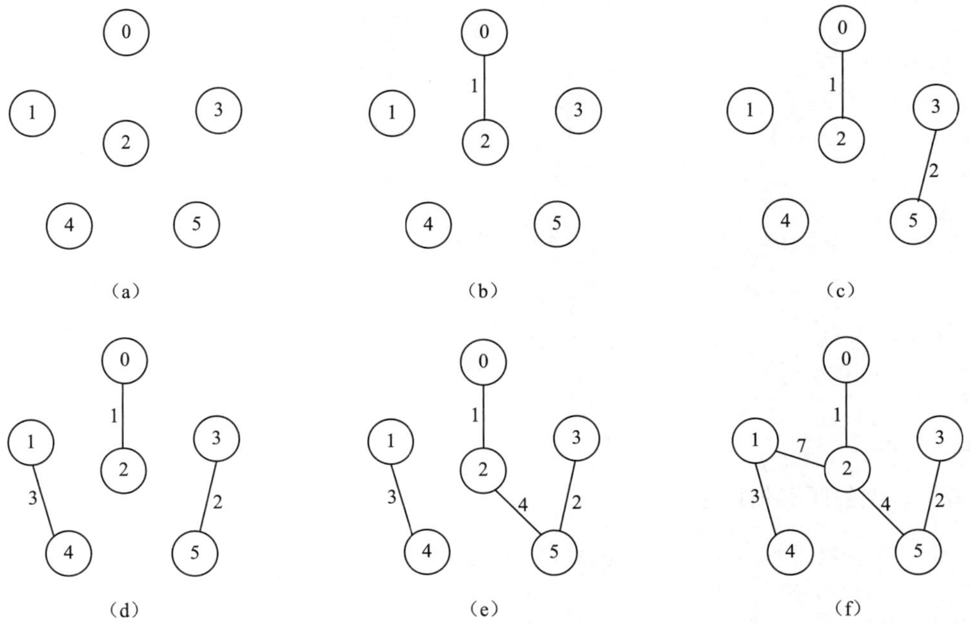

图 1.5.26　克鲁斯卡尔算法构造最小生成树的过程

为了实现克鲁斯卡尔算法，用边集数组来表示无向网。边集数组是利用一维数组存储图中所有边的一种图的表示方法。该数组中所含元素的个数要大于等于图中边的条数，每个元素存储一条边的起点、终点（对于无向图，可选定边的任一端点为起点或终点）和权。在克鲁斯卡尔算法中，边集数组中各边是按权值从小到大的顺序排列的，无向连通网 G_8 的边集数组如图 1.5.28 所示。

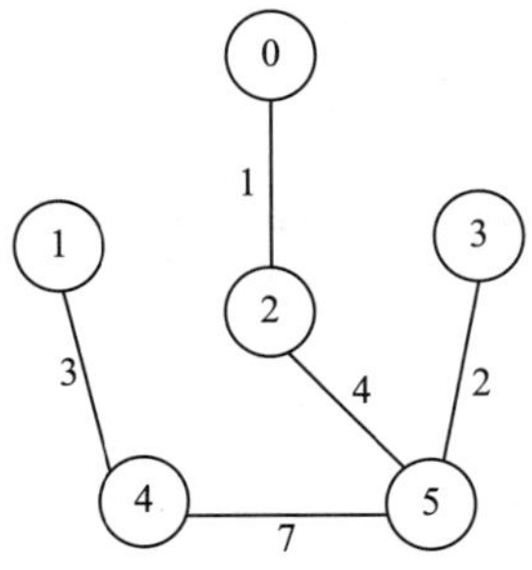

图 1.5.27　无向连通网 G_8 的另一棵最小生成树

边集数组	0	1	2	3	4	5	6	7	8	9
v_1	0	3	1	2	2	0	1	4	2	0
v_2	2	5	4	5	3	3	2	5	4	1
weight	1	2	3	4	5	6	7	7	8	8

图 1.5.28　无向连通网 G_8 的边集数组

实现克鲁斯卡尔算法的关键在于：如何判断要加入最小生成树中的一条边是否与生成树中已有的边形成回路，这可通过将各顶点划分为不同集合的方法来解决，每个集合中的顶点表示一个无回路的连通分量。因此设计一数组 int vset[MAX]，利用 vset[i]来判定各顶点是否属于同一集合（连通分量）中，其初值为 vset [i]=i(i=0,1,…,MAX-1)，i 为顶点所在连通分量的编号值，初值表示各个顶点分属不同的连通分量。当从边集数组中按次序选取一条边时，若它的两个顶点分属于不同的连通分量，则表明此边连通了两个不同的连通分量，因为每个连通分量无回路，所以连通后得到的连通分量仍不会产生回路，此边应加入最小生成树，同时把两个顶点所在的两个连通分量合并成一个，即只需使两个顶点所在连通分量的编号值为同一个（下述算法采用的方法是将终点所在连通分量的所有顶点的连通分量编号值改为起点所在连通分量编号值）。当选取的一条边的两个顶点同属于一个集合时，也就是当这两个顶点的所在连通分量编号值相同时，此边应放弃，因为两个顶点在同一个连通分量，若加入该边则必将产生回路。

克鲁斯卡尔算法中的边集数组数据结构描述如下：

```
#define MAXE  1000                  //最大边数
#define MAX  100                    //最大顶点数
typedef struct {
    int vs;                         //起点
    int ve;                         //终点
    int weight;                     //权值
}Edge;
typedef char  vDataType;            //顶点的类型
typedef struct {
    vDataType  v[MAX];              //存放顶点
    int  vNum;                      //顶点数
    Edge  edges[MAXE];              //边集
    int  eNum;                      //边数
}EdgesListGraph;
```

算法1.5.4 克鲁斯卡尔算法

```
void kruskal(EdgesListGraph *G, EdgesListGraph *T)  {
    int i, j, m1, m2, k;
    int vset[MAX];
    T->vNum = G->vNum;                  //生成树上的顶点个数为原图的顶点个数
    for(i = 0; i < G->vNum; i++) {
        T->v[i] = G->v[i];              //生成树上的顶点为原图所有顶点
        vset[i] = i;                    //初始化各顶点所在连通分量的编号,各顶点分属不同的连通分量
    }
    k = 0;                              //用于记录最小生成树上的边数
    i = 0;                              //G 中边集数组中的下标
    while(k < G->vNum -1) {             //生成树上的边数小于顶点个数-1 时,继续循环
        m1 = G->edges[i].vs;
        m2 = G->edges[i].ve;
        if(vset[m1] != vset[m2]) {      //起点与终点不在同一个连通分量时,加入生成树
            T->edges[k].vs = m1;
            T->edges[k].ve = m2;
            T->edges[k].weight = G->edges[i].weight
            //printf("(%d,%d),weight:%d\n",m1,m2,G->edges[i].weight);
            k++;
            /*修改终点 m2 所在连通分量中的所有顶点的连通分量编号值均等于起点的连通分量编号值,需遍历 T
的 edges 边集数组,当某边起点为 m2 时,修改其终点的连通分量编号值为 vset[m1]或当某边终点为 m2 时,修改其起点
的连通分量编号值为 vset[m1]。*/
```

```
            for(j = 0; j<k; j++) {
                if(T->edges[i].vs == m2) vset[T->edges[i].ve] = vset[m1];
                if(T->edges[i].ve == m2) vset[T->edges[i].vs] = vset[m1];
            }//for
        }//if
        i++;
    }//while
    T->eNum = G->vNum -1;            //设置最小生成树上边的数量
}// kruskal
```

5.4　有向无环图及其应用

一个不含回路的有向图称作有向无环图（directed acycline graph，DAG），它是一种描述工程或系统的有效工具。一项工程通常划分为若干称为活动（activity）的子工程，而这些活动之间，通常受一些条件的约束，比如某些活动必须在另一些活动完成之后才能开始。

对整个工程，人们比较关心的是：一方面工程能否顺序完成，即工程流程是否“合理”；另一方面是估算完成整个工程所需的最短时间。若用一个有向图来形象地反映整个工程中各个活动之间的前后关系，那么，这两个工程问题可分别通过对该有向图进行拓扑排序和求关键路径来解决。

5.4.1　拓扑排序

若以有向图的顶点来表示活动（事件），有向边表示活动之间的前后关系，即起点是终点的前驱活动，只有当起点活动完成之后，终点活动才能开始。一般称这种顶点表示活动、边表示活动间前后关系的有向图为顶点表示活动的网（activity on vertex network，AOV）。

AOV网应是一个有向无环图，即不应该出现回路。因为若带有回路，则回路上的所有活动都将无法进行。当AOV网中不存在回路时，所有的活动可排成一个线性序列，使得每个活动的所有前驱活动都排在该活动的前面，称此序列为拓扑序列（topological order），由AOV网构造拓扑序列的过程称为拓扑排序。因此检测一个AOV网是否存在环的方法是对该有向图进行拓扑排序，即构造其顶点的拓扑序列，若拓扑序列包含所有顶点，则该AOV网必定不存在环。

对AOV网进行拓扑排序的步骤为：

① 从有向图中选取一个没有前驱（入度为0）的顶点，并输出它；

② 从有向图中删去此顶点以及所有以它为弧尾的有向边；

③ 重复上述两步，直至图空，或者图非空但找不到没有前驱的顶点为止。

若图空，即全部顶点均已输出，得到拓扑序列，拓扑排序完成，AOV网无环；若图非空但找不到没有前驱的顶点，则AOV网必定存在环。

例1.5.5　对图1.5.29（a）所示的AOV网 G_9 进行拓扑排序，以判断对应工程的流程是否合理。

在初始状态图（a）中顶点2和顶点4入度为0（即没有前驱），可以任选其一，假设选择顶点4，将其输出，并删除顶点4及它的三条出边(4,0)、(4,1)和(4,5)，得到的结果如图1.5.29（b）所示。在图1.5.29（b）中入度为0的顶点有2和顶点0，再任选其一，设选择顶点0，将其输出，并删除顶点0及它的两条出边(0,1)和(0,3)，得到的结果如图1.5.29（c）所示。在图1.5.29（c）中入度为0的顶点有2和3，再任选其一，设选择顶点3，将其输出，并删除顶点3，但由于顶点3没有出边，故无须做删除出边的操作，得到的结果如图1.5.29（d）所示。在图1.5.29（d）中入度为0的顶点只有顶点2，将其输出，并删除顶点2及它的两条出边(2,1)和(2.5)，得到的结果如图1.5.29（e）所示。在图1.5.29（e）中入度为0的顶点只有顶点1，将其输出，并删除顶点1及它的出边(1,5)，得到的结果如图 1.5.29（f）所示。此时图中只有顶点 5，将其输出，并删除顶点 5，此时图为空，所以图 1.5.29（a）所示的 AOV 网中不存在环路，即工程流程是合理的。上述过程得到的拓扑序列为 4→0→3→2→1→5。由上述描述可知，拓扑序列结果不唯一。

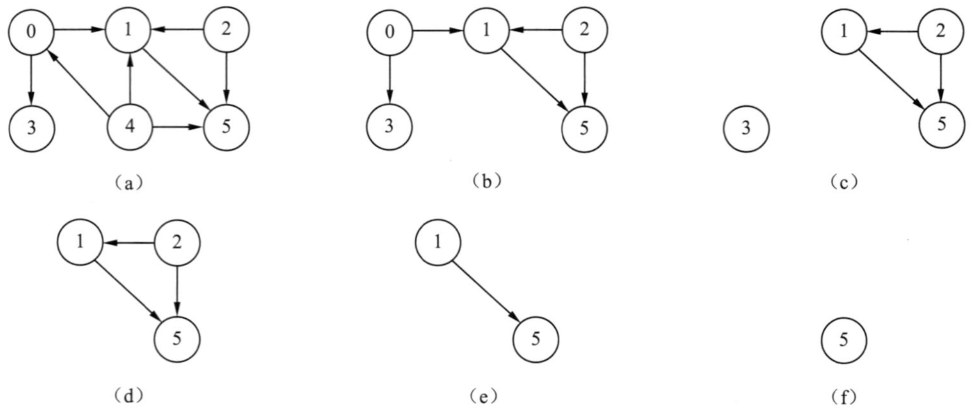

图 1.5.29　有向图的拓扑排序过程

为了实现上述拓扑排序算法，关键是判断图中每个顶点是否存在前驱，既需存储每个顶点的入度，又因算法中频繁涉及删除出边操作，所以可采用有向图的出边表来存储 AOV 网，在顶点顺序表的结点类型中增加一个用于存储该顶点入度的数据域。这样，在创建 AOV 网的邻接表时，每输入一条出边，则弧尾顶点的入度加 1。图 1.5.29（a）所示有向图的邻接表如图 1.5.30 所示。

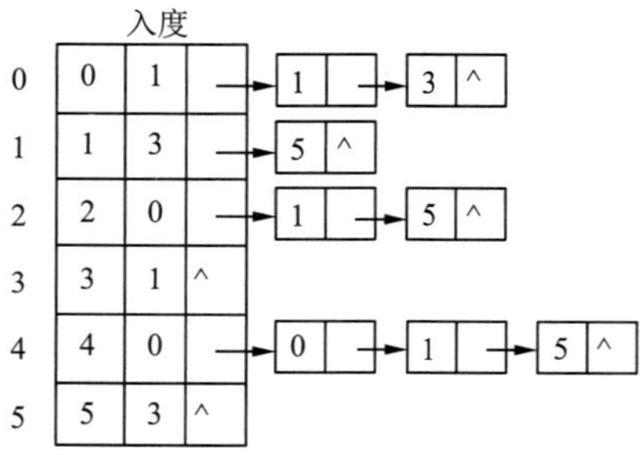

图 1.5.30　图 1.5.29（a）所示有向图的邻接表

对应的邻接表存储结构如下：

```
#define  MAX  100                       //最大顶点数
typedef char  vDataType;                //顶点的类型
typedef  struct  eNode {
    int  adjvexIndex;                   //存放邻接点的位置(下标)
    int  edgeW;                         //边上的权值(边不带权时,省略)
    struct  eNode * next;               //指向下一条邻接边
}adjNode;                               //单链表的结点类型,简称表结点类型
typedef  struct  vNode {
    vDataType  vertex;                  //顶点数据域
    int  id;                            //顶点的入度
    adjNode * firstEdge;                //第一条邻接边(出边)
}vNode;                                 //顶点顺序表的结点类型
typedef  struct  {
    vNode  vlist[MAX];                  //顶点顺序表
    int vNum, eNum;                     //顶点数和边数
}AdjListGraph;                          //邻接表类型
```

对于已建立上述存储结构的AOV网的拓扑排序算法可描述如下：

算法1.5.5 拓扑排序

```
int TopoSort(AdjListGraph *g)  {                          //函数返回输出的顶点的个数
    int i, v;
    int flag[MAX];                                        //标记是否已入队
    int count = 0;                                        //对输出顶点计数
    SeqQueue qu;                                          //队列
    InitQueue(&qu);                                       //初始化
    adjNode * p;
    for(i = 0; i < g->vNum; i++)
        flag[i] = 0;                                      //顶点是否已入队的标记初始化
    for(i = 0; i < g->vNum; i++)                          //先将所有入度为0的结点入队
        if( g->vlist[i].id==0 && flag[i]==0) {
            EnQueue(&qu, i);flag[i] = 1;
        }
    printf("\n AOV网的拓扑序列是:");
    while (!IsEmpty(&qu)) {                               //当队列非空时
        v = OutQueue(&qu);                                //队头出队
        printf("%c\t", g->vlist[v].vertex);
        count++;                                          //计数器加1
        p = g->vlist[v].FirstEdge;
        while(p){                                         //遍历所有出边(邻接点入度减1、删除出边)
            s = p;                                        //记录当前出边
            i = s-> adjvexIndex;                          //读取出边中的邻接点
            s->vlist[i].id--;                             //邻接点的入度减1
            if (s->vlist[i].id == 0 && flag[i] == 0) {    //若入度为0则将进队
                EnQueue(&qu, i);  flag[i]=1;
            }
            p = p->next;                                  //下一条出边
            free(s);                                      //删除当前出边
        }//while
        g->vlist[v].FirstEdge = NULL;
    }//while
    return count;
}//TopoSort
```

当拓扑排序返回的顶点个数小于AOV网的顶点个数时，表明AOV网存在回路，否则AOV网不存在回路，工程流程合理。

若AOV网中有n个顶点，e条边，则上述算法过程中，查找入度为0的顶点所需时间为$O(n)$，顶点出队及输出共执行n次，遍历所有出边操作共执行e次，所以总执行时间为$O(n+e)$。

5.4.2 关键路径

如果在无环的有向网中，顶点表示事件（event），有向边表示活动（activity），边上权值表示活动持续时间（duration），则这样的有向网称为用边表示活动的网络（activity on edges），简称AOE网。AOE网不仅表达了工程中各个事件的先后关系，也说明整个工程至少需要多少时间完成，更说明了哪些活动是影响工期的关键活动，即为缩短完成工程所需的时间，应加快哪些活动。

在AOE网络中，有些活动只能顺序进行，有些活动可并行进行。

从源点（入度为0的顶点）到各个顶点、从源点到汇点（出度为0的顶点）的有向路径可能不止一条。这些路径的长度也可能不同。完成不同路径的活动所需的时间虽然不同，但只有各条路径上所有活动都完成了，整个工程才算完成。

因此，完成整个工程所需的时间取决于从源点到汇点的最长路径长度，即在这条路径上所有活动的持续时间之和。这条路径长度最长的路径称为关键路径（critical path）。当然，一个 AOE 网可能存在多个关键路径。

为求包含 n 个顶点，e 条边的 AOE 网的关键路径，对第 i 条有向边 $\langle j,k\rangle$，权值为 $w_{\langle j,k\rangle}$ 需定义几个量：

① 事件（结点 j）的最早发生时间 ve[j]：从源点到结点 j 的最长路径长度。意味着事件最早能够发生的时刻。

$$\mathrm{ve}[k]=\begin{cases}0, & k=0\\ \max\{\mathrm{ve}[j]+w_{\langle j,k\rangle}\}, & 1\leqslant k\leqslant n-1,\langle j,k\rangle\in E\end{cases}$$

② 事件（结点 j）的最迟发生时间 vl[j]：不影响工程的如期完工，本结点 j 事件最晚必须发生的时刻。

$$\mathrm{vl}[j]=\begin{cases}\mathrm{ve}[n-1], & j=n-1\\ \min\{\mathrm{vl}[k]-w_{\langle j,k\rangle}\}, & 0\leqslant j\leqslant n-2,\langle j,k\rangle\in E\end{cases}$$

③ 活动（有向边 $\langle j,k\rangle$）的最早开始时间 ee[i]：弧尾 j 的最早发生时间。

$$\mathrm{ee}[i]=\mathrm{ve}[j],\quad 0\leqslant i\leqslant e-1$$

④ 活动（有向边 $\langle j,k\rangle$）的最迟开始时间 el[i]：弧头 k 的最迟发生时间减去权值。

$$\mathrm{el}[i]=\mathrm{vl}[k]-w_{\langle j,k\rangle},\quad 0\leqslant i\leqslant e-1,\langle j,k\rangle\in E$$

⑤ 活动（有向边 $\langle j,k\rangle$）的时间余量 $t[i]$：最迟开始时间与最早开始时间之差

$$t[i]=\mathrm{el}[i]-\mathrm{ee}[i],\quad 0\leqslant i\leqslant e-1$$

关键活动是没有时间余量的活动，即 $t[i]=0$。可证由关键活动构成的路径是从源点到汇点的所有路径中长度最长的路径，故关键活动构成关键路径。

例 1.5.6 求图 1.5.31 所示 AOE 网 G_{10} 所代表的工程的工期，加快哪些活动能缩短整个工程的工期。

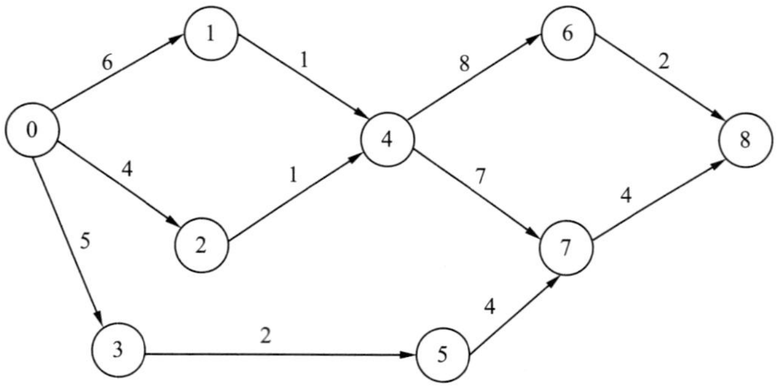

图 1.5.31　AOE 网 G_{10}

要求工程的工期，则应先求得该 AOE 网的关键路径。

第一步，求得网 G_{10} 一个拓扑序列：0→1→2→3→4→6→5→7→8。

第二步，求解每个事件的最早发生时间，可按上述拓扑序列顺序求解。

ve[0]=0

ve[1]=ve[0]+6=6

ve[2]=ve[0]+4=4

ve[3]=ve[0]+5=5

ve[4]=max{ve[1]+1,ve[2]+1}=7

ve[6]=ve[4]+8=15

ve[5]=ve[3]+2=7

ve[7]=max{ve[4]+7,ve[5]+4}=14

ve[8]=max{ve[6]+2,ve[7]+4}=18

第三步，求解每个事件的最迟发生时间，可按上述拓扑序列的逆顺序求解各个顶点的最迟发生时间。

vl[8]=ve[8]=18

vl[7]=vl[8]−4=14

vl[5]=vl[7]−4=10

vl[6]=vl[8]−2=16

vl[4]=min{vl[6]−8,vl[7]−7}=7

vl[3]=vl[5]−2=8

vl[2]=vl[4]−1=6

vl[1]=vl[4]−1=6

vl[0]=min{vl[1]−6,vl[2]−4,vl[3]−5}=0

各事件的最早、最迟发生时间见表1.5.1。

表1.5.1 事件的最早、最迟发生时间

顶点下标	0	1	2	3	4	5	6	7	8
ve[j]	0	6	4	5	7	7	15	14	18
vl[j]	0	6	6	8	7	10	16	14	18

第四步，求解每个活动的最早开始时间，见表1.5.2中的ee[i]列。

ee[0]=ve[0]=0

ee[1]=ve[0]=0

ee[2]=ve[0]=0

ee[3]=ve[1]=6

ee[4]=ve[2]=4

ee[5]=ve[3]=5

ee[6]=ve[4]=7

ee[7]=ve[4]=7

ee[8]=ve[5]=7

ee[9]=ve[6]=15

ee[10]=ve[7]=14

表1.5.2 活动的最早、最迟开始时间及时间余量

有向边下标	⟨j,k⟩	权 值	ee[i]	el[i]	t[i]	关键路径
0	⟨0,1⟩	6	0	0	0	√
1	⟨0,2⟩	4	0	2	2	
2	⟨0,3⟩	5	0	3	3	
3	⟨1,4⟩	1	6	6	0	√
4	⟨2,4⟩	1	4	6	2	
5	⟨3,5⟩	2	5	8	3	
6	⟨4,6⟩	8	7	8	1	

续表

有向边下标	⟨j,k⟩	权　值	ee[i]	el[i]	t[i]	关键路径
7	⟨4,7⟩	7	7	7	0	√
8	⟨5,7⟩	4	7	10	3	
9	⟨6,8⟩	2	15	16	1	
10	⟨7,8⟩	4	14	14	0	√

第五步，求解每个活动的最迟开始时间，如表 1.5.2 中的 el[i]列所示。

$el[0]=vl[1]-w_{\langle 0,1\rangle}=vl[1]-6=0$

$el[1]=vl[2]-w_{\langle 0,2\rangle}=vl[2]-4=2$

$el[2]=vl[3]-w_{\langle 0,3\rangle}=vl[3]-5=3$

$el[3]=vl[4]-w_{\langle 1,4\rangle}=vl[4]-1=6$

$el[4]=vl[4]-w_{\langle 2,4\rangle}=vl[4]-1=6$

$el[5]=vl[5]-w_{\langle 3,5\rangle}=vl[5]-2=8$

$el[6]=vl[6]-w_{\langle 4,6\rangle}=vl[6]-8=8$

$el[7]=vl[7]-w_{\langle 4,7\rangle}=vl[7]-7=7$

$el[8]=vl[7]-w_{\langle 5,7\rangle}=vl[7]-4=10$

$el[9]=vl[8]-w_{\langle 6,8\rangle}=vl[8]-2=16$

$el[10]=vl[8]-w_{\langle 7,8\rangle}=vl[8]-4=14$

第六步，求解每个活动的时间余量，如表 1.5.2 中的 $t[i]$列所示。

第七步，求得关键活动，即时间余量为 0 的活动⟨0,1⟩、⟨1,4⟩、⟨4,7⟩和⟨7,8⟩，表 1.5.2 中打钩的这四个活动就是关键活动。由这四个关键活动构成的关键路径如图 1.5.32 所示。

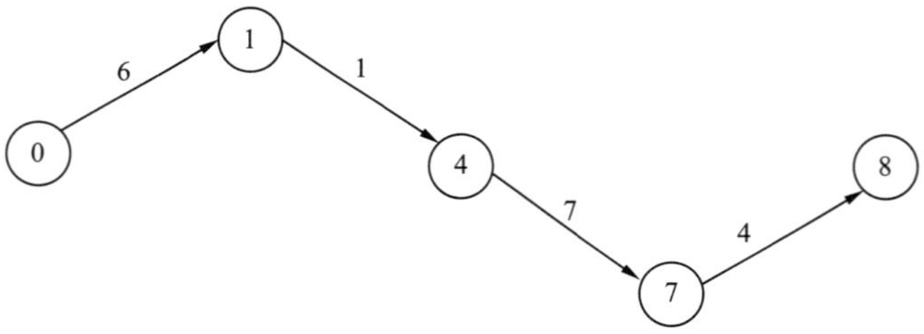

图 1.5.32　关键路径

上述关键路径的长度为 6+1+7+4=18，而关键路径的长度就是整个工程的工期，所以整个工程的工期为 18。加快关键路径上这四个关键活动，可缩短工程的工期。

对于关键路径，需要注意以下两点：

① 关键路径上的所有活动都是关键活动，它是决定整个工程的关键因素，因此可通过加快关键活动来缩短整个工程的工期。但也不能任意缩短关键活动，因为一旦缩短到一定的程度，该关键活动就可能会变成非关键活动。

② 网中的关键路径可能不唯一，且对于有几条关键路径的网，只提高一条关键路径上的关键活动速度并不能缩短整个工程的工期，只有加快所有关键路径上的共有关键活动才能达到缩短工期的目的。

5.5　最短路径问题

对于带权的图，通常把一条路径上所经过边或弧上的权值之和定义为该路径的路径长度。从一个顶点到另一个顶点可能存在着多条路径，把路径长度最短的那条路径称为最短路径，其路径长度称为最短路径长度或最短距离。

求解最短路径的算法通常都依赖一种性质，即两顶点之间的最短路径也包含了路径上其他顶点间的最短路径。带权有向图 G 的最短路径问题一般可分为两类：一是单源最短路径，即求某一项点到其他各项点的最短路径，可通过经典的 Dijkstra（迪杰斯特拉）算法求解；二是求每对顶点之间的最短路径，可通过 Floyd（弗洛伊德）算法来求解。

5.5.1　单源最短路径

求从源点到其余各顶点的最短路径的算法的基本思想：依最短路径的长度递增的次序求得各条路径。

① 路径长度最短的最短路径的特点：在这条路径上，必定只含一条弧，并且这条弧的权值最小，即从源点 v_0 到顶点 v_1 的最短路径是所有最短路径中长度最短者。

② 下一条路径长度次短的最短路径的特点：它只有两种可能情况，可能是直接从源点 v_0 到该点（只含一条弧）；或者是从源点 v_0 经过顶点 v_1，再到达该顶点（由两条弧组成）。

③ 再下一条路径长度次短的最短路径的特点：它有三种可能情况，可能是直接从源点 v_0 到该点（只含一条弧）；或者是从源点 v_0 经过顶点 v_1，再到达该顶点（由含两条弧组成）；或者是从源点 v_0 经过顶点 v_1、v_2，再到达该顶点（由三条弧组成）。

④ 其余最短路径的特点：它或者是直接从源点 v_0 到该点（只含一条弧）；或者是从源点经过已求得最短路径的顶点，再到达该顶点。

迪杰斯特拉（E. W. Dijkstra）提出了一个求从某个源点到其他各顶点的最短路径的方法，称为迪杰斯特拉算法。此算法的基本思想是：把图中所有顶点分成两组，第一组包括已确定最短路径的顶点，第二组包括尚未确定最短路径的顶点，按最短路径长度递增的顺序逐个把第二组的顶点加到第一组中去，直到从顶点 v_0 出发可以到达的所有顶点都包括到第一组中。为了实现上述分组，设置集合 S 存放已求出其最短路径的顶点，即第一组（S 集初值仅包含源点），而尚未确定最短路径的顶点集合是 $V-S$，即第二组，其中 V 为图中所有顶点集合。按最短路径长度递增的顺序，将 $V-S$ 中的顶点逐个加到 S 中，直到 S 中包含图中全部顶点，$V-S$ 变为空集。在这个过程中，总保持从源点到第一组各顶点的最短路径长度都不大于从源点到第二组的任何顶点的最短路径长度。另外，每个顶点对应一个距离值，第一组的顶点对应的距离值就是从源点到此顶点的最短路径长度，第二组的顶点对应的距离值是从源点到此顶点的只包括第一组的顶点为中间顶点的路径长度。

Dijkstra 算法的步骤如下：

第一步设源点为顶点 v_0，初始时 S 中只包含顶点 v_0，令 $W=V-S$，则此时 W 中包含除顶点 v_0 外图中所有顶点，并计算 W 中各顶点（到顶点 v_0）的距离值：若图中有弧 $\langle v_0,v_j\rangle$，则顶点 v_j 的距离值为此弧上的权值，否则为∞。

第二步从 W 的顶点中选一个最小距离值的顶点 v_k 加到 S 中，每往 S 中加入一个顶点 v_k，就需要对 W 中的各个顶点的距离值进行一次修改。若加进 v_k 作中间顶点使 $\langle v_0,v_k\rangle+\langle v_k,v_j\rangle$ 的值小于 $\langle v_0,v_j\rangle$ 值，则用 $\langle v_0,v_k\rangle+\langle v_k,v_j\rangle$ 的值代替原来 v_j 的距离值，为了得到每条最短路径，还需记录从源点到顶点 v_j 之间的最短路径上顶点 v_j 的前驱结点。

第三步重复第二步，直到 S 中包含了图中所有顶点，或再也没有可加到 S 的顶点存在为止。

Dijkstra 算法求解单源最短路径的具体做法是：设置一个集合 S 记录已求得的最短路径的顶点，初始时把源点 v_0 放入 S，集合 S 每并入一个新顶点 v_j 都要修改源点 v_0 到集合 $V-S$ 中各顶点的距离值。还需设置了一个数组 dist：数组的大小为图中顶点个数，每个元素包含两个域：length 和 pre。其中 length 域记录顶点 v_j 的距离值，即源点 v_0 到顶点 v_j 的最短路径长度，另一个 pre 域则表示从源点到顶点 v_j 之间的最短路径上顶点 v_j 的前驱结点，这样在算法结束时，可根据其值追溯得到源点 v_0 到顶点 v_j 的最短路径。初始时，若从 v_0 到 v_j 有弧，则 length 为弧上的权值，pre 为 0，否则置 length 为∞，pre 为-1。

例 1.5.7 对于图 1.5.33 所示的带权有向图 G_{11}，求从顶点 0 到其他各顶点的最短路径及其长度。

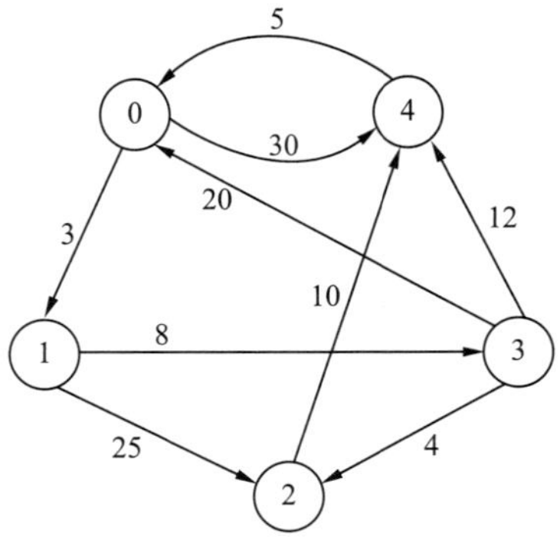

图 1.5.33 一个带权有向图 G_{11}

算法执行过程如下：

第 1 轮：初始状态集合 $S=\{0\}$，计算其他顶点的距离值

dist[1].length=3,dist[1].pre=0

dist[2].length=∞,dist[2].pre=-1

dist[3].length=∞,dist[3].pre=-1

dist[4].length=30,dist[4].pre=0

所以选择 length 值最小的顶点 1 并入 S 集，即 $S=\{0,1\}$，顶点 0 至顶点 1 的最短路径为〈0,1〉，长度为 3。

第 2 轮：根据新的 S 集，计算其他顶点的距离值

dist[2].length=min{∞,dist[1].length+$w_{\langle 1,2\rangle}$}=min{∞,3+25}=28,dist[2].pre=1

dist[3].length=min{∞,dist[1].length+$w_{\langle 1,3\rangle}$}=min{∞,3+8}=11,dist[3].pre=1

dist[4].length=min{30,∞}=30,dist[4].pre=0

此时选择 length 值最小的顶点 3 并入 S 集，即 $S=\{0,1,3\}$，顶点 0 至顶点 3 的最短路径由〈0,1〉和〈1,3〉两条弧构成，长度为 11。

第 3 轮：根据新的 S 集，计算其他顶点的距离值

dist[2].length=min{28,dist[3].length+$w_{\langle 3,2\rangle}$}=min{28,11+4}=15,dist[2].pre=3

dist[4].length=min{30,dist[3].length+$w_{\langle 3,4\rangle}$}=min{30,11+12}=23,dist[4].pre=3

选择 length 值最小的顶点 2 并入 S 集，即 $S=\{0,1,2,3\}$，顶点 0 至顶点 2 的最短路径由〈0,1〉和〈1,3〉、〈3,2〉这三条弧构成，长度为 15。

第 4 轮：根据新的 S 集，计算其他顶点（此时只有顶点 4）的距离值

dist[4].length=min{23,dist[2].length+$w_{\langle 2,4\rangle}$}=min{23,15+10}=23,dist[4].pre=3

顶点 4 并入 S 集，即 $S=\{0,1,2,3,4\}$，顶点 0 至顶点 4 的最短路径由〈0,1〉和〈1,3〉、〈3,4〉这三条弧构成，长度为 23。

至此，图中所有的顶点均已并入 S 集，从顶点 0 到其余各顶点的最短路径及其长度均已得到。整个运算过程见表 1.5.3。

表 1.5.3 用 Dijkstra 算法计算顶点 0 到其余各顶点最短路径的过程

顶点	第 1 轮		第 2 轮		第 3 轮		第 4 轮	
	length	pre	length	pre	length	pre	length	pre
顶点 1	3	0						
顶点 2	∞	-1	28	1	15	3		
顶点 3	∞	-1	11	1				
顶点 4	30	0	30	0	23	3	23	3
并入 S 的顶点	顶点 1		顶点 3		顶点 2		顶点 4	
集合 S	{0,1}		{0,1,3}		{0,1,2,3}		{0,1,2,3,4}	
最短路径构成	〈0,1〉		〈0,1〉和〈1,3〉		〈0,1〉和〈1,3〉、〈3,2〉		〈0,1〉和〈1,3〉、〈3,4〉	
最短路径长度	3		11		15		23	

对于 Dijkstra 算法求解单源最短路径，需要注意以下两点：

① Dijkstra 算法是基于贪心策略的。

② 当有向边带有负数权值时，Dijkstra 算法并不适用。

5.5.2　任意顶点对的最短路径

求所有顶点之间的最短距离的办法是依次以每个顶点为源点，调用一次 Dijkstra 算法，但是显然过程比较复杂。弗洛伊德（Floyd）提出了一种更简单地求解图中任意两顶点之间最短路径的算法，称为弗洛伊德算法。

弗洛伊德算法采用邻接矩阵来存储具有 n 个顶点的有向图 G，并设置一个 $n \times n$ 的二维数组 A 用于存放当前各顶点之间的最短路径长度。算法的基本思想是：按照顶点 $v_0, v_1, \cdots, v_{n-1}$ 次序，分别以每个顶点 $v_k(0 \leqslant k \leqslant n-1)$ 作为中间顶点，递推产生一系列二维数组 $A_{-1}, A_0, A_1, \cdots, A_k, \cdots, A_{n-1}$。其中 $\boldsymbol{A}_{-1}$ 表示原始邻接矩阵，$A_{-1}[i][j]$ 等于从顶点 v_i 到顶点 v_j 不经过任何中间顶点的最短路径长度，当没有有向边 $\langle v_i, v_j \rangle$ 时，路径长度为 ∞。矩阵 $\boldsymbol{A}_k$ 是在第 k-1 次运算得到的 $\boldsymbol{A}_{k-1}$ 的基础上，加入顶点 $v_k(0 \leqslant k \leqslant n-1)$ 作为新的中间顶点，如果增加中间顶点后，得到的路径比原来的路径长度减少了，则以此新路径代替原路径，修改矩阵元素，否则保持原值不变。其计算公式为

$$\begin{cases} A_{-1}[i][j] = G.A[i][j] \\ A_k[i][j] = \min\{A_{k-1}[i][j], A_{k-1}[i][k] + A_{k-1}[k][j]\} \end{cases}$$

弗洛伊德算法是一个迭代的过程，每迭代一次，从顶点 v_i 到顶点 v_j 的最短路径上就多考虑了一个中间顶点（即绕行顶点 v_k）；经过 n 次迭代后所得到的就是顶点 v_i 到顶点 v_j 的最短距离，即方阵 A_{n-1} 中保存了任意一对顶点之间的最短距离。算法的核心内容为一个三重循环：

```
for(k = 0; k<n; k++)                //第 k 轮,即加入 vk 作为中间顶点
    for(i = 0; i<n; i++)
        for(j = 0; j<n; j++)
            if(A[i][j]>A[i][k]+A[k][j] && i!=j && j!=k && i!=k)
                A[i][j]=A[i][k]+A[k][j];
```

图 1.5.34 所示为带权有向图 G_{12} 及其邻接矩阵。应用弗洛伊德算法求所有顶点对之间的最短距离。

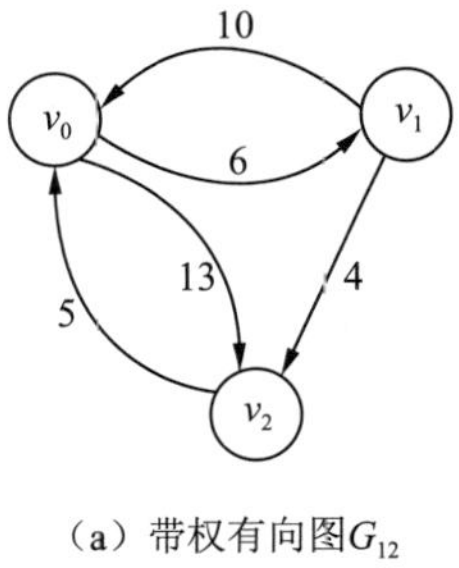

（a）带权有向图 G_{12}

$$\boldsymbol{A} = \begin{pmatrix} 0 & 6 & 13 \\ 10 & 0 & 4 \\ 5 & \infty & 0 \end{pmatrix}$$

（b）G_{12} 的邻接矩阵

图 1.5.34　带权有向图 G_{12} 及其邻接矩阵

应用弗洛伊德算法求所有顶点对之间的最短距离过程中的矩阵系列见表 1.5.4。

表 1.5.4　弗洛伊德算法中的矩阵系列

$\boldsymbol{A}$	$\boldsymbol{A}_{-1}$			$\boldsymbol{A}_0$			$\boldsymbol{A}_1$			$\boldsymbol{A}_2$		
顶点	v_0	v_1	v_2	v_0	v_1	v_2	v_0	v_1	v_2	v_0	v_1	v_2
v_0	0	6	13	0	6	13	0	6	10	0	6	10
v_1	10	0	4	10	0	4	10	0	4	9	0	4
v_2	5	∞	0	5	11	0	5	4	0	5	4	0

算法执行过程如下：

首先初始化：$A_{-1}[i][j] = A[i][j]$。

第一轮 $k=0$：将 v_0 作为中间顶点，对所有顶点对 $\langle v_i, v_j\rangle$，如果有 $A_{-1}[i][j]>A_{-1}[i][0]+A_{-1}[0][j]$，则将 $A_{-1}[i][j]$ 更新为 $A_{-1}[i][0]+A_{-1}[0][j]$。有 $A_{-1}[2][1]>A_{-1}[2][0]+A_{-1}[0][1]=5+6=11$，即 $\infty>11$，更新 $A_{-1}[2][1]$ 为 11。记更新后的矩阵为 $\boldsymbol{A}_0$。

第二轮 $k=1$：将 v_1 作为中间顶点，对所有顶点对 $\langle v_i, v_j\rangle$，如果有 $A_0[i][j]>A_0[i][1]+A_0[1][j]$，则将 $A_0[i][j]$ 更新为 $A_0[i][1]+A_0[1][j]$。有 $A_0[0][2]>A_0[0][1]+A_0[1][2]=6+4=10$，即 $13>10$，将更新 $A_0[0][2]$ 为 10。记更新后的矩阵为 $\boldsymbol{A}_1$。

第三轮 $k=2$：将 v_2 作为中间顶点，对所有顶点对 $\langle v_i, v_j\rangle$，如果有 $A_1[i][j]>A_1[i][2]+A_1[2][j]$，则将 $A_1[i][j]$ 更新为 $A_1[i][2]+A_1[2][j]$。有 $A_1[1][0]>A_1[1][2]+A_1[2][0]=4+5=9$，即 $10>9$，将更新 $A_1[1][0]$ 为 9。记更新后的矩阵为 $\boldsymbol{A}_2$。此时 $\boldsymbol{A}_2$ 中保存的就是任意顶点对之间的最短距离。

第6章

查　找

学习目标

1. 了解查找的基本概念；
2. 掌握线性表的顺序查找、二分查找与分块查找，查找效率分析；
3. 掌握哈希表的构造、查找算法及查找效率分析。

知识导图

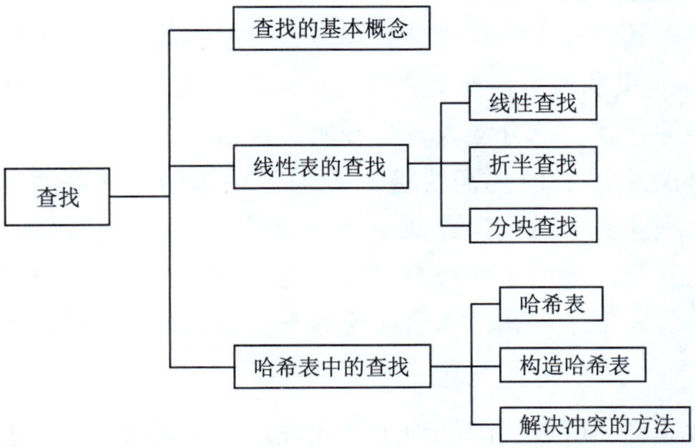

查找又称检索，简言之就是查表，就是从一个数据元素集中找出某个特定的数据元素。一份表就是一个文件。表通常指小文件，文件一般指大表。一个大的文件通常称为数据库。一份表包含 N 个记录，假定每个记录都对应一个关键词。一个查找算法查找或检索一张表的过程，就是对给定的值 K 去找出其关键字之值等于 K 的那个记录。查找完成后有两种可能，一种是查找成功，已找到一个其关键字之值为 K 的记录之所在；另一种是查找失败，即确定关键字之值为 K 的记录在表中不存在。在查找失败后，有时还希望把一个关键字值为 K 的新记录插入表中去，这样的过程被称为查找与插入操作。

查找是许多计算机程序中最耗时的部分，也是数据处理中经常使用的一种重要操作，尤其是当涉及的数据量较大时，查找算法的优劣对整个软件系统的效率影响是很大的。查找算法之优劣与查找操作的速度密切相关，从而对包含查找算法之程序的效率有着极大的影响，因此对查找算法应认真加以研究。

一个查找算法主要有以下两方面的特性。

① 内外有别：分内查找和外查找。内查找系指内存能容纳某一文件的全部 N 个记录的情形，外查找系指某一文件所包含的记录总数 N 太大而超出了内存的容量。

② 静态动态：静态查找时，表(或文件)的内容不变(即一个单纯的查找过程)；动态查找时可能会频繁地将新记录插入表(或文件)中，或频繁地从表(或文件)中删除记录，即表(或文件)中的内容不断地变化。

本章主要介绍线性表查找和散列查找等方法。

6.1　线性表的基本概念

为便于对各种查找算法的比较，首先介绍查找的相关概念。

1. 查找

在数据元素集合中寻找是否存在数据元素等于给定元素或是否存在元素满足某种给定特征的过程。

2. 关键字

数据元素（或记录）中唯一标识该数据元素（或记录）的某个数据项的值。

3. 查找表

由同一类型的数据元素（或记录）构成的集合，可以是一个数据结构，或一个顺序表，或一个链表等。对查找表经常进行的操作如下：

① 查询某个“特定的”数据元素是否在查找表中；

② 检索某个“特定的”数据元素的各种属性；

③ 在查找表中插入一个数据元素；

④ 从查找表中删去某个数据元素。

查找表分类：查找表根据其上操作结果可分为静态查找表和动态查找表两种。

① **静态查找表**：是仅作查询和检索操作的查找表，即查找前后不会改变查找表的内容。适用于静态查找表的查找方法主要有顺序查找、二分法查找与分块查找三种。

② **动态查找表**：在查询之后，有时还需要将“查询”结果为“不在查找表中”的数据元素插入查找表中；或者，从查找表中删除其“查询”结果为“在查找表中”的数据元素。即查找过程中可能会改变查找表的内容称为动态查找表。适用于动态查找表的查找方法主要有二叉排序树的查找、二叉平衡树的查找和散列查找等方法。二叉排序树和二叉平衡树的查找可查阅二叉树相关章节。

4. 平均查找长度

给定值与查找表中元素关键字所进行的平均比较次数。对于具有 n 个数据元素的查找表，查找某元素成功的平均查找长度为 $\mathrm{ASL}=\sum_{i=1}^{n} p_i c_i$。其中$p_i$是查找第$i$个元素的概率且$\sum_{i=1}^{n} p_i = 1$，$c_i$是查找第$i$个元素时的比较次数。

6.2　线性表的查找

线性表查找属于静态查找，是将查找表视为一个线性表（顺序存储或链式存储）进行查找。

6.2.1　顺序查找

顺序查找也称线性查找，是一种最简单的查找方法。它的基本思想是：从表的一端开始，顺序扫描线性表，依次用待查找的关键字值与线性表中各结点的关键字值比较。若在表中找到了某个记录的关键字与待查找的关键字值相等，表明查找成功；如果找遍所有结点也没有找到与待查找的关键字值相等的关键字，则表明查找失败。执行顺序查找时存储方式可以是顺序存储结构，也可以是链式存储结构。顺序查找的算法也比较简单，查找前对结点并没有排序要求，因此在实际问题求解时经常使用顺序查找。

无论线性表是采用顺序存储还是链式存储，均可采用顺序查找方法。

此处，设定数据元素的类型如下：

```
typedef  struct  Student {
    int  number;                    //学号
    char name[10];                  //姓名
```

```
    int  birthday;                  //出生日期,按年月日,8 位数字
}DataType;
```

若线性表采用顺序存储，则顺序表的类型可定义为（同第 2 章顺序表的类型定义）：

```
#define  MaxLength  100
typedef  struct {
    DataType  data[MaxLength];
    int     length;                 //表长
} SeqList;                          //顺序表的类型
```

基于上述顺序表，实现从表尾端开始查找学号为 e 的学生是否存在，若存在返回下标，否则返回-1 的过程，如算法 1.6.1 所示。

算法 1.6.1　顺序表上顺序查找

```
int  searchOnSeqList (SeqList *L, DataType e){
    int  i = L->length-1;
    while ( i>=0 && L->data[i].number != e)
        i--;
    return  i;
}
```

例如，包含有 12 个数据元素的顺序表，关键字为{78,21,37,88,19,92,05,64,56,80,75,13}，如图 1.6.1 所示。现要在其中查找关键字为 64 和 60 的元素。

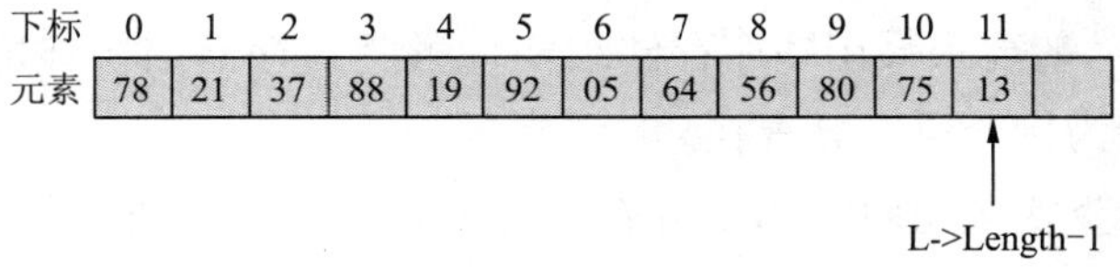

图 1.6.1　顺序表

按照顺序表的顺序查找的基本思想，从表尾开始比较，查找关键字 64 共需比较 5 次，即能找到（查找成功），而查找关键字 60 时，从表尾找到表头，比较了 L->Length 次均不相等，故查找失败。

若线性表采用带头结点的单链表存储方式，则单链表结点的类型可定义为（同第 2 章单链表结点的类型定义）：

```
typedef  struct  LNode {
    DataType      data;                     //数据域
    struct  LNode   *next;                  //指针域
} ListNode, * LinkList;
```

基于上述结点类型的带头结点单链表，实现查找学号为 e 的学生是否存在，若存在返回该结点指针，否则返回 NULL 的过程，如算法 1.6.2 所示。

算法 1.6.2　带头结点单链表上顺序查找

```
ListNode* searchOnLinkList(LinkList L, DataType e){
    LinkList p = L->next;
    while(p && p->data.number != e)          //顺指针向后查找
        p = p->next;
    return  p;                               //返回指针
}
```

例 1.6.1　包含有 12 个数据元素的带头结点的单链表，关键字为 {78,21,37,88,19,92,05,64,56,

80,75,13}，如图 1.6.2 所示。现要在其中查找关键字为 21 和 60 的元素。

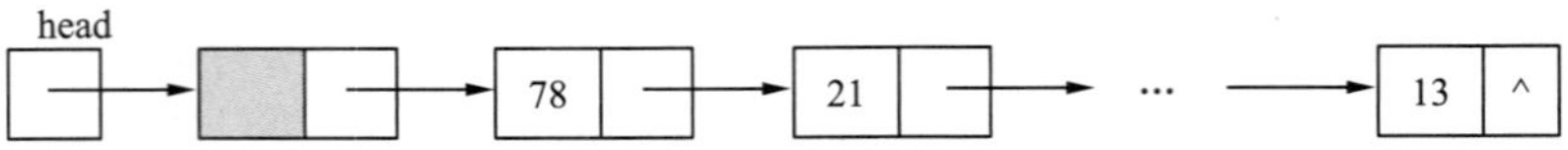

图 1.6.2　带头结点的单链表

按照带头结点单链表的顺序查找的基本思想，从头结点后的第一个结点开始查找（进行比较），查找关键字 21 时需比较 2 次，而查找关键字 60 时，比较了 GetLength(&L) 次后才得出查找失败的结论。

假设每个元素的查找概率相同，即 $p_i=\frac{1}{n}$，则线性表顺序查找算法 1.6.1 查找成功时的平均查找长度为 $ASL=\sum_{i=1}^{n}p_ic_i=\sum_{i=1}^{n}\frac{1}{n}(n-i)=\frac{n+1}{2}$，查找失败时的平均查找长度为 $ASL=\sum_{i=1}^{n}\left(\frac{1}{n}\cdot n\right)=n$。带头结点单链表的顺序查找算法 1.6.2 查找成功时的平均查找长度为 $ASL=\sum_{i=1}^{n}p_ic_i=\sum_{i=1}^{n}\left(\frac{1}{n}\cdot i\right)=\frac{n+1}{2}$，查找失败时的平均查找长度为 $ASL=\sum_{i=1}^{n}\left(\frac{1}{n}\cdot n\right)=n$。两个查找算法查找效率是相同的，流程也相对简单，但遇到表长较大的查找表就存在显而易见的缺点：平均查找时间较长。显然顺序查找并不适用于表长较大的查找表。

6.2.2　二分查找

二分查找又称折半查找，采用二分查找可以大大提高查找效率，它要求线性表结点按其关键字有序（升序或降序均可）排列，一般要求采用顺序存储结构。虽链式存储结构亦能实现二分查找，但过程过于烦琐，故本书以顺序存储为例介绍二分查找。

在设定 L[low..high] 为查找区间而采用二分查找时，先求位于查找区间中间元素的下标 mid，用其关键码与给定值 e 比较：

若 data[mid].key=e，则查找成功；

若 data [mid].key>e，把查找区间缩小到表的前半部分 L[low..mid-1]，再继续进行二分查找；

若 data [mid].key <e，把查找区间缩小到表的后半部分 L[mid+1..high]，再继续进行二分查找。

例 1.6.2　包含有 11 个数据元素的按关键字升序排列的顺序表，关键字为{05,13,19,21,37,56,64,75,80,88,92}，如图 1.6.3 所示。用二分查找法在该表中查找关键字为 64 和 35 的数据元素。

下标	0	1	2	3	4	5	6	7	8	9	10		
元素	05	13	19	21	37	56	64	75	80	88	92		

图 1.6.3　升序顺序表

① 设 low 和 high 指示查找区间的上下限，查找关键字 64 的过程如图 1.6.4~图 1.6.6 所示。

初始状态 low=0，high=10，则第一次计算 mid 的值，mid=(0+10)/2。

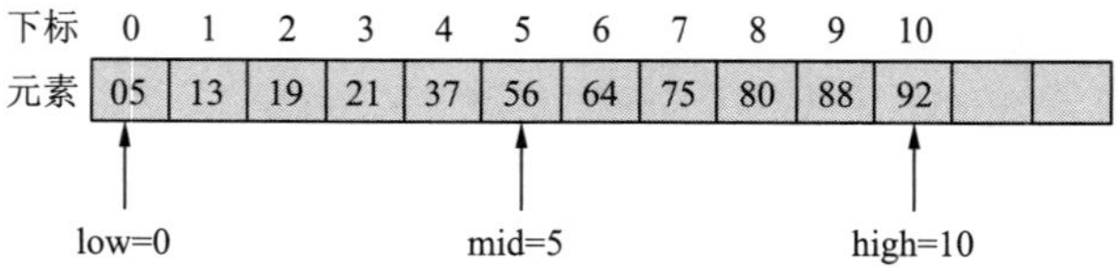

图 1.6.4　第一次比较

因 L->data[mid].key=56，而 56<64，故调整查找区间至后半区，low 变为 mid+1=6，high 维持不变还是 10。

第二次计算 mid 的值，mid=(6+10)/2=8。

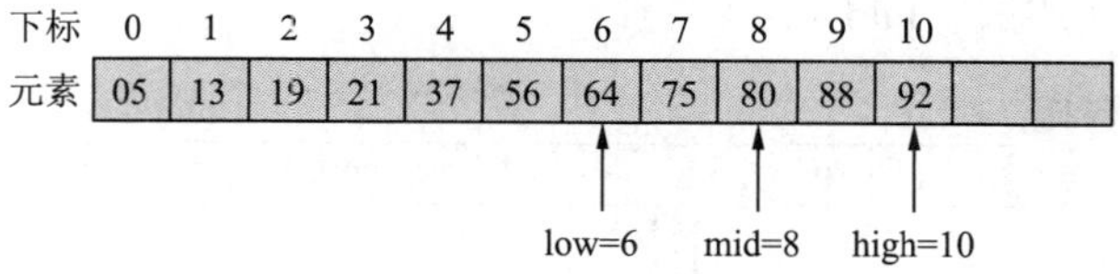

图 1.6.5　第二次比较

因 L->data[mid].key=80，而 80>64，故调整查找区间至前半区，即 low 维持不变还是 6，high 变为 mid−1=7。

第三次计算 mid 的值，mid=(6+7)/2=6。

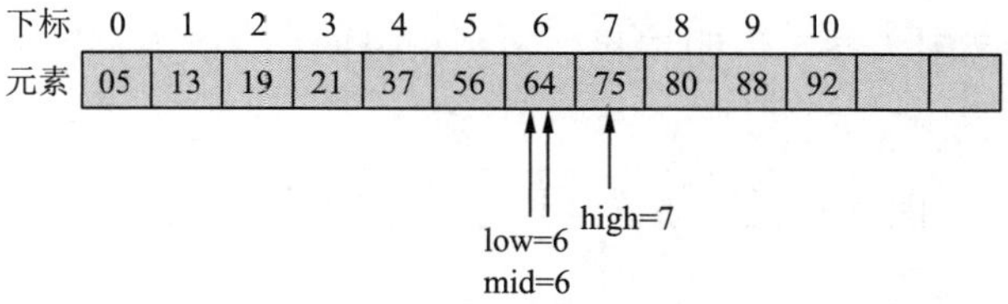

图 1.6.6　第三次比较

此时 L->data[mid].key 为 64，即 mid 所指元素的关键字值正好与要查找的关键字 64 相等，查找成功，返回下标，即 mid 值。

② 设 low 和 high 指示查找区间的上下限，查找关键字 35 的过程如图 1.6.7~图 1.6.11 所示。

初始状态 low=0，high=10，则第一次计算 mid 的值，mid=(0+10)/2。

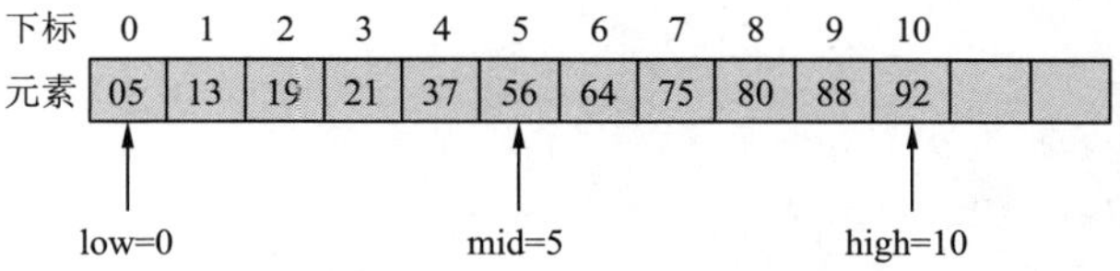

图 1.6.7　第一次比较

因 L->data[mid].key=56，而 56>35，故调整查找区间至前半区，即 low 维持不变还是 0，high 变为 mid−1=4。

第二次计算 mid 的值，mid=(0+4)/2=2。

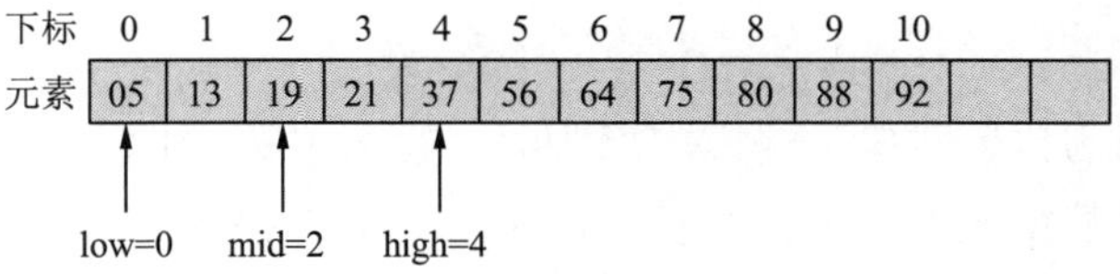

图 1.6.8　第二次比较

因 L->data[mid].key=19，而 19<35，故调整查找区间至后半区，即 low 变为 mid+1=3，high 维持不变还是 4。第三次计算 mid 的值，mid=(3+4)/2=3。

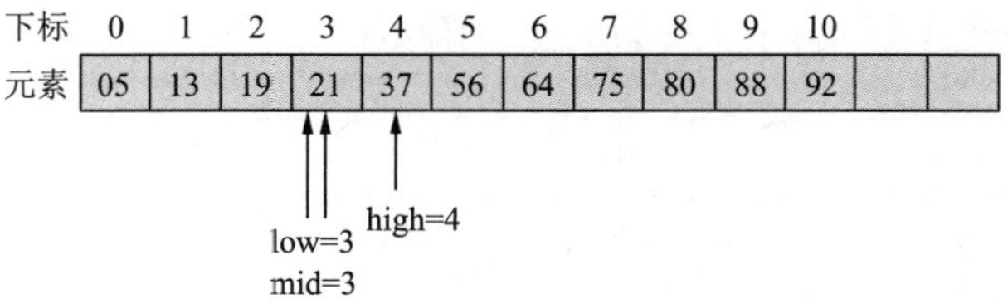

图 1.6.9　第三次比较

因 L->data[mid].key=21，而 21<35，故调整查找区间至后半区，即 low 变为 mid+1=4，high 维持不变还是 4。第四次计算 mid 的值，mid=(4+4)/2=4。

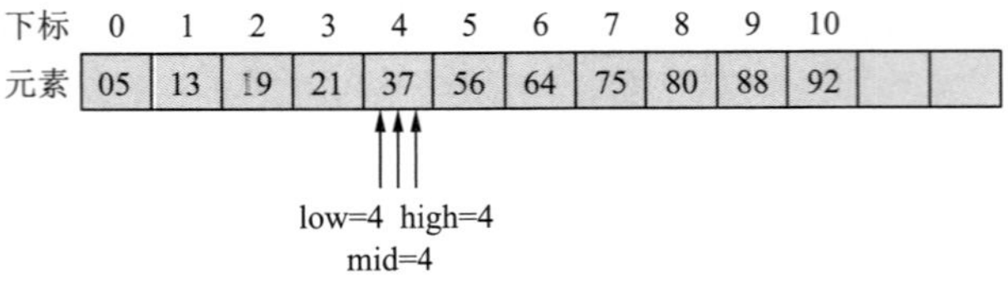

图 1.6.10　第四次比较

因 L->data[mid].key=37，而 37>35，故调整查找区间至前半区，即 low 维持不变还是 4，high 变为 mid−1=3。

此时 low>high，即查找区间为空，说明查找失败，可返回−1 作为查找失败信息。

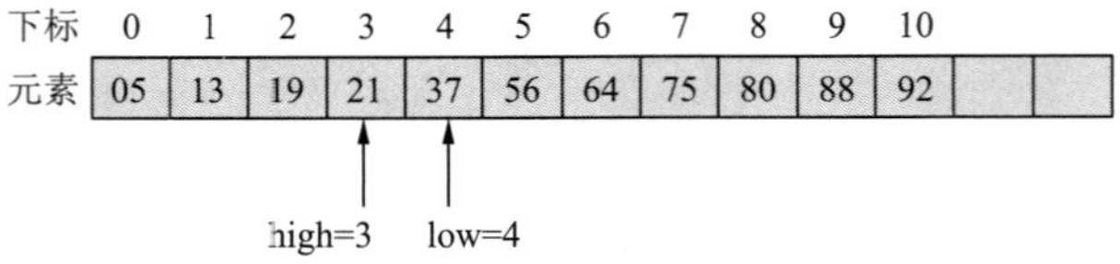

图 1.6.11　尝试第五次比较

算法 1.6.3　二分查找

```
int searchOfBin(SeqList * L, DataType e ) {
    int low = 0, high = L->length-1;                    //置查找区间初值
    int mid;
    while(low <= high) {
        mid = (low + high) / 2;
        if( e = =L->data[mid].key )
            return  mid;                                //找到待查元素——查找成功
        else  if(e < L->data[mid].key) )
            high = mid - 1;                             //继续在前半区间进行查找
        else
            low = mid + 1;                              //继续在后半区间进行查找
    }
    return -1;                                          //顺序表中不存在待查元素——查找失败
}
```

二分查找是以表的中点为比较对象，并以中点为界，将表分割为两个子表，对定位到的子表继续这种操作。所以，对表中每个数据元素的查找过程，可用二叉树来描述，称这个描述查找过程的二叉树为判定树。上述二分查找过程的判定树如图 1.6.12 所示。

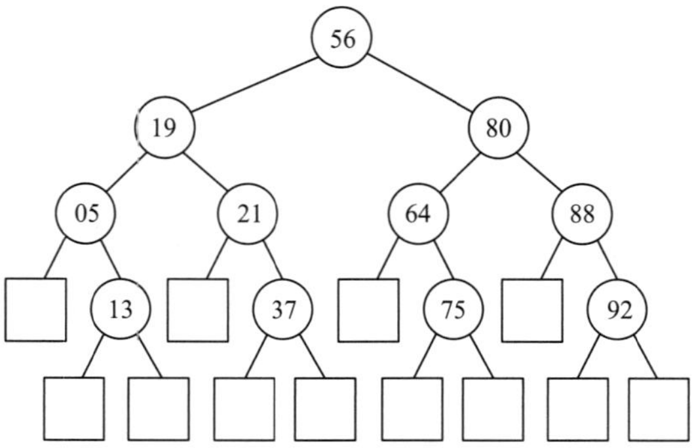

图 1.6.12　折半查找过程的判定树

树中每个圆形结点表示一个记录，结点中的值为该记录的关键字值，树中最下面的叶子结点都是方形的，它们表示查找失败的情况。每个结点值均大于左子结点值，且均小于其右子结点值。若有序序列有 n 个元素，则对应的判定树有 n 个圆形的非叶子结点和 $n+1$ 个方形的叶结点。显然，判定树是一棵二叉排序树。由于折半查找时，每次把查找区间从中间分隔，分成前后结点数相差不超过 1 的两个子区间，从而使得判定树左右子树高度之差的绝对值不超过 1，故该判定树是一棵平衡二叉树。

从判定树可以看出，查找表中任一元素的过程，既是判定树中从根到该元素结点路径上结点的个数，也是该元素结点在树中的层次数。对于 n 个结点的判定树，树高为 k，而 $2^{k-1}<n\leqslant 2^k-1$，则 $k=\lceil \log_2(n+1)\rceil$ 或 $\lfloor \log_2 n\rfloor+1$。因此，二分查找在查找成功时，所进行的关键字比较次数至多为 $\lceil \log_2(n+1)\rceil$ 或 $\lfloor \log_2 n\rfloor+1$。二分查找在查找失败时，比较次数至多也为 $\lceil \log_2(n+1)\rceil$ 或 $\lfloor \log_2 n\rfloor+1$。

为便于讨论二分查找的平均查找长度 ASL，以树高为 k 的满二叉树为例。假设表中每个元素的查找是等概率的，即 $p_i=\dfrac{1}{n}$，则树的第 i 层最多有 2^{i-1} 个结点，因此，二分查找的平均查找长度为 $\text{ASL}=\sum_{i=1}^{n}p_ic_i=\dfrac{1}{n}\sum_{i=1}^{k}i\times 2^{i-1}=\dfrac{n+1}{n}\log_2(n+1)-1\approx\log_2(n+1)-1$。所以二分查找的时间复杂度为 $O(\log_2 n)$，平均情况下比顺序查找的效率高。

6.2.3　分块查找

分块查找又称索引顺序查找。它是一种性能介于顺序查找和二分查找之间的查找方法。

分块查找表由“分块有序”的线性表和索引表组成。

1. “分块有序”的线性表

线性表被均分为若干块，每一块中的关键字不一定有序，但前一块中的最大关键字必须小于后一块中的最小关键字，即线性表是“分块有序”的。

2. 索引表

抽取各块中的最大关键字和其起始位置构成一个索引表，即索引表中依次存放各块最大关键字及该块在线性表中的起始位置。由于线性表是分块有序的，所以索引表是一个递增有序表。分块查找的基本过程可分为两步：首先查找索引表以确定待查记录所在块的起始位置，因索引表是有序表，可采用二分查找或顺序查找来确定位置。然后在已确定的块中进行顺序查找，由于块内无序，只能用顺序查找。

例 1.6.3　图 1.6.13 就是一个带索引的分块有序的线性表。其中线性表共有 20 个结点，被分成 3 块，第一块中最大关键字 25 小于第二块中的最小关键字 27，第二块中最大关键字 55 小于第三块中的最小关键字 60。试简述查找关键字为 86 的过程。

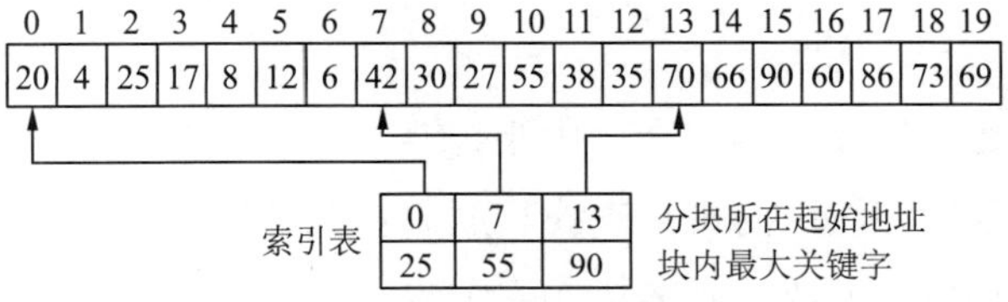

图 1.6.13　带索引的分块有序的线性表

第一步，采用顺序查找或二分查找确定 86 所在块的起始地址，由于 55<86<90，所以关键字 86 的结点只可能在 L[13..Length−1]中。

第二步，可从 L[13]开始向后查找（或从 L[Length−1]向前查找），直到遇到 L[17]=86为止，此时查找成功，返回该结点在线性表中的地址 17 即可。若查找关键字为 48，则首先确定 48 所在块的起始地址，由于 25<48<55，所以关键字 48 的结点只可能在 L[7..12]中。

第三步，可从 L[7]开始向后查找（或从 L[12]向前查找），直到查完整块仍未找到，此时表示线性表中不存在该结点，即查找失败，可返回-1表示失败。

分块查找的算法如算法1.6.4所示，确定待查元素所在块号及块内查找均采用的顺序查找，其中涉及的线性表和索引表的存储结构也均已给出。

```
#define  MAX  100                          //线性表最大长度
#define  M  10                             //最大块数
typedef  int  DataType;
typedef  struct  {
    DataType key;
    int  addr;
}IndexNode;                                //索引表结点类型
typedef  struct {
    IndexNode  index[M];
    int  m;                                //实际块数
}IndexList;                                //索引表类型
typedef  struct {
    DataType  data[MAX];
    int  Length;                           //实际长度
}SeqList;                                  //线性表类型
```

算法1.6.4　分块查找算法

```
int indexseqsearch(SeqList L, IndexList IL, DataType e){
    int i = 0, j, last;
    while(i < IL->m && e > IL->index[i].key)  i++;           //顺序查找索引表确定块号 i
    if(i >= m)  return -1;
    else {                                                   //顺序表中从后往前顺序检索
        if(i == m-1)
            j = L->Length - 1;
        else
            j = IL->index[i+1].addr - 1;
        //j 初始值为本块的最后一个结点
        while(j >= IL->index[i].addr && e != L->data[j] )
            j--;                                             //从后往前逐个查找
        if(j < IL->index[i].addr)
            return -1;
        else
            return j;
    }
}
```

分块查找方法通过将查找区域缩小在某个块中来提高查找的效率，其查找的效率由两部分组成：一是在索引表中确定待查找元素所在块时的平均查找长度 L_i；二是块内查找所需的平均查找长度 L_b。若线性表中共有 n 个元素，且被均分成 b 块，则每块元素个数 $s=n/b$，故分块查找的最大查找长度为 $b+n/b$。

若以顺序查找来确定块，则分块查找成功时的平均查找长度为

$$\mathrm{ASL}=L_i+L_b=\frac{b+1}{2}+\frac{s+1}{2}=1+\frac{b+s}{2}=1+\frac{b^2+n}{2b}$$

当 $b=\sqrt{n}$ 时，ASL取最小值 $1+\sqrt{n}$。

若以二分查找来确定块，则分块查找查找成功时的平均查找长度为

$$\mathrm{ASL}=L_i+L_b\approx\log_2(b+1)-1+\frac{s+1}{2}\approx\log_2(b+1)+\frac{n}{2b}$$

由此可见，分块查找方法比顺序查找快，但比二分查找慢。另外，在实际的应用中，分块查找还可根据数据的特征进行分块，而不一定要将线性表分成大小相等的若干块，随着数据的插入、删除等操作的执行，块中的数据个数也会发生变化。

6.3　散列查找

无论线性表的查找还是树表的查找，因记录在表中的存储位置与记录的关键字直接不存在确定关系，故查找效率取决于与关键字的比较次数。散列查找则通过将记录的存储位置与其关键字之间形成一种直接关系来提高查找效率。

6.3.1　散列存储

所谓散列存储就是利用散列函数将查找表中的关键字映射成对应的存储地址，这里的地址可以是数组下标、内存地址等。

散列函数：完成关键字到存储地址的映射，记为 Hash(key)= addr。散列函数也称哈希函数。与关键字对应的存储地址称为散列地址或哈希地址。

对于两个或以上的不同关键字，散列函数可能会映射成同一个存储地址，这种现象称为**冲突**或碰撞。碰撞的两个（或多个）关键字称为同义词。所以应设计好的散列函数尽量减少这样的冲突，但由于冲突不可避免，所以还需设计好的方法处理这些冲突。

散列表：存放关键字与存储地址的直接映射关系，能根据关键字的值进行直接访问的查找表。理想情况下，查找散列表的时间复杂度为 $O(1)$。

6.3.2　构造散列函数

对数字的关键字可有下列构造方法：

1. 直接定址法

哈希函数为关键字的线性函数 $H(\text{key})=\text{key}$ 或者 $H(\text{key})=a\times\text{key}+b$，$a$ 与 b 为常数，适用于关键字分布基本连续的情况，要求地址集合与关键字集合大小相同，因此不适用于关键字值范围较大的集合。

2. 除留余数法

设定哈希函数为 $H(\text{key})=\text{key}\%p$，其中 p 为不大于 m（散列表表长）的素数。这是一种最常用的方法，选好 p，使得每个关键字等概率地映射到散列表上的任一地址，尽可能地降低冲突概率。

3. 数字分析法

假设关键字集合中的每个关键字均由若干位数字组成，分析关键字集中的全体，从中提取分布均匀的若干位或它们的组合作为散列地址。此方法仅适合于能预先估计出全体关键字的每一位上各种数字出现的频度的情况。

4. 平方取中法

以关键字的平方值的中间几位作为存储地址。求“关键字的平方值”的目的是“扩大差别”，这种方法得到的散列地址与关键字中每一位都有关系，使得散列地址分布比较均匀。此方法适合于关键字中的每一位出现某些数字重复频度很高的情况。

5. 折叠法

将关键字分割成若干部分，然后取它们的叠加和为哈希地址。此方法适合于关键字的数字位数较多且关键字中每一位上数字分布大致均匀的情况。

不同情况下，不同的散列函数具有不同的性能，因此不能笼统地说哪种最好。实际构造哈希表时，采用何种方法构造哈希函数取决于关键字集合的情况（包括关键字的范围和形态），总的原则是使产生冲突的可能性降到尽可能低。

6.3.3 冲突处理

“处理冲突”的实际含义是为产生冲突的地址寻找下一个的哈希地址。若此哈希地址仍然冲突，则继续寻找下一个哈希地址，直到该地址“可用”“空闲”，即不冲突。

一般“处理冲突”的方法有以下两种：

1. 开放定址法

所谓开放定址法是指为关键字表项寻找到的“空闲”哈希地址既可存放它的同义词，也可存放它的非同义词。哈希地址的递推公式为 $H_i=(H(key)+d_i)\%m$，其中 $H(key)$ 为哈希函数，$i=1,2,\cdots,k(k\leqslant m-1)$，$i$ 为冲突次数，m 为散列表表长，d_i 为增量序列。d_i 的选取通常有以下四种方法：

（1）线性探测

$d_i=i$，即 $d_i=1,2,\cdots,m-1$，这种处理方法是在冲突发生后，依次查看表中的下一个单元（表尾 $m-1$ 的下一个地址为首地址 0），直到找出一个空闲单元或查遍整表。

线性探测可能会出现某关键字的同义词存入第 $i+1$ 个散列地址，造成本应存入第 $i+1$ 个散列地址的元素又去抢夺第 $i+2$ 个散列地址……造成大量元素在相邻的散列地址上堆积（聚集）起来，大大降低了查找效率。

（2）平方探测

$d_i=1^2,-1^2,2^2,-2^2,\cdots,k^2,-k^2$，此处 m 需为 $4k+3$ 形式的素数。平方探测又称二次探测，是一种处理冲突的较好方法，可避免线性探测会出现的“堆积”问题，但它存在不能探测到散列表上所有单元的缺陷。

（3）随机探测

d_i 取一组伪随机数列。

（4）再散列

$d_i=i\times H_2(key)$，又称双散列函数探测。所以需要两个散列函数，当通过第一个散列函数 $H(key)$ 得到的地址发生冲突时，再利用第二个散列函数 $H_2(key)$ 计算地址增量，从而算得下一个地址：$H_i=(H(key)+i\times H_2(key))\%m$，其中 i 为冲突的次数，初始探测地址为 $H(key)$。

2. 链地址法

为避免非同义词发生冲突，将所有同义词存储在一个线性链表中，并用一个顺序表存放各同义词线性链表的头指针，即把散列地址为 i 的同义词线性链表的头指针存放在表中的第 i 个单元中。

6.3.4 查找分析

散列表的查找过程与构造过程基本一致。对于给定的一个关键字 key，其查找过程如下：

① 根据散列函数计算给定关键字 key 对应的散列地址 addr。

② 检测散列表地址为 addr 的单元中是否有记录，若无记录，则查找失败；若有记录，则将它与 key 作比较，若相等，则查找成功，否则执行③。

③ 用给定的处理冲突的方法计算“下一个散列地址”，并存入 addr，转到②。

例 1.6.4 对于给定的结点关键字集合{47,39,50,11,16,92,22,26}，设哈希表的长度 m 为 13，若散列函数为 $H(key)=key\%11$，则采用平方探测解决冲突时的各散列值的计算过程如下：

$H(47)=47\%11=3$，把 47 存入 3 号单元。

$H(39)=39\%11=6$，把 39 存入 6 号单元。

$H(50)=50\%11=6$(冲突)$\rightarrow H_1(50)=(H(50)+1)\%13=7$，把50存入7号单元。

$H(11)=11\%11=0$，把11存入0号单元。

$H(16)=16\%11=5$，把16存入5号单元。

$H(92)=92\%11=4$，把92存入4号单元。

$H(22)=22\%11=0$(冲突)$\rightarrow H_1(22)=(H(22)+1)\%13=1$，把22存入1号单元。

$H(26)=26\%11=4$(冲突)$\rightarrow H_1(26)=(H(26)+1)\%13=5$(冲突)$\rightarrow H_2(26)=(H(26)-1)\%13=3$(冲突)$\rightarrow H_3(26)=(H(26)+4)\%13=8$，把26存入8号单元。

关键字存入后的散列表L，如图1.6.14所示。

地址	0	1	2	3	4	5	6	7	8	9	10	11	12
关键字	11	22		47	92	16	39	50	26				

图1.6.14 散列表

给定值26的查找过程如下：

第一步，求得散列地址$H(26)=26\%11=4$。

第二步，因$L[4]$非空且$L[4]\neq 26$，故冲突处理后的地址$H_1=(H(26)+1)\%13=5$。

第三步，因$L[5]$非空且$L[5]\neq 26$，故冲突处理后的地址$H_2=(H(26)-1)\%13=3$。

第四步，因$L[3]$非空且$L[3]\neq 26$，故冲突处理后的地址$H_3=(H(26)+2^2)\%13=8$。

第五步，因$L[3]$非空且$L[3]=26$，查找成功。

查找成功时，等概率情况下显然每个关键字的查找概率均为1/8。对于关键字47，因为冲突次数为0，所以仅需比较1次就查找成功。对于关键字50，因为冲突次数为1，所以需要比较2次才查找成功。其他关键字的分析类似，查找成功时各关键字的比较次数，如图1.6.15所示。

地址	0	1	2	3	4	5	6	7	8	9	10	11	12
关键字	11	22		47	92	16	39	50	26				
次数	1	2		1	1	1	1	2	4				

图1.6.15 查找成功时各关键字的比较次数

所以等概率情况下查找成功时平均查找长度为$ASL=(1+2+1+1+1+1+2+4)/8=13/8$。

给定值83的查找过程如下：

第一步，求得散列地址$H(80)=80\%11=3$。

第二步，因$L[3]$非空且$L[3]\neq 80$，故冲突处理后的地址$H_1=(H(80)+1)\%13=4$。

第三步，因$L[4]$非空且$L[4]\neq 80$，故冲突处理后的地址$H_2=(H(80)-1)\%13=2$。

第四步，因$L[5]$为空，则查找失败，即表中不存在关键字为80的记录。

查找失败时，根据查找失败位置计算平均查找长度。由于哈希表表长为13，等概率情况下，查找0~12位置的概率为1/13，对于计算出地址0的关键字key0，只有顺序探测完0，1，12这三个单元后才能确定key0不存在于表中，对于计算出地址1的关键字key1，只有探测完1，2这两个单元后才能确定key1不存在于表中，对于计算出地址2,9,10,11,12的关键字，只需探测对应的1个单元即可确定该关键字不存在于表中，对于计算出地址3的关键字key3，只有顺序探测3,4,2这三个单元才能确定key3不存在于表中，对于计算出地址4的关键字key4，只有顺序探测4,5,3,8,0这五个单元才能确定key4不存在于表中，对于计算出地址5的关键字key5，只有顺序探测5,6,4,9这四个单元才能确定key5不存在于表中，对于计算出地址6的关键字key6，只有顺序探测6,7,5,10这四个单元才能确定key6不存在于表中，对于计算出地址7的关键字key7，只有顺序探测7,8,6,11这四个单元才能确定key7不存在于表中，对于计算出地址8的关键字key8，只有顺序探测8,9这两个单元就能确定key8不存在于表中。因此可得查找0~12号地址时的查找次数，如图1.6.16所示。

地址	0	1	2	3	4	5	6	7	8	9	10	11	12
次数	3	2	1	3	5	4	4	4	2	1	1	1	1

图 1.6.16 查找失败时各地址的查找次数

所以等概率情况下查找失败时平均查找长度为 ASL=(3+2+1+3+5+4+4+4+2+1+1+1+1)/13=32/13。

又如，对于给定的结点关键字集合{14,28,53,40,70,18,31,43}，设哈希表的长度 m 为 13，若散列函数为 H(key)= key% 13，则采用线性探测法解决冲突时的各散列值的计算过程如下：

H(14)= 1% 13=1，把 14 存入 1 号单元。

H(28)= 28% 13=2，把 28 存入 2 号单元。

H(53)= 53% 13=1(冲突)→H_1(53)=(H(53)+1)% 13=2(冲突)→H_2(53)=(H(53)+2)% 13=3，把 53 存入 3 号单元。

H(40)= 40% 13=1(冲突)→H_1(40)=(H(40)+1)% 13=2(冲突)→H_2(40)=(H(40)+2)% 13=3(冲突)→H_3(40)=(H(40)+3)% 13=4，把 40 存入 4 号单元。

H(70)= 70% 13=5，把 70 存入 5 号单元。

H(18)= 18% 13=5(冲突)→H_1(18)=(H(18)+1)% 13=6，把 18 存入 6 号单元。

H(31)= 31% 13=5(冲突)→H_1(31)=(H(31)+1)% 13=6(冲突)→H_2(31)=(H(31)+2)% 13=7，把 31 存入 7 号单元。

H(43)= 43% 13=4(冲突)→H_1(43)=(H(43)+1)% 13=5(冲突)→H_2(43)=(H(43)+2)% 13=6(冲突)→H_3(43)=(H(43)+3)% 13=7(冲突)→H_4(43)=(H(43)+4)% 13=8，把 43 存入 8 号单元。

关键字序列存入后的散列表 L，如图 1.6.17 所示。

地址	0	1	2	3	4	5	6	7	8	9	10	11	12
关键字		14	28	53	40	70	18	31	43				

图 1.6.17 散列表

给定值 53 的查找过程如下：

第一步，求得散列地址 H(53)= 53% 13=1。

第二步，因 L[1]非空且 L[1]≠53，故冲突处理后的地址 H_1=(H(53)+1)% 13=2。

第三步，因 L[2]非空且 L[2]≠53，故冲突处理后的地址 H_2=(H(53)+2)% 13=3。

第四步，因 L[3]非空且 L[3]=26，查找成功。

查找成功时，等概率情况下显然每个关键字的查找概率均为 1/8。对于关键字 14，因为冲突次数为 0，所以仅需比较 1 次就查找成功。对于关键字 53，因为冲突次数为 2，所以需要比较 3 次才查找成功。其他关键字的分析类似，查找成功时各关键字的比较次数，如图 1.6.18 所示。

地址	0	1	2	3	4	5	6	7	8	9	10	11	12
关键字		14	28	53	40	70	18	31	43				
次数		1	1	3	4	1	2	3	5				

图 1.6.18 查找成功时各关键字的比较次数

所以等概率情况下查找成功时平均查找长度为 ASL=(1+1+3+4+1+2+3+5)/8=20/8。

给定值 66 的查找过程如下：

第一步，求得散列地址 H(66)= 66% 13=1。

第二步，因 L[1]非空且 L[1]≠66，故冲突处理后的地址 H_1=(H(66)+1)% 13=2。

第三步，因 L[2]非空且 L[2]≠66，故冲突处理后的地址 H_2=(H(66)+2)% 13=3。

第四步，因 L[3]非空且 L[3]≠66，故冲突处理后的地址 H_3=(H(66)+3)% 13=4。

第五步，因 $L[4]$ 非空且 $L[4]\neq66$，故冲突处理后的地址 $H_4=(H(66)+4)\%13=5$。

第六步，因 $L[5]$ 非空且 $L[5]\neq66$，故冲突处理后的地址 $H_5=(H(66)+5)\%13=6$。

第七步，因 $L[6]$ 非空且 $L[6]\neq66$，故冲突处理后的地址 $H_6=(H(66)+6)\%13=7$。

第八步，因 $L[7]$ 非空且 $L[7]\neq66$，故冲突处理后的地址 $H_7=(H(66)+7)\%13=8$。

第九步，因 $L[8]$ 非空且 $L[8]\neq66$，故冲突处理后的地址 $H_8=(H(66)+8)\%13=8$。

第十步，因 $L[9]$ 为空，则查找失败，即表中不存在关键字为 66 的记录。

查找失败时，根据查找失败位置计算平均查找长度。由于哈希表表长为 13，等概率情况下，查找 0~12 位置的概率为 1/13，对于计算出地址 0、9、10、11、12 的关键字，因为这些单元为空，只需比较 1 次就能确定查找失败。对于计算出地址 1 的关键字 key1 只有顺序探测完 1~9 这九个单元后才能确定 key1 不存在于表中，共比较 9 次。对于计算出地址 2 的关键字 key2 只有顺序探测完 2~9 这八个单元后才能确定 key2 不存在于表中，共比较 8 次。其他地址的分析也是类似的。进而可得查找 0~12 号地址时的查找次数，如图 1.6.19 所示。

地址	0	1	2	3	4	5	6	7	8	9	10	11	12
次数	1	9	8	7	6	5	4	3	2	1	1	1	1

图 1.6.19　查找失败时各地址的查找次数

所以等概率情况下查找失败时平均查找长度为 ASL=(1+9+8+7+6+5+4+3+2+1+1+1+1)/13=49/13。

从散列表的查找过程可见：

① 虽然在散列表上建立了关键字与记录存储位置的直接映象，但是由于“冲突”无法避免地存在，使得散列表的查找过程仍然是一个给定值与关键字的比较过程。因此，仍需要以平均查找长度作为衡量散列表的查找效率。

② 散列表的查找效率取决于三个要素：散列函数、冲突处理的方法和装填因子。散列表的装填因子就是散列表的装满程度，一般用 α 表示，即 α=记录数 n/散列表表长 m。α 越大，表示装填越“满”，则发生冲突的可能性越大。

③ 即使针对相同的关键字和相同长度的散列表，并设定相同的散列函数，不同的冲突处理方法也会得到不同的散列表，平均查找长度也会不同。

第 7 章 排 序

学习目标

1. 掌握排序的基本概念；
2. 掌握插入类排序算法的概念、直接插入排序与希尔排序；
3. 掌握交换类排序算法的概念、冒泡排序与快速排序；
4. 掌握选择类排序算法的概念、直接选择排序与堆排序；
5. 理解归并排序与基数排序；
6. 理解各个排序算法在时间复杂度和空间复杂度的对比分析。

知识导图

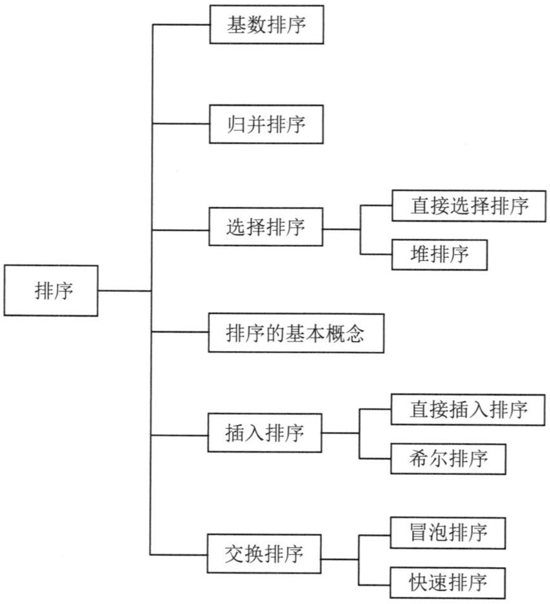

排序是计算机程序设计中的一种基础性操作，就是把一组数据元素按照其关键字的某种次序排列起来，以便提高查找效率。

如何进行排序，特别是如何进行高效率的排序是数据处理中的一个重要课题。 排序分为内部排序和外部排序。 本章主要介绍几种常用的内部排序方法，主要包括插入排序、冒泡排序、选择排序、归并排序和基数排序等。

7.1 排序的基本概念

假设待排序的 n 个数据元素集合为 $\{E_0,E_1,\cdots,E_{n-1}\}$，其对应的关键字为 $\{K_0,K_1,\cdots,K_{n-1}\}$，则排序是确定一个排列 $K'_0,K'_1,\cdots,K'_{n-1}$，使得相应关键字满足 $K'_0\leqslant K'_1\leqslant\cdots\leqslant K'_{n-1}$（或 $K'_0\geqslant K'_1\geqslant\cdots\geqslant K'_{n-1}$），而得到

n 个数据元素的一个按关键字非递减（或非递增）的有序序列$(E'_0, E'_1, \cdots, E'_{n-1})$。

上述排序定义中的关键字 K_i 是待排序的数据元素集合中的一个域，排序是以关键字为基准进行。关键字分为主关键字和次关键字两种。主关键字是能够唯一区分各个不同数据元素的关键字，否则称为次关键字。关键字 K_i 既可以是元素 $E_i(i=0,1,\cdots,n-1)$ 的主关键字，又可以是元素 E_i 的次关键字。

若 K_i 是主关键字，则任何一个数据元素的无序序列经排序后得到的结果是唯一的；若 K_i 是次关键字，则排序的结果不唯一，因为待排序的元素序列中可能存在两个或两个以上关键字相等的元素。假设在待排序的数据元素集合中，存在两个或两个以上的元素具有相同的关键字，在用某种排序方法排序后，若这些相同关键字的元素的相对次序保持不变，即在排序前的序列中，$K_i=K_j(0\leqslant i\leqslant n-1,\ 0\leqslant j\leqslant 1,\ i\neq j)$，且 E_i 领先于 E_j（$i<j$），而排序后的序列中，E_i 仍然领先于 E_j，则称这种排序算法是稳定的；反之，若具有相同关键字的元素的先后关系在排序过程中发生变化，则称这种排序算法是不稳定的。

若待排序序列中的元素已经按关键字排好了顺序，则称此序列为正序；若待排序序列中的元素的排列顺序与排序后的排列顺序恰恰相反，则称此序列为逆序。

排序算法的核心是通过循环执行一系列操作，把待排序元素从无序状态转换为局部有序状态，最终到达完全有序状态。将待排序元素序列扫描一遍称为一趟。排序过程中一般需要进行或两种操作：比较两个关键字的大小和将元素从一个位置移动到另一个位置。因此，根据每一趟排序过程中排序关键字的比较次数、数据元素的移动次数和占用临时存储空间的大小，可以分析出一个排序算法的时间复杂度和空间复杂度。

本章后续讨论中，由于排序过程只与排序关键字有关，因此排序时只突出展示对排序关键字的操作，且排序关键字的数据类型定义为可进行比较操作的 int 类型。排序算法中数据元素的类型定义如下：

```
typedef int KeyType;                    //定义关键字为 int 类型
typedef struct{                         //定义数据元素类型
    KeyType key;                        //排序关键字
    DataType data;                      //其他数据项
} ElemType;
```

7.2　插入排序

插入排序的工作原理是：反复从列表的未排序部分中获取一个元素，并将其插入列表的已排序部分中，直到未排序部分列表长度为 0 为止。这种算法是人们在按编号整理成堆的文件时经常使用的算法。下面依次介绍直接插入排序和希尔排序。

7.2.1　直接插入排序

直接插入排序（straight insertion sort）的基本思路是构建一个有序序列，对于未排序的数据元素，依次与有序序列中的数据元素进行比较，并在相应的位置插入有序序列，并将其后面原有的所有数据元素后移一个位置。具体地，假设数组 E 中有 n 个待排序元素，直接插入排序算法步骤如下：

① 构建只有一个数据元素的有序序列，即$(E[0])$。

② 将 $E[1]$ 插入有序序列$(E[0])$中，使其成为含有两个数据元素的有序序列，完成一趟插入排序。

③ 类似地，将 $E[i-1]$ 插入后，形成含有 i 个数据元素的有序序列，直到将 $E[n-1]$ 插入前面 $n-1$ 个数据元素的有序序列中，得到含 n 个数据元素的有序序列，完成直接插入排序。

算法 1.7.1　直接插入排序

```
void StraightInsertionSort(ElemType E[],int n) {      //直接插入排序算法对 E[0..n-1]进行排序
    int i,j;
    ElemType temp;
    for(i=1;i<n;i++){
```

```
        temp=E[i];                              //暂存当前待排序元素
        j=i-1;
        while(j>-1&&temp.key<E[j].key)  {       //关键字比较
            E[j+1]=E[j];                        //元素后移一个位置
            j--;
        }
        E[j+1]=temp;                            //把待排序元素插入
    }
}
```

例 1.7.1 有数据集的关键字序列：19，01，23，17，$\boxed{19}$，55，84，15，利用直接插入排序算法，对该序列进行插入排序，其中［…］为有序区，{…}为无序区。19 和$\boxed{19}$表示关键字值相等的两个不同记录。

直接插入算法的执行过程如下：

初始序列：	[19]	{01	23	17	$\boxed{19}$	55	84	15}
第一趟：	[01	19]	{23	17	$\boxed{19}$	55	84	15}
第二趟：	[01	19	23]	{17	$\boxed{19}$	55	84	15}
第三趟：	[01	17	19	23]	{$\boxed{19}$	55	84	15}
第四趟：	[01	17	19	$\boxed{19}$	23]	{55	84	15}
第五趟：	[01	17	19	$\boxed{19}$	23	55]	{84	15}
第六趟：	[01	17	19	$\boxed{19}$	23	55	84]	{15}
第七趟：	[01	15	17	19	$\boxed{19}$	23	55	84]

从上面的示例可以看出，排序前后 19 和$\boxed{19}$的相对位置没有变化，所以直接插入排序是稳定的排序算法。

从算法 1.7.1 可以看出，直接插入排序由两层嵌套循环构成，其外层循环执行 $n-1$ 次，内层循环的执行次数取决于待排序序列初始的排列情况，即在第 i 个元素前有多少个元素的关键字大于第 i 个元素的关键字。

在最好的情况下，原始数据元素序列为正序排列，此时每趟排序只需进行 1 次比较和 2 次移动。算法总比较次数为 $n-1$，元素的总移动次数为$2(n-1)$。因此，算法的时间复杂度为 $O(n)$。

在最坏的情况下，原始数据元素序列为逆序排序。此时在第 i 趟时，第 $i+1$ 个元素必须与前 i 个元素进行关键字比较，且每次比较完，有序序列中所有的元素都要向后移动 1 次。此时，算法总比较次数为 $\sum_{2}^{n}(i-1)=n(n-1)/2$ 和 $\sum_{2}^{n}(i+1)=(n+4)(n-1)/2$。因此，算法的时间复杂度为 $O(n^2)$。

在平均情况，待排序序列中各种可能排列的概率相同，则第 i 个元素要与前$(i-1)/2$个元素进行比较，元素移动的次数为$(i+1)/2$。因此，平均情况下总的比较次数为 $\sum_{2}^{n}\frac{1}{2}(i-1)=\frac{1}{4}n(n-1)$，总的元素移动次数为 $\sum_{2}^{n}\frac{1}{2}(i+1)=\frac{1}{4}(n+4)(n-1)$。因此，算法的时间复杂度为 $O(n^2)$。

在直接插入排序中，由于只需要一个临时工作单元 temp 来暂时存储待插入元素，所以其空间复杂度为 $O(1)$。而且，直接插入排序算法是稳定的，因为具有相同关键字的后一个元素必然插在具有同一关键字的前一个元素的后面，即相对次序保持不变。

由以上分析可知，当待排序序列的元素数量很少时，直接插入排序是一种效率较高的排序算法。然而，若待排序序列的元素数量增大时，关键字比较的次数和元素移动的次数都会相应增大，就不宜采用直接插入排序。下面介绍一种对直接插入排序的改进算法——希尔排序。

7.2.2 希尔排序

希尔排序（shell sort）又称缩小增量排序，是 1959 年由 Donald L. Shell 提出的。由直接插入排序算法的分析可知，当待排序序列基本有序或者待排序元素个数较少时，其排序效率会大幅提高。希尔排序就是从这两点对直接插入排序进行的改进。

希尔排序的基本思想是：先将整个待排序序列元素分成若干子序列，在子序列内分别进行直接插入排序，然后逐渐增加子序列内元素，减少子序列的个数，直到整个序列基本有序时，再对全体元素进行一次直接插入排序。与直接插入排序的区别是，希尔排序不是每次一个元素挨着一个元素比较，而是初期选用大跨步（增量较大）间隔比较，使元素跳跃式接近它的排序位置；然后增量逐步缩小，最后增量为 1。

分割子序列的目的是减少排序元素的个数，并使整个序列向基本有序发展。如果逐段分割待排序序列，会使整个序列向局部有序发展，而局部有序不能提高直接插入排序的时间性能。因此，一般采取跳跃分割的策略：将相距某个“增量”的元素分在同一个子序列，这样才能保证在各个子序列内分别进行直接插入排序后得到的结果是基本有序的而不是局部有序的。

对于增量 d 的选取，一般的原则是，开始时增量取值较大，使每个小组内的元素个数较少，这样提供了元素跳跃移动的可能性，效率较高；后来增量逐步减少，每个小组中的元素个数逐步增加，但基本有序。Donald L. Shell 最早提出的方法是 $d_1=\lfloor n/2 \rfloor$，$d_{i+1}=\lfloor d_i/2 \rfloor$，且为素数，并且最后一个增量必须等于 1。

在希尔排序中，对每一个增量进行一次排序称为一趟排序，显然排序的总趟数为增量的个数；在对每一个增量 $d[i]$ 进行排序时，子序列个数是 $d[i]$ 的大小；在对每一子序列进行排序时，原则上可采用任一种其他排序方法。下面的算法描述以子序列内采取直接插入排序算法为例。

算法 1.7.2 希尔排序

```
void ShellSort(ElemType E[], int n, int d[], int num) {
//希尔排序算法对 E[0..n-1]进行排序,d[0..num-1]为 num 个元素的增量序列
    int i,j,m,span;
    ElemType temp;
    for(m = 0; m < num; m++){
        span = d[m];                        //取本次的增量值
        for(k = 0; k < span; k++)   {      //共 span 个子序列
            for(i = k+span; i<n; i++) {//对每个子序列进行排序
                temp = E[i];                //取第 k 个小组的第二个元素
                j = i - span;               //j 指向第 k 个子序列的第一个元素
                while(j>-1&&temp.key<E[j].key){
                    E[j+span]= E[j];
                    j -= span;
                }
                E[j+span] = temp;
            }
        }
    }
}
```

例 1.7.2 待排序序列为{45,56,14,42,88,17,3,68}，图 1.7.1 给出了希尔排序算法的执行过程。

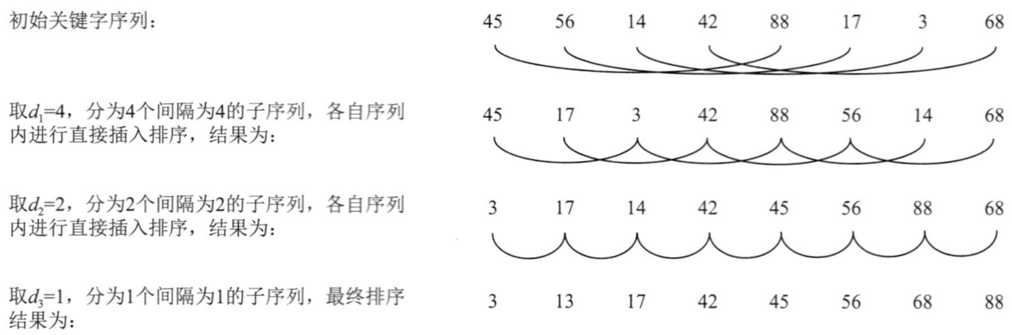

图 1.7.1 希尔排序算法执行过程示例

分析希尔排序算法中四重循环的循环次数可以发现，四重循环的每一重的循环次数都很小，并且随着增量递减，子序列元素个数逐渐增多时，子序列内的数据元素序列已经基本有序。由上述讨论可知，越接近有序的直接插入排序算法的时间效率越高。因此，希尔排序算法的时间复杂度较直接插入排序算法的时间复杂度降低了很多。到目前为止，除了 Donald L. Shell 提出的增量取法外，还有很多其他增量的个数和它们的取值的求法。希尔排序算法的时间复杂度分析较为复杂，其实际所需的时间取决于各次排序时增量的取法。总之，希尔排序算法的时间复杂度在 $O(n\log_2 n) \sim O(n^2)$ 之间，在最好情况下达 $O(n^{1.3})$。由于希尔排序算法要调用直接插入排序算法作为子算法，因此也需要一个暂存待排序元素的存储单元，因此其空间复杂度为 $O(1)$。由于希尔排序算法是按增量分子序列进行的排序，所以希尔排序算法是一种不稳定的排序算法。

7.3 交换排序

交换排序是一类通过比较和交换进行排序的方法，其中比较是指对序列中两个元素的关键字进行比较，如果排序顺序不对，则交换两个元素在序列中的位置。

7.3.1 冒泡排序

冒泡排序（bubble sort）也称起泡排序，是交换排序中常用的排序方法。其算法思想是：从前向后不断交换相邻的逆序数据元素，重复该过程，直到任意相邻元素都不再逆序排列为止，就像水中气泡一样逐渐往上冒。假设数组 E 中存放了 n 个待排序的数据元素，以关键字 $E[i]$.key 从小到大排序为例。冒泡排序具体步骤如下：

（1）第一趟冒泡排序

从 $E[0]$开始，依次比较两个相邻元素的关键字，即对从 $E[0]$到 $E[n-1]$进行如下操作：比较 $E[0]$.key 和 $E[1]$.key，检查是否逆序，若逆序，则交换；比较 $E[1]$.key 和 $E[2]$.key，检查是否逆序，若逆序，则交换；……；比较 $E[n-2]$.key 和 $E[n-1]$.key，检查是否逆序，若逆序，则交换。这样，完成 $n-1$ 次比较后，所有待排序元素中关键字最大的元素被放置在 $E[n-1]$中，第一趟冒泡排序结束。

（2）第二趟冒泡排序

从 $E[0]$开始，依次比较两个相邻元素的关键字，即对从 $E[0]$到 $E[n-1]$进行如下操作：比较 $E[0]$.key 和 $E[1]$.key，检查是否逆序，若逆序，则交换；比较 $E[1]$.key 和 $E[2]$.key，检查是否逆序，若逆序，则交换；……；比较 $E[n-3]$.key 和 $E[n-2]$.key，检查是否逆序，若逆序，则交换。这样，完成 $n-2$ 次比较后，待排序序列中前 $n-1$ 个元素中关键字最大的元素被放置在 $E[n-2]$中，第二趟冒泡排序结束。

类似地，重复 $n-1$ 趟（最后一趟）后，n 个数据元素中关键字最小的数据元素将被放置在 $E[0]$中，关键字次小的数据元素将被放置在 $E[1]$ 中，到此整个冒泡排序结束。

上述算法步骤中，在进行某一趟冒泡排序的过程中，如果只进行了相邻关键字的两两比较，没有出现元素的交换，则表明待排序数据元素已经全部排好序，此时应该提前结束排序过程（提前结束循环）。因此，在算法设计中设计一个 isSwap 变量来标记在每一趟排序过程中是否发生了数据元素交换，据此以决定是否提前结束循环。

算法 1.7.3　冒泡排序

```
void BubbleSort(ElemType E[], int n){           //冒泡排序算法对 E[0..n-1]进行排序
    int i, j, isSwap=1;
    ElemType temp;
    for(i = 1; i<n&&isSwap == 1; i++) {
        isSwap = 0;
        for(j = 0; j < n-i; j++) {
            if(E[j].key>E[j+1].key)  {
                isSwap = 1;                      //isSwap 置 1 表示发生数据元素交换
                temp = E[j];
                E[j] = E[j+1];
                E[j+1] = temp;
            }
        }
    }
}
```

例 1.7.3　图 1.7.2 是一个冒泡排序过程示例，其中用关键字代表每个数据元素。第一趟排序给出了详细过程，后续几趟排序直接给出了排序结果。灰色底色元素为两两比较的元素。有下划线的元素为已排好序的元素，不参与该趟排序。

待排数组元素		E[0]	E[1]	E[2]	E[3]	E[4]	E[5]	E[6]	E[7]
初始序列		24	29	45	73	24	89	90	11
第一趟		24	29	45	73	24	89	90	11
		24	29	45	73	24	89	90	11
		24	29	45	73	24	89	90	11
		24	29	45	73 逆序交换 ↔	24	89	90	11
		24	29	45	24	73	89	90	11
		24	29	45	24	73	89	90	11
		24	29	45	24	73	89	90 逆序交换 ↔	11
	排序结果：	24	29	45	24	73	89	11	90
第二趟	排序结果：	24	29	24	45	73	11	89	90
第三趟	排序结果：	24	24	29	45	11	73	89	90
第四趟	排序结果：	24	24	29	11	45	73	89	90
第五趟	排序结果：	24	24	11	29	45	73	89	90
第六趟	排序结果：	24	11	24	29	45	73	89	90
第七趟	排序结果：	11	24	24	29	45	73	89	90

图 1.7.2　冒泡排序过程示意图

冒泡排序在最好情况下，即待排序序列为正序时，只发生一趟排序，进行 $n-1$ 次比较，不需要交换元素。所以此时时间复杂度为 $O(n)$。在最坏的情况下，即待排序序列为逆序时，每趟排序在待排序序

列中只有一个数据元素被交换到了正确的位置，算法的外循环要进行 $n-1$ 次，即 $n-1$ 趟冒泡排序，第 $i(1\leq i<n)$ 趟排序执行了 $n-i$ 次关键字比较和 $n-i$ 次数据元素交换。这样，关键字比较次数为 $\sum_{i=1}^{n-1}(n-i)=\frac{n(n-1)}{2}$，数据元素交换次数为 $\sum_{i=1}^{n-1}3(n-i)=3n(n-1)/2$。因此，时间复杂度为 $O(n^2)$。冒泡排序只需要一个暂存待排序元素的存储单元，因此其空间复杂度为 $O(1)$。从交换条件上来看，仅当一组比较元素中关键字逆序时才进行元素交换，相等时并不交换，因此能保持排序前后关键字值相同元素的相对先后位置不变，故冒泡排序是稳定的。

7.3.2 快速排序

快速排序（quick sort）算法是 C. A. R. Hoare 于 1960 年提出的，也称分区交换算法。之所以称之为“快速”是因为到目前为止，它依然是平均情况下最快的内部排序（整个排序过程中，所有待排序元素被全部放置在内存中）方法。快速排序是对冒泡排序的一种改进。不像冒泡排序每次元素交换只是在前后相邻元素之间，快速排序中，数据元素的比较和交换是从两端向中间进行的，关键字较大的元素一次就能交换到后面，而关键字较小的元素一次就能交换到前面，元素每次移动的距离较远，所以总的比较和移动次数较少。

快速排序是一种分治算法。它的工作原理是选择待排序序列中的一个数据元素（不妨选择整个待排序序列的第一个元素），称为基准元素，然后重新排列序列，使所有关键字小于或等于基准元素的元素都在它的左边，所有关键字大于或等于它的元素都在它的右边。这个把待排序序列按照基准元素的关键字分为左右（或前后）两个子序列的操作称为一次划分。一旦序列被划分，算法会递归地调用自己来对基准元素左右的子序列进行排序。最终，子序列的长度为 1 或为空时，就终止该子序列区间上的快速排序过程。

设待排序区间为[lb,ub]，其中 lb 为区间下限，ub 为区间上限，且 lb<ub。设 E[lb]为该区间的基准元素，基准元素暂存在变量 temp 中。为了实现一次划分，让 i 从 lb 开始，j 从 ub 开始，首先让 j 从右向左扫描，并依次比较 $E[j]$.key 与 temp.key，当发现 $E[j]$.key<temp.key 或者 $j=i$ 时停止，若 $i<j$，则将元素 $E[j]$复制到元素 $E[i]$中，i 再自加；再让 i 从左向在扫描，并依次比较 $E[i]$.key 与 temp.key，当发现 $E[i]$.key≥temp.key 或者 $i=j$ 时停止，若 $i<j$，则将元素 $E[i]$复制到元素 $E[j]$中，j 再自减。重复上述过程，直到 $i=j$ 时完成一次划分，其中，i 与 j 所指的位置就是本次划分中基准元素的最终位置，即划分出了两个子序列区间[lb,$i-1$]和[$j+1$,ub]，其中前者中所有元素的关键字均小于基准元素的关键字，后者中所有元素的关键字均大于或等于基准元素的关键字。

算法 1.7.4 快速排序

```
void QuickSort(ElemType E[], int lb, int ub){        //快速排序算法对 E[0..n-1]进行排序
    int i, j;
    ElemType temp;                                    //temp 用来暂存基准元素
    i = lb;                                           //i 从区间最左端开始扫描
    j = ub;                                           //j 从区间最右端开始扫描
    temp = E[lb];                                     //取区间中左端第一个元素为基准元素
    while(i < j){
        //从区间右端开始寻找关键字大于等于基准元素关键字的元素
        while(i < j&&E[j].key >= temp.key)
            j--;
        if(i < j)   {                                 //如果找到了,对 i、j 所在位置元素进行交换
            E[i] = E[j];
            i++;
        }
        //从区间左端开始寻找关键字小于基准元素关键字的元素
```

```
        while(i < j&&E[i].key < temp.key)
            i++;
        if(i < j)  {
            E[j] = E[i];                          //如果找到了,对 j、i 所在位置元素进行交换
            j--;
        }
    }
    E[i] = temp;                                  //i 或 j 所指位置就是基准元素的最终位置
    if(lb < i-1)
        QuickSort(E, lb, i-1);                    //左区间长度大于 1,对左区间进行递归
    if(j+1 < ub)
        QuickSort(E, j+1, ub);                    //右区间长度大于 1,对右区间进行递归
}
```

例 1.7.4　图 1.7.3 是快速排序一次划分过程示意图。

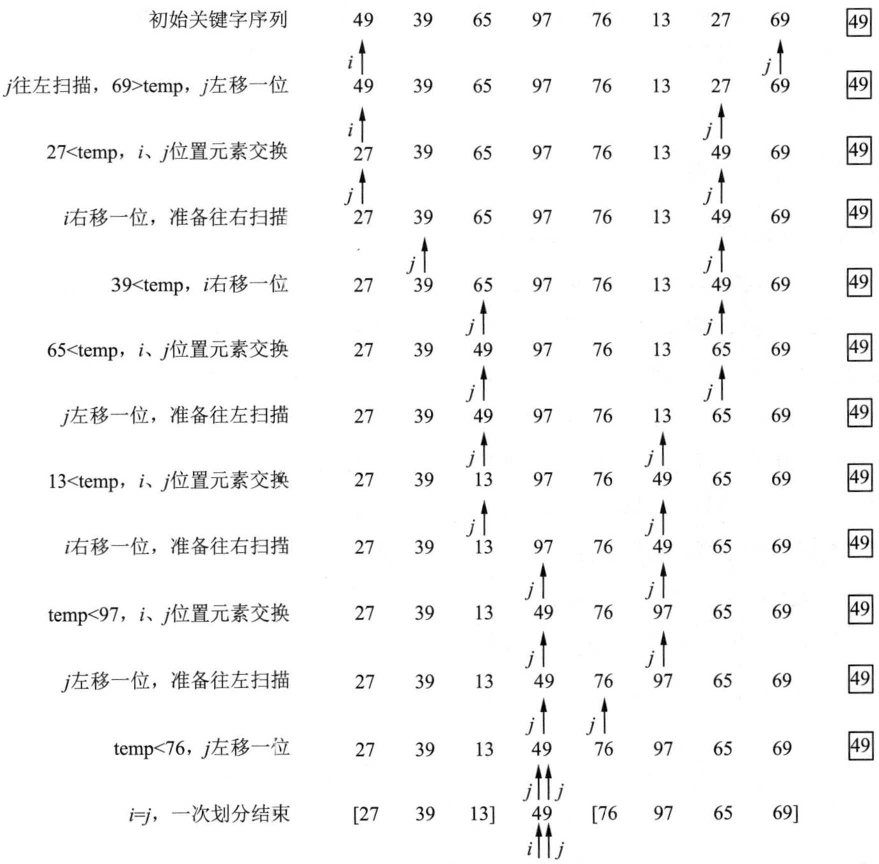

图 1.7.3　快速排序一次划分过程示意图

快速排序中，数据元素的移动次数通常小于比较次数，因为只有当元素出现逆序（$E[i]$.key ≥ temp.key 或 $E[j]$.key<temp.key）时才需要移动元素，所以分析快速排序的时间复杂度时只需按其比较次数讨论即可。设 $T(n)$ 为对含有 n 个数据元素的待排序序列进行排序所需要的时间。在最好的情况下，每次基准元素都将待排序序列分成两个长度相等的子序列时，快速排序达到最高效率，此时

$$
\begin{aligned}
T(n) &\leqslant n+2T\left(\frac{n}{2}\right) \leqslant n+2\left(\frac{n}{2}+2T\left(\frac{n}{4}\right)\right)=2n+4T\left(\frac{n}{4}\right)\\
&\leqslant 2n+4(n/4+2T(n/8))=3n+8T(n/8)\\
&\leqslant \cdots \leqslant n\log_2 n+nT(1)=O(n\log_2 n)
\end{aligned}
$$

因此，时间复杂度为 $O(n\log_2 n)$，空间复杂度为 $O(n\log_2 n)$。

最坏的情况下，每次划分都只得到一个子序列时，快速排序的执行过程就类似于冒泡排序，此时快速排序的效率最低，时间复杂度为 $O(n^2)$；因为需要一个附加的栈空间来保存递归数据，所以其空间复杂度为 $O(n)$。

综上，为了避免出现最坏情况，在每次划分之前比较当前区间的第一个元素、最后一个元素和中间一个元素的关键字，取其关键字居中的一个元素作为基准元素并调换到第一个元素位置。此外，因为在快速排序过程中，元素的比较和交换是跳跃进行的，所以快速排序是一种不稳定的排序方法。

7.4 选择排序

选择排序（selection sort）是一类借助“选择”进行排序的方法。选择排序的基本思想：每一趟从待排序序列中选取一个关键字最小（或最大）的数据元素组成已排序序列，直到全部待排序数据元素排序完毕。由于选择排序每一趟都是从待排序序列中选取关键字最小（或最大）的数据元素，所以选择排序适用于从大量的元素中选择一部分排序元素的应用，如从全年级学生中选择出成绩排名前五的学生。

7.4.1 直接选择排序

直接选择排序是选择排序中最简单、直观的一种排序算法。它的基本思想是首先为第 1 个位置找合适的元素，这个元素显然是序列中第 1~n 个元素中的最小元素，找到后将其换到第 1 个位置上；然后为第 2 个位置找合适的元素，这个元素是序列中第 2~n 个元素中的最小元素，找到后将其换到选择排序第 2 个位置上；类似地，为第 i 个位置找合适元素，即从第 i 个元素到第 n 个元素中找到最小值，并把它换到第 i 个位置上去。如此反复，直到为第 n 个位置找到合适的元素。

设关键字非递减为正序，有待排序的 n 个数据元素存放在数组 E 中。第一趟选择排序在数据元素 $E[0..n-1]$ 中找到一个关键字最小的数据元素 $E[\min]$，若 $\min \neq 0$，则交换 $E[0]$ 和 $E[\min]$，使 $E[0]$ 为具有最小关键字的数据元素；第二趟选择排序在数据元素 $E[1..n-1]$ 中找到一个关键字最小的数据元素 $E[\min]$，若 $\min \neq 1$，则交换 $E[1]$ 和 $E[\min]$，使 $E[0]$~$E[1]$ 为当前已排序序列；如此反复，经过 $n-1$ 趟选择和交换后，$E[0..n-1]$ 就成为非递减的有序序列，整个直接选择排序过程结束。

算法 1.7.5 直接选择排序

```
void QuickSort(ElemType E[ ], int n){        //直接选择排序算法对E[0..n-1]进行排序
    int i, j, min;
    ElemType temp;
    for(i = 0; i < n-1; i++){
        min = i;                             //min 用来保存当前最小关键字元素的下标,初始值为 0
        for(j = i+1; j < n; j++)             //从待排序序列中查找具有最小关键字的数据元素 E[min]
            if(E[j].key < E[min].key)
                min = j;
        if(min != i) {                       //把 E[min]交换到已排序序列的最后一个位置
            temp = E[i];
            E[i] = E[min];
            E[min] = temp;
        }
    }
}
```

例 1.7.5　图 1.7.4 是直接选择排序过程示意图，其中灰色底色关键字为每一趟进行比较、交换的关键字，方括号中为已排序关键字序列。

初始关键字序列	49	39	65	97	76	13	27	69
第一趟排序结果	[13]	39	65	97	76	49	27	69
第二趟排序结果	[13	27]	65	97	76	49	39	69
第三趟排序结果	[13	27	39]	97	76	49	65	69
第四趟排序结果	[13	27	39	49]	76	97	65	69
第五趟排序结果	[13	27	39	49	65]	97	76	69
第六趟排序结果	[13	27	39	49	65	69]	76	97
第七趟排序结果	[13	27	39	49	65	69	76]	97

图 1.7.4　直接选择排序过程示意图

在直接选择排序中，无论数据元素初始如何排列，关键字的比较次数都是相同的：为下标为 0 的位置找到正确的数据元素，需要比较 $n-1$ 次；为下标为 1 的位置找到正确的数据元素，需要比较 $n-2$ 次；为下标为 i 的位置找到正确的数据元素，需要比较 $n-i$ 次；最后为第 $n-1$ 个数据元素找位置需要比较 1 次。算法的时间消耗主要是在比较操作上，交换的时间消耗是 1，因此算法的时间消耗是为 $\sum_{i=1}^{n-1}(n-i)=\frac{n(n-1)}{2}$。在最好的情况下，待排序序列为正序，数据元素交换次数为 0。在最坏的情况下，待排序序列为逆序，数据元素交换次数为 $3(n-1)$。因此，直接选择排序算法的时间复杂度是 $O(n^2)$。直接选择算法只需要一个用来暂存交换数据元素的存储单元，故其空间复杂度为 $O(1)$。

算法 1.7.5 所描述的直接选择排序算法是不稳定的。这主要是由每次从待排序序列中选出关键字最小的数据元素后，与待排序序列的第一个数据元素交换而引起的，因为交换可能引起关键字相同的数据元素的位置发生变化。如果在选出关键字最小的数据元素后，将它前面的无序数据元素依次后移，然后再将关键字最小的数据元素放在已排序序列的后面，就能保证排序算法的稳定性。

7.4.2　堆排序

直接选择排序每趟排序都对剩余的待排序序列全部扫描了一遍，所以时间复杂度较高。其实直接选择排序每一趟除了找到当前待排序序列中关键字最小元素外，还有很多比较信息是可以在后续各趟排序中用到的，这样可以大幅减少时间开销。堆排序就是针对直接选择排序的上述问题，把二叉树引入选择排序来减少关键字的比较次数，从而提高算法的执行效率。

把待排序序列的 n 个数据元素关键字存入数组 E，将 E 看成一棵完全二叉树的顺序表示，每个结点表示一个数据元素。完全二叉树的根为 $E[0]$，其后 $E[1]\sim E[n-1]$ 依次逐层从左到右顺序排列。此时，任意结点 $E[i]$ 的左子结点为 $E[2i+1]$，右子结点为 $E[2i+2]$，父结点为 $E[\lfloor(n-1)/2\rfloor]$。接着，对这棵完全二叉树调整建堆。

堆在逻辑上也是一棵完全二叉树，若各结点关键字满足 $E[i].\mathrm{key}\geq E[2i+1].\mathrm{key}$ 且 $E[i].\mathrm{key}\geq E[2i+2].\mathrm{key}(0\leq i\leq\lfloor(n-2)/2\rfloor)$，则称之为大顶堆，如图 1.7.5（a）所示；若各结点关键字满足 $E[i].\mathrm{key}\leq \mathrm{E}[2\mathrm{i}+1].\mathrm{key}$ 且 $E[i].\mathrm{key}\leq E[2i+2].\mathrm{key}(0\leq i\leq\lfloor(n-2)/2\rfloor)$，则称之为小顶堆，如图 1.7.5（b）所示。为说明方便，后续的算法介绍都以大顶堆为例。不难看出，大顶堆有以下性质：堆的根结点关键字最大；从根结点到每个叶子结点路径上，结点关键字所组成的序列都是非递增有序的；堆中任一结点的非空左、右子树都是一个堆。

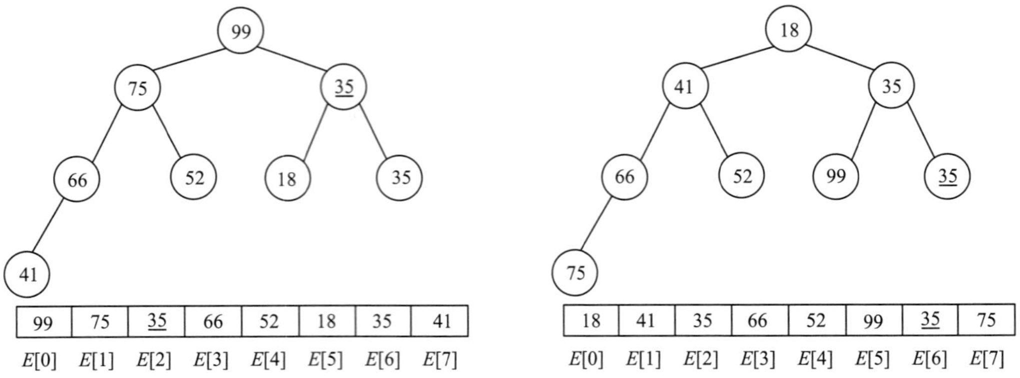

（a）大顶堆示例　　（b）小顶堆示例

图 1.7.5　堆示例图

堆排序是利用堆的性质进行排序的方法，其基本思想是：首先把待排序序列（不妨以数组方式存储）的数据元素在概念上看成一棵完全二叉树，并将它转换成一个堆。在堆中根结点的关键字具有最大值，交换根结点和最后一片叶子结点，删去最后一片叶子结点。然后将剩下的结点重新调整为一个堆，这样又找出了关键字次大的元素。反复进行下去，直到堆中只剩下一个结点为止。堆排序过程主要解决两个问题：一是如何把根结点的左、右子树都是堆的完全二叉树调整为一个堆；二是去掉当前关键字最大的结点之后，如何把剩余的未排序结点按堆的定义调整成新的堆，直到堆中只剩下一个结点为止。

1. 调整堆

大顶堆中，根结点的关键字最大，且已知其左、右子树都是堆，那么调整后的堆的根结点应该是这棵完全二叉树的根结点、左子树根结点、右子树根结点三者中关键字最大的结点。若根结点的关键字最大，则调整结束；若左子树根结点的关键字最大，则交换根结点与其左子结点，继续调整其左子树；若右子树根结点的关键字最大，则交换根结点与其右子结点，继续调整其右子树。重复上述过程，直到交换到叶子结点时结束。设待排序序列的 n 个数据元素存放在数组 E 中，且 $E[m+1],E[m+2],\cdots,E[n-1]$ 为根结点的二叉树已经是堆，则完成以 $E[m]$ 为根结点的二叉树的调整。图 1.7.6 是一个调整堆的例子，其算法描述如下：

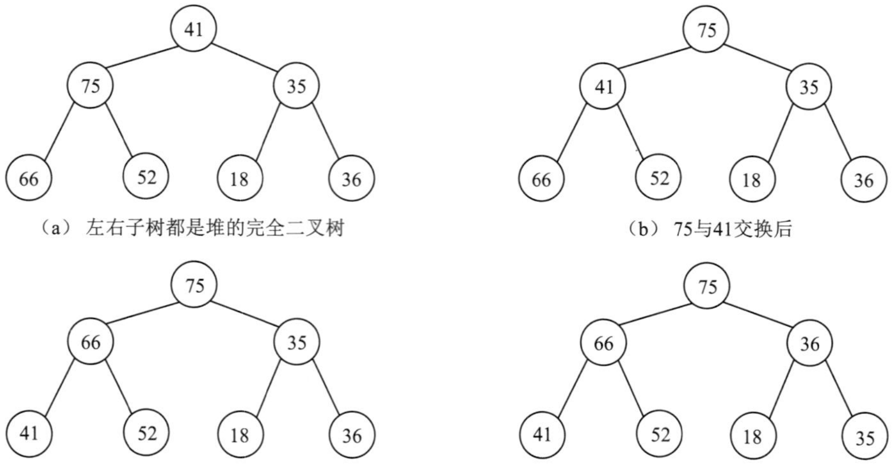

（a）左右子树都是堆的完全二叉树　　（b）75与41交换后

（c）66与41交换后　　（d）35与36交换后

图 1.7.6　调整堆的过程

算法 1.7.6　堆的调整算法

```
void AdjustHeap(ElemType E[], int n, int m) {
    //把以E[m]为根结点,且其左、右子树都是堆的完全二叉树调整为堆
```

```
    int i, j, flag = 0;                          //flag 为循环标记
    ElemType temp;
    i = k;                                       //i 指向根结点
    j = 2*i+1;                                   //j 指向左子结点
    temp = E[i];                                 //temp 暂存根结点
    while(j<n&&flag != 1) {
        if(j<n-1&&E[j].key<E[j+1].key)           //j 指向左、右子结点关键字最大者
            j++;
        if(temp.key >= E[j].key)                 //若根结点关键字最大
            flag = 1;                            //提前结束循环
        else  {                                  //若 j 所指结点关键字最大
            E[i] = E[j];                         //j 所指结点存放到根结点位置
            i = j;                               //i 指向 j 所指结点
            j = 2*i+1;                           //j 指向 i 的左子结点
        }
    }
    E[i] = temp;                                 //根结点存放到 i 所指的位置
}
```

2. 建初始堆

可以利用调整堆的算法建初始堆，但此时必须找出满足调整堆的初始条件，即根的左、右子树必须是堆，在一棵完全二叉树中，要找出满足此条件的，只有从最后一个非叶子结点开始，因为最后一个非叶子结点如果有左、右子树，则左、右子树都是叶子结点，而叶子结点可以看成一个堆，因而调整可以从最后一个非叶子结点开始。

假设待排序的 n 个数据元素存储在为数组 E 中，考虑非叶子结点 $E[i]$，由上述完全二叉树可知，最后一个非叶子结点为 $E[\lfloor(n-2)/2\rfloor$。那么，将待排序数组转换成初始堆的基本思想是：以自底向上的方式，从最后一个非叶子结点 $E[i]$ 开始，依次将以 $E[i],E[i-1],\cdots,E[0]$ 为根结点的完全二叉树调整成为堆，即反复调用 AdjustHeap( ) 函数，最先调整的非叶子结点 $E[i]$ 的左、右子树（若存在）一定是叶子结点，可以把它们分别看成堆；以 $E[i]$ 为根结点的完全二叉树调整完毕后，调整以 $E[i-1]$ 为根结点的完全二叉树时，$E[i-1]$ 的左、右子树也会是堆，如此进行下去，调整到 $E[0]$ 为止，即构造成一个初始堆。其算法描述如下：

算法 1.7.7　构造初始堆

```
void CreatInitialHeap(ElemType E[], int n) {
//把完全二叉树 E[0]~E[n-1]构造成一个初始堆
    for(int i = (n-2)/2; i >= 0; i--) {
        AdjustHeap(E, n, i);
    }
}
```

3. 利用堆来实现排序

正如之前两个问题分析所述，将待排序序列的数据元素（完全二叉树）构造成初始堆之后，堆排序的过程就是一个不断交换和调整的过程，其中，交换是指交换根结点和最后一个叶子结点，调整是指调整左、右子树都是堆的二叉树为一个新堆。每次交换后，二叉树中从最后减少一个结点（加入已排序序列），直到二叉树中只剩下一个结点，便得到了 n 个结点的非递减序列。图 1.7.7 将一棵完全二叉树构造成初始堆的例子。堆排序算法描述如下：

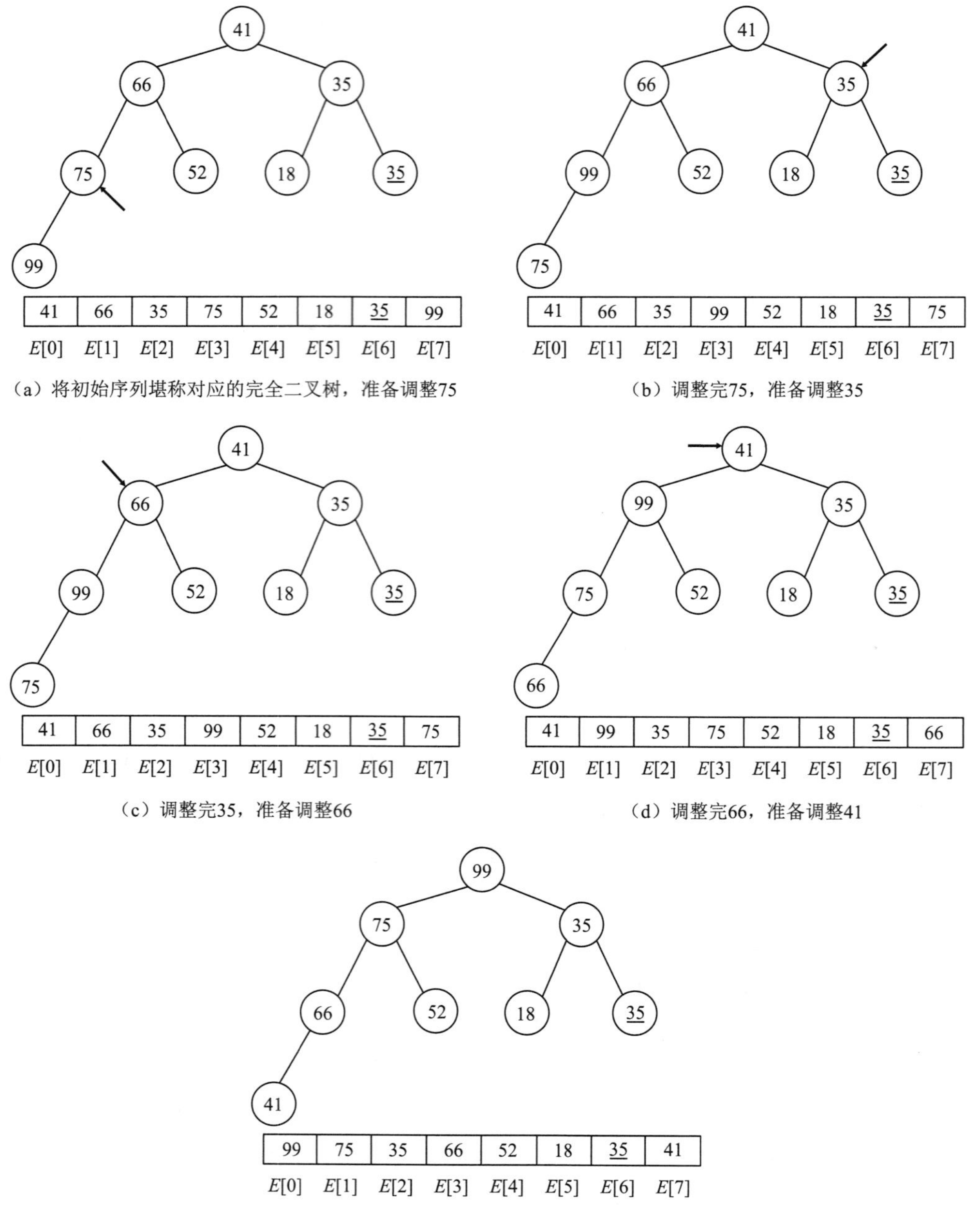

（a）将初始序列堪称对应的完全二叉树，准备调整75

（b）调整完75，准备调整35

（c）调整完35，准备调整66

（d）调整完66，准备调整41

（e）调整完41，得到初始大顶堆对应的序列

图 1.7.7　将一棵完全二叉树构造成初始堆的过程

算法 1.7.8　堆排序

```
void Heapsort(ElemType E[], int n){
//堆排序算法对E[0...n-1]进行排序(关键字由小到大有序排列)
    int i;
    ElemType temp;
    CreatInitialHeap(E, n);                 //建初始堆
    for(i = n-1; i > 0; i--){
        temp = E[0];                        //交换根结点和最后一个叶子结点
        E[0] = E[i];
        E[i] = temp;
        AdjustHeap(E, i, 0);                //调整剩余结点为一个新的堆
    }
}
```

下面通过一个示例介绍堆排序的完整工作过程。

例 1.7.6　已知关键字序列{99,75,35,66,52,18,35,41}对应一个大顶堆。图 1.7.8 给出了完整的堆排序过程，其中箭头指向当前堆的末尾结点，虚线连接的子结点表示移除无序序列（进入有序序列）的元素。

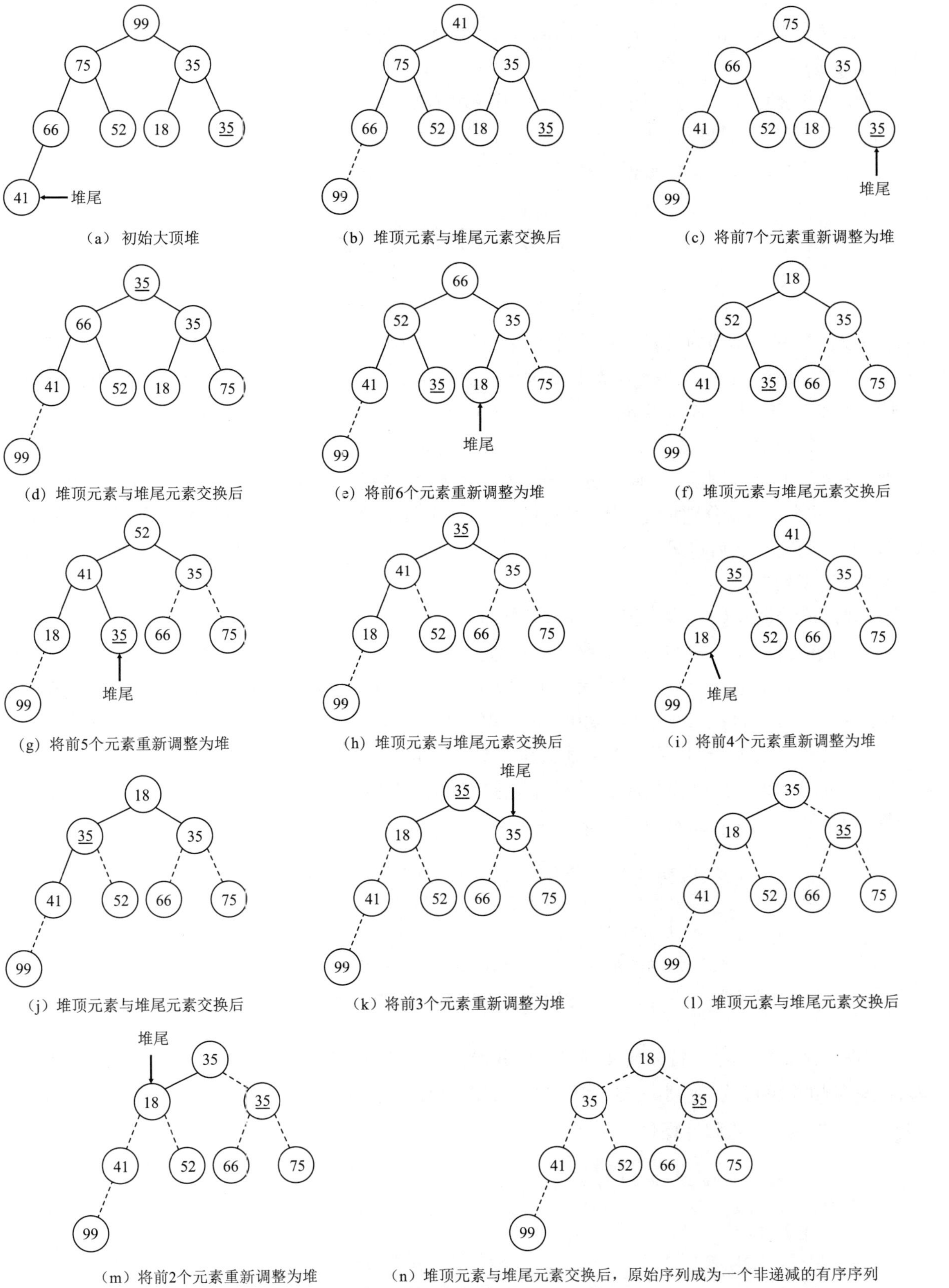

(a) 初始大顶堆　(b) 堆顶元素与堆尾元素交换后　(c) 将前7个元素重新调整为堆

(d) 堆顶元素与堆尾元素交换后　(e) 将前6个元素重新调整为堆　(f) 堆顶元素与堆尾元素交换后

(g) 将前5个元素重新调整为堆　(h) 堆顶元素与堆尾元素交换后　(i) 将前4个元素重新调整为堆

(j) 堆顶元素与堆尾元素交换后　(k) 将前3个元素重新调整为堆　(l) 堆顶元素与堆尾元素交换后

(m) 将前2个元素重新调整为堆　(n) 堆顶元素与堆尾元素交换后，原始序列成为一个非递减的有序序列

图 1.7.8　一个完整的堆排序过程

从堆排序的算法可知，堆排序的运行时间主要消耗在建初始堆和对剩余结点重建堆两部分，因此数据元素关键字的比较次数应为两部分比较次数之和。设原始序列有 n 个数据元素，建初始堆时，对每个非叶子结点都要自上而下做调整建堆，共进行 $\lfloor n/2 \rfloor$ 次，对剩余结点重建堆时需要进行 $n-1$ 次调整，因而总共要进行 $n+\lfloor n/2 \rfloor-1$ 次调整，每次调整进行的父结点和子结点关键字的比较次数和元素的移动次数都不会超过完全二叉树的高度，所以每次调整的时间复杂度为 $O(\log_2 n)$，故整个堆排序过程的时间复杂度为 $O(n\log_2 n)$。

由算法 1.7.8 可知，堆排序中，只要一个用来暂存交换元素的存储单元，故其空间复杂度为 $O(1)$。堆排序是一种不稳定的排序方法（如{5,5,2}），它不适用于待排序数据元素个数较少的情况，但对于待排序数据元素个数较多，原始数据元素任意排序的情况是很有效的。

7.5 归并排序

归并排序（merge sort）是一种采用分治策略进行排序的方法。归并的含义是两个或两个以上的有序序列合并成一个有序序列的过程。归并排序按所合并的序列个数可分为二路归并排序和多路归并排序。由于二路归并排序最为简单，故本节主要讨论二路归并排序。若有两个非递减序列存储在数组 A 和 B 中，则将 A 和 B 归并为一个非递减序列（数组）C 的基本思想是：令 int 型变量 i、j、k 分别等于数组 A、B、C 的首元素的标号，比较 $A[i]$.key 和 $B[j]$.key 的大小，若 $A[i]$.key≤$B[j]$.key，则将 $A[i]$ 复制到 $C[k]$ 中，并令 i 和 k 分别加 1，使其分别指向后一个数组单元；若 A[i].key>B[j].key，则将 B[j] 复制到 C[k] 中，并令 j 和 k 分别加 1，使其分别指向后一个数组单元；如此循环下去，直到 A 或 B 其中一个数组比较和复制完，然后将另一个数组中剩余的元素复制到 C 中。至此，C 为含有 A 和 B 所有数据元素的非递减数组序列。

归并排序就是利用归并操作把一个待排序序列排列成一个有序序列的过程。二路归并排序的基本思想是：首先把待排序序列中的每一个数据元素都看成一个长度为 1 的有序子序列，则 n 个元素构成 n 个有序子序列，然后从第一个子序列开始，把相邻的子序列两两归并，得到 $\lceil n/2 \rceil$ 个长度为 2 或 1 的子序列（当子序列个数为奇数时，最后一组归并得到的序列长度为 1），称这一过程为一趟归并排序；对第一趟归并排序后的 $\lceil n/2 \rceil$ 个子序列采用上述方法继续顺序两两归并，重复此过程，直到最后得到长度为 n 的一个子序列时，该子序列便是原始序列归并排序后的有序序列。

例 1.7.7 图 1.7.9 二路归并排序的示例。

初始关键字 [36] [20] [17] [13] [28] [14] [23] [15]
第一趟排序结果 [20 36] [13 17] [14 28] [15 23]
第二趟排序结果 [13 17 20 36] [14 15 23 28]
第三趟排序结果 [13 14 15 17 20 23 28 36]

图 1.7.9 二路归并排序示例

要实现二路归并排序，首先要实现二路归并操作。设待排序序列 n 个数据元素存储在数组 E 中，其相邻有序序列的区间分别为[lb,mid]和[mid+1,ub]，则一次二路归并操作的算法描述如下：

算法 1.7.9 二路归并操作

```
void TwoWayMerge(ElemType E[], int lb, int mid, int ub){
/*E 数组中,lb 到 mid 位置为一有序序列,mid+1 到 ub 位置为另一有序序列,将二者合并为一新的有序序列,并放入数组 E 中 lb 到 ub 位置*/
    int i, j, k;
    ElemType* F = (ElemType*)malloc(sizeof(ElemType)*(ub-lb+1));//开辟辅助存储空间
    i = lb; j = mid+1; k = 0;
```

```
    while(i <= mid&&j <= ub) {                          //两个有序序列都存在未归并元素
        if(E[i].key) <= E[j].key {
            F[k] = E[i]; i++; k++;
        }
        else {
            F[k] = E[j]; j++; k++;
        }
    }
    while(i <= mid) {                                   //第一个有序序列存在未归并元素
        F[k] = E[i]; k++; i++;
    }
    while(j <= ub) {                                    //第二个有序序列存在未归并元素
        F[k] = E[j]; k++; j++;
    }
    //合并好的数据元素在数组 F 中,将其平移至 E 中并释放 F
    for(i = lb, k = 0; i <= ub; i++, k++)
        E[i] = F[k];
    free(F);
}
```

由算法 1.7.9 可以看出，在二路归并操作中，两个有序子序列被遍历了一遍，子序列中每一项都被复制了一次，因此，二路归并操作的代价与两个有序子序列的长度之和成正比，其时间复杂度为 $O(n)$。以二路归并操作为基础，二路归并排序可以采用递归方式实现。假设数组 E 存放待排序序列，其算法思路为：①将 E 前半段的数据元素进行归并排序；②将 E 后半段的数据元素进行归并排序；③将 E 中已排好序的前半段和后半段进行二路归并。

算法 1.7.10 二路归并排序

```
void TwoWayMergeSort(ElemType E[], int lb, int ub) { //数组 E 进行二路归并排序
    int mid;
    if(lb < ub){
        mid = (lb+ub)/2;                             //将待排序序列平分
        TwoWayMergeSort(E, lb, mid);                 //递归地将 E[lb..mid]归并为有序子序列
        TwoWayMergeSort(E, mid+1, ub);               //递归地将 E[mid+1..ub]归并为有序子序列
        TwoWayMerge(E, lb, mid, ub);                 //对两个有序子序列进行二路归并操作
    }
}
```

对于二路归并排序，设由 n 个数据元素的数组 E，若 len 为归并子序列的长度，则每趟操作需要进行 $\lceil n/(2\times \text{len}) \rceil$ 次归并，并把结果存放到新的数组 F 中，这需要 $O(n)$ 的时间。因此，递归方法的二路归并排序算法时间复杂度为 $O(n\log_2 n)$。

算法 1.7.10 中，二路归并操作申请了辅助空间 F，该空间大小为 ub-lb+1，最大时为 n，而且用完即释放。此外，因为算法是递归算法，递归深度为 $\log_2 n$，所以还用了 $\log_2 n$ 的栈空间。因此，递归方法的二路归并排序算法空间复杂度为 $O(n)$。

7.6 基数排序

基数排序（radix sort）也称桶排序、箱排序。与本章之前所讨论的排序算法不同，基数排序并不利用关键字之间的比较和交换操作进行排序，而是通过多关键字排序的思想，根据关键字每位上有效数字取值，借助分配和收集两种操作对单关键字进行排序。

首先通过一个例子来了解以下多关键字排序。例如，一副扑克的关键字有两种：花色和数值。若规定花色的顺序为♠>♥>♣>♦，数值的顺序为 A<2<…<10<J<Q<K，而且花色的优先级高于数值，则一副扑克从小到大的顺序为♦A，♦2，…，♦K，♣A，♣2，…，♣K，♥A，♥2，…，♥K，♠A，♠2，…，♠K。排序时，有两种方法：一种是“高位优先”（MSD）法，即先按花色分成有序的四类，然后再针对每一花色按数值从小到大排序；一种是“低位优先”（LSD）法，即分配与收集交替进行：首先把牌按数值从小到大分成13堆，然后把每堆牌按数值的次序收集到一起，再把这些牌按花色摆成每堆13张牌的4堆，最后把这4堆牌按花色次序收集到一起，就得到了上述一副扑克从小到大的有序序列，如图1.7.10所示。

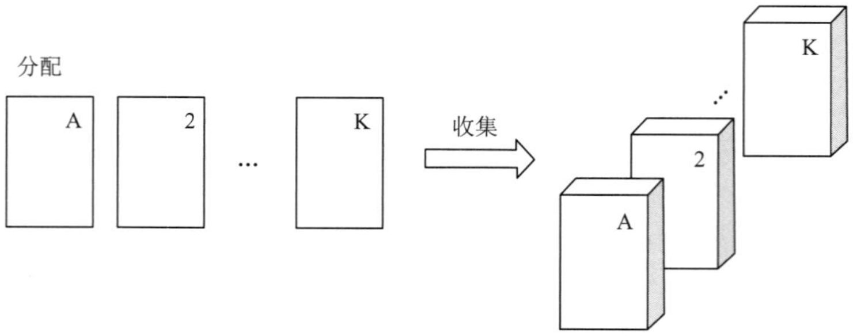

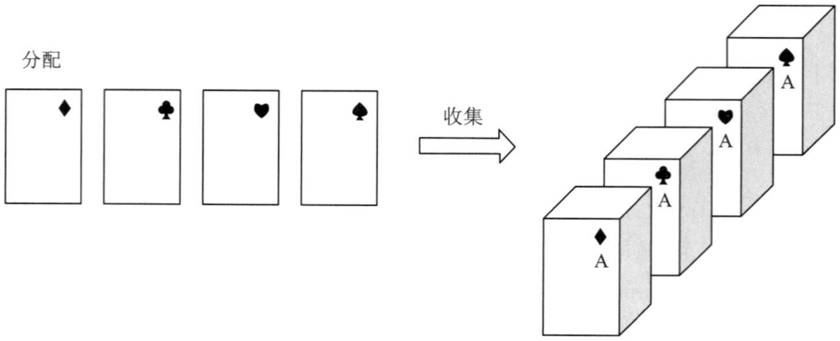

图1.7.10　扑克的分配与收集过程

基数排序属于“低位优先”排序法，通过反复进行分配与收集操作完成排序。对于多关键字的序列，可以通过将关键字拆分成若干项，每一项都看成一个新的关键字，则可以使用多关键字排序方法对单关键字的序列进行排序。假设数据元素的关键字 $E[i]$.key 由 d 位 r 进制整数（不足 d 位的关键字在高位补0）构成，即 $E[i].\text{key}=K_i^1K_i^2\cdots K_i^d$，则每一位上的数字都可以被视为一个子关键字，其中 K_i^1 是最高位，K_i^d 是最低位，每一位的值都是$[0,r-1]$上的整数。例如，若 $E[i]$.key 从0~9这十个数字中选择，则基数为10；若 $E[i]$.key 由26个小写英文字母a，b，…，z构成，则基数为26。排序时，先按最低位的值对数据元素进行初步排序，在此基础上再按次低位的值进行进一步排序，依此类推，由低位到高位，每一趟排序都是在前一趟排序的基础上根据关键字的某一位对所有数据元素进行排序，直到最高位，从而完成基数排序的全过程。下面通过例子说明链式基数排序的基本过程。

假设待排序的数据元素关键字序列为{710,342,045,686,006,841,429,134,068,264}。可以看出，待排序序列关键字均为三位数的十进制正整数，所以每个关键字格式为 $K^1K^2K^3$，其中 K^3 是关键字的个位数，K^2 是关键字的十位数，K^1 是关键字的百位数，基数为10。进行分配与收集操作需要用到队列，队列的数目应与基数相等，所以共建立10个链式队列，其结构如图1.7.11所示，其中f[i]和e[i]分别为第 i 个队列的

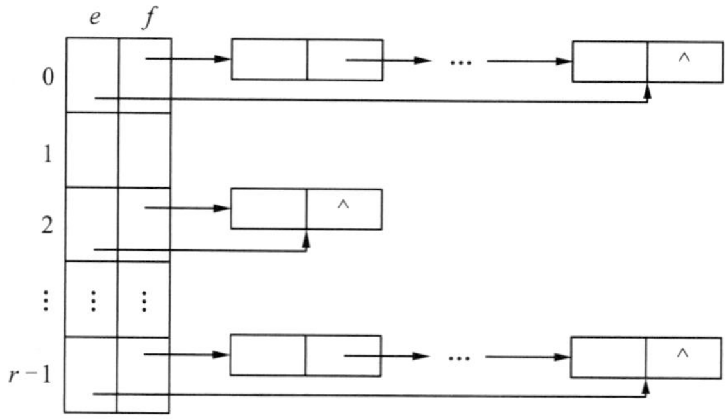

图1.7.11　r个链表队列的存储结构

队头指针和队尾指针。将待排序序列存在一个链表中，其初始状态如图 1.7.12（a）所示，然后对其进行三趟分配和收集操作如下：第一趟分配对最低位（个位）的子关键字 K^3 进行，将所有最低位子关键字相等的数据元素分配到同一个队列，如图 1.7.12（b）所示，然后进行收集操作。收集时，改变所有非空队列的队尾结点的 next 指针，令其指向下一个非空队列的队头元素，从而将分配到不同队列中的元素重新链成一个链表。第一趟收集完成后，结果如图 1.7.12（c）所示。第二趟分配对次低位（十位）子关键字 K^2 进行，将所有次低位子关键字相等的数据元素分配到同一个队列，如图 1.7.12（d）所示。第二趟收集完成后，结果如图 1.7.12（e）所示。第三趟分配对最高位（百位）子关键字 K^2 进行，将所有最高位子关键字相等的数据元素分配到同一个队列，如图 1.7.12（f）所示。第三趟收集完成后，结果如图 1.7.12（g）所示。至此，整个基数排序过程结束。

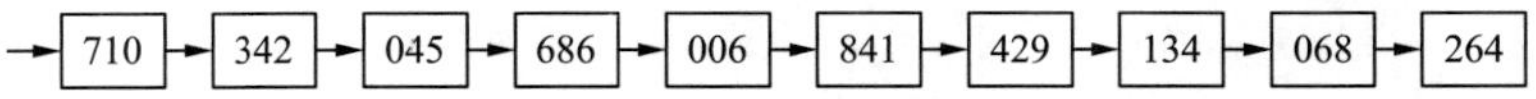

（a）初始状态

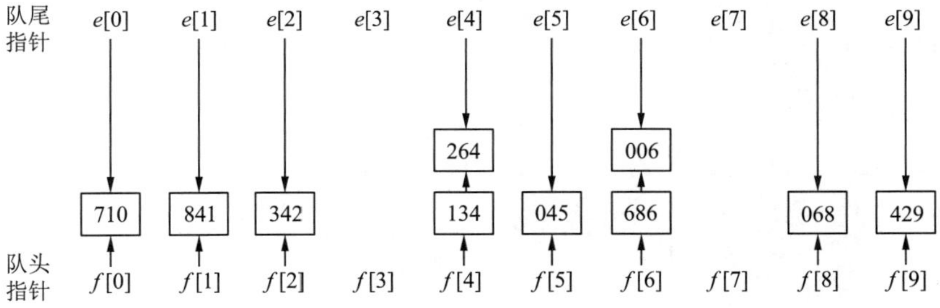

（b）第一趟分配之后

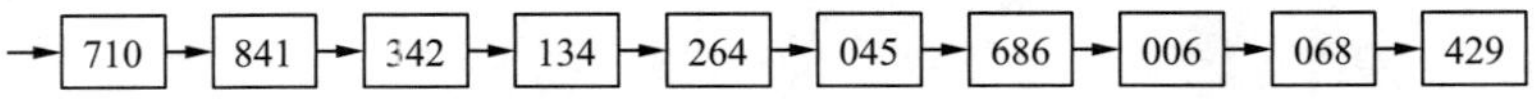

（c）第一趟收集之后

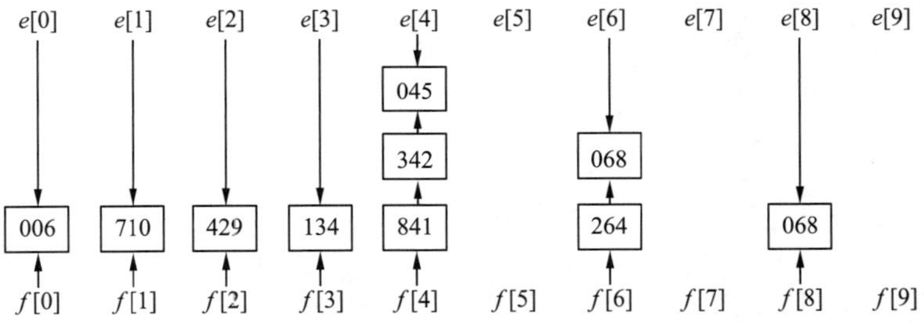

（d）第二趟分配之后

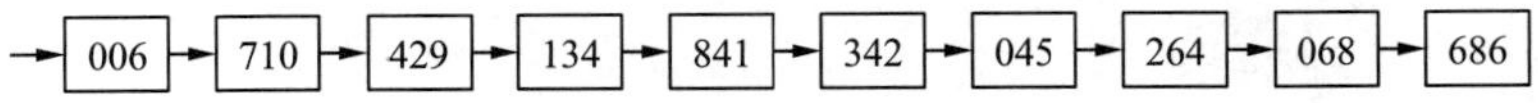

（e）第二趟收集之后

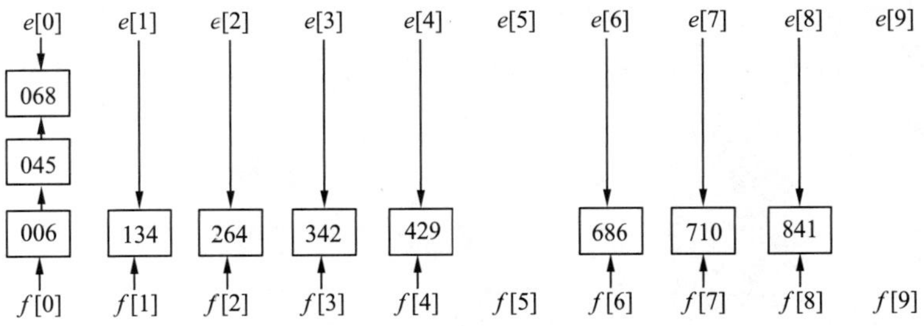

（f）第三趟分配之后

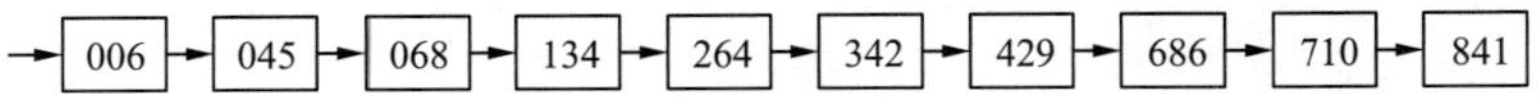

（g）第三趟收集之后

图 1.7.12　链式列表的基数排序过程

下面给出用于基数排序的静态链表的数据类型定义：

```
#define Radix 10                          //关键字的基数
#define Key_Size                          //关键字的位数
#define List_Size 10000                   //静态链表长度
typedef struct {
    KeyType keys[Key_Size];               //子关键字数组
    DataType data;                        //其他数据项
    int next;                             //静态链域
}SLNode;                                  //静态链表的结点类型
typedef struct {
    SLNode nodes[List_Size];              //静态链表空间
    int len;                              //静态链表当前长度
}SLList;                                  //静态链表类型
typedef int PointerArr[Radix];            //指针数组类型
```

下面给出基于链表的基数排序算法描述：

算法 1.7.11　分配操作

```
void Distribute(SLNode N[], int i, PointerArr &f, PointerArr &e ) {
    int j, p;
    for(j = 0; j <= Radix-1; ++j)
        f[j] = 0;
    for(p = N[0].next; p != 0; p = N[p].next) {
        j = Order(N[p].keys[i]);
        if(f[j] == 0)
            f[j] = p;
        else
            N[e[j]].next = p;
        e[j] = p;
    }
}
```

算法 1.7.12　收集操作

```
void Collect(SLNode N[], PointerArr &f, PointerArr &e) {
    int t,j = 0;
    while(f[j] == 0)    ++j;
    N[0].next = f[j];
    t = e[j];
    while(k < Radix) {
        ++j;
        while((j < Radix-1) && (f[j] == 0))    ++j;
        if(f[j] != 0) {
            N[0].next = f[j];
            t = e[j];
        }
    }
    N[t].next = 0;
}
```

算法 1.7.13　基数排序

```
void RadixSort(SLList &L) {
    int i;
```

```
    for(i = 0; i < L.len-1; ++i)
        L.nodes[i].next = i+1;
    for(i = Radix-1; i >= 0; i--) {
        Distribute(L.nodes, i, f, e);
        Collect(L.nodes, f, e);
    }
}
```

基数排序所需的时间开销不仅与数据元素的个数有关，而且与关键字的位数有关。假设待排序序列由 n 个数据元素，d 个关键字，每个关键字的取值范围（基）为 r，进行一趟分配操作的时间复杂度为 $O(n)$，一趟收集操作的时间复杂度为 $O(r)$，总共需要进行 d 趟分配操作和收集操作，因此链式基数排序算法的时间复杂度为 $O(d(n+r))$。由于链式基数排序需要 $2r$ 个指向队列首尾的辅助空间，且需要 d 次使用 n 个用于构成静态链表的指针，因此链式基数排序算法的空间复杂度为 $O(n+r)$。链式基数排序是稳定的。

7.7　排序算法总结

各种排序算法的比较见表 1.7.1。由于无论底数是什么，log 级别的复杂度渐进意义是一样的。也就是说该算法的时间复杂度的增长与处理数据多少的增长的关系是一样的。因此，表中 log 级别的算法复杂度没有设定对数的底数。

表 1.7.1　各种排序算法的综合比较

排序算法	时间复杂度			空间复杂度	稳定性	复杂性
	最　好	平　均	最　坏			
直接插入	$O(n)$	$O(n^2)$	$O(n^2)$	$O(1)$	是	简单
希尔	$O(n^{1.3})$	$O(n\log n)\sim O(n^2)$	$O(n\log n)\sim O(n^2)$	$O(1)$	否	复杂
冒泡	$O(n)$	$O(n^2)$	$O(n^2)$	$O(1)$	是	简单
快速	$O(n\log n)$	$O(n\log n)$	$O(n^2)$	$O(n\log n)$ 最坏时为 $O(n)$	否	复杂
直接选择	$O(n^2)$	$O(n^2)$	$O(n^2)$	$O(1)$	否	简单
堆	$O(n\log n)$	$O(n\log n)$	$O(n\log n)$	$O(1)$	否	复杂
归并	$O(n\log n)$	$O(n\log n)$	$O(n\log n)$	$O(n)$	是	复杂
基数	$O(d(n+r))$	$O(d(n+r))$	$O(d(n+r))$	$O(rd)$	是	复杂

其中，基数排序中，待排序序列有 n 个元素，d 个关键字，每个关键字的取值范围为 r。

选择排序方法时需要考虑的因素有：待排序的数据元素个数 n；数据元素本身的大小；关键字的分布情况；对排序稳定性的要求；编程语言工具的条件；辅助空间的大小。依据这些因素，可以得到以下几点结论：

① 待排序数据元素数量 n 较小时，则采用插入排序和直接选择排序；

② 若待排序数据元素按关键字基本有序，则宜采用直接插入排序和冒泡排序；

③ 当 n 很大且关键字的位数较少时，采用链式基数排序较好；

④ 若 n 较大，则应采用时间复杂度为 $O(n\log n)$ 的排序方法：快速排序、堆排序或归并排序。

综上所述，每一种排序算法都各有优点，没有哪一种算法是绝对最优的。实际使用中，我们应该根据具体情况选择适合自己任务目标的排序算法，也可以将多种算法结合起来使用。

第2篇
经典试题与解析

第 1 章 绪 论

1.1 数据结构经典试题

一、选择题

1. 数据结构主要研究的是数据的逻辑结构、（　　）和数据的运算。

A. 数据的方法　　B. 数据的存储结构　　C. 数据的对象　　D. 数据的逻辑存储

答案： B

解析： 数据结构是研究数据元素及其之间的相互关系和数据运算的一门学科，它包含三方面的内容：数据的逻辑结构、数据的存储结构和数据的运算。故应选 B。

2. 数据结构主要研究具有（　　）的数据元素之间的关系。

A. 相同性质　　B. 相互关系　　C. 相同运算　　D. 数据项

答案： A

解析： 数据结构研究的是相同类型的数据元素之间的关系，所以数据元素具有相同的性质。故应选 A。

3. 从逻辑上可以把数据结构分为（　　）两大类。

A. 动态结构、静态结构　　B. 顺序结构、链式结构

C. 线性结构、非线性结构　　D. 初等结构、构造型结构

答案： C

解析： 数据结构从逻辑上可以划分为线性结构和非线性结构两种。故应选 C。

4. 数据的存储结构是指（　　）。

A. 数据所占的存储空间量　　B. 数据的逻辑结构在计算机中的表示

C. 数据在计算机中的顺序存储方式　　D. 存储在外存中的数据

答案： B

解析： 数据的存储结构反应的是数据及其逻辑关系的存储问题。故应选 B。

5. 下面关于数据的逻辑结构的说法中正确的是（　　）。

A. 数据的逻辑结构是指数据的各数据项之间的逻辑关系

B. 数据的逻辑结构说明数据元素之间的次序关系，它依赖数据的存储结构

C. 从逻辑上可以把数据结构分为集合、树形、图形三大类

D. 数据的逻辑结构是指数据以及数据之间的关系

答案： D

解析： 数据的逻辑结构包含两方面的内涵，即数据和数据之间的逻辑关系，因此选项 D 正确。而选项 A 描述的“各数据项之间的逻辑关系”错误，逻辑结构无关数据内部的关系。而逻辑结构不依赖数据的存储结构，故选项 B 描述错误。另外，数据结构分为集合、线性、树形、图形四大类，因此选项 C 描述也错误。故应选 D。

6. 可以用（　　）定义一个完整的数据结构。

A. 数据元素　　B. 数据对象　　C. 数据关系　　D. 抽象数据类型

答案：D

解析：抽象数据类型（ADT）描述了数据的逻辑结构和抽象运算，通常用（数据对象、数据关系、基本操作集）这样的三元组来表示，从而构成一个完整的数据结构定义。故应选 D。

7. 以下数据结构中，属于非线性数据结构的是（　　）。

A. 栈　　B. 线性表　　C. 队列　　D. 二叉树

答案：D

解析：二叉树属于非线性结构。栈是一种特殊的线性表，这种线性表只能在固定的一端进行插入和删除操作；队列可看作插入的一端进行，删除在另一端进行的线性表。故应选 D。

8. 以下与数据的存储结构无关的术语是（　　）。

A. 栈　　B. 顺序表　　C. 单链表　　D. 哈希表

答案：A

解析：数据的存储结构有顺序存储、链式存储、索引存储和散列存储。顺序表、单链表是线性表的两种存储结构，分别对应顺序存储和链式存储，哈希表属于散列存储，栈是一种抽象数据类型，只表示一种逻辑结构，可采用顺序存储或链式存储。故应选 A。

9. 在存储数据时，不仅要考虑存储各数据元素本身，还需考虑（　　）的存储。

A. 数据的操作方法　　B. 数据元素的类型

C. 数据元素之间的关系　　D. 数据的存储方法

答案：C

解析：在存储数据时，不仅要存储各数据元素，还需存储数据元素之间的关系。故应选 C。

二、综合应用题

1. 对于两种不同的数据结构，逻辑结构或存储结构一定不相同吗？

解答：应该注意到，数据的运算也是数据结构的一个重要方面。

对于两种不同的数据结构，它们的逻辑结构和存储结构完全有可能相同。比如二叉树和二叉排序树，二叉排序树可以采用二叉树的逻辑表示和存储方式。前者通常用于表示层次关系，而后者通常用于排序和查找。虽然它们的运算都有建立树、插入结点、删除结点和查找结点等功能，但对于二叉树和二叉排序树，这些运算的定义是不同的，以查找结点为例，二叉树的时间复杂度为 $O(n)$，而二叉排序树的时间复杂度为 $O(\log_2 n)$。

2. 举例说明对相同的逻辑结构，同一种运算在不同的存储方式下实现时，其运算效率不同。

解答：线性表既可以用顺序存储方式实现，又可以用链式存储方式实现。在顺序存储方式下，在线性表中插入和删除元素，平均要移动近一半的元素，时间复杂度为 $O(n)$，而在链式存储方式下，插入和删除的时间复杂度都是 $O(1)$。

3. 试用二元组 (D,R) 形式说明字符串：$S=$"$s_1, s_2, \cdots, s_n$"$(s_i \in \text{char})$ 是一个数据结构。

解答：$S=(D,R)$，其中 $D=\{s_i, 1 \leq i \leq n, n \geq 1, s_i \in \text{char}\}$，$R=\{<s_i, s_{i+1}>, 1 \leq i \leq n-1, n \geq 1\}$。

1.2　算法经典试题

一、选择题

1. 下面关于算法的叙述中，正确的是（　　）。

A. 算法的执行效率与数据的存储结构无关

B. 算法的有穷性是指算法必须能在执行有限个步骤之后终止

C. 算法的空间复杂度是指算法程序中指令（或语句）的条数

D. 以上三种描述都正确

答案： B

解析： 算法的执行效率与数据的存储结构相关，如顺序表的插入、删除操作均涉及数据元素的移动，故执行效率比链表对应的操作低，故选项 A 描述错误。算法在运行过程中需辅助存储空间的大小称为算法的空间复杂度，故选项 C 说法错误。算法的有穷性是指一个算法必须在执行有限的步骤之后结束。故应选 B。

2. 下面关于算法说法正确的是（　　）。

A. 算法的时间复杂度一般与算法的空间复杂度成正比

B. 解决问题的算法可能有多种，但肯定采用相同的数据结构

C. 设计算法时只需考虑数据结构的设计

D. 同一个算法，实现语言的级别越高，执行效率就越低

答案： D

解析： 算法的时间复杂度与空间复杂度没有必然的联系，不同的算法可以选用不同的数据结构，但需考虑选用何种存储结构及具体操作的实现。选项 D 涉及语言层次的效率，此处认为该结论是正确的。故应选 D。

3. 下面关于算法的说法正确的是（　　）。

A. 算法的优劣与描述算法的语言无关，但与所用计算机的性能有关

B. 算法必须有输出，但可以没有输入

C. 算法可以用不同的方法来描述，但不能用自然语言

D. 算法就是指程序

答案： B

解析： 算法的优劣主要从时间和空间两方面度量，与描述语言、计算机性能均无关。描述算法可以采用自然语言、伪代码、流程图等方法。算法与程序既有区别又有联系，不能简单地认为算法就是程序。故应选 B。

4. 某个算法的时间复杂度是 $O(n^2)$，则该算法的（　　）。

A. 问题规模是 $O(n^2)$　　B. 执行时间等于 $O(n^2)$

C. 执行时间与 n^2 成正比　　D. 问题规模与 n^2 成正比

答案： C

解析： 时间复杂度是 $O(n^2)$ 说明算法的时间复杂度 $T(n)$ 满足 $T(n) \leqslant cn^2$（c 为比例常数），即 $T(n)=O(n^2)$，即时间复杂度是问题规模 n 的函数，算法的问题规模仍是 n 不是 n^2。故应选 C。

5. 下面说法中，错误的是（　　）。

Ⅰ. 算法原地工作的含义是指不需要任何额外的辅助空间

Ⅱ. 在相同问题规模 n 下，复杂度为 $O(n)$ 的算法在时间上总是优于复杂度为 $O(2^n)$ 的算法

Ⅲ. 时间复杂度，是指最坏情况下估算算法执行时间的一个上界

A. Ⅰ　　B. Ⅰ，Ⅱ　　C. Ⅱ，Ⅲ　　D. Ⅲ

答案： A

解析： 算法原地工作是指算法所需的辅助空间是常量，故Ⅰ描述错误。Ⅱ是考查算法效率的理解，时间复杂度是指渐进时间复杂度，不能想当然地令 n 取一些特殊值来验证时间复杂度为 $O(n)$ 的算法总是优于时间复杂度为 $O(2^n)$ 的算法。时间复杂度为 $O(n)$ 的算法其 $T(n) \leqslant cn$，时间复杂度为 $O(2^n)$ 的算法 $T(n) \leqslant k2^n$，c、k 均为比例常数，所以并不能保证复杂度为 $O(n)$ 的算法在时间上总是优于复杂度

为 $O(2^n)$ 的算法。时间复杂度总是考虑最坏情况下的时间复杂度，以保证算法的运行时间不会比它更长，故Ⅲ描述正确。故应选 A。

6. 设 n 是描述问题规模的非负整数，下列程序段的时间复杂度是（　　）。

```
x=0;
while(n>=(x+1)*(x+1))
    x=x+1;
```

A. $O(\log n)$　　B. $O(\sqrt{n})$　　C. $O(n)$　　D. $O(n^2)$

答案：B

解析：假设第 k 次循环条件判断时，循环条件不满足，即 $(x+1)^2>n$，而 x 的初始值为 0，第 k 次判断时，$x=k-1$，所以 $k^2>n$，即 $k>\sqrt{n}$，因此该程序段的时间复杂度为 $O(\sqrt{n})$。故应选 B。

二、综合应用题

设 n 为正整数，求下列算法段的时间复杂度，即 $T(n)=O(?)$。

```
(1)i=1; s=0;
   while(i<n)
   {  s=s+10*i;i++;}
(2)i=1; j=0;
   while(i+j<=n)
   {  if(i>j) j++;  else i++; }
(3)for(i=n-1; i>=1; i--)
       for(j=0; j<=i-1; j++)
       {  temp=A[j];A[j]=A[j+1];A[j+1]=temp;}
(4)int fun(int n)
   {  if( n<=1)
          return 1;
       return
          n*fun(n-1);
   }
```

解析：

（1）循环体共执行了 $n-1$ 次，所以 $T(n)=O(n)$。

（2）设循环体共执行了 x 次，每循环一次，均使 i 或 j 的值加 1，最终 x+(i、j 的初值)$=n$，故 $x=n-1$，所以 $T(n)=O(n)$。

（3）循环体语句执行次数为 $\sum_{i=n-1}^{1}\sum_{j=0}^{i-1}1=(n-1)+(n-2)+\cdots+2+1=n\times(n-1)/2$，故 $T(n)=O(n^2)$。

（4）这是递归方法求解 $n!$，每次递归调用是 fun( ) 函数的参数减 1，递归的出口为 fun(1)，fun( ) 函数一共调用了 n 次，故 $T(n)=O(n)$。

第 2 章

线性表及其存储

2.1　顺序表经典试题

一、选择题

1. 线性表是具有 n 个（　　）的有限序列。

A. 数据表　　B. 字符　　C. 数据元素　　D. 数据项

答案：C

解析：线性表是由具有相同数据类型的数据元素组成的有限序列。若干数据项构成一个数据元素。故应选 C。

2. 线性表是（　　）。

A. 一个有限序列，可以为空　　B. 一个有限序列，不能为空

C. 一个无限序列，可以为空　　D. 一个无限序列，不能为空

答案：A

解析：线性表是由 n 个（$n \geq 0$）相同数据类型的数据元素组成的序列。因 $n \geq 0$，故可以为空。故应选 A。

3. 在线性表中，除表尾元素外，每个元素（　　）。

A. 只有唯一的前驱元素　　B. 只有唯一的后继元素

C. 有多个前驱元素　　D. 有多个后继元素

答案：B

解析：线性表中，除表头（或表尾）元素外，每个元素均只有唯一的一个前驱（或后继）元素。故应选 B。

4. 以下（　　）是一个线性表。

A. 由 n 个实数组成的集合　　B. 由 26 个字母组成的序列

C. 所有整数组成的序列　　D. 顺序表

答案：B

解析：线性表是由具有相同数据类型的数据元素组成的有限序列。关键信息为相同数据类型、有限序列。选项 C 的元素个数是无穷多个，错误。选项 A 集合中的元素没有前后驱关系，错误。选项 D 属于存储结构，线性表是一种逻辑结构，不能将逻辑结构与存储结构混为一谈。只有选项 B 符合线性表的定义。故应选 B。

5. 下面关于顺序表的叙述中，错误的是（　　）。

A. 各元素存放在一片地址连续的存储单元，并且存储密度大

B. 顺序表可以随机存取任一元素

C. 各数据元素的存储顺序和逻辑顺序必须一致

D. 各数据元素的存储可以不连续

答案： D

解析： 顺序表具有的特点为，所有元素占用一片连续的存储区域；不像链表那样要存放指针域，因此存储密度较大；每个元素在存储区域中是按逻辑结构中的顺序依次存放的，所以存储也是连续的；任一数据元素可以随机存取。故选项 A、B、C 均正确，选项 D 错误。故应选 D。

6. 下列关于线性表的叙述中，不正确的是（　　）。

A. 线性表是最常见的一种线性结构

B. 线性表中数据元素的类型可以不同

C. 线性表中除了头结点和尾结点之外，其他结点都只有唯一的前驱和唯一的后继

D. 线性表一般有顺序存储方式和链式存储方式两种

答案： B

解析： 线性表是由具有相同数据类型的数据元素组成的有限序列。关键信息为相同数据类型、有限序列。故选项 B 错误。故应选 B。

7. 一个顺序表实际所占用的存储空间大小与（　　）无关。

A. 表的长度　　B. 元素的存放顺序

C. 元素的类型　　D. 元素中各数据项的类型

答案： B

解析： 顺序表所占用的存储空间为表长×sizeof（元素的类型），元素的类型由各数据项的类型决定，所以表长与元素类型、各数据项类型会影响存储空间的大小，而存储空间与存放顺序无关。故应选 B。

8. 已知一个顺序存储的线性表，设每个结点占用 m 个存储单元，若第一个结点的地址为 B，则第 i 个结点的地址为（　　）。

A. $B+(i-1)\times m$　　B. $B+i\times m$　　C. $B-i\times m$　　D. $B+(i+1)\times m$

答案： A

解析： 第 i 个结点前有 $i-1$ 个元素的存储，这些元素占用的存储单元为 $(i-1)\times m$，所以第 i 个元素的存储地址与起始地址的偏差为 $(i-1)\times m$。故应选 A。

9. 在表长为 n 的顺序表中，插入一个元素时，平均需要移动（　　）个元素。删除一个元素时，平均需要移动（　　）个元素。

A. $(n-1)/2$　　B. $n/2$　　C. n　　D. $(n+1)/2$

答案： B、A

解析： 根据表 1.2.1 的信息，可得第一空应选 B，第二空应选 A。

10. 若长度为 n 的线性表采用顺序存储结构存储，在第 $i(1\leqslant i\leqslant n+1)$ 个位置上插入一个新元素时，需要后移（　　）个元素。

A. $n-i$　　B. $n-i+1$　　C. $n-i-1$　　D. i

答案： B

解析： 在第 i 个位置上插入一个新元素时，需要将原表中第 i~n 个元素向后移动，故需要后移 $n-i+1$ 个元素。故应选 B。

11. 在一个长度为 n 的顺序表中删除第 $i(1\leqslant i\leqslant n)$ 个元素时，需向前移动（　　）个元素。

A. $n-i$　　B. $n-i+1$　　C. $n-i-1$　　D. i

答案： A

解析： 删除第 i 个元素时，需要将原表中第 $i+1$~n 个元素向前移动，故需要前移 $n-i$ 个元素。故应选 A。

12. 对长度为 N 的线性表进行顺序查找，在查找不成功时与关键字的比较次数为（　　），在最坏情况下所需要的比较次数为（　　），平均情况下需要比较的次数为（　　）。

A. $N+1$　　B. N　　C. $(N+1)/2$　　D. $N/2$

答案：B、B、C

解析：查找不成功是指与表中所有元素进行比较后，发现均不满足查找条件，故需要比较 N 次，第一空应选 B。最坏情况时要查找的元素在最后一个位置（表尾），故需要与表中所有元素进行比较，第二空应选 B。根据表 1.2.1，第三空应选 C。

13. 若线性表最常用的操作是存取第 i 个元素及其前驱和后继元素的值，为了提高效率，应采用（　　）的存储方式。

A. 单链表　　B. 双向链表　　C. 单循环链表　　D. 顺序表

答案：D

解析：对于存取第 $i-1$、i 和 $i+1$ 个元素值，A、B、C 三个选项都只能从头结点依次顺序查找，时间复杂度为 $O(n)$，只有顺序表可以按序号随机存取，时间复杂度为 $O(1)$。故应选 D。

14. 对于已存有 n 个元素的顺序表，在第 i 个位置插入一个数据元素时，i 的合法范围应该是（　　）。

A. $1\leqslant i\leqslant n$　　B. $1\leqslant i\leqslant n+1$　　C. $0\leqslant i\leqslant n$　　D. $0\leqslant i\leqslant n-1$

答案：B

解析：线性表中的元素序号范围为 $1\sim n$，所以插入位置可以为 $1\sim n$。另外，还可以在第 $n+1$ 位置上插入，即在表尾元素后插入。故应选 B。

15. 在 n 个元素的顺序表中，时间复杂度为 $O(1)$ 的操作是（　　）。

Ⅰ. 访问第 $i(1\leqslant i\leqslant n)$ 个结点和求第 $i(2\leqslant i\leqslant n)$ 个结点的直接前驱

Ⅱ. 在尾结点后插入一个新的结点

Ⅲ. 删除第 i 个结点

Ⅳ. 在第 $i(1\leqslant i\leqslant n)$ 个结点后插入一个结点

A. Ⅰ　　B. Ⅱ、Ⅲ　　C. Ⅰ、Ⅱ　　D. Ⅰ、Ⅱ、Ⅲ

答案：C

解析：顺序表可以按序号随机存取，对于Ⅰ，存取第 $i-1$ 和 i 个元素值，时间复杂度为 $O(1)$。在顺序表表尾进行插入和删除操作时不需要移动任何元素，所以Ⅱ的时间复杂度为 $O(1)$。在第 i 个结点后插入一个元素，需要移动 $n-i$ 个元素，时间复杂度为 $O(n)$。删除第 i 个结点，需要移动 $n-i$ 个元素，时间复杂度为 $O(n)$。故应选 C。

16. 设线性表有 n 个元素，严格说来，以下（　　）操作在顺序表上实现要比在链表上实现的效率高。

Ⅰ. 输出第 $i(1\leqslant i\leqslant n)$ 个元素值

Ⅱ. 交换第 6 个元素与第 7 个元素的值

Ⅲ. 顺序输出这 n 个元素的值

A. Ⅰ　　B. Ⅰ、Ⅱ　　C. Ⅰ、Ⅲ　　D. Ⅱ、Ⅲ

答案：B

解析：顺序表具有随机存取特性，故访问第 i 个元素时只有一次读内存操作，而链表上读取第 i 个元素时先需要移动 i 次指针使指针指向第 i 个元素才能访问它，对于Ⅰ，顺序表上的效率高于链表。对于Ⅱ，顺序表仅需 3 次交换操作，而链表则需要分别找到这两个结点前驱，第 7 个结点断链后再插入到第 6 个结点的前驱后，效率较低。对于Ⅲ，需依次顺序访问每个元素，时间复杂度相同。故应选 B。

17. 在一个长度为 n 的顺序表中删除第 $i(1\leqslant i\leqslant n)$ 个元素时，需向前移动（　　）个元素，

A. n　　B. $i-1$　　C. $n-i$　　D. $n-1-1$

答案：C

解析：删除第 $i(1\leqslant i\leqslant n)$ 个元素时，需将第 $i+1(a_{i+1})$ 至第 $n(a_n)$ 个元素向前移动一个位置，故

需移动 $n-(i+1)+1=n-i$ 个元素。故应选 C。

18. 访问顺序表第 i 个位置上的元素和在第 i 个位置插入一个元素、删除第 i 个位置上的元素的时间复杂度分别为（　　）。

A. $O(n)$，$O(n)$，$O(n)$　　B. $O(n)$，$O(1)$，$O(1)$

C. $O(1)$，$O(n)$，$O(n)$　　D. $O(1)$，$O(1)$，$O(1)$

答案： C

解析： 顺序表具有随机存取特性，故访问第 i 个位置上的元素的时间复杂度为 $O(1)$。在第 i 个位置插入一个元素，需要移动 $n-i+1$ 个元素，时间复杂度为 $O(n)$。删除第 i 个位置上的元素，需要移动 $n-i$ 个元素，时间复杂度为 $O(n)$。故应选 C。

二、综合应用题

1. 设计一个算法，将一个顺序表就地倒置，所谓就地指辅助空间应为 $O(1)$。

算法思路： 若顺序表的 length 个结点依次存储在一维数组 data[N] 从 0 到 length−1 的位置中，倒置的结果是使得 data[0] 等于原来的最后一个元素 data[length −1]，data[1] 等于原来的倒数第 2 个元素 data [length −2]，……，最后一个元素等于原来的第一个元素 data[0]。所以只需将 data [0] 与 data [length −1] 对换，data[1] 与 data[length −2] 对换……。也就是说，数组的前半部分元素与后半部分元素一一对换，故对换的次数为 length/2。

算法实现：

算法 2.2.1 顺序表就地倒置

```
void Reverse(SeqList *L) {
    int i;
    DataType t;
    for(i = 0; i<L->length/2; i++){
        t = L->data[i];
        L->data[i] = L->data[L->length-1-i];
        L->data[L->length-1-i] = t;
    }
}
```

2. 已知一个顺序表中的各结点值是从小到大排列的，设计一个算法，插入一个值为 x 的结点，使顺序表中的结点仍然是从小到大有序。

算法思路 1： 将 x 与顺序表中的元素比较。按顺序从第 1 个元素开始比较，只要 x 大于某个元素，则继续与下一个元素比较，直至 x 小于某个元素。则 x 应插入在该元素之前，即该元素至最后一个元素应全部后移，然后在该位置上插入 x。

算法实现 1：

算法 2.2.2 有序表插入元素算法 1

```
void InsertList(SeqList *L, DataType x){
    int i,j;
    i = 0;
    while(L->data[i] < x)                    //确定插入位置 i
        i++;
    for(j = L->length-1;  j>=i;  j--)        //数据元素后移
        L->data[j+1]=L->data[j];

    L->data[i]=x;                            //插入 e
    L->length++;                             //表长加 1
}
```

算法思路 2： 将 x 与顺序表中的元素比较。按顺序从最后一个元素开始比较，往前比。只要该元素大于 x，则后移一个存储位置，直至某元素小于 x。此时 x 应插入在该元素之后。因为在比较过程中已经完成后移，所以直接插入即可。显然这种方法优于前一种方法。

算法实现 2：

算法 2.2.3　有序表插入元素算法 2

```
void InsertList2(SeqList *L, DataType x) {
    int i,j;
    i = L->length-1;
    while(L->data[i] > x)                      //确定插入位置 i+1
        i--;

    L->data[i+1]=x;                            //插入 e
    L->length++;                               //表长加 1
}
```

2.2　链表经典试题

一、选择题

1. 下面关于线性表的叙述中，错误的是（　　）。

A. 线性表采用顺序存储，必须占用一片连续的存储单元

B. 线性表采用顺序存储，便于进行插入和删除操作

C. 线性表采用链接存储，不必占用一片连续的存储单元

D. 线性表采用链接存储，便于插入和删除操作

答案：B

解析： 线性表顺序存储时将结点按逻辑顺序依次存放在一块连续的存储区域中，逻辑相邻的元素其存储位置也相邻，在插入和删除操作时当线性表长度较大时，移动元素较多，效率较低，故选项 A 正确，选项 B 错误。线性表采用链式存储时各个结点分散存储在内存中，其逻辑关系由结点指针域体现，故不要求存储单元是否连续，在插入和删除操作时只需移动指针即可实现，比较方便。故选项 C 和 D 均正确。故应选 B。

2. 下列关于线性表的叙述中，正确的是（　　）。

A. 线性表采用链表存储时，结点和结点内部的存储空间可以是不连续的

B. 线性表的特点是每个元素都有一个前驱和一个后继

C. 单链表不是线性表

D. 线性表可以用顺序存储结构实现，也可以用链式存储结构实现

答案：D

解析： 链表的结点中包含两个域，一个是数据域，另一个是指针域，数据域中存储数据，指针域中存储后继元素的地址，这两个域是一个整体，构成结点结构体类型的两个成员，故占用的是连续存储单元。所以选项 A 错误。线性表中除了头、尾结点外每个元素都有一个前驱和一个后继，头结点没有前驱，尾结点没有后继，故选项 B 错误。单链表是采用链式存储结构的线性表，所以 C 选项错误。线性表既可以采用顺序存储，也可以采用链式存储，根据具体问题来选用，故 D 正确。故应选 D。

3. 关于线性表的顺序存储结构和链式存储结构的描述中，正确的是（　　）。

Ⅰ. 线性表的顺序存储结构优于其链式存储结构

Ⅱ. 链式存储结构比顺序存储结构能更方便地表示各种逻辑结构

Ⅲ. 若频繁使用插入和删除结点操作，则顺序存储结构更优于链式存储结构

Ⅳ. 顺序存储结构和链式存储结构都可以进行顺序存取

A. Ⅰ、Ⅱ、Ⅲ　　B. Ⅱ、Ⅳ　　C. Ⅱ、Ⅲ　　D. Ⅱ、Ⅳ

答案：B

解析：两种存储结构有不同的适用场合，不能简单地说谁好谁坏，所以Ⅰ错误。链式存储用指针表示逻辑结构，而指针的设置是任意的，故可以很方便地表示各种逻辑结构。顺序存储只能用物理上的邻接关系来表示逻辑结构，Ⅱ正确。在顺序存储中，插入和删除结点需要移动大量元素，效率较低，Ⅲ的描述刚好相反。顺序存储结构既能随机存取又能顺序存取，而链式结构只能进行顺序存取，Ⅳ正确。故应选B。

4. 对于一个线性表，既要求能够进行较快速地插入和删除，又要求存储结构能反映数据之间的逻辑关系，则应该用（　　）。

A. 顺序存储方式　　B. 链式存储方式　　C. 散列存储方式　　D. 以上均可以

答案：B

解析：在顺序存储的线性表上的插入和删除效率较低，故直接排除A和D。散列存储通过散列函数映射到物理空间，不能反映数据之间的逻辑关系，排除选项C。链式存储能方便地表示各种逻辑关系，且插入和删除操作的时间复杂度为$O(1)$。故应选B。

5. 下面与数据的存储结构无关的是（　　）。

A. 顺序表　　B. 单链表　　C. 双链表　　D. 线性表

答案：D

解析：选项D线性表是一种逻辑结构，与存储无关，而其他三个选项均为线性表的存储结构。故应选D。

6. 单链表中，增加一个头结点的目的是（　　）。

A. 使单链表至少有一个结点　　B. 标识表结点中首结点的位置

C. 方便运算的实现　　D. 说明单链表是线性表的链式存储

答案：C

解析：单链表设置头结点的目的是方便运算的实现，主要好处体现在，第一，有头结点后，插入和删除数据元素的算法就统一了，不再需要判断是否在第一个元素之前插入或删除一个元素；第二，不论链表是否为空，其头指针是指向头结点的非空指针，链表的头指针不变，因此空表和非空表的处理也统一了。故应选C。

7. 带头结点的单链表head为空的判定条件是（　　）。

A. head==NULL　　B. head->next==NULL

C. head->next == head　　D. head!=NULL

答案：B

解析：空链表时头结点的指针域为空。故应选B。

8. 单链表中的结点p存在后继结点的判定条件是（　　）。

A. p == NULL　　B. p != NULL　　C. p->next == p　　D. p->next != NULL

答案：D

解析：p的指针域指向其后继结点，若p存在后继结点即p->next为非空。故应选D。

9. 指针p指向单链表中结点A，利用（　　）可以使p指向A的后继结点。

A. p = NULL;　　B. p->next = p;　　C. p->next == p;　　D. p = p->next;

答案：D

解析： p 的指针域中存放着其后继结点的地址，若要使 p 指向后继结点，则只需将后继结点的地址赋给 p 即可，即选项 D。故应选 D。

10. 两个指针 p 与 q 分别指向单链表的两个元素，则 p 所指向元素是 q 所指向元素的前驱的条件是（　　）。

A. p->next == q->next;　　B. p->next == q;

C. q->next == p;　　D. p == q;

答案：B

解析： 若 p 所指向元素是 q 所指向元素的前驱，则 q 是 p 的后继，而 p 的指针域中存有其后继结点的地址，故 p->next == q，选项 B 正确。故应选 B。

11. 设带头结点的单链表的头指针为 head，指针变量 p 指向尾结点的条件是（　　）。

A. p->next->next == head;　　B. p->next == head;

C. p->next->next == NULL;　　D. p->next == NULL;

答案：D

解析： 单链表的尾结点由于没有后继结点，故其指针域为空，故 p 指向尾结点的条件是 p->next 为空。故应选 D。

12. 在一个具有 n 个结点的有序单链表中插入一个新结点 e 并保持单链表仍然有序的时间复杂度是（　　）。

A. $O(1)$　　B. $O(n)$　　C. $O(n^2)$　　D. $O(n\log_2 n)$

答案：B

解析： 若单链表是递增有序，则插入 e 之前需要查找不大于 e 的最后一个结点 p。从头查起，挨个结点的数据域与 e 作比较，只要小于 e，则指针 p 指向后一个结点，最坏情况下，原单链表 n 个结点的值均小于 e，此时需要比较 n 次，故时间复杂度为 $O(n)$。故应选 B。

13. 在一个单链表中，若删除 p 所指结点的后续结点，则执行（　　）。

A. p->next=p->next->next;　　B. p=p->next; p->next=p->next->next;

C. p->next=p->next;　　D. p =p->next->next;

答案：A

解析： 如图 2.2.8 所示。若删除 p 的后继结点（即结点 b），则只需把 c 结点的地址存入 p 所指结点的指针域中即可。即 p 所指结点的指针域为 p->next，c 结点的地址看图示可知存在 b 结点的指针域中，而 b 又是 p 的后继，故 c 结点的地址为 p->next->next。故应选 A。

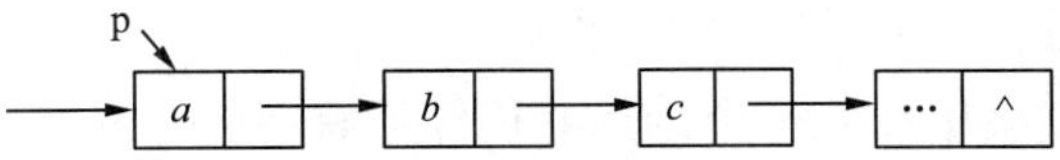

图 2.2.8　第 13 题图

14. 在一个单链表中，若 p 所指结点不是最后结点，在 p 之后插入 s 所指结点，则执行（　　）。

A. s->next=p; p->next=s;　　B. s->next=p->next; p->next=s;

C. s->next=p->next; p=s;　　D. p->next=s; s->next=p;

答案：B

解析： 如图 2.2.8 所示，预将 s 所指结点插入 p 之后（让 s 所指结点成为 p 的后继，同时让 b 结点成为 s 所指结点的后继），则应串联两个后继指针。p->next 接 s，s->next 接 b，但因为 b 的地址存放于 p->next 中，故应先完成 s->next 接 b 的操作（s->next = p->next），再完成 p->next 接 s 操作（p->next=s）。故应选 B。

15. 两个有序线性表分别具有 n 个元素与 m 个元素且 $n \leq m$，现将其归并成一个有序表，其最少的比较次数是（　　）。

A. n　　B. m　　C. $n-1$　　D. $m+n$

答案： A

解析： 当包含较多（m 个）元素的线性表的第一个元素比包含较少（n 个）元素线性表中的所有元素都大时，即这第一个元素与另一个表中所有元素均比较了一次，此时比较次数达到最少，即 n 次。故应选 A。

16. 设线性表中有 n 个元素，（　　）在单链表上实现要比在顺序表上实现效率更高。

A. 删除所有值为 x 的元素

B. 在最后一个元素之后插入一个新元素

C. 顺序输出前 i 个元素

D. 交换第 i 个元素和第 $n-i-1$ 个元素的值（$0 \leqslant i \leqslant n-1$）

答案： A

解析： 对于选项 A，在单链表和顺序表上实现的时间复杂度都为 $O(n)$，但后者要移动很多元素，因此在单链表上实现效率更高。对于选项 B 和 D，在顺序表上的操作效率更高。选项 C 在两种表上的无区别。故应选 A。

17. 给定有 n 个元素的一维数组，建立一个有序单链表的最低时间复杂度是（　　）。

A. $O(1)$　　B. $O(n)$　　C. $O(n^2)$　　D. $O(n\log_2 n)$

答案： D

解析： 若先建立链表，再依次插入建立有序表，则每插入一个元素就需遍历链表查找插入位置，即直接插入排序，时间复杂度为 $O(n)$。若先将数组排好序，再建立链表，建立链表的时间复杂度为 $O(n)$，数组排序的最好时间复杂度为 $O(n\log_2 n)$，总时间复杂度为 $O(n\log_2 n)$。故应选 D。

18. 将长度为 n 的单链表链接在长度为 m 的单链表后面，其算法的时间复杂度采用大 O 形式表示应该是（　　）。

A. $O(1)$　　B. $O(n)$　　C. $O(m)$　　D. $O(n+m)$

答案： C

解析： 先遍历长度为 m 的单链表，找到该单链表的尾结点，然后将其 next 域指向另个单链表的首结点，其时间复杂度为 $O(m)$。故应选 C。

19. 下列关于线性表说法中，正确的是（　　）。

Ⅰ. 顺序存储方式只能用于存储线性结构

Ⅱ. 访问线性表的第 i 个元素的时间与 i 的大小有关

Ⅲ. 在长度为 n 的有序单链表中插入一个结点并仍保持有序的时间复杂度为 $O(n)$

A. Ⅰ、Ⅱ　　B. Ⅰ　　C. Ⅱ　　D. Ⅲ

答案： D

解析： 顺序存储方式同样适合图和树，Ⅰ错误。线性表采用顺序存储时Ⅱ错误。有序单链表只能依次查找插入位置，时间复杂度为 $O(n)$，Ⅲ正确。故应选 D。

二、综合应用题

1. 将两个递增有序单链表合并为一个递增有序单链表。

算法思路： 按顺序依次比较两表的每一对结点值的大小，用小的结点值构造新结点，并将新结点以尾插方法插入合并表中。此方法保留了原链表的各个结点，以新建结点的方式创建合并表。具体方法：初始设定两个指针 p1、p2 分别指向两表的第一个结点。首先依据比较结果创建新结点（若 p1 指向结点的数据域小于 p2 指向结点的数据域时，新结点的数据域取 p1 指向结点的数据域，p1 指针后移；否则新结点的数据域取 p2 指向结点的数据域，p2 指针后移），再将新结点尾插入合并表的尾部。重复此过程，直至 p1 和（或）p2 指向空，即其中一个表或两个表的结点均已做处理。若某表存在结点未处理，则依次以此表未处理的结点数据域创建新结点、插入合并表的尾部。最后把合并表尾结点的后继指针域置为空。

算法实现：

算法 2.2.4　在 L3 尾部，按小到大的顺序依次插入有序表 L1 与 L2 中的各个结点

```
void merge(LinkList L1, LinkList L2, LinkList L3)  {
    LinkList p1, p2, p3, s;
    p1 = L1->next;
    p2 = L2->next;
    p3 = L3;                    //p3 指向合并表
    //两表指针非空时依据比较结果创建新结点、插入合并表的尾部
    while(p1&&p2)  {
        s =(LinkList)malloc(sizeof(ListNode));
        if(p1->data < p2->data)  {
            s->data = p1->data;
            p1 = p1->next;
        }
        else{
            s->data = p2->data;
            p2 = p2->next;
        }
        p3->next = s;           //p3 后插入 s
        p3 = s;                 //p3 后移,始终指向合并表的尾结点
    }
    //若某表存在结点未处理,则依次以此表未处理的结点数据域创建新结点、插入合并表的尾部
    p1 = p1!=NULL ? p1:p2;
    while(p1)  {
        s =(LinkList)malloc(sizeof(ListNode));
        s->data = p1->data;
        p1 = p1->next;
        p3->next = s;
        p3 = s;
    }
    //尾结点指针域置为空
    p3->next = NULL;
}
```

2. 设计一个算法，将一个结点值为非零整数的单链表拆分为两个单链表，原表中保留值为负数的结点，而值为正数的结点按它们在原表中的相对次序组成一个新的单链表。

算法思路：遍历原表结点，若结点值为正数则将该结点从原表中断开连接，并将该结点尾插入新链表。具体方法：假定原表与新表均带头结点，初始设定 pp 指向原表的头结点，p 指向原表第一个结点（可理解为 p 为 pp 的后继），s 指向新表的头结点。若 p->data 为正数，则 pp 的后继为 p 的后继（断开 p 结点），再将 p 插入 s 后，然后 s 指向 p、p 指向原表下一个带处理的结点。否则 pp 与 p 均后移一步（指向下一个结点）。重复此过程，直至 p 指向为空。

算法实现：

算法 2.2.5　拆分单链表

```
//L 为原链表(保留负数结点),LP 为正数结点构成的链表
void depart(LinkList L, LinkList LP) {
```

```
    LinkList p, pp;
    LinkList s;
    pp = L;
    p = L->next;                    //p 为 pp 的后继
    s = LP;                         //令 s 指向 LP 的尾结点
    while(p!=NULL){
        if(p->data > 0) {
            pp->next = p->next;     //原链表中去除 p 结点的连接,pp 的后继为 p 的后继

            p->next = s->next;      //将 p 插入到 s 后
            s->next = p;
            s = p;                  //s 指向新的尾结点,为下一次插入做准备
            p = pp->next;           //p 指向原表下一个带判断正负的结点
        }
        else if(p->data < 0) {      //越过负数结点,pp 与 p 均后移
            pp = p;
            p = p->next;
        }
    }//while
}
```

3. 设单链表 L 是一个递减有序表，试写一算法将 x 插入其中后仍保持 L 的有序性。

算法思路：按顺序将有序表中的各结点值与 x 作比较。若结点值大于 x，则继续比较下一个结点，否则确定插入位置，即在当前结点的前插入 x。为实现在当前结点前插入 x，需设立一个指针，始终指向当前结点的前驱。

算法实现：

算法 2.2.6 递减有序表的插入

```
void DesInsert(LinkList L, int x) {
    LinkList p, pp;
    LinkList s;
    pp = L;
    p = L->next;                //pp 为 p 的前驱
    while(p!=NULL){
        if(p->data > x) {       //pp 与 p 均后移
            pp = p;
            p = p->next;
        }
        else {                  //生成新结点 s,并将 s 插入到 pp 后、p 前
            s =(LinkList)malloc(sizeof(ListNode));
            s->data = x;
            s->next = p;
            pp->next = s;
            break;
        }
    }//while
}
```

第 3 章

特殊线性表

3.1 栈经典试题

一、选择题

1. 下列关于栈的叙述中正确的是（　　）。

A. 在栈中只能插入数据　　B. 在栈中只能删除数据

C. 栈是先进先出的线性表　　D. 栈是先进后出的线性表

答案： D

解析： 依据概念，栈是一种先进后出的线性表，所以选项 D 正确，选项 C 错误。栈的进出分别对应插入与删除操作，故选项 A 与 B 错误。故应选 D。

2. 下列关于栈的叙述中正确的是（　　）。

A. 栈顶元素一定是最先入栈的元素　　B. 栈底元素一定是最后入栈的元素

C. 栈的进出操作需遵循先进后出的原则　　D. 以上三种说法都不对

答案： C

解析： 依据概念，栈是一种先进后出的线性表，需遵循先进后出原则，故选项 C 正确。栈顶元素一定是最后入栈的元素，栈底元素不一定是最后入栈元素，故选项 A 与 B 错误。故应选 C。

3. 下列叙述中正确的是（　　）。

A. 在栈中，栈中元素随栈底指针与栈顶指针的变化而动态变化

B. 在栈中，栈顶指针不变，栈底指针随栈中元素的变化而动态变化

C. 在栈中，栈底指针不变，栈顶指针随栈中元素的变化而动态变化

D. 以上三种说法都不对

答案： C

解析： 出入栈操作均在栈顶一端，出入栈影响的是栈顶 top 的变化，栈底 bottom 保持不变。故应选 C。

4. 假设以 S 和 X 分别表示入栈和出栈操作，则对输入序列1,2,3,4,5，进行一系列栈操作 SXSSXSSXXX 之后，得到的输出序列为（　　）。

A. 13542　　B. 24531　　C. 14235　　D. 53214

答案： A

解析： 由栈操作 SXSSXSSXXX，可得进出明细为“1 进，1 出，2 进，3 进，3 出，4 进，5 进，5 出，4 出，2 出”。故出栈顺序为“13542”。故应选 A。

5. 如果进栈序列为 a，b，c，d，则可能的出栈序列是（　　）。

A. cadb　　B. bdac　　C. cbda　　D. 任意顺序

答案： C

解析： 栈的操作原则为后进先出。选项 C 中出栈顺序可以按“a 进，b 进，c 进，c 出，b 出，d 进，

d 出，a 出”实现。故应选 C。

6. 若进栈序列为 1，2，3，4，进栈过程中可以出栈，则不可能的出栈序列是（　　）。

A. 3421　　B. 2431　　C. 3214　　D. 1423

答案：D

解析：选项 A 出栈序列可按“1 进，2 进，3 进，3 出，4 进，4 出，2 出，1 出”实现，选项 B 出栈序列可按“1 进，2 进，2 出，3 进，4 进，4 出，3 出，1 出”实现，选项 C 出栈序列可按“1 进，2 进，3 进，3 出，2 出，1 出，4 进，4 出”实现。而选项 D 中的序列顺序在 4 出之后无法实现 2 先出 3 后出，因为 3 比 2 后进，所以 3 比 2 先出。故选项 D 的出栈序列不可能得到。故应选 D。

7. 设栈的输入序列为1,2,3,⋯,n，若输出序列的第一个元素为 n，则第 i 个输出的元素为（　　）。

A. 不确定　　B. $n-i+1$　　C. i　　D. $n-i$

答案：B

解析：输入序列即为进栈序列，输出序列即为出栈序列，进栈过程中可能伴随出栈操作。若输出序列的第一个元素为 n，可判定所有元素 1，2，3，⋯，n 一次性按顺序进栈。故第 i 个输出（出栈）元素即为倒数第 i 个元素进栈元素。故此元素为 $n-i+1$。故应选 B。

8. 若利用数组 data[n]顺序存储一个栈，假定以低地址端作为栈底，用 top 作为栈顶指针，其初值为-1 表示空栈，则当 X 入栈时所执行的操作为（　　）。

A. data[--top] = X　　B. data[top--] = X

C. data[++top] = X　　D. data[top++] = X

答案：C

解析：因为以低地址端作为栈底，故入栈操作时 top 作加 1，出栈时作减 1，而 top 初值为-1，数组的存储空间范围为 0~n-1，且从 0 端开始，所以入栈时 top 先作加 1，再存放 X。故应选 C。

9. 若利用数组 data[n]顺序存储一个栈，假定以高地址端作为栈底，用 top 作为栈顶指针，其初值为 n-1 表示空栈，则当 X 入栈时所执行的操作为（　　）。

A. data[--top] = X　　B. data[top--] = X

C. data[++top] = X　　D. data[top++] = X

答案：B

解析：因为以高地址端作为栈底，故入栈操作时 top 作减 1，出栈时作加 1，而 top 初值为 n-1，数组的存储空间范围为 0~n-1，且从 n-1 端开始，所以入栈时先存放 X，再 top 作减 1，只有选项 B 符合。故应选 B。

10. 判定一个顺序栈 ST（MaxSize=n）为满的条件是（　　）。

A. ST->top ! =n　　B. ST->top != n-1

C. ST->top = =n-1　　D. ST->top = = n

答案：D

解析：因为栈的存储空间大小为 n，则栈中元素可能的存储下标为 0~n-1。而 top 指示栈顶的下一个位置，当栈顶存储于下标 n-1 时，top 为 n，此时栈中所有存储单元中均有元素，故栈满。故应选 D。

11. （　　）不是栈的基本操作。

A. 删除栈顶元素　　B. 删除栈底元素　　C. 判断栈是否为空　　D. 将栈置为空栈

答案：B

解析：基本操作是指该结构最核心、最基本的运算，其他较复杂的操作可通过基本操作实现。删除栈底元素不属于栈的基本运算，但它可以通过调用栈的基本运算求得。故应选 B。

12. 设有一个空栈，栈顶指针为 2000H，每个元素需要 1 个存储单元，执行 Push、Push、Pop、Push、Pop、Push、PoP、Push 操作后，栈顶指针的值为（　　）。

A. 2002H　　B. 2003H　　C. 2004H　　D. 2005H

答案：A

解析：每个元素需要 1 个存储单元，所以每入栈一次 top 加 1，出栈一次 top 减 1，指针 top 的变化为 +1、+1、−1、+1、−1、+1、−1、+1，最终 top 为 2002H，应选 A。

13. 3 个不同元素依次进栈，能得到（　　）种不同的出栈序列。

A. 4　　B. 5　　C. 6　　D. 7

答案：B

解析：n 个不同元素进栈，出栈序列的个数为 $\frac{1}{n+1}C_{2n}^{n}=\frac{1}{n+1}\times\frac{(2n)!}{n!\times n!}=\frac{2n\times(2n-1)\times\cdots\times(n+3)\times(n+2)}{n!}$，所以 3 个元素时的出栈序列个数为 $\frac{6\times5}{3\times2\times1}=5$。故应选 B。另外，一般试题中给出的 n 值不会很大，可以根据栈的特点，若 x 已经出栈，则 x 前面的尚未出栈的元素一定逆置有序地出栈，因此可采用穷举方法。如 a，b，c 依次进栈的出栈序列有 abc，acb，bac，bra，cha。若试题中问符合某个特定条件的出栈序列有多少种，比如此题中问以 b 开头的出栈序列有几种，一般都使用穷举法。

14. 若栈 S1 中保存整数，栈 S2 中保存运算符，函数 F( ) 依次执行下述各步操作：

Ⅰ. 从 S1 中依次弹出两个操作数 a 和 b。

Ⅱ. 从 S2 中弹出一个运算符 op。

Ⅲ. 执行相应的运算 b op a。

Ⅳ. 将运算结果压入 S1 中。

假定 S1 中的操作数依次是 4，8，3，2（2 在栈项），s2 中的运算符依次是 *、−、+（+在栈顶）。调用 3 次 F( ) 后，S1 栈顶保存的值是（　　）。

A. −12　　B. 12　　C. −15　　D. 15

答案：B

解析：第一次调用函数 F( )，①从 s1 中弹出 2→a 和 3→b；②从 s2 中弹出+→op；③执行 b op a = 3+2 = 5；④将 5 压入 s1 中，第一次调用结束后 s1 中有 4、8、5（5 在栈项），S2 中有+、−（−在栈项）。第二次调用函数 F( )，①从 s1 中弹出 5→a 和 8→b；②从 s2 中弹出−→op；③执行 b op a = 8−5 = 3；④将3 压入 S1 中，第二次调用结束后 S1 中有 5、3（3 在栈顶），s2 中仅有 *。第三次调用函数 F( )，①从S1 中弹出 3→a 和 4→b；②从 s2 中弹出 *→op；③执行 b op a = 4 * 3 = 12；④将 12 压入 S1 中，第三次调用结束后 s1 中仅剩有 12（栈顶），S2 为空。故应选 B。

15. 设栈 S 和队列 Q 的初始状态均为空，元素 abcdefg 依次进入栈 S。若每个元素出栈后立即进入队列 Q，且 7 个元素出队的顺序是 bdcfeag，则栈 S 的容量至少是（　　）。

A. 1　　B. 2　　C. 3　　D. 4

答案：C

解析：入队序列与出队序列相同，由题意知，出栈序列即为入队序列，故出栈序列为 bdcfeag。用 S 和 X 分别表示入栈和出栈操作，则该出栈序列对应的 S 和 X 的操作序列为 SSXSSXXSSXXXSX，因为初始栈为空，进出栈过程中栈内元素最多时有 3 个，故容量至少为 3。故应选 C。

16. 一个栈的输入序列为$1,2,\cdots,n$，输出序列的第一个元素是 i，则第 j 个输出元素是（　　）。

A. $i-j-1$　　B. $i-j$　　C. $j-i+1$　　D. 不确定

答案：D

解析：当第 i 个元素第一个出栈时，若 i 之前的元素先依次排在 i 之后出栈，则可以确定第 j 个出栈的元素。但若 i 之前的元素均不出栈，而是剩余的元素进栈，则这些元素也会在 i 之前的元素出栈前出栈，故此时不能确定第 j 个出栈的元素。又若 i 之前的元素的出栈与剩余元素的进出栈混合进行，则更不能判定第 j 个出栈的元素。故应选 D。

17. 若一个栈的输入序列是 $P_1,P_2,\cdots,P_n$，输出序列是$1,2,\cdots,n$，若 $P_3=1$，则 P_1 的值（　　）。

A. 可能是 2　　B. 一定是 2　　C. 不可能是 2　　D. 不可能是 3

答案：C

解析： 入栈序列是 $P_1,P_2,\cdots,P_n$，由于 $P_3=1$，即 P_1,P_2,P_3连续入栈后，第一个出栈元素是 P_3 说明 P_1,P_2已经按序进栈，根据先进后出的特点可知，P_2 必定在 P_1 之前出栈，而第二个出栈元素是 2，即 P_2 是 2，故 P_1 值不可能是 2。故应选 C。

18. 元素 a,b,c,d,e 依次进入初始为空的栈中，若元素进栈后可停留、可出栈，直到所有元素都出栈，则在所有可能的出栈序列中，以元素 d 开头的序列个数是（　　）。

A. 3　　B. 4　　C. 5　　D. 6

答案：B

解析： d 第一个出栈，则 c,b,a 出栈的相对顺序是确定的，出栈顺序必为 d_c_ b_a_，e 的顺序不定，在任意一个“_”上都有可能。还可以使用列举法更易理解。d 首先出栈，则 abc 停留在栈中，此时可以有如下四种操作：①e 进栈后出栈，则出栈序列为 decba；②c 出栈，e 进栈后出栈，出栈序列为 dceba；③cb 出栈，e 进栈后出栈，出栈序列为 dcbea；④cba 出栈，e 进栈后出栈，出栈序列为 dcbae。故应选 B。

19. 下列关于栈的叙述中，错误的是（　　）。

Ⅰ. 采用非递归方式重写递归程序时必须使用栈

Ⅱ. 函教调用时，系统要用栈保存必要的信息

Ⅲ. 只要确定了入栈次序，即可确定出栈次序

Ⅳ. 栈是一种受限的线性表，允许在其两端进行操作

A. Ⅰ　　B. Ⅰ、Ⅱ　　C. Ⅰ、Ⅲ、Ⅳ　　D. Ⅱ、Ⅲ、Ⅳ

答案：C

解析： 对于Ⅰ，采用非递归方式重写递归程序时除了使用栈，还可以利用循环实现，如计算斐波那契数列迭代的程序只需一个循环即可实现，故Ⅰ错误。Ⅱ正确。对于Ⅲ，待入栈元素多于 1 个时，即使入栈序列确定，其出栈序列也不唯一，可能出现多个，故Ⅲ错误。对于Ⅳ，因栈是一种受限的线性表，只允许在一端进行操作，故Ⅳ也错误。故应选 C。

20. 链式栈结点为（data，link），top 指向栈顶，若想删除栈顶结点，并将删除结点的值保存到 x 中，则应执行操作（　　）。

A. x=top->data；top=top->link；　　B. top=top->link；x=top->link；

C. x=top；top=top->link；　　D. x=top->link；

答案：A

解析： 因 top 指向栈顶元素，所以只需将 x 赋值为 top 指向结点的数据域即可。而指针的修改只需令 top 指向原栈顶的前一个元素（即 link 指向的结点）即可。故应选 A。

二、综合应用题

1. 编号为1,2,3,4,5的 5 列火车依次通过一个栈式的列车调度站，能否得到2,3,1,5,4和4,2,1,3,5这两个调度结果？请说明原因。

解答： 能得到调度结果2,3,1,5,4，可由“1 进，2 进，2 出，3 进，3 出，1 出，4 进，5 进，5 出，4 出”得到。不能得到调度结果4,2,1,3,5，若出栈序列以 4 开头，说明1,2,3,4依次入栈，在 4 出栈后，3 是栈顶火车，2 和 1 不可能先于 3 出栈，故不可能得到4,2,1,3,5这一调度结果。

2. 回文是指正读和反读均相同的字符序列，如“abba”和“abdba”均是回文，但“good”不是回文。若某字符序列存放于带头结点的单链表（一个结点的数据域存储一个字符）中，试设计一个算法判

定该字符序列是否为回文。

解答：可利用栈来判定单链表中存放的字符序列是否为回文。算法思路：遍历单链表的所有结点两次。第一次遍历时从第一个结点开始，每访问一个结点，将元素值进栈。第二次遍历时也从第一个结点开始，每访问一个结点，将元素值与出栈元素比较。若相等，则继续将下一个结点与出栈元素比较，直至表尾；若不相等，则判定为不是回文，无须再比较下一个。若持续比较至表尾，均相等，则此时栈肯定为空栈，判定为回文。

算法实现：

算法 2.3.1　回文判定算法

```
int IsSymmetry(LinkList L) {
    LinkList p;
    DataType e;            //栈的数据元素类型为 char
    SeqStack St;
    InitStack(&St);

    p = L->next;
    while(p != NULL) {
        Push(&St, p->data);
        p = p->next;
    }

    p = L->next;
    while(p != NULL) {
        e = Pop(&St);
        if(e == p->data)
            p = p->next;
        else
            break;
    }
    if(IsEmpty(&St))
        return 1;          //是回文
    else
        return -1;         //不是回文
}
```

本题也可以先遍历单链表统计表中结点个数，第二次遍历时将单链表中的前一半元素入栈，在遍历后一半元素时与出栈元素比较，直到表尾。与上述算法一样，均需两次遍历单链表，效率不算高。

3.2　队列经典试题

一、选择题

1. 队列是一种特殊的线性表，其特殊性在于（　　）。

A. 插入和删除在表的不同位置执行　　B. 插入和删除在表的两端位置执行

C. 插入和删除分别在表的两端执行　　D. 插入和删除都在表的某一端执行

答案：C

解析：队列允许在队头端进行删除，在队尾端进行插入，故插入与删除在不同的两端进行。故应选 C。

2. 下列关于队列的叙述中正确的是（　　）。

A. 在队列中只能插入数据　　B. 在队列中只能删除数据

C. 队列是先进先出的线性表　　D. 队列不是线性结构

答案： C

解析： 队列是一种先进先出的线性表，属于线性结构。故选项C叙述正确，选项D错误。队列允许在队头端进行删除，在队尾端进行插入，故选项A与B错误。故应选C。

3. 栈和队列的共同点是（　　）。

A. 都是先进后出　　B. 都是先进先出

C. 只允许在端点处插入和删除元素　　D. 没有共同点

答案： C

解析： 栈是一种特殊的线性表。栈是只能在表的一端进行插入和删除运算的线性表，具有先进后出的特点。队列也是一种特殊的线性表。队列是只允许在一端删除，在另一端插入的线性表，具有先进先出的特点。故栈与队列都是插入和删除操作受限的线性表，只能在端点出进行插入和删除操作。故应选C。

4. 下列关于栈和队列的描述中，正确的是（　　）。

A. 栈是先进先出　　B. 队列是先进后出

C. 队列允许在队头删除元素　　D. 栈在栈顶删除元素

答案： D

解析： 栈是一种特殊的线性表。栈是只能在表的一端进行插入和删除运算的线性表，通常称插入、删除的这一端为栈顶，另一端为栈底。队列也是一种特殊的线性表。队列是只允许在一端删除，在另一端插入的线性表，允许删除的一端叫作队头，允许插入的一端叫作队尾。故应选D。

5. 允许对队列进行的操作有（　　）。

A. 取出最近进队的元素　　B. 对队列中的元素排序

C. 删除队头元素　　D. 在队列元素之间插入元素

答案： C

解析： 删除队头元素即出队，是队列的基本操作之一。故应选C。

6. 循环队列存储在数组$A[0\cdots n]$中，入队时的操作为（　　）。

A. rear = (rear+l) mod (n−1)　　B. rear = rear+1

C. rear = (rear+1) mod (n+1)　　D. rear = (rear+1) mod n

答案： C

解析： 数组下标范围0~n，因此数组容量为n+1。循环队列中元素入队的操作是rear=(rear+1) mod maxsize，题中maxsize=n+1。因此入队操作应为rear=(rear+1) mod (n+1)。故应选C。

7. 对于循环队列，下列叙述中正确的是（　　）。

A. 队头指针是固定不变的

B. 队头指针一定大于队尾指针

C. 队头指针一定小于队尾指针

D. 队头指针可以大于队尾指针，也可以小于队尾指针

答案： D

解析： 队列是只允许在一端删除，在另一端插入的线性表，允许删除的一端叫作队头，允许插入的一端叫作队尾。顺序存储时队头指针代表队头元素所在下标，队尾指针指向代表队尾元素的下一个位置（下标）。出队时队头指针作加1模MaxSize运算，入队时队尾指针作加1模MaxSize运算，在经过一系列的出入队操作后，队头指针与队尾指针大小不能确定，有可能队头指针大于队尾指针，也有可能队头指

针小于队尾指针，还可能相等。故应选 D。

8. 对于循环队列，下列叙述中正确的是（　　）。

A. 循环队列有队头和队尾两个指针，因此循环队列是非线性结构

B. 循环队列中，只需要队头指针就能反映队列中元素的动态变化情况

C. 循环队列中，只需要队尾指针就能反映队列中元素的动态变化情况

D. 循环队列中，元素的个数是由队头指针和队尾指针共同决定的

答案：D

解析：循环队列虽有队头和队尾两个指针，但它是队列的一种顺序存储结构，而队列是一种线性表，所以循环队列是一种线性结构，故选项 A 错误。循环队列出队时队头指针作加 1 模 MaxSize 运算，入队时队尾指针作加 1 模 MaxSize 运算，队头指针和队尾指针的变化都会影响到队列中元素的变化，故选项 B 与 C 描述错误。循环队列元素的个数由公式（rear−front +MaxSize）% MaxSize 得到，故个数由队头指针和队尾指针共同决定的，故选项 D 正确。故应选 D。

9. 在具有 n 个单元的顺序存储的循环队列中，队满时共有（　　）个元素。

A. $n+1$　　B. $n-1$　　C. n　　D. 0

答案：B

解析：循环队列是为了解决顺序队列的假溢出问题而人为地想象成将存储空间首尾相接成循环，而为了区分空和满两种状态，牺牲了一个存储单元，所以队列中最多只能存放 $n-1$ 个元素，此时队满。故应选 B。

10. 顺序循环队列中（数组的大小为 n），队头指示 front 指向队列的第 1 个元素，队尾指示 rear 指向队列最后元素的后 1 个位置，则循环队列中存放了 $n-1$ 个元素，即循环队列满的条件为（　　）。

A. $(rear+1)\%n=front-1$　　B. $(rear+1)\%n=front$

C. $(rear)\%n=front$　　D. $rear+1=front$

答案：B

解析：图 2.3.1 给出了数组大小为 6 时的循环队列中存放了 5 个元素时 front 与 rear 的两种状态，front 与 rear 的差值的绝对值均为 1。此时 rear 加 1 模 6 运算后与 front 相等。故应选 B。

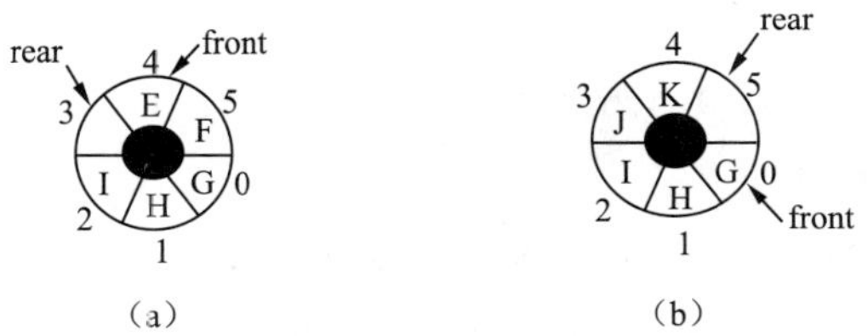

图 2.3.1　循环队列满的两种常态

11. 顺序循环队列中（数组的大小为 6），队头指示 front 和队尾指示 rear 的值分别为 4 和 2，当从队列中删除 2 个元素，再插入 1 个元素后，front 和 rear 的值分别为（　　）。

A. 6 和 3　　B. 5 和 4　　C. 0 和 3　　D. 3 和 2

答案：C

解析：循环队列出队（删除）时队头指针 front 作加 1 模 MaxSize 运算，入队（插入）时队尾指针 rear 作加 1 模 MaxSize 运算。所以删除 2 个元素，即 $front=(front+2)\%6$，结果为 0，插入 1 个元素 $rear=(rear+1)\%6$，结果为 3。故应选 C。

12. 若在一个大小为 12 的数组上实现循环队列，且当前队尾指针 rear = 3，对头指针 front = 8，则此时队列中有（　　）个元素。

A. 5　　B. 3　　C. 7　　D. 4

答案：C

解析：当前队尾指针 rear = 3，对头指针 front = 8，从图 2.3.2 可以了解下标 8、9、10、11、0、1、2 这 7 个存储单元中存放有元素，故此时队列中有 7 个元素。故应选 C。也可以利用公式（rear−front+12)%12 得到结果 7。

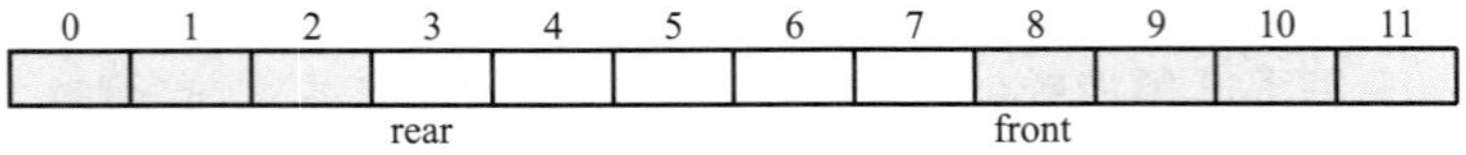

图 2.3.2　循环队列

13. 设栈 S 和队列 Q 的初始状态为空，元素 1、2、3、4、5 和 6 依次通过栈 S，一个元素出栈后即进入队列 Q，若 6 个元素出队的序列为 2、4、3、6、5 和 1，则栈 S 的容量至少应该为（　　）。

A. 6　　　B. 4　　　C. 3　　　D. 2

答案：C

解析：由队列的特点可知，队列的入队序列与出队序列相同，故入队序列为 2、4、3、6、5 和 1。由题意可知出栈序列就是入队序列，故出栈序列为 2、4、3、6、5 和 1。此出栈序列可有“1 进、2 进、2 出、3 进、4 进、4 出、3 出、5 进、6 进、6 出、5 出、1 出”实现。进出过程中，栈中最多只有3 个元素，故栈的大小至少应为 3。故应选 C。

14. 已知循环队列存储在一维数组 $A[0\cdots n-1]$ 中，且队列非空时 front 和 rear 分别指向队头元素和队尾元素。若初始时队列为空，且要求第一个进入队列的元素存储在 $A[0]$ 处，则初始时 front 和 rear 的值分别是（　　）。

A. 0，0　　　B. 0，$n-1$　　　C. $n-1$，0　　　D. $n-1$，$n-1$

答案：B

解析：根据题意，第一个元素进入队列后存储在 $A[0]$ 处，此时 front 和 rear 值都为 0。入队时要执行 (rear+1)n 操作，所以若入队后指针指向 0，则 rear 初值为 n-1，而由于第一个素在 $A[0]$ 中，插入操作只改变 rear 指针，所以 front 不变即 front 初值为 0。故应选 B。

15. 现有队列 Q 与栈 S，初始时 Q 中的元素依次是1,2,3,4,5,6（1 在队头），S 为空。若仅允许下列三种操作：①出队并输出出队元素；②出队并将出队元素入栈；③出栈并输出出栈元素，则不能得到的输出序列是（　　）。

A. 1,2,5,6,4,3　　　B. 2,3,4,5,6,1　　　C. 3,4,5,6,1,2　　　D. 6,5,4,3,2,1

答案：B

解析：选项 A 的操作顺序为①①②②①①③③。选项 B 的操作顺序为②①①①①①③。选项 D 的操作顺序为②②②②②①③③③③③。对于选项 C：首先输出 3，说明 1 和 2 必须先依次入栈，而此后 2 肯定比 1 先输出，因此无法得到1,2的输出顺序。故应选 C。

16. 为解决计算机主机与打印机间速度不匹配问题，通常设一个打印数据缓冲区。主机将要输出的数据依次写入该缓冲区，而打印机则依次从该缓冲区中取出数据。该缓冲区的逻辑结构应该是（　　）。

A. 队列　　　B. 栈　　　C. 线性表　　　D. 有序表

答案：A

解析：打印过程中主机不断往缓冲区写入打印业务，而打印机从缓冲区依次读取数据，吻合先到先打印的特点。故应选 A。

17. 用链接方式存储的队列，在进行删除运算时（　　）。

A. 仅修改头指针　　　B. 仅修改尾指针

C. 头、尾指针都要修改　　　D. 头、尾指针可能都要修改

答案：A

解析：队列的删除是在队头进行，而队头由头指针指向，故删除运算只需修改头指针。故应选 A。

二、综合应用题

1. Q 是一个顺序队列，S 是一个栈，大小均为 MaxSize，请设计一个算法实现将队列中的元素逆转。已知相关运算定义如下：

```
Push(S, x);              //元素 x 入栈 S
x=Pop(S);                //S 出栈并将出栈的值赋给 x
StackEmpty(S);           //判断栈是否为空
Enqueue(Q, x);           //将元素 x 入队
x = Outqueue(Q);         //出队,并将出队元素存储在 x 中
QueueEmpty(Q);           //判断队列是否为空
```

解答：

算法思路：假设队列的数据元素类型与栈中数据元素类型相同。

先将队列中的元素依次出队，并依次入栈，即出队一个元素，入栈一个元素，直至队列为空。再令栈中的元素依次出栈，并依次入队，即出栈一个元素，入队一个元素，直至栈为空。如此利用栈先进后出的特点实现了队列元素的逆转。

算法实现：

算法 2.3.2　队列元素逆转算法

```
void ReverseQueue(SeqQueue *Q, SeqStack *S)
{
    while(! QueueEmpty (Q) )
        Push(S, OutQueue(Q));
    while(! StackEmpty (S) )
        EnQueue(Q, Pop(S));
}
```

2. 利用两个栈 S1，S2 来模拟一个队列，已知栈的四个运算定义如下：

```
Push(S, x);              //元素 x 入栈 S
x=Pop(S);                //S 出栈并将出栈的值赋给 x
StackEmpty(S);           //判断栈是否为空
StackFull (S);           //判断栈是否满
```

如何利用栈的运算来实现该队列的三个运算（形参由读者根据要求自己设计）？

```
Enqueue;                 //将元素 x 入队
Outqueue;                //出队,并将出队元素存储在 x 中
QueueEmpty;              //判断队列是否为空
```

解答：利用两个栈 S1 和 S2 来模拟一个队列，当需要向队列中插入一个元素时，用 S1 来存放已输入的元素，即 S1 执行入栈操作。当需要出队时，则对 S2 执行出栈操作。由于从栈中取出元素的顺序是原顺序的逆序，所以必须先将 S1 中的所有元素全部出栈并依次入栈到 S2 中，再在 S2 中执行出栈操作，即可实现出队操作，而在执行此操作前必须判断 S2 是否为空，否则会导致顺序混乱。当栈 S1 和 S2 都为空时队列为空。

总结如下：

（1）对 S2 的出栈操作用作为出队，若 S2 为空，则先将 S1 中的所有元素出栈、送入 S2 中。

（2）对 S1 的入栈操作用作为入队，若 S1 满，必须先保证 S2 为空，才能将 S1 中的元素全部插入 S2 中。

算法2.3.3 入队算法

```
int EnQueue(Stack &S1, Stack S2, DataTypex) {
    if(!StackFull(S1)){
        Push(S1, x);
        return 1;
    }
    else if(!StackEmpty(S2))  {            //隐含条件 S1 满
        printf("队列满");
        return 0;
    }
    else  {                                //隐含条件 S1 满、S2 空
        while(!StackEmpty(S1)){
            e = Pop(S1);
            Push (S2, e);
        }
        Push(S1, x);
        return 1;
    }
}
```

算法2.3.4 出队算法

```
intOut Queue(Stack &S1,Stack &S2, DataType &x){
    if(!StackEmpty(S2)) {                  //S2 非空
        x = Pop(S2);
        return 1;
    }
    else if(StackEmpty(S1)) {              //隐含条件 S2 也是空,即 S1 与 S2 均空
        printf("队列为空");
        return 0;
    }
    else {                                 //S2 空,S1 非空
        while(!StackEmpty(S1)){
            e = Pop(S1);
            Push(S2, e);
        }
        x = Pop(S2);
        return 1;
    }
}
```

算法2.3.5 判断队列为空的算法

```
int QueueEmpty(Stack S1,Stack S2){
    if(StackEmpty(S1)&&StackEmpty(S2))
        return 1;
    else
        return 0;
}
```

3.3 数组经典试题

一、选择题

1. 二维数组 $A[11][6]$ 采用行优先方式存储，每个数据元素占 4 个字节，且 A[0][0] 的存储地址是 1 000，则 $A[7][4]$ 的地址是（　　）。

A. 1 184　　B. 1 208　　C. 1 236　　D. 1 324

答案： A

解析： 因为行优先存放，故可按口令前有 7 行（每行 6 个）、左有 4 个元素来推算 $A[7][4]$ 的地址，具体公式为 $\mathrm{Loc}(a_{i,j})=\mathrm{Loc}(a_{0,0})+(i\times n+j)\times L=1\ 000+(7\times6+4)\times4=1\ 184$。故应选 A。

2. 二维数组 $A[5][6]$ 采用列优先方式存储，每个数据元数占 5 个字节，且 A[0][0] 的存储地址是 1 000，则 $A[4][3]$ 的地址是（　　）。

A. 1 135　　B. 1 175　　C. 1 095　　D. 1 125

答案： C

解析： 因为列优先存放，故可按口令左有 3 列（每列 5 个）、前有 4 个元素来推算 $A[4][3]$ 的地址，具体公式为 $\mathrm{Loc}(a_{i,j})=\mathrm{Loc}(a_{0,0})+(j\times m+i)\times L=1\ 000+(3\times5+4)\times5=1\ 095$。故应选 C。

3. 三维数组 $A[9][8][7]$ 采用行优先方式存储，每个数据元数占 3 个字节，且 $A[0][0][0]$ 的存储地址是 100，则 $A[3][4][5]$ 的地址是（　　）。

A. 877　　B. 703　　C. 859　　D. 856

答案： B

解析： 按行优先存放，可按口令下有 3 个 8×7、前有 4 行、左有 5 个元素来推算 $A[3][4][5]$ 的地址，具体公式为 $\mathrm{Loc}(a_{k,i,j})=\mathrm{Loc}(a_{0,0,0})+(k\times m\times n+i\times n+j)\times L=100+(3\times8\times7+4\times7+5)\times3=703$。故应选 B。

4. 若将二维数组 $A[0\sim m-1][0\sim n-1]$ 中的元素按行优先顺序存储到下标从 0 开始的一维数组 $B[N]$ 中，则二维数组元素 $A[i][j]$ 在 B 中的下标为（　　）。

A. $i\times j$　　B. $i\times n$　　C. $i\times n+j$　　D. $j\times m+i$

答案： C

解析： 由题干可知二维数组的纬度为 m 行 n 列，二维数组第一个元素 $A[0][0]$ 对应存放于 $B[0]$ 中，假设元素 $A[i][j]$ 在 B 中的下标为 K，则只需计算行优先顺序下元素 $A[i][j]$ 前面共有多少个元素即可。而元素 $A[i][j]$ 的前有 i 行（每行 n 个），左有 j 个，故 $K=i\times n+j$。故应选 C。

5. 若将二维数组 $A[0\sim m-1][0\sim n-1]$ 中的元素按列优先顺序存储到下标从 p 开始的一维数组 $B[N]$ 中，则二维数组元素 $A[i][j]$ 在 B 中的下标为（　　）。

A. $j\times m+i+1$　　B. $j\times m+i$　　C. $i\times n+j$　　D. $j\times m+i$

答案： D

解析： 由题干可知二维数组的纬度为 m 行 n 列，二维数组第一个元素 $A[0][0]$ 对应存放于 $B[p]$ 中，假设元素 $A[i][j]$ 在 B 中的下标为 $p+K$，而 K 的计算与上一题相似，则只需计算列优先顺序下元素 $A[i][j]$ 前面共有多少个元素即可。而元素 $A[i][j]$ 的左有 j 行（每列 m 个），左有 i 个，故 $K=j\times m+i$，所以元素 $A[i][j]$ 在 B 中的下标为 $p+j\times m+i$。故应选 D。

6. 已知一个按行优先顺序存储的二维数组，各维长度为（10,7），物理下标从 0 开始，则物理下标为 44 的元素的逻辑下标是（　　）。

A. （6,2）　　B. （4,4）　　C. （2,6）　　D. （9,5）

答案： A

解析：利用本节选择题第 4 题选项 C 中的公式 $i\times n+j$ 即可推算，$44=6\times7+2$。故应选 A。

7. 已知一个按行优先顺序存储的四维数组 A，各维长度为（3,7,4,5），物理下标从 0 开始，则物理下标为 202 的元素的逻辑下标是（　　）。

A.（1,0,3,1）　　B.（1,3,0,1）　　C.（2,0,3,1）　　D.（1,3,0,2）

答案：D

解析：四维数组（3,7,4,5）可理解为 3 个三维数组（7,4,5）叠放而成，每个三维数组（7,4,5）又是由 7 个二维数组（4,5）叠放而成，每个二维数组又是由 4 个一维数组（5）叠放而成。四维数组元素 $A[p][k][i][j]$ 按行优先顺序存放时，要计算其物理下标只需计算其前面共有多少个元素即可。而元素 $A[p][k][i][j]$ 前有 p 个三维数组+k 个二维数组+i 个一维数组+左有 j 个，即前有 $p\times7\times4\times5+k\times4\times5+i\times5+j=140p+20k+5i+j$ 个，将四个选项中的逻辑下标代入计算，而选项 D 的计算结果为 202。故应选 D。

8. 已知一个按行优先顺序排列的五维数组 A，各维长度为（3,4,5,6,7），A(0,0,0,0,0)的物理下标为 0，则 $A(1,2,1,2,1)$的物理下标为（　　）。

A. 35　　B. 217　　C. 499　　D. 1 317

答案：D。

解析：五维数组元素 $A[s][p][k][i][j]$ 按行优先顺序存放时，要计算其物理下标只需计算其前面共有多少个元素即可。而元素 $A[s][p][k][i][j]$ 前有 s 个四维数组(4,5,6,7)+p 个三维数组(5,6,7)+k 个二维数组(6,7)+i 个一维数组(7)+左有 j 个，即前有 $s\times4\times5\times6\times7+p\times5\times6\times7+k\times6\times7+i\times7+j=8\ 405+210p+42k+7i+j=1\ 317$ 个。故应选 D。

二、综合应用题

请设计算法实现将二维整型数组 $A[0\sim m-1][0\sim n-1]$ 中的元素按行优先顺序存储到下标从 0 开始的一维整型数组 $B[N]$ 中（N 足够大）。

解答：

算法思路：按行优先遍历二维数组元素，依次存放于 B 数组中，并将元素个数通过函数返回值方式返回。

算法实现：

算法 2.3.6　按行优先顺序存储数组

```
int reduceDim (int (*A)[], int m, int n, int B[] ){
    int k = 0;
    int i,j;
    for(i = 0; i<m; i++)
        for(j = 0; j<n; j++)
            B[k++] = A[i][j];
    return k;
}
```

3.4　矩阵经典试题

一、选择题

1. 稀疏矩阵的压缩存储方法通常有两种，即（　　）。

A. 二元组方法和三元组顺序表　　B. 三元组顺序表和二叉链表

C. 三元组顺序表和十字链表　　D. 邻接矩阵和十字链表

答案：C

解析：三元组表的结点存储了行 row、列 col、值 value 三种信息，是主要用来存储稀疏矩阵的一种数据结构。十字链表将行单链表和列单链表结合起来存储稀疏矩阵。邻接矩阵空间复杂度达为 $O(n^2)$，不适合于存储稀疏矩阵。二叉链表可用于表示树或森林。故应选 C。

2. 对稀疏矩阵进行压缩存储的目的是（　　）。

A. 降低运算时间　　B. 节约存储空间　　C. 便于矩阵运算　　D. 便于输入和输出

答案：B

解析：稀疏矩阵中含有很多相同元素或零元素，压缩存储时采用尽可能少存或不存零元素、相同元素只存储一个的策略。故压缩存储时节约了存储空间。故应选 B。

3. 在稀疏矩阵的三元组表示法中，每个三元组表示（　　）。

A. 矩阵中非零元素的值　　B. 矩阵中数据元素的行号和列号

C. 矩阵中数据元素的行号、列号和值　　D. 矩阵中非零元素的行号、列号和值

答案：D

解析：三元组表示法是一种稀疏矩阵压缩存储方法，只存储非零元素的信息，这些信息包含行 row、列 col 和值 value。故应选 D。

4. 有一个 100×90 的稀疏矩阵，非零元素共有 10 个整型数，设整型数占用 2 个字节，则用三元组顺序表存放该矩阵时，所需的字节数为（　　）。

A. 60　　B. 66　　C. 33　　D. 20

答案：B

解析：三元组表的结点存储了非零元素的行 row、列 col、值 value 三种信息，并约定第一个结点存储稀疏矩阵的行列数以及非零元素的个数，又因非零元素共有 10 个，故三元组表中占用了 11 个结点空间。行、列均为整型数，非零元素也为整型数，由题意可知每个结点占用 $3\times2=6$ 个字节，故 11 个结点共占用 $6\times11=66$ 个字节。故应选 B。

5. 设将对称矩阵 $A[15][15]$ 的下三角区和主对角线上的元素以行优先方式压缩存储到一维数组 S 中，且 $a[0][0]$ 存放于 $S[0]$ 中，则矩阵元素 $a[6][5]$ 在数组 S 中的下标是（　　）。

A. 42　　B. 13　　C. 26　　D. 32

答案：C

解析：按行优先压缩存储，故 $a[6][5]$ 前有 6 行，共有 $1+2+3+4+5+6=6\times(6+1)/2=21$ 个元素，$a[6][5]$ 是第 6+1 行上的第 5+1 个元素（$a[6][5]$ 的左侧有 5 个元素），数组 S 从下标 0 开始，故 $a[6][5]$ 在数组 S 中的下标 $21+5=26$。故应选 C。

6. 设将对称矩阵 $A[15][15]$ 的下三角区和主对角线上的元素以行优先方式压缩存储到一维数组 S 中，且 $a[0][0]$ 存放于 $S[0]$ 中，则矩阵元素 $a[3][4]$ 在数组 S 中的下标是（　　）。

A. 42　　B. 13　　C. 26　　D. 32

答案：B

解析：$a[3][4]$ 是上三角区元素，对应下三角区元素 $a[4][3]$，只需计算 $a[4][3]$ 在数组 S 中的下标即可。按第 5 题的计算方法 $4\times(4+1)/2+3=13$。故应选 B。

7. 设有对称矩阵 $A[0\sim14][0\sim14]$，试将其下三角区和主对角线上的元素以行优先方式压缩存储到起始地址为 1 000 存储空间中，若每个元素占用 4 个字节，则矩阵元素 $a[9][7]$ 存储地址是（　　）。

A. 1 420　　B. 1 380　　C. 1 208　　D. 1 320

答案：C

解析：按行优先压缩存储，故 $a[9][7]$ 前有 9 行，共有 $1+2+3+4+5+6+7+8+9=9\times(9+1)/2=45$ 个元

素，$a[9][7]$是第9+1行上的第7+1个元素（$a[9][7]$的左侧有7个元素），即压缩存储时$a[9][7]$的前面共有45+7=52个元素，每个元素占用4个字节，故$a[9][7]$存储地址为1 000+52×4=1 208。故应选C。

8. 设有矩阵$A[9][10]$按行优先方式存放于起始地址为100的存储空间，且每个元素占3个字节，则元素$a[8][4]$的存储地址是（　　）。

A. 295　　B. 375　　C. 352　　D.

答案： C

解析： 按行优先方式存储时元素$a[8][4]$的前面有8行（每行10个元素）、左有4个元素，即前面共有8×10+4=84个元素，题意已知每个元素占用3个字节，故$a[8][4]$ 的存储地址为100+84×3=352。故应选C。

9. 设将下三角矩阵$A[0\sim9][0\sim9]$以行优先方式压缩存储到一维数组S中，且$a[0][0]$存放于$S[1]$中，则矩阵元素$a[7][5]$在数组S中的下标是（　　）。

A. 68　　B. 75　　C. 33　　D. 34

答案： D

解析： 按行优先压缩存储，故a[7][5]前有7行，共有1+2+3+4+5+6+7=7×(7+1)/2=21个元素，$a[7][5]$是第7+1行上的第5+1个元素（$a[7][5]$的左侧有5个元素），即压缩存储时$a[7][5]$的前面共有21+5=26个元素，因数组S从下标1开始存放，故$a[7][5]$在数组S中的下标为26。故应选D。

10. 设将上三角矩阵$A[0\sim9][0\sim9]$以行优先方式压缩存储到一维数组S中，且$a[0][0]$存放于$S[0]$中，则矩阵元素$a[5][7]$在数组S中的下标是（　　）。

A. 57　　B. 22　　C. 43　　D. 42

答案： D

解析： 因为矩阵元素下标从0,0开始，所以元素$a[5][7]$处于第5+1行，这样压缩存储时排在元素$a[5][7]$前面的元素有第1行10个，第2行9个，第3行8个，第4行7个，第5行6个，第6行只有2个（$a[5][5]$和$a[5][6]$），共10+9+8+7+6+2=(10+6)×5/2+2=42个，又由于$a[0][0]$存放于$S[0]$中，所以$a[5][7]$在数组S中的下标为42。故应选D。

11. 设将上三角矩阵$A[0\sim14][0\sim14]$以行优先方式压缩存储到起始地址为1 000的存储空间中，若每个元素占用5个字节，则矩阵元素$a[7][11]$的存储地址是（　　）。

A. 1 440　　B. 1 380　　C. 1 104　　D. 1 320

答案： A

解析： 因为矩阵元素下标从0，0开始，所以元素$a[7][11]$处于第8行，这样压缩存储时排在元素$a[7][11]$前面的元素有第7行，分别包含15、14、13、12、11、10、9个元素，第8行只有11−7个（$a[7][7]\sim a[7][10]$），共15+14+13+12+11+10+9+4=(15+9)×7/2+4=88，故$a[7][11]$的存储地址为1 000+88×5=1 440。故应选A。

二、综合应用题

1. 请设计算法实现用二维数组存储的稀疏矩阵的转置。

算法2.3.7　用二维数组存储的稀疏矩阵的转置

```
#define MaxSize 100
typedef  int  DataType;
typedef  struct {
```

```
DataType  data[MaxSize][MaxSize];
     int   m, n;                              //行数、列数
}Matrix;
void MatrixTranspose(Matrix *M, Matrix *T){     //M 为原矩阵,T 为转置后的矩阵
    int i, j;
    T->m = M->n; T->n = M->m;
    for (i=0; i<M->m; i++)
        for (j=0; j<M->n; j++)
            T->data[j][i] = M->data[i][j];
}
```

2. 请设计算法实现用三元组顺序表存储的稀疏矩阵的转置。

算法 2.3.8　用三元组顺序表存储的稀疏矩阵的转置

```
#define  MaxSize  100
typedef  int  DataType;
typedef struct {
    int  row, col;                            //非零元素的行下标和列下标
    DataType  value;                          //非零元素的值
} Triple;                                     //三元组类型
typedef  struct {
    Triple  data[MaxSize];
     int   m, n, len;                         //行数、列数、非零元个数
} TMatrix;                                    //顺序表类型
void MatrixTranspose2(TMatrix *M, TMatrix *T){ //M 为原三元组,T 为转置后的原三元组
    int i, j, k;
    T->m=M->n;  T->n=M->m;T->len=M->len;      //初始化 T
    if(T->len>0){
        k=0;
        for(j=0; j<M->n;j++)                  //对 M 的每一列
            for(i=0; i<M->len; i++)           //扫描 M 的三元组表
                if(M->data[i].col == j){      //保证 T 中按行优先存
                    T->data[k].row = M->data[i].col;
                    T->data[k].col = M->data[i].row;
                    T->data[k].value = M->data[i].value;
                    k++;
                }
    }
}
```

3. 设有 5×5 矩阵 $\boldsymbol{A}$ 如图 2.3.3 所示，若将 $\boldsymbol{A}$ 视为一个上三角矩阵时，请画出 $\boldsymbol{A}$ 的按行优先存储时的压缩存储表 S。若将 $\boldsymbol{A}$ 视为一个稀疏矩阵时，请画出 $\boldsymbol{A}$ 的三元组顺序表。

$$\boldsymbol{A}_{5\times5}=\begin{pmatrix}1&0&0&0&2\\0&3&0&0&4\\0&0&0&5&0\\0&0&0&6&0\\0&0&0&0&7\end{pmatrix}$$

图 2.3.3　矩阵 A

解答：压缩存储表 S 与三元组顺序表如图 2.3.4 和图 2.3.5 所示。

0	1	2	3	4	5	6	7	8	9	10	11	12	13	14
1	0	0	0	2	3	0	0	4	0	5	0	6	0	7

图 2.3.4　压缩存储表

下标	row	col	value
0	5	5	7
1	0	0	1
2	0	4	2
3	1	1	3
4	1	4	4
5	2	3	5
6	3	3	6
7	4	4	7

图 2.3.5　三组顺序表 S

3.5　广义表经典试题

选择题

1. 广义表 A=(a,b,(c,d),(e,(f,g)))，则 GetHead(GetTail(GetHead(GetTail(GetTail(A)))的值为（　　）。

A. (g)　　B. (d)　　C. c　　D. d

答案：D

解析：因 GetTail(A)得到的广义表为(b,(c,d),(e,(f,g)))，记为 B。GetTail(B)=((c,d),(e,(f,g)))，记为 C。GetHead(C)=(c,d)，记为 D。GetTail(D)=(d)，记为 E。GetHead(E)=d。故应选 D。

2. 广义表（a,b,c,d）的表头是（　　），表尾是（　　）。

A. a　　B. ()　　C. (a,b,e,d)　　D. (b,c,d)

答案：A、D

解析：表头是第一个元素，表尾是由第二个元素~尾元素构成的子表。故应选 A、D。

3. 设广义表 L=((a,b,c))，则 L 的长度和深度分别为（　　）。

A. 1 和 1　　B. 1 和 3　　C. 1 和 2　　D. 2 和 3

答案：C

解析：L 中只有一个元素（a,b,c），所以长度为 1。广义表的深度是指括号的层数，故 L 的深度为 2。故应选 C。

3.6　串经典试题

选择题

1. 设有两个串 S 和 T，求 T 在 S 中首次出现的位置的运算称为（　　）。

A. 求子串　　B. 判断是否相等

C. 模式匹配　　D. 连接

答案：C

解析：求子串的操作是从 S 中截取第 i 个字符起，长度为 l 的子串，所以 A 错。B、D 明显错误。故应选 C。

2. KMP 算法的特点是在模式匹配时指示主串的指针（　　）。

A. 不会变大　　B. 不会变小　　C. 都有可能　　D. 无法判断

答案： C

解析： 在 KMP 算法的比较过程中，主串不会回溯，所以主串的指针不会变小。故应选 B。

3. 设主串的长度为 n，子串的长度为 m，则简单的模式匹配算法的时间复杂度为（　　），KMP 算法的时间复杂度为（　　）。

A. $O(m)$　　B. $0(n)$　　C. $O(mn)$　　D. $O(m+m)$

答案： C、D

解析： 尽管实际应用中，一般情况下简单的模式匹配算法的时间复杂度近似 $O(m+n)$，但它的理论时间复杂度还是 $O(mn)$，故应选 C。KMP 算法的时间复杂度为 $O(m+n)$，故应选 D。

4. 已知串 T="ababaa"，其 next 数组值为（　　）。

A. 012312　　B. 011213　　C. 011234　　D. 121123

答案： C

解析： 采用手工求 next 数组。next［1］=0。

（1）$j=2$:"a"的前、后缀子串都为空，所以前缀、后缀最长公共子串为∅，长度为 0。所以 next[2] = 1。

（2）$j=3$:"ab"的前缀子串为"a"，后缀子串为"b"，所以前缀、后缀子最长公共串为∅，长度为 0。所以 next[3] = 1。

（3）$j=4$:"aba"的前缀子串为"a"、"ab"，后缀子串为"a"、"ba"，所以前缀、后缀最长公共子串为"a"，长度为 1。所以 next[4] = 2。

（4）$j=5$:"abab"的前缀子串为"a"、"ab"、"aba"，后缀子串为"b"、"ab"、"bab"，所以前缀、后缀最长公共子串为"ab"，长度为 2。所以 next[5] = 3。

（5）$j=6$:"ababa"的前缀子串为"a"、"ab"、"aba"、"abab"，后缀子串为"a"、"ba"、"aba"、"baba"，所以前缀、后缀最长公共子串为"aba"，长度为 3。所以 next[6] = 4。故应选 C。

5. 已知字符串 S 为"abaabaabacacaabaabcc"，模式串 T 为"abaabc"采用 KMP 算法进行匹配，第一次出现"失配"（s[i]≠t[j]）时，$i=j=5$，则下次开始匹配时，i 和 j 的值分别是（　　）。

A. $i=1, j=0$　　B. $i=5, j=0$　　C. $i=5, j=2$　　D. $i=6, j=2$

答案： C

解析： 有第一次出现"失配"时 $i=j=5$ 可知，主串与模式串位序从 0 开始，模式串回溯位置即为前后缀最长公共子串。按照 next 数组生成算法，得到模式串 T 的 next 数组，见表 2.3.1。

表 2.3.1　模式串的 next 数组

位　序	0	1	2	3	4	5
串　T	a	b	a	a	b	c
next 数组	0	0	0	1	1	2

发生"失配"时，主串不回溯，即 i 不变，模式串指针 j 回退到 next[j]，再开始下一趟的匹配过程，失配时 $i=j=5$，所以 j 回溯到 next[j]=next[5]=2，因此，$i=5$，$j=2$。故应选 C。

6. 设主串 S="abaabaabcabaabc"，模式串 T="abaabc"，采用 KMP 算法进行模式匹配，到匹配成功时为止，在匹配过程中进行的单个字符间的比较次数是（　　）。

A. 9　　B. 10　　C. 12　　D. 15

答案： B

解析： 假设从位序 0 开始，则模式串 T 对应的 next 数组见表 2.3.1。第一趟需要比较 6 次，即 $i=j=5$

时发生“失配”，此时 j 回溯到 next[5]=2，开始下一趟的匹配。第二趟从 $i=5$，$j=2$ 开始匹配，如图 2.3.6 所示。直到 $i=8$，$j=5$ 时匹配成功，所以第二趟比较了 4 次，所以共比较了两趟，共比较了 6+4=10 次，即模式匹配成功。故应选 B。

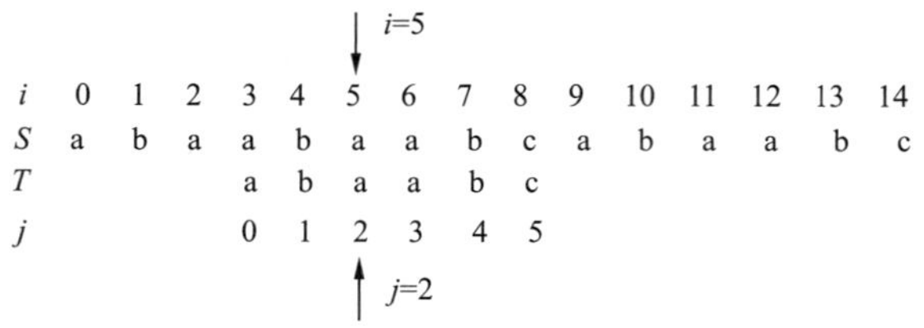

图 2.3.6　第二趟匹配的开始位置

第 4 章

树和二叉树

4.1 树经典试题

一、选择题

1. 树最适合用来表示（　　）的数据。

A. 有序　　B. 无序

C. 元素之间有多种关系　　D. 元素之间具有分支层次关系

答案： D

解析： 树是一种分支结构，它特别适合用于组织具有分支层次关系的数据。故应选 D。

2. 选择存储结构时，不仅要考虑数据元素本身的存储，还需要考虑（　　）的存储。

A. 数据元素之间的逻辑关系　　B. 数据元素内部数据项之间的关系

C. 数据元数的运算　　D. 数据元数的操作

答案： A

解析： 选择存储结构时，不仅要考虑数据元素本身的存储，还需要考虑数据元素之间逻辑关系的存储。故应选 A。

3. 一棵树具有 n 个结点，则该树中所有结点的度数之和为（　　）。

A. $n-1$　　B. n　　C. $n+1$　　D. $2n$

答案： A

解析： 除根结点外，其他每个结点都是某个结点的孩子（即除根结点外，其他结点均有唯一的直接前驱），因此树中所有结点的度数之和为结点减 1。故应选 A。

4. 一棵度为 m、高度为 h 的树（　　）。

A. 至少有 $h+m-1$ 个结点　　B. 至多有 $h\times m-1$ 个结点

C. 至多有 $h\times m$ 个结点　　D. 至少有 $h+m$ 个结点

答案： A

解析： 要使结点个数最少，需满足至少有一个结点的度为 m，每层的结点数尽可能少（至少为 1 个），这样高度为 h 树，当其中的 $h-1$ 层，每层只有一个结点，另外一层有 m 个结点时结点个数最少，故应选 A。要使结点个数最多，应使每个分支结点的度均为 m，此时第 1 层结点数为 1，第 2 层结点数为 m，第 3 层结点数为 m^2，第 4 层结点数为 m^3，……，第 h 层结点数为 m^{h-1}，这样结点最多为 $1+m+m^2+m^3+\cdots+m^{h-1}=(m^h-1)/(m-1)$。

5. 一棵具有 n 个结点，度为 4 的树（　　）。

A. 树的高度至多是 $n-3$　　B. 树的高度至多是 $n-4$

C. 第 i 层上至多有 $4\times(i-1)$ 个结点　　D. 至少在某一层上正好有 4 个结点

答案： A

解析： 要使 n 个结点、度为 4 的树的高度最大，则每层的结点数应尽可能少（至少为 1 个），最多有一个结点的度为4，比如最后一层有4个结点，其他层每层有1个结点，这样该树的高度为$n-3$。而度为4的树第i层上至多有4^{i-1}个结点，所以选项C错误。度为4的树只能说明至少有一个结点（正好，也是最多）的孩子结点数为4，故选项D错误。故应选A。

6. 一棵具有50个结点、度为3的树的最小高度为（　　）。

A. 4　　B. 5　　C. 6　　D. 7

答案： B

解析： 要使高度最小，应使每个分支结点的度均为3，则第1层结点数为1，第2层结点数为3，第3层结点数为3^2，第4层结点数为3^3，……，第h层结点数为3^{h-1}，这样h层的树结点最多为$(3^h-1)/(3-1)$。而$(3^4-1)/(3-1)<50<(3^5-1)/(3-1)$，即$40<50<121$，所以最小高度为5。故应选B。

7. 一棵度为4的树中，若有10个度为4的结点，8个度为3的结点，3个度为2的结点，11个度为1的结点，则树中的叶子结点个数为（　　）。

A. 49　　B. 50　　C. 51　　D. 52

答案： C

解析： 设树中度为$i(i=0,1,2,3,4)$的结点数分别为n_i，树中结点总数为n，则分支数为$n-1$，同时分支数等于各结点的度之和，即$n-1=n_0+n_1+n_2+n_3+n_4-1=n_1+2\times n_2+3\times n_3+4\times n_4$，代入题中的各个数，即$n_0+11+3+8+10=11+2\times 3+3\times 8+10\times 4$，故$n_0=51$，即叶子数为51。故应选C。

8. 树的遍历策略可分为前序遍历和后序遍历，二叉树的遍历策略可分为前序、中序和后序三种遍历。则下面叙述中正确的是（　　）。

A. 树的前序遍历序列与其对应的二叉树前序遍历序列相同

B. 树的后序遍历序列与其对应的二叉树后序遍历序列相同

C. 树的前序遍历序列与其对应的二叉树中序遍历序列相同

D. 以上都不对

答案： A

解析： 树的前序遍历和对应二叉树的前序遍历相同，树的后序遍历与对应二叉树的中序遍历相同。故应选A。

9. 设F是由T_1、T_2和T_3三棵树组成的森林，B为F转化而成的二叉树。已知T_1、T_2和T_3的结点数分别是n_1、n_2和n_3，则二叉树B的左子树中有（　　）个结点，右子树中有（　　）个结点。

A. n_1-1　　B. n_1+1　　C. n_2+n_3　　D. $n_1+n_2+n_3-1$

答案： A、D

解析： 根据转换原理可知T_1的根结点对应二叉树的根结点，T_1的子树构成二叉树左子树，T_2和T_3构成二叉树的右子树，故二叉树左子树上有n_1-1个结点，右子树有n_2+n_3个结点。

二、综合应用题

1. 已知一棵树，如图2.4.1所示，请回答以下问题：

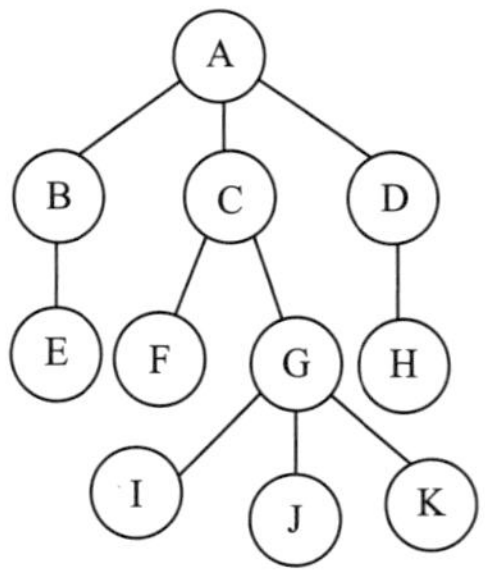

图2.4.1　一棵树

（1）树的根结点是哪个结点？叶子结点是哪些？

（2）结点C的双亲是哪个结点？孩子结点是哪些？

（3）结点C、G的度分别是多少？树的度是多少？

（4）结点K所在层次是多少？树的深度是多少？

（5）以G为根的子树的深度是多少？

（6）结点G的兄弟是哪些？

（7）请写出该树的前序遍历、后序遍历和层次遍历结果。

（8）请给出该树的双亲表示法、数组方式孩子表示法和链表方式孩子表示法。

解答：

（1）根结点为 A，叶子结点为 E、F、H、I、J、K。

（2）结点 C 的双亲为 A，孩子为 F、G。

（3）结点 C、G 的度分别是 2、3，树的度是 3。

（4）结点 K 所在层次是 4，树的深度 4。

（5）以 G 为根的子树的深度是 2。

（6）结点 G 的兄弟是 C。

（7）该树的前序遍历结果为 ABECFGIJKDH，后序遍历结果为 EBFIJKGCHDA，层次遍历结果为 ABCDEFGHIJK。

（8）该树双亲表示法、数组方式孩子表示法和链表方式孩子表示法分别如图 2.4.2~图 2.4.4 所示。

下标	data	parent
0	A	−1
1	B	0
2	C	0
3	D	0
4	E	1
5	F	2
6	G	2
7	H	3
8	I	6
9	J	6
10	K	6

图 2.4.2　双亲表示法

下标	data	child[0]	child[1]	child[2]
0	A	1	2	3
1	B	4	-1	-1
2	C	5	6	-1
3	D	7	-1	-1
4	E	-1	-1	-1
5	F	-1	-1	-1
6	G	8	9	10
7	H	8	-1	-1
8	I	-1	-1	-1
9	J	-1	-1	-1
10	K	-1	-1	-1

图 2.4.3　数组方式孩子表示法

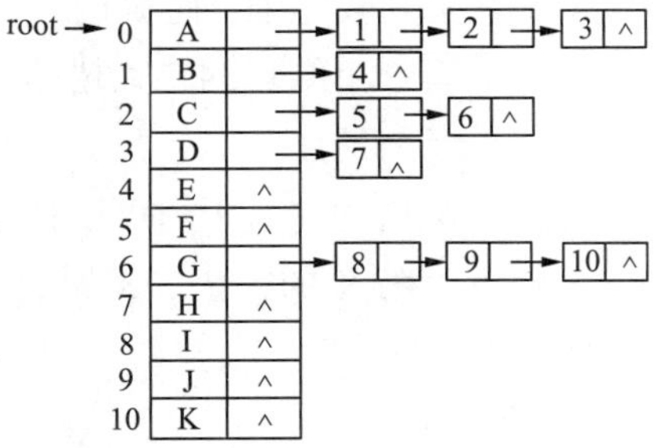

图 2.4.4　链表方式孩子表示法

2. 已知一棵树中，有 n_1 个度为 1 的结点，有 n_2 个度为 2 的结点，……，有 n_m 个度为 m 的结点，请问该树中有多少个叶子结点？

解答：

假设叶子结点数为 n_0，由于树中分支数为结点总数减 1，所以分支数为：$n_0+n_1+n_2+\cdots+n_m-1$。

而分支数就是各结点度数之和，故分支数又为：$1\times n_1+2\times n_2+3\times n_3+\cdots+m\times n_m$。

所以 $n_0+n_1+n_2+\cdots+n_m-1=1\times n_1+2\times n_2+3\times n_3+\cdots+m\times n_m$

因此 $n_0=1\times n_2+2\times n_3\cdots+(m-1)\times n_m+1=\sum_{i=2}^{m}(i-1)\times n_i+1$

故该树中有 $\sum_{i=2}^{m}(i-1)\times n_i+1$ 个叶子结点。

3. 已知一棵树，它的度为 4，且度为0,1,2,3的结点数分别为17,8,4,3，求该树的结点总数 n 和度为 4 的结点个数。

解答：

设树中度为 $i(i=0,1,2,3,4)$ 的结点数分别为 n_i，树中结点总数为 n，所以 $n=n_0+n_1+n_2+n_3+n_4$。

而分支数为结点总数减 1，且分支数又等于各结点的度之和，所以

$$n_0+n_1+n_2+n_3+n_4-1=1\times n_1+2\times n_2+3\times n_3+4\times n_4,$$

因此 $n_4=(n_0-n_2-2\times n_3-1)/3=(17-4-2\times 3-1)/3=2$。

进而求得结点总数为 $n=17+8+4+3+2=34$。故该树中有 34 个结点，度为 4 的结点个数为 2。

4. 已知一棵二叉树，如图 2.4.5 所示，请将它转换成对应的树或森林。

解答： 该二叉树对应的森林如图 2.4.6 所示。

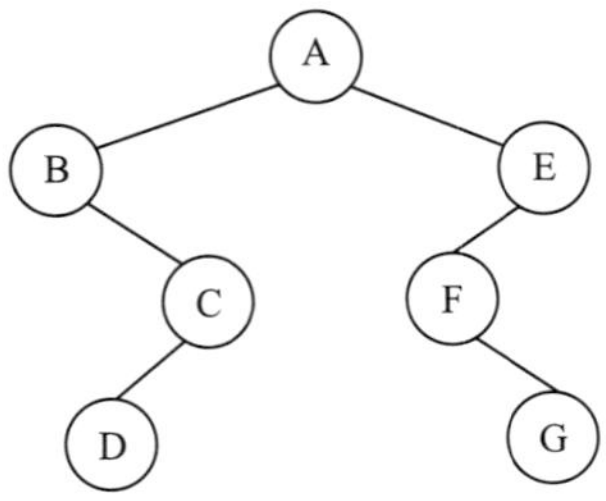

图 2.4.5　一棵二叉树

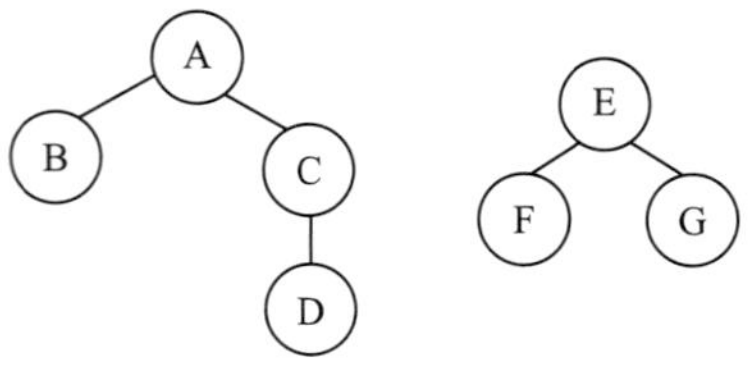

图 2.4.6　二叉树对应的森林

4.2　二叉树经典试题

一、选择题

1. 在下列叙述中，正确的是（　　）。

① 只有一个结点的二叉树的度为 0。

② 二叉树的度为 2。

③ 二叉树的左右子树可以任意交换。

④ 深度为 K 的完全二叉树的结点个数小于或等于深度相同的满二叉树。

A. ①②③　　B. ②③④　　C. ②④　　D. ①④

答案： D

解析： 只有一个结点的二叉树时，即二叉树只有一个根结点，此时该结点无孩子结点，故该结点的度为 0，而二叉树的度取树中所有结点的度的最大值，故该二叉树的度为 0，①描述正确。②显然描述错误，当二叉树为空、或只有一个结点或只有两个结点时，二叉树的度均不为 0。二叉树是有序树，区分左右孩子结点，故③描述错误。完全二叉树是一种特殊的二叉树，其特点是除了最后一层外，其他层的结点数都达到最大值，并且最后一层的结点都集中在最左边，最后一层至少有一个结点，当最后一层结点达到最多 2^{k-1} 时，就是满二叉树。所以④描述正确。故应选 D。

2. 下列二叉树描述中，正确的是（　　）。

A. 二叉树至少有一个度为 2 的结点　　B. 二叉树的度为 2

C. 二叉树的度可以小于 2　　D. 二叉树中任一结点的度均为 2

答案： C

解析： 二叉树可以是空集合，也可以只有一个根结点，或根可以有空的左子树或空的右子树。当空集或只有一个根结点时，此二叉树的度为 0，所以二叉树的度可以小于 2。故应选 C。

3. 下列二叉树描述中，正确的是（　　）。

A. 任何一棵二叉树必须有一个度为 2 的结点　B. 二叉树的度可以小于 2

C. 非空二叉树有 0 个或者 1 个根结点　　D. 至少有 2 个根结点

答案： B

解析： 二叉树是有 $n \geqslant 0$ 个结点的有限集合构成，此集合或者为空集，或者由一个根结点及两棵互不相交的左右子树组成，并且左右子树都是二叉树。二叉树可以是空集合，根可以有空的左子树或空的右子树。二叉树不是树的特殊情况，它们是两个概念。二叉树具有两个特点：①非空二叉树只有一个根结点。②每一个结点最多有两棵子树，且分别称为该结点的左子树和右子树。故应选 B。

4. 深度为 5 的满二叉树总结点数为（　　）。

A. 15　　B. 16　　C. 31　　D. 32

答案：C

解析：依据 4.2.2 节二叉树的性质 2，满二叉树结点总数达到最大，故为 $2^5-1=31$。故应选 C。

5. 深度为 10 的满二叉树上的第 8 层结点数为（　　）。

A. 127　　B. 128　　C. 256　　D. 255

答案：B

解析：10 层满二叉树中的第 8 层结点数达到最大，依据性质 1，可得 $2^{8-1}=128$。故应选 B。

6. 深度为 10 的完全二叉树上的第 9 层结点数为（　　）。

A. 127　　B. 128　　C. 256　　D. 255

答案：C

解析：10 层完全二叉树中的前 9 层是满二叉树，故第 9 层结点数达到最大，依据性质 1，可得 $2^{9-1}=256$。故应选 C。

7. 在深度为 6 的满二叉树中，叶子结点的个数为（　　）。

A. 32　　B. 31　　C. 16　　D. 15

答案：A

解析：6 层的满二叉树中叶子结点处于第 6 层，且第 6 层的结点数到达最大，得 $2^{6-1}=32$。故应选 A。

8. 在深度为 6 的满二叉树中，非叶子结点的个数为（　　）。

A. 32　　B. 31　　C. 16　　D. 15

答案：B

解析：该满二叉树中前 5 层结点为非叶子结点，前 5 层也是满二叉树，故利用性质 2，可得 $2^5-1=31$。故应选 B。

9. 一棵二叉树有 15 个叶子结点，则有（　　）个度为 2 的结点。

A. 14　　B. 15　　C. 16　　D. 25

答案：A

解析：依据性质 3，$n_2=n_0-1=15-1=14$。故应选 A。

10. 一棵二叉树有 15 个度为 2 的结点，则有（　　）个叶子结点。

A. 14　　B. 15　　C. 16　　D. 25

答案：C

解析：依据性质 3，$n_0=n_2+1=15+1=16$。故应选 C。

11. 假定在一个二叉树中，双分支结点为 15 个，单分支结点为 32 个，则二叉树的结点个数为（　　）个。

A. 78　　B. 80　　C. 61　　D. 63

答案：D

解析：依据性质 3，$n_0=n_2+1=15+1=16$。结点个数为 $n_0+n_1+n_2=16+32+15=63$。故应选 D。

12. 一棵二叉树共有 25 个结点，其中度为 2 的结点有 5 个，则有（　　）个度为 1 的结点。

A. 14　　B. 16　　C. 31　　D. 33

答案：A

解析：依据性质 3，$n_0=n_2+1=5+1=6$，而 $n=n_0+n_1+n_2$，所以 $n_1=n-n_0-n_2=25-6-5=14$。故应选 A。

13. 一棵具有 n 个结点的二叉树中有 n_0 个叶子结点，则度为 1 的结点有（　　）个。

A. $n-n_0+1$　　B. $n-2\times n_0$　　C. $n-2\times n_0+1$　　D. $n-n_0-1$

答案：C

解析：依据性质 3，$n_2=n_0-1$。又因为 $n=n_0+n_1+n_2$，所以 $n_1=n-n_0-n_2=n-n_0-(n_0-1)=n-2\times n_0+1$。故应选 C。

14. 一棵具有 299 个结点的完全二叉树，其深度为（　　）。

A. 7　　B. 8　　C. 9　　D. 10

答案：C

解析：依据性质 5，$h=\lfloor \log_2 n \rfloor+1=9$。故应选 C。

15. 一棵深度为 9 的完全二叉树，其结点总数至少为（　　）。

A. 255　　B. 256　　C. 511　　D. 512

答案：B

解析：深度为 9 的完全二叉树，其前 8 层为满二叉树，依据性质 2，故前 8 层结点数达到最多，为 $2^8-1=255$ 个。要使结点总数达到最少，则第 9 层至少有 1 个结点。故结点总数为 $255+1=256$ 个。故应选 B。

16. 一棵深度为 9 的完全二叉树，其结点总数至多为（　　）。

A. 255　　B. 256　　C. 511　　D. 512

答案：C

解析：要使深度为 9 的完全二叉树结点总数达到最多，因使其第 9 层结点数达到最多，因其前 8 层为满二叉树，所以此完全二叉树在满二叉树时达到结点总数最多。结点数为 $2^9-1=511$ 个。故应选 C。

17. 深度为 6 的完全二叉树，结点数不可能是（　　）。

A. 31　　B. 32　　C. 33　　D. 34

答案：A

解析：设结点总数为 n，深度为 6 的完全二叉树，其前 5 层为满二叉树（$2^5-1=31$），第 6 层上至少有 1 个结点，至多有 $2^{6-1}=32$ 个结点，故 $31+1\leqslant n\leqslant 31+32$，即深度为 6 的完全二叉树的结点个数范围为 32~63。故应选 A。

18. 深度为 7 的二叉树共有 127 个结点，则下列说法中错误的是（　　）

A. 该二叉树有一个度为 1 的结点　　B. 该二叉树是满二叉树

C. 该二叉树是完全二叉树　　D. 该二叉树有 64 个叶子结点

答案：A

解析：深度为 7 且结点数为 127，是一个满二叉树（即完全二叉树），所以没有度为 1 的结点。前 6 层总结点数为 63，第 7 层上共有 $127-63=64$ 个，均为叶子。故应选 A。

19. 若一棵完全二叉树有 768 个结点，则该二叉树中叶子结点的个数为 C 个。

A. 257　　B. 258　　C. 384　　D. 385

答案：C

解析：根据推论，具有 n 个结点的完全二叉树，其叶子结点个数为 $\lceil n/2 \rceil$，所以 $\lceil 768/2 \rceil=384$。故应选 C。

20. 具有 80 个结点的完全二叉树中，度为 1 的结点为（　　）个。

A. 1　　B. 2　　C. 3　　D. 0

答案：A

解析：根据推论，80 个结点的完全二叉树中包含叶子结点个数为 $\lceil 80/2 \rceil=40$。再根据性质 3，可知度为 2 的结点数为 $40-1=39$ 个，故度为 1 的结点数为 $80-40-39=1$。故应选 A。

21. 已知一棵完全二叉树的第 6 层上有 8 个叶子结点，则该完全二叉树的结点个数最少为（　　）。

A. 39　　B. 110　　C. 111　　D. 119

答案：B

解析：由第 6 层上 8 个叶子可判断此完全二叉树为 7 层，而前 6 层为满二叉树，共 63 个，第 6 层共

32 个结点，所以第 6 层上非叶子结点为 32−8=24 个，这些 24 个非叶子结点至少有 23×2+1=47 个孩子，至多 24×2=48 个孩子，所以该完全二叉树的结点最多为 63+47=110。故应选 B。

22. 已知一棵完全二叉树的第 6 层上有 8 个叶子结点，则该完全二叉树的结点个数最多为（　　）。

A. 39　　B. 52　　C. 111　　D. 119

答案：C

解析：由第 6 层上 8 个叶子可判断此完全二叉树为 7 层，而前 6 层为满二叉树，共 63 个，第 6 层共 32 个结点，所以第 6 层上非叶子结点为 32−8=24 个，这些 24 个非叶子结点至少有 23×2+1=47 个孩子，至多 24×2=48 个孩子，所以该完全二叉树的结点最多为 63+48=111。故应选 C。

23. 假定一棵二叉树的结点数为 124 个，则它的最小高度是（　　）。

A. 4　　B. 5　　C. 6　　D. 7

答案：D

解析：当该二叉树为完全二叉树时树的高度最小，因为 $2^6-1 \leqslant 124 \leqslant 2^7-1$，所以树的最小高度为 7。故应选 D。也可以利用性质 4 计算树高。

24. 假定一棵二叉树的结点数为 n 个，则它的最小高度是（　　），最大高度是（　　）。

A. $n/2$　　B. n　　C. $\lfloor \log_2 n \rfloor+1$　　D. $2n$

答案：C、B

解析：当该二叉树为完全二叉树时树的高度最小，根据性质 4 可得树的最小高度为 $\lfloor \log_2 n \rfloor+1$，可知第一空应选 C。当该二叉树每层只有 1 个结点时树高达到最大，此时高度为 n，可知第二空应选 B。

25. 一棵 n 结点个二叉树，若此树是一棵深度为 k 的完全二叉树，则 n 的最小值为（　　），最大值为（　　）。

A. 2^{k-1}　　B. 2^k-1　　C. k　　D. $k-1$

答案：A、B

解析：深度为 k 的完全二叉树中前 $k-1$ 层为满二叉树，所以前 $k-1$ 层结点总数为 $2^{k-1}-1$，并且第 k 层至少有一个结点，故 n 的最小值为 $2^{k-1}-1+1=2^{k-1}$，所以第一空应选 A。当第 k 层上结点数达到最多（为 2^{k-1}）时，整棵树结点总数达到最大，此时该二叉树是深度为 k 的满二叉树，即结点总数为 2^k-1，所以第二空应选 B。

26. 一棵深度为 k 的二叉树，其结点总数最多为（　　），最少为（　　）。

A. 2^{k-1}　　B. 2^k-1　　C. k　　D. $k-1$

答案：B、C

解析：当该二叉树是深度为 k 的满二叉树时结点总数最多，为 2^k-1，所以第一空应选 B。当深度为 k 的二叉树每层上只有一个结点时结点总数最少，只有 k 个结点，所以第二空应选 C。

二、综合应用题

1. 一棵具有 n 个结点的满二叉树有多少个分支结点和多少个叶子结点？该满二叉树的高度是多少？

解答：因为满二叉树中不存在度为 1 的结点，即 $n_1=0$，由二叉树的性质 3 可知 $n_2=n_0-1$，所以 $n=n_0+n_1+n_2=2n_0-1$，求得 $n_0=(n+1)/2$，$n_2=n-n_0-n_1=n-(n+1)/2=(n-1)/2$。分支结点只有度为 2 的结点，所以分支结点有 $(n-1)/2$ 个，叶子结点有 $(n+1)/2$ 个。高度为 h 的满二叉树的结点数 $n=2^k-1$，即高度 $h=\log_2(n+1)$。

2. 已知一棵完全二叉树的第 9 层有 240 个结点，则整棵树有多少个结点？有多少个叶子结点？

解答：在完全二叉树中，第 9 层结点数最多存在 $2^{9-1}=256$ 个，由题意第 9 层有 240 个结点，说明第 9 层未满，是最后一层。前 8 层是满的，所以完全二叉树的总结点数 $=2^8-1+240=495$。

因为第 9 层是最后一层，所以第 9 层的结点都是叶子结点。且第 9 层的 240 个结点的双亲在第 8 层中，其双亲个数为240/2=120，即第8层有120个分支结点，其余为叶子结点，所以第8层的叶子结点个数为$2^{8-1}-120=8$。因此，总的叶子结点个数=8+240=248。

4.3 二叉树存储与遍历经典试题

一、选择题

1. 在一棵二叉树的二叉链表中，空指针域的数量等于非空指针域数量加（　　）。

A. 2　　B. 1　　C. 0　　D. -1

答案：A

解析：若二叉树中的结点总数为n，则总指针域为$2\times n$；而分支数为$n-1$，即非空指针域的数量为$n-1$，空指针数为$2\times n-(n-1)=n+1$，所以空指针域比非空指针域多2个。故应选A。

2. 在任何一棵二叉树中，若结点A有左孩子B、右孩子C，则在结点的前序序列、中序序列和后序序列中，（　　）。

A. 结点B一定在结点A之前　　B. 结点A一定在结点C之前

C. 结点B一定在结点C之前　　D. 结点A一定在结点B之前

答案：C

解析：三种遍历方式的区别只是根结点的访问顺序不同，相同点都是先遍历左子树，再遍历右子树，所以结点B一定在结点C之前。故应选C。

3. 下列关于二叉树遍历的说法中，错误的是（　　）。

A. 若二叉树中某结点是该二叉树中序遍历时的最后一个结点，则它必定是前序遍历时的最后一个结点

B. 已知二叉树的前序遍历和后序遍历序列并不能唯一地确定这棵树，因为不知道树的根结点是哪一个

C. 若二叉树中某结点是该二叉树中序遍历时的第一个结点，则它必定是后序遍历时的第一个结点

D. 二叉树的前序遍历和中序遍历序列大多数情况下是不同的，但也存在相同的情况

答案：B

解析：运用排除法，B选项中已知前序遍历和后序遍历序列，即可知根结点，但不能唯一确定树。故应选B。

4. 在二叉树的前序序列、中序序列和后序序列中，所有叶子结点的先后顺序是（　　）。

A. 完全相同　　B. 均不相同

C. 前序和中序相同，与后序不同　　D. 后序和中序相同，与前序不同

答案：A

解析：三种遍历方式的区别只是根结点的访问顺序不同，相同点都是先遍历左子树，再遍历右子树，因此所有叶子结点的先后顺序是完全相同的。故应选A。

5. 下列序列中，不能唯一地确定一棵二叉树的是（　　）。

A. 层次序列和中序序列　　B. 前序序列和中序序列

C. 前序序列和后序序列　　D. 后序序列和中序序列

答案：C

解析：前序序列为根左右，后序序列为左右根，可以唯一地确定根结点，但无法划分左右子树。故应选C。

6. 一棵二叉树的前序遍历结果是 ABCEDF，中序遍历结果是 CBAEDF，则其后序遍历结果是（　　）。

A. DBACEF　　B. CBEFDA　　C. FDAEBC　　D. DFABEC

答案：B

解析：由于该二叉树的前序遍历结果是 ABCEDF，显然 A 结点为根结点，所以后序遍历时 A 结点是最后一个结点，运用排除法，其后序遍历的结果就是 B 选项。故应选 B。

7. 已知二叉树后序遍历序列是 DABEC，中序遍历序列是 DEBAC，它的前序遍历序列是（　　）。

A. DECAB　　B. ACBED　　C. CEDBA　　D. DEABC

答案：C

解析：由后续遍历序列的最后一个结点 C 为根结点，即为前序遍历序列的第一个结点，运用排除法。故应选 C。

8. 若一棵二叉树的前序遍历序列为 ABDCE，中序遍历序列为 BDAEC，则根结点的孩子结点为（　　）。

A. 有 BE　　B. 有 BD　　C. 有 BC　　D. CD

答案：C

解析：由前序遍历序列 ABDCE 可知树根结点为 A，再依据中序序列 BDAEC，可知 A 的左子树中序序列为 BD 和右子树中序序列为 EC。然后由前序遍历序列可知 A 的左子树前序序列为 BD 和右子树前序序列为 CE，所以 A 的左子树树根为 B、右子树树根为 C，即根结点 A 的左右孩子为 BC。故应选 C。

9. 前序遍历和中序遍历序列相同的二叉树是（　　）；后序遍历和中序遍历序列相同的二叉树是（　　）；前序遍历和后序遍历序列相同的二叉树是（　　）。

A. 一般二叉树　　B. 只有根结点的二叉树

C. 根结点无左孩子的二叉树　　D. 根结点无右孩子的二叉树

E. 所有结点只有左子树的二叉树　　F. 所有结点只有右子树的二叉树

答案：F、E、B

解析：若二叉树的前序（根左右）遍历和中序（左根右）遍历序列相同，则所有结点应该没有左孩子，所以第一空应选 F。若二叉树的后序（左右根）遍历和中序（左根右）遍历序列相同，则所有结点应该没有右孩子，所以第二空应选 E。若二叉树的前序（根左右）遍历和后序（左右根）遍历序列相同，则所有结点应该没有左、右孩子，故只有根结点，第三个空应选 B。

二、综合应用题

1. 已知一棵二叉树的前序与中序序列分别为 ABDGHCEFI 和 GDHBAECIF，请画出此二叉树。

解答：首先，由前序序列可知 A 为二叉树的根结点。中序序列中 A 左侧的 GDHB 为左子树 T1 的中序序列，A 右侧的 ECIF 为右子树 T2 的中序序列，如图 2.4.7（a）所示。

然后由前序序列找到 T1 的前序序列为 BDGH，T2 的前序序列为 CEFI，进而确定 T1 的根结点为 B，T2 的根结点为 C。再由 T1 的中序序列确定根结点 B 的左子树 T3 的中序序列为 GDH，没有右子树；由 T2 的中序序列确定根结点 C 的左孩子为 E，右子树 T4 的中序序列为 IF，如图 2.4.7（b）所示。

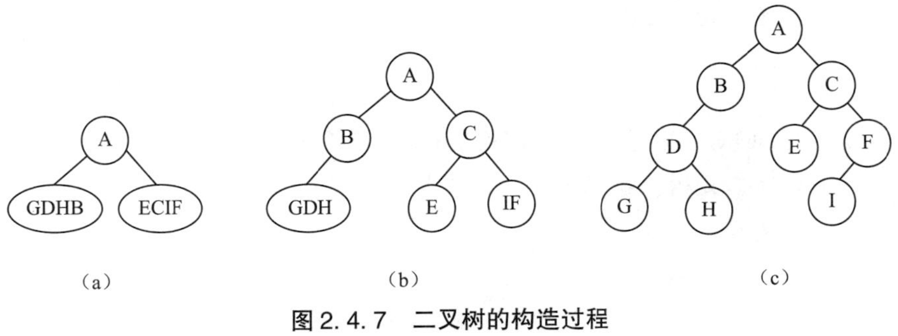

图 2.4.7　二叉树的构造过程

再由前序序列找到 T3、T4 的前序序列分别为 DGH、FI，进而确定 T3、T4 的根结点分别为 D、F。并由 T3 的中序序列 GDH 确定 D 的左孩子为 G，右孩子为 H；由 T4 的中序序列 IF 确定 F 的左孩子为 I，没有右孩子。最后得到的二叉树如图 2.4.7（c）所示。

2. 试分别画出具有 3 个结点的树和具有 3 个结点的二叉树的所有不同形态。

解答： 3 个结点的树有两种形态，度为 1 和度为 2，如图 2.4.8 所示。3 个结点的二叉树有五种形态，如图 2.4.9 所示。

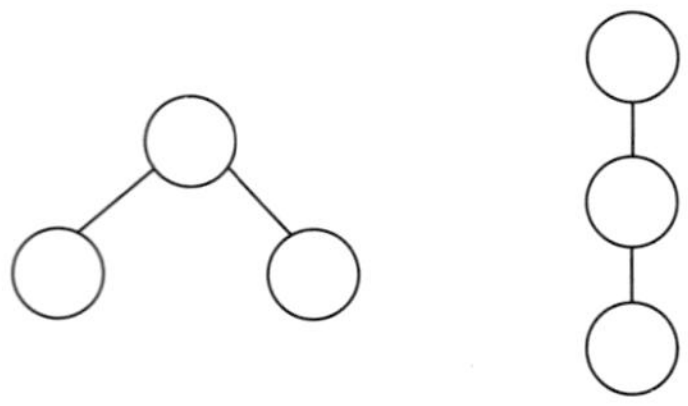

图 2.4.8 树的形态

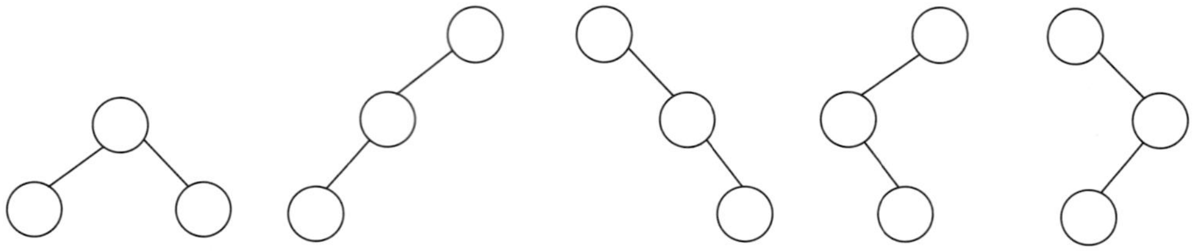

图 2.4.9 二叉树的形态

3. 若一棵二叉树的左右子树均只有 3 个结点，其左子树的中序序列和后序序列相同，右子树的前序序列和中序序列相同，试画出该二叉树。

解答： 因为左子树的中序序列和后序序列相同，所以左子树中的 3 个结点均只有左孩子（即每层一个左孩子）。因为右子树的前序序列和中序序列相同，所以右子树中的所有结点均只有右孩子（即每层一个右孩子）。所以得到该二叉树，如图 2.4.10 所示。

4. 已知一棵二叉树，如图 2.4.11 所示，请回答以下问题：

（1）该二叉树的前序、中序和后序遍历的结果。

（2）该二叉树是否是满二叉树？是否是完全二叉树？

（3）该二叉树的深度是多少？

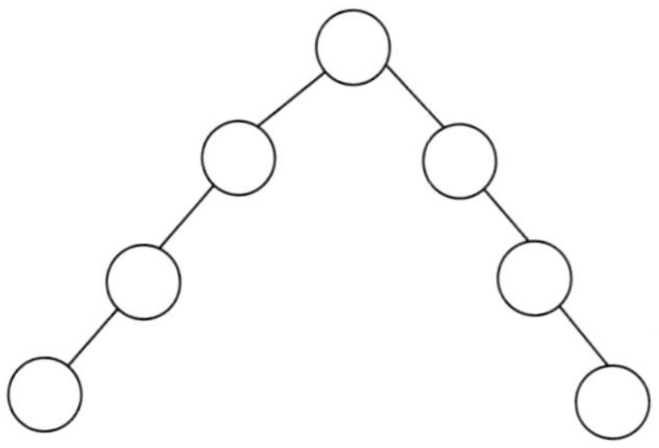

图 2.4.10 二叉树

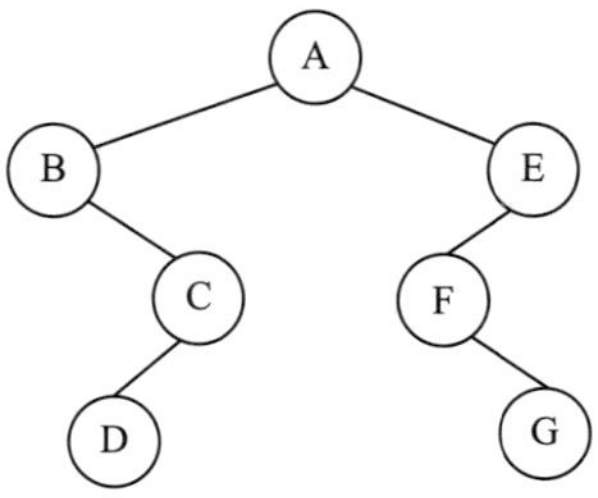

图 2.4.11 一棵二叉树

解答：

（1）前序序列为 ABCDEFG，中序序列为 BDCAFGE，后序序列为 DCBGFEA。

（2）该二叉树既不是满二叉树，也不是完全二叉树。

（3）该二叉树的深度是 4。

4.4　线索二叉树经典试题

一、选择题

1. 引入线索二叉树的目的是（　　）。

A. 加快查找结点的前驱或后继的速度　　B. 为了能在二叉树中方便插入和删除

C. 为了能方便找到双亲　　D. 使二叉树的遍历结果唯一

答案： A

解析： 线索是结点的前驱或后继信息，所以引入线索的目的是加快遍历的速度。故应选 A。

2. 线索二叉树是一种（　　）结构。

A. 逻辑　　B. 逻辑和存储　　C. 存储　　D. 线性

答案： C

解析： 二叉树是一种逻辑结构，但线索二叉树是加上线索的链表存储结构，故线索二叉树是一种存储结构。故应选 C。

3. n 个结点的线索二叉树上含有的线索数为（　　）。

A. $2n$　　B. $n-1$　　C. $n+1$　　D. n

答案： C

解析： n 个结点的二叉树中有 $n-1$ 个分支，即有 $n-1$ 个指向孩子的指针域。总指针域为 $2n$，所以有 $2n-(n-1)=n+1$ 个指针域用于存放线索。故应选 C。

4. 判断线索二叉树中 p 结点有左孩子的条件是（　　）。

A. p! = NULL　　B. p->lchild! = NULL　　C. p->ltag = = 0　　D. p->ltag = = 1

答案： C

解析： 线索二叉树中用标志符 ltag 与 rtag 标识左右指针域是孩子指针还是线索。当标志符为 1 时，对应指针域为线索，反之，当其值为 0 时，则为相应孩子指针。故应选 C。

5. 一棵左子树为空的二叉树在前序线索化后，其中空指针域的个数是（　　）。

A. 不确定　　B. 0　　C. 1　　D. 2

答案： D

解析： 前序遍历时根结点没有左子树，也没有前驱结点，所以根结点的左指针域为空。另外，前序遍历的最后一个结点必然是叶子结点，该结点无右孩子，且无后继结点，故该结点的右指针域为空。所以前序线索化后空指针域共有 2 个。故应选 D。

6. 在线索二叉树中，下列说法不正确的是（　　）。

A. 在中序线索树中，若某结点有右孩子，则其后继结点是它的右子树的最左下结点

B. 在中序线索树中，若某结点有左孩子，则其前驱结点是它的左子树的最右下结点

C. 线索二叉树是利用二叉树的 $n+1$ 个空指针来存放结点的前驱和后继信息的二叉树

D. 每个结点通过线索都可以直接找到它的前驱和后继

答案： D

解析： 不是每个结点通过线索都可以直接找到它的前驱和后继。在前序线索二叉树中查找一个结点的后继比较容易，而要查找前驱则必须知道该结点的双亲结点，因为二叉链表中没有存放双亲结点的信息，所以不能直接找到前驱。相同的道理，在后序线索二叉树中查找一个结点的前驱比较容易，而要查找后继则必须知道该结点的双亲结点，所以也不能直接找到前驱。故应选 D。

7. 二叉树在线索化后，仍不能有效求解的问题是（　　）。

A. 前序线索二叉树中求前序后继　　B. 中序线索二叉树中求中序后继

C. 中序线索二叉树中求中序前驱　　　　D. 后序线索二叉树中求后序后继

答案：D

解析：在后序线索二叉树中查找一个结点的前驱比较容易，而要查找后继则必须知道该结点的双亲结点，因为二叉链表中没有存放双亲结点的信息，所以不能直接找到后继。故应选D。

8. 若p是二叉树中一个有左、右孩子的结点，且p不为根，则中序遍历时p的前驱为（　　），后继为（　　）。

A. p的右子树中最左的叶结点　　　　B. p的右子树中最左的结点

C. p的左子树中最右的结点　　　　D. p的左子树中最右的叶结点

答案：C、B

解析：在中序遍历二叉树中，若结点p有左孩子，则按照中序“左根右”的顺序，p的前驱结点为左子树中最右的那个结点，该结点肯定没有右孩子，但不一定有左孩子，所以它不一定是叶子结点。同样，若结点p有右孩子，则按照中序“左根右”的顺序，p的后继结点为右子树中最左的那个结点，该结点肯定没有左孩子，但不一定有右孩子，所以它不一定是叶子结点。

9. 若p是后序线索二叉树中的叶子结点，且p存在左兄弟结点s，则p的左线索指向的是（　　），右线索指向的是（　　）。

A. p的双亲结点　　　　B. 以s为根的子树的最左的结点

C. p的左兄弟结点s　　　　D. 以s为根的子树的最右的结点

答案：D、A

解析：根据后序线索二叉树的定义，结点p为叶子结点且有左兄弟s，因此p为右孩子结点，按照后序“左右根”的顺序，因此p的右线索为其双亲结点。p的左线索为以s为根的子树中最右的那个结点。

二、综合应用题

已知一棵二叉树，如图2.4.12所示，请该二叉树进行前序线索化、中序线索化和后序线索化。

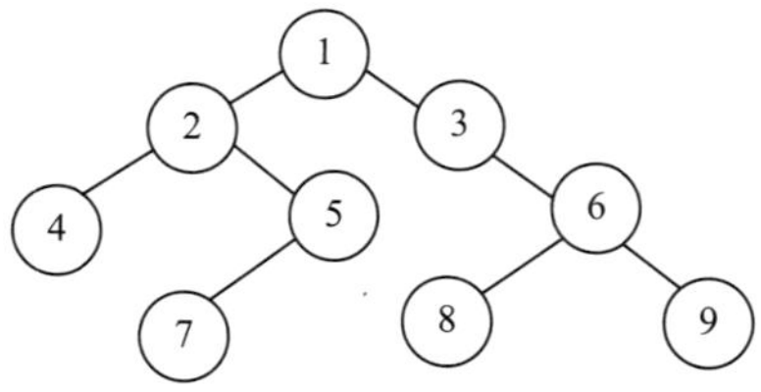

图2.4.12　一棵二叉树

解答：前序序列结果为1 2 4 5 7 3 6 8 9，对应的前序线索化如图2.4.13所示。

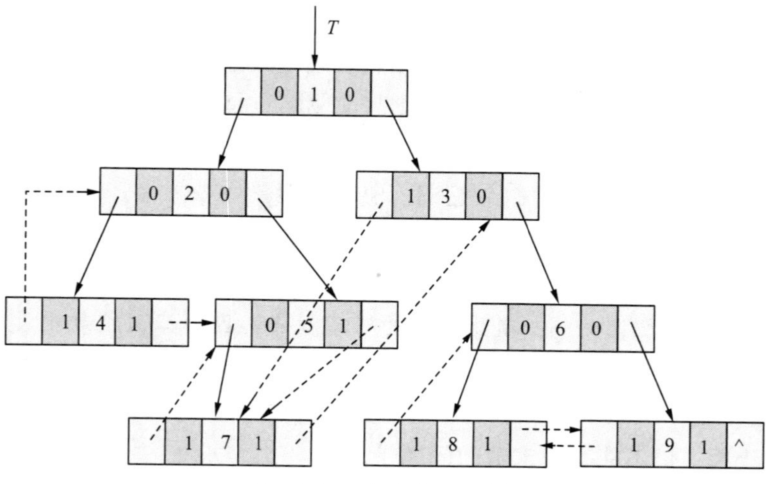

图2.4.13　前序线索二叉树

中序序列结果为 4 2 7 5 1 3 8 6 9，对应的中序线索化如图 2.4.14 所示。

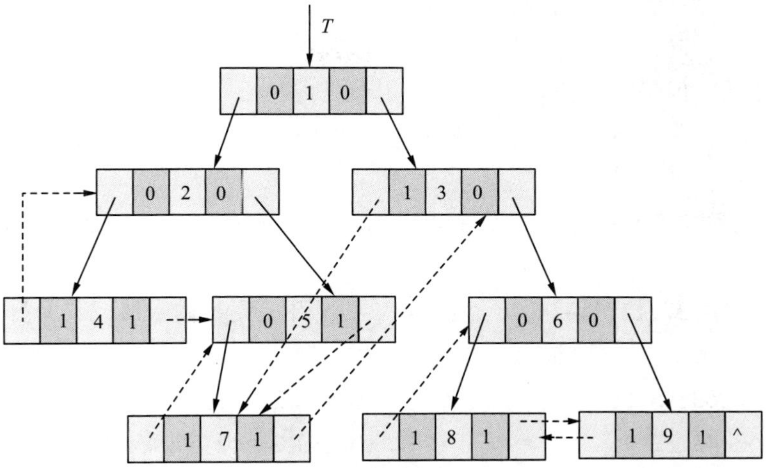

图 2.4.14　中序线索二叉树

后序序列结果为 4 7 5 2 8 9 6 3 1，对应的后序线索化如图 2.4.15 所示。

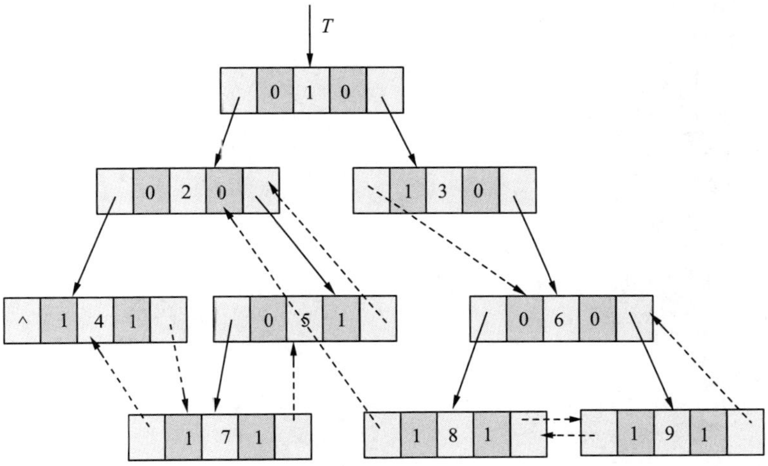

图 2.4.15　后序线索二叉树

4.5　二叉树应用经典试题

一、选择题

1. 二叉排序树是（　　）。

A. 分支结点的度均为 2 的二叉树

B. 中序遍历必得一个升序序列的二叉树

C. 层次遍历必得一个升序序列的二叉树

D. 分支结点的值均小于左子树上的所有结点的值，又大于右子树上所有结点的值

答案：B

解析：二叉排序树中可能存在度为 1 的结点。根据二叉排序树的定义，左子树结点值<根结点值<右子树结点值，所以中序遍历二叉排序树肯定得到一个升序序列，层次遍历得到不一定是升序序列。故应选 B。

2. 由同一关键字集合构造的各棵二叉排序树（　　）。

A. 其形态不一定相同，但平均查找长度相同

B. 其形态不一定相同，平均查找长度也不一定相同

C. 其形态均相同，但平均查找长度不一定相同

D. 其形态均相同，平均查找长度也都相同

答案：B

解析：关键字的顺序不同，树的形态就不同，而二叉排序树的查找性能与该树的形态有关。故应选 B。

3. 有关键字集{53,30,37,12,45,24,96}，从空二叉树开始逐步插入形成二叉排序树，若希望高度最小。则应该选择下列（　　）的序列输入。

A. 37,24,12,30,53,45,96　　　　B. 45,24,53,12,37,96,30

C. 12,30,24,53,45,37,96　　　　D. 30,24,12,37,45,96,53

答案：A

解析：按四个选项所给序列顺序构造的四棵二叉排序树，如图 2.4.16 所示。A 选项构造的二叉排序树高度最小。故应选 A。

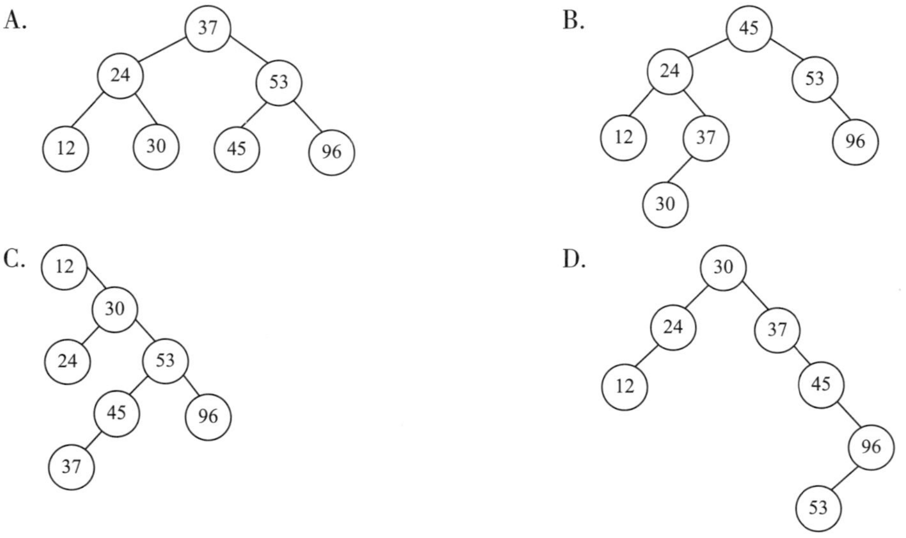

图 2.4.16　四棵二叉排序树

4. 下列二叉树中，（　　）是二叉排序树。

A.

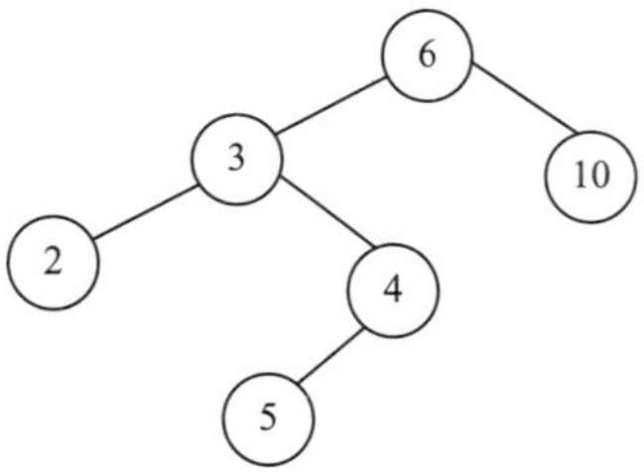

B.

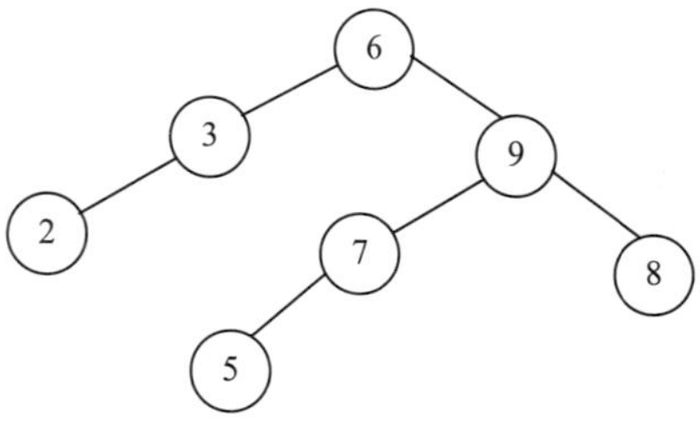

C.

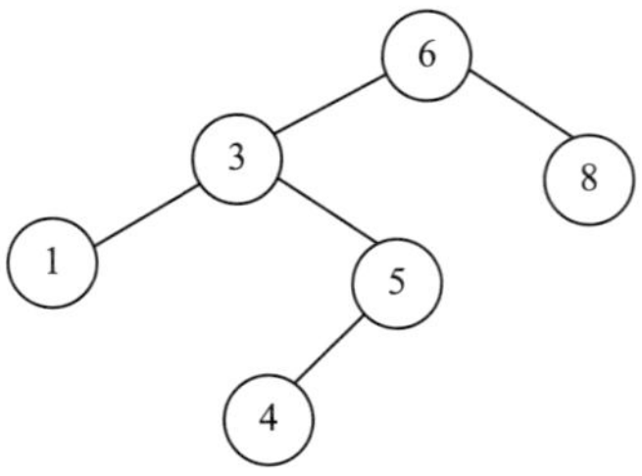

D.

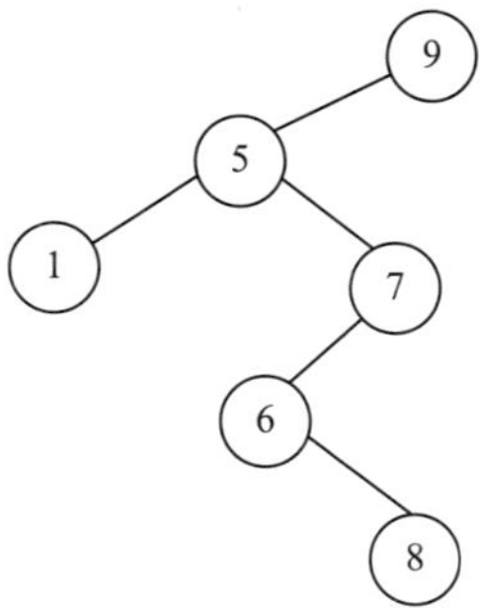

答案： C

解析： 根据二叉排序树的定义，左子树结点值<根结点值<右子树结点值，A 选项中 4 和 5 两个结点、B 选项中 5 和 6 两个结点、D 选项中 7 和 8 两个结点均不符合定义，而 C 选项中的所有结点均符合定义。故应选 C。

5. 已知含 10 个结点的二叉排序树是一棵完全二叉树，则该二叉排序树在等概率情况下查找成功的平均查找长度等于（　　）。

A. 1.0　　B. 2.9　　C. 3.4　　D. 5.5

答案： B

解析： 根据题意 10 个结点构造的二叉排序树为图 2.4.17 所示完全二叉树形态。因各结点的查找成功时的比较次数即为结点所在层次，故平均查找长度为 $(1+2+2+3+3+3+3+4+4+4)/10=2.9$。故应选 B。

6. 在含有 n 个结点的二叉排序树中查找某结点时，最多进行（　　）次比较。

A. $n/2$　　B. $\log_2 n$　　C. $1+\log_2 n$　　D. n

答案： D

解析： 当输入序列是一个有序序列时，构造的二叉排序树是一棵单支树，当查找一个不存在的结点或序列最后一个关键字结点时，需要比较 n 次。故应选 D。

7. 含有 n 个结点的二叉排序树，其高度最大为（　　），最小为（　　）。

A. $n/2$　　B. $\lfloor \log_2 n \rfloor+1$

C. $\lfloor \log_2(n+1) \rfloor$　　D. n

答案： D、B

解析： 当输入序列是一个有序序列时，构造一棵单支二叉排序树时，树的高度最大，为 n。当二叉排序树中所有的叶子结点处在树最下面的两层，此时树的高度最小。最理想的情况是从第一层至倒数第二层为满二叉树，类比完全二叉树，可得深度为 $\lfloor \log_2 n \rfloor+1$。

8. 对关键字序列{27，38，6，28，60，29，26，30，15}构造一棵二叉排序树，查找元素 28 要进行（　　）次比较。

A. 3　　B. 4　　C. 6　　D. 9

答案： A

解析： 根据题目所给关键字序列构造的二叉排序树如图 2.4.18 所示。查找元素 28 需要与树中的 27、38、28 这三个结点比较，比较了 3 次。故应选 A。

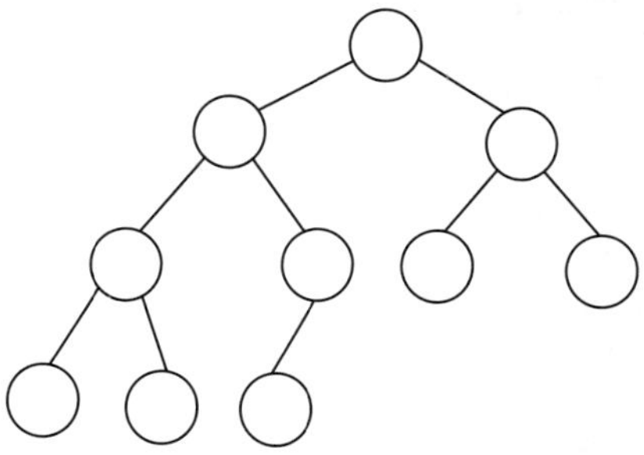

图 2.4.17　二叉排序树的形态

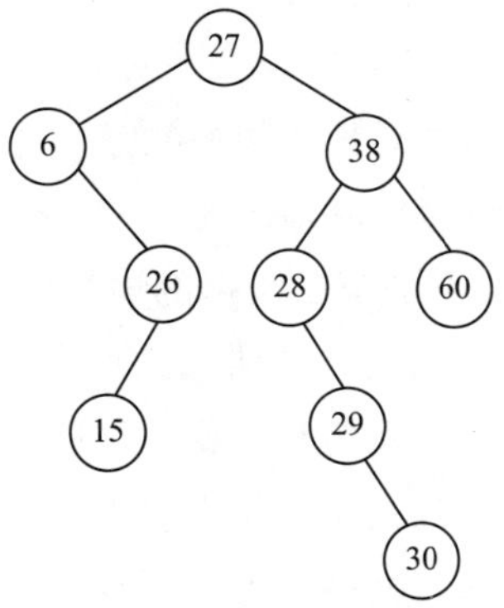

图 2.4.18　一棵二叉排序树

9. 在关键字随机分布的情况下，用二叉排序树的方法进行查找，其查找长度相当于（　　）。

A. 顺序查找　　B. 折半查找

C. 斐波那契查找　　D. 前三者均不正确

答案： B

解析： 在关键字随机分布这种理想情况下，二叉排序树的形态类似于折半查找的判定树。故应选 B。

10. 在二叉排序树中进行查找的效率与（　　）有关。

A. 二叉排序树的深度　　B. 二叉排序树的结点个数

C. 二叉排序树的存储结构　　D. 被查找结点的度

答案： A

解析： 二叉排序树的查找路径是自顶向下的，其平均查找长度主要取决于树的高度（即深度）。故应选 A。

11. 设二叉排序树中关键字由 1~100 的整数构成，现要查找关键字为 36 的结点，下列在二叉排序树上的查找序列（　　）是不可能的。

A. 2,25,50,45,39,33,36　　B. 92,23,78,46,65,28,40,36

C. 32,82,65,12,83,45,36　　D. 29,80,57,46,30,32,37,36

答案： C

解析： 在二叉排序树中查找时，先与根结点进行比较，若相同，则查找结束，否则根据比较结果，沿着左子树或右子树向下继续查找。根据二叉排序树的定义，左子树结点值<根结点值<右子树结点值。选项 C 的序列中，比较 65 关键字后，应沿着 65 的左子树向下查找比较，65 的左子树中不应该出现比 65 更大的结点，但 12 竟然有一个右孩子为 83，显然这是不可能的序列。故应选 C。

12. 对于下列关键字序列，不可能构成某二叉排序树中的一条查找路径的是（　　）。

A. 9,2,7,3,8,6　　B. 9,4,8,5,7,6

C. 2,8,7,3,4,5　　D. 1,3,7,6,5,4

答案： A

解析： 在二叉排序树中，左子树的结点值小于根结点，右子树的结点值大于根结点，在选项 A 中，当查找到 7 后再找到 3，说明这是沿着 7 的左子树进行查找，应该之后查找路径上的结点都要比 7 小，但是又出现了比 7 大的结点 8，这是不可能出现的情况。故应选 A。

13. 已知一棵二叉排序树如图 2.4.19 所示，元素之间应满足的大小关系为（　　）。

A. $x_1>x_2>x_3$　　B. $x_1>x_4>x_5$

C. $x_3>x_5>x_4$　　D. $x_2>x_3>x_4$

答案： C

解析： 根据二叉排序树的性质，中序遍历可得一个递增序列，图 2.4.19 所示二叉排序树的中序遍历为 $x_2x_4x_5x_3x_1$，可知 $x_3>x_5>x_4$。故应选 C。

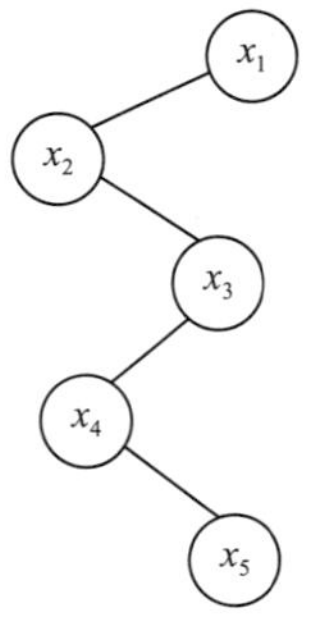

图 2.4.19　一棵二叉排序树

14. 以下关于平衡二叉树的说法中错误的是（　　）。

A. 非空平衡二叉树根结点度肯定为 2

B. 平衡二叉树是一棵二叉排序树

C. 平衡二叉树根结点左右子树高度之差绝对值不超过 1

D. 平衡二叉树的左右子树可能高度相同

答案： A

解析： 当平衡二叉树中只有 1 个结点或 2 个结点时，根结点的度为 0 或 1，所以选项 A 的说法是错误的。故应选 A

15. 下列二叉树中，（　　）可能是平衡二叉树。

A.
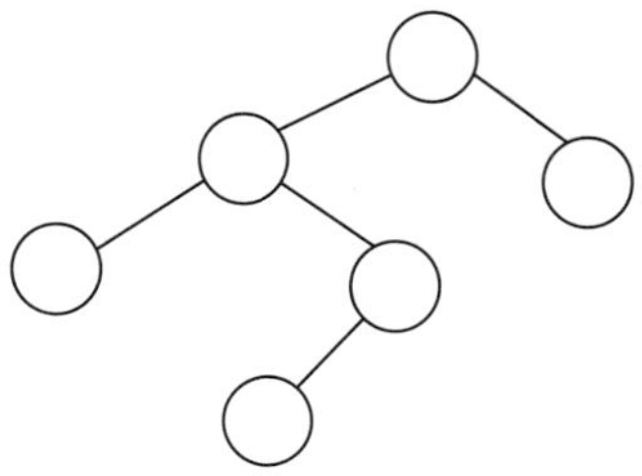

B.
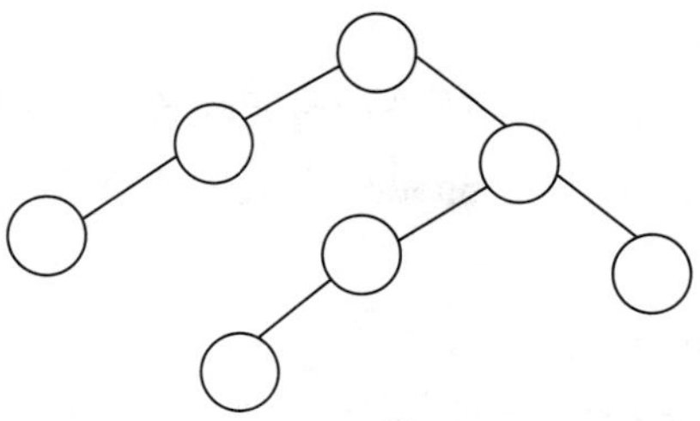

C.
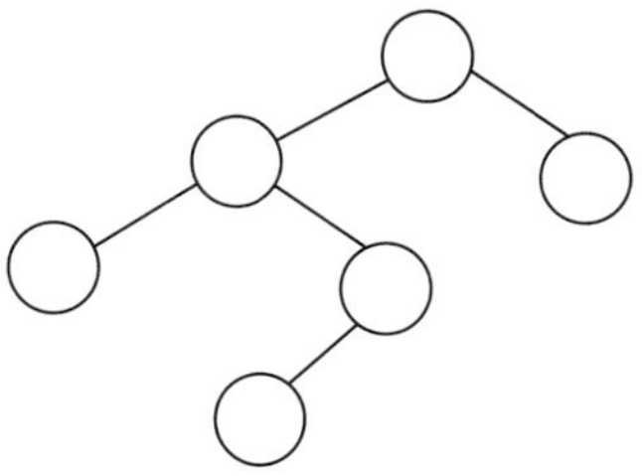

D.
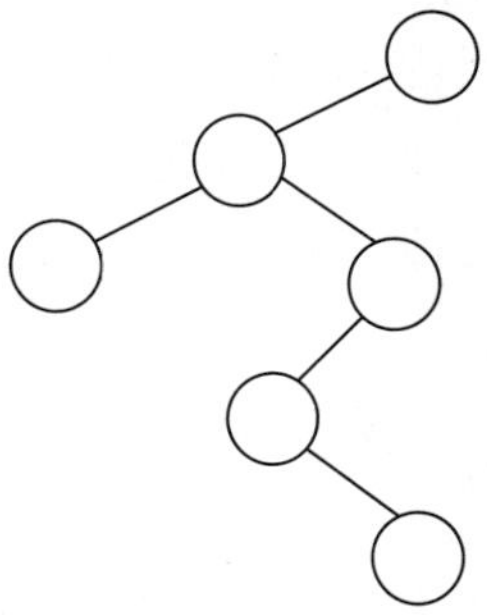

答案：B

解析：根据平衡二叉树的定义，任何一个结点的左右子树高度差的绝对值不超过 1。在选项 A、C、D 所示的树中均能找到不满足条件的结点，选项 B 中各结点均满足条件。故应选 B。

16. 高度为 5 的平衡二叉树至少包含（　　）个结点。

A. 10　　B. 12　　C. 15　　D. 18

答案：B

解析：设 n_h 表示深度为 h 的平衡树中包含的最少结点数，则有 $n_0=0$，$n_1=1$，$n_2=2$，$n_h=1+n_{h-1}+n_{h-2}$，则通过递推 $n_5=12$，构造深度为 5 的平衡树至少应包含 12 个结点。故应选 B。

17. 含有 20 个结点的平衡二叉树的最大深度是（　　），查找某结点时最多比较（　　）次。

A. 4　　B. 5　　C. 6　　D. 7

答案：C、C

解析：设 n_h 表示深度为 h 的平衡树中包含的最少结点数，有 $n_0=0$，$n_1=1$，$n_2=2$，$n_h=1+n_{h-1}+n_{h-2}$，则通过递推 $n_6=20$，构造深度为 6 的平衡树至少应包含 20 个结点，所以含有 20 个结点的平衡二叉树的最大深度为 6，故查找时最多比较 6 次。

18. 在图 2.4.20 所示的平衡二叉树中插入关键字 25 后，得到一棵新的平衡二叉树，新树中关键字 22 所在结点的左右孩子结点中的关键字分别为（　　）。

A. 12,25　　B. 16,25　　C. 16,28　　D. 16,36

答案：C

解析：插入 25 后，根结点 28 失去平衡，属于 LR 型，需进行先左旋后右旋操作，结果如图 2.4.21 所示。故应选 C。

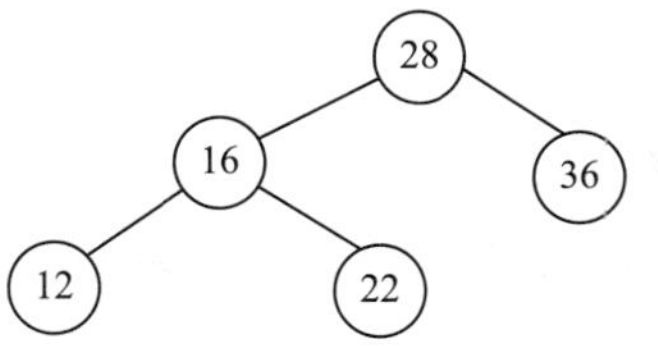

图 2.4.20　一棵平衡二叉树

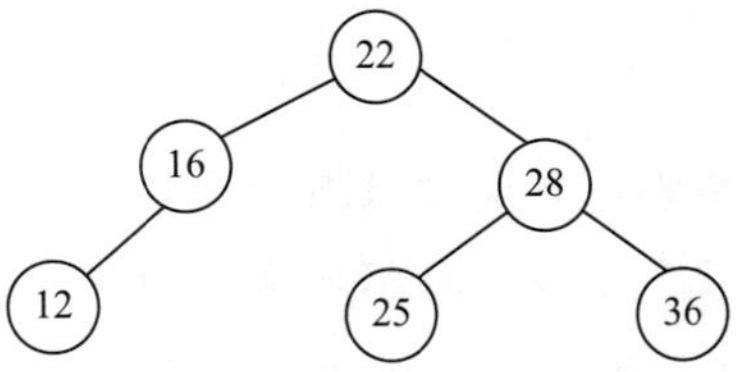

图 2.4.21　新的平衡二叉树

19. 若平衡二叉树的高度为 7，且所有分支结点的平衡因子均为 1，则该树中结点总数为（　　）。

A. 31　　B. 33　　C. 35　　D. 37

答案：B

解析： 所有分支结点的平衡因子均为 1，即平衡二叉树满足结点最少情况，若树高为 n，则左右子树高度分别为 $n-1$ 和 $n-2$，根据结点数递推公式 $n_0=0$，$n_1=1$，$n_2=2$，$n_h=1+n_{h-1}+n_{h-2}$，可推导 $n_6=33$。故应选 B。

20. 下列关于哈夫曼树的说法中错误的是（　　）。

A. 对应一组权值构造出来的哈夫曼树一般不是唯一的

B. 哈夫曼树具有最小的带权路径长度

C. 哈夫曼树中没有度为 1 的结点

D. 哈夫曼树中除了度为 1 的结点之外，还有度为 2 的结点和叶子结点

答案：D

解析： 由哈夫曼树的构造过程可知，哈夫曼树中只有度为 0 和度为 2 的结点。故选项 D 是错误的。故应选 D。

21. 对于有 $n(n\geq2)$ 个权值均不相同的字符构成的哈夫曼树，下列说法中错误的是（　　）。

A. 该树一定是一棵完全二叉树

B. 树中两个权值最小的结点一定是兄弟结点

C. 树中一定没有度为 1 的结点

D. 树中任一非叶子结点的权值一定不小于下一层任一结点的权值

答案：A

解析： 哈夫曼树是带权路径长度最小的二叉树，不一定是一棵完全二叉树。由哈夫曼树的构造过程可知，哈夫曼树中只有度为 0 和度为 2 的结点。在构造哈夫曼时，最先选取的两个权值最小的结点构成一棵新的二叉树，所以这两个结点肯定是兄弟结点。树中非叶子结点的权值是其左右孩子结点的值之和，所以非叶子结点的权值不小于其左右子树根结点的权值，所以一定不小于下层任一结点的权值。故应选 A。

22. 哈夫曼树中度为 1 的结点个数为（　　）。

A. 1　　B. 2　　C. 3　　D. 0

答案：D

解析： 由哈夫曼树的构造过程可知，哈夫曼树中只有度为 0 和度为 2 的结点。故应选 D

23. 在一棵具有 n 个叶子结点的哈夫曼树中，非叶子结点的个数为（　　）。

A. $n-1$　　B. n　　C. $2n-1$　　D. $2n$

答案：A

解析： 因为哈夫曼树中只有度为 0 和度为 2 的结点。在一棵非空的二叉树中，$n_0=n_2+1$，所以度为 2 的结点个数为 $n-1$，即非叶子结点个数为度为 $n-1$。故应选 A。

24. 设哈夫曼树中的叶子结点共有 m 个，则该哈夫曼树中共有（　　）个结点。

A. $2m-1$　　B. $2m$　　C. $2m+1$　　D. $4m$

答案：A

解析： 因为哈夫曼树中只有度为 0 和度为 2 的结点。在一棵非空的二叉树中度为 0 的结点个数比度为 2 的结点个数多 1 个，根据题意度为 0 的结点个数为 m，所以度为 2 的结点个数为 $m-1$，所以总结点为 $2m-1$。故应选 A。

25. 设 T 是一棵有 6 个叶子结点的哈夫曼树，则树 T 的最大高度为（　　），最小高度是（　　）。

A. 3　　B. 4　　C. 5　　D. 6

答案：D、B

解析： 当哈夫曼树每层（除第一层）只有 2 个结点时，其高度达到最大，即第 1 层只有 1 个根结点

(非叶子结点)，第 2 层至倒数第 2 层，每层 1 个叶子结点和 1 个非叶子结点，最后 1 层 2 个叶子结点。故 6 个叶子结点的哈夫曼树的形态如图 2.4.22（a）所示。当哈夫曼树每层的结点个数达到最多时，其高度达到最小，此时哈夫曼树除最后 1 层外是一棵满二叉树，且最后一层均为叶子结点，如图 2.4.22（b）所示。

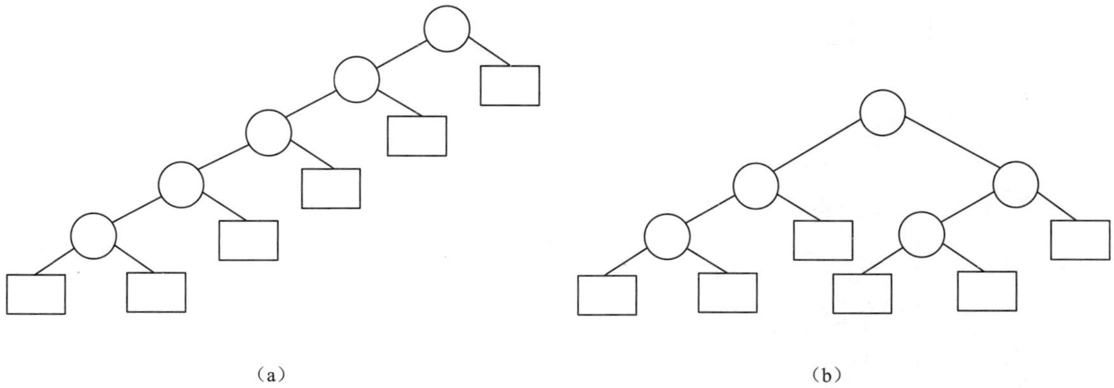

图 2.4.22　哈夫曼树的形态

26. 由权值为{3,8,6,2,5}的叶子结点构成的哈夫曼树的带权路径长度为（　　）。

A. 72　　B. 53　　C. 48　　D. 24

答案： B

解析： 由权值为{3,8,6,2,5}的叶子结点构成的哈夫曼树如图 2.4.23 所示。该哈夫曼树的带权路径长度为 $2\times3+3\times3+5\times2+6\times2+8\times2=53$。故应选 B。

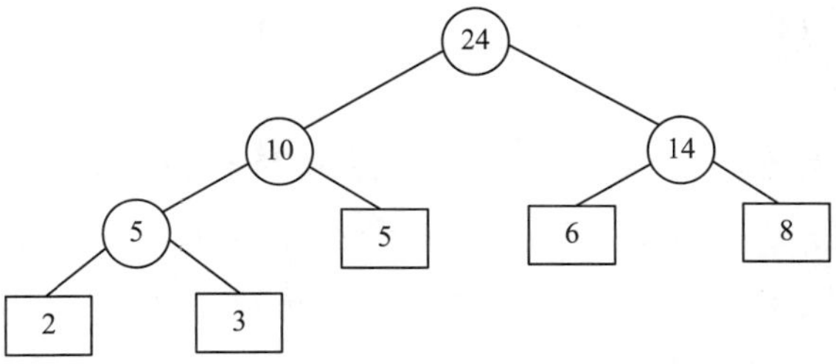

图 2.4.23　对应的哈夫曼树

27. 5 个字符有如下四种编码方案，不是前缀编码的是（　　）

A. 01,0000,0001,001,1　　B. 011,000,001,010,1

C. 000,001,010,011,100　　D. 0,100,110,1110,1100

答案： D

解析： 前缀编码是指在一个字符集中，任一字符的编码都不是其他字符编码的前缀。选项 D 中编码 110 是编码 1100 的前缀，所以不是前缀编码。故应选 D。

28. 设哈夫曼编码的长度不超过 4，若已对两个字符编码，为 1 和 01，则最多还可对（　　）个字符编码。

A. 2　　B. 3　　C. 4　　D. 5

答案： C

解析： 已知一个字符编码为 1，另一个字符编码是 01，这说明第 2 层和第 3 层各有一个叶子结点，若哈夫曼编码的长度只允许小于等于 4，则哈夫曼树的高度可能为 3、4、5，则可能的哈夫曼树如图 2.4.24 所示，题中问的是最多，而图 2.4.24（d）所示哈夫曼树叶子数达到最多，共 6 个，除第 2、3 层的 2 个叶子已编码外，最多可再对 4 个字符编码。故应选 C。

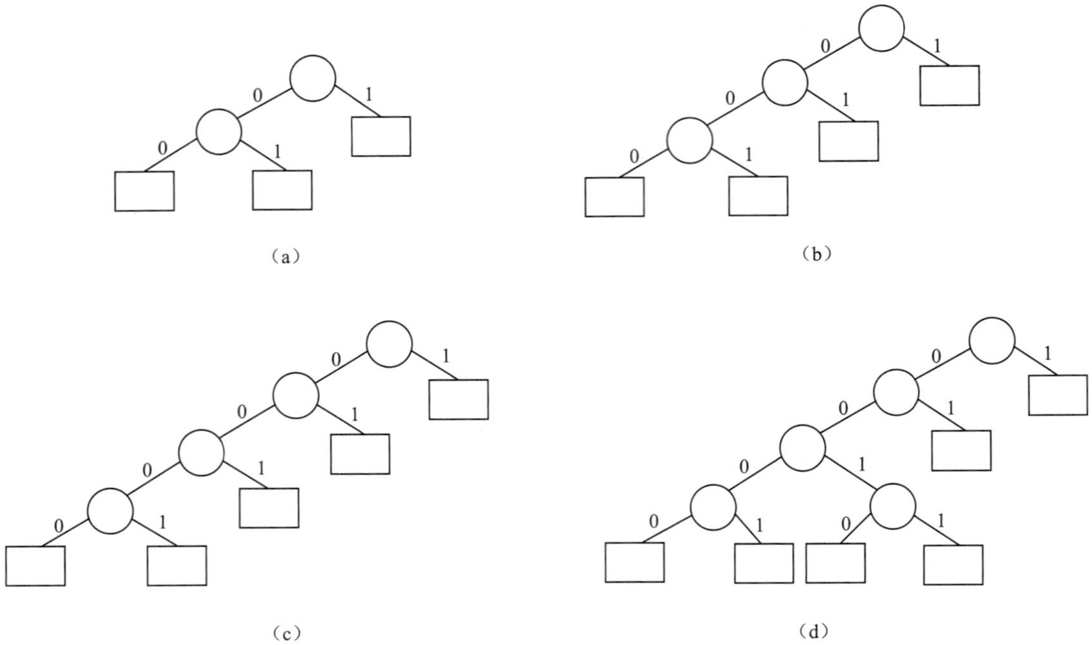

图 2. 4. 24　几种可能的哈夫曼树

29. 下列选项给出的是从根分别到两个叶子结点的路径上的权值序列，属于同一棵哈夫曼树的是（　　）。

A. 34,12,5和34,12,7　　B. 34,14,5和34,14,7

C. 34,20,10和34,20,14　　D. 34,16,7和34,14,5

答案：A

解析：在哈夫曼树中，左右孩子权值之和为父结点的权值。选项 A 中两个 12 是同一个结点(因为可判断根结点 34 的另一个孩子为 22)，而 5 和 7 之和正好为 12，所以 5 和 7 恰好是 12 的左右孩子，符合左右孩子权值之和等于父结点的权值。而选项 B 中两个 14 是同一个结点，5、7 分属不同的子树时，不符合左右孩子权值之和等于父结点的权值。同理可判断选项 C 和 D 也不符，故应选 A。

30. 已知字符集{a,b,c,d,e,f,g,h}，各字符的哈夫曼编码依次是0100,10,0000,0101,001,011,11,0001，则码序 0100011001001011110101 的译码结果是（　　）。

A. a f e e f g d　　B. a f b g a d h

C. a c f g b e d　　D. a d b e d g h

答案：A

解析：因为哈夫曼编码是前缀编码，即各个字符的编码前缀不同，因此可直接将码序与哈夫曼编码一一对比。码序可分隔为 0100 011 001 001 011 11 0101，所以译码结果为 a f e e f g d。故应选 A。

31. 已知字符集{a,b,c,d,e,f}，若各字符出现的次数分别为9,3,8,5,12,4，则对应字符集中各字符的哈夫曼编码可能是（　　）

A. 00,1011,01,1010,11,100　　B. 00,100,110,000,0010,01

C. 10,1011,11,0011,00,010　　D. 01,1010,00,100,11,1011

答案：D

解析：根据题意，构造一棵哈夫曼树，如图 2. 4. 25 所示。以左分支为 0，右分支为 1，可知答案为 D。

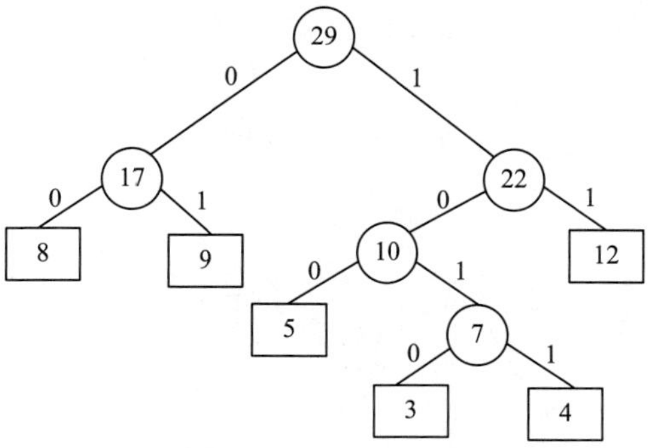

图 2.4.25　对应的哈夫曼树

32. 对于 n 个互不相同的符号进行哈夫曼编码，若生成的哈夫曼树共有 235 个结点，则 n 的值是（　　）。

A. 116　　B. 117　　C. 118　　D. 119

答案：C

解析：根据二叉树性质，可知度为 2 的结点数为度为 0（叶子）的结点数减 1，由题意可知度为 0 的结点数为 n，所以度为 2 的结点数为 $n-1$。因为哈夫曼树中没有度为 1 的结点，所以总结点数为 $2n-1=235$，所以 n 的值为 118。故应选 C。

二、综合应用题

1. 已知序列 17，31，13，11，20，35，25，8，4，24，40，27。请画出由该输入序列构成的二叉排序树，并分别给出下列操作后的二叉排序树。

（1）先插入数据 9；（2）再删除结点 17；（3）最后删除结点 13。

解答：二叉排序树如图 2.4.26（a）所示，插入数据 9 后的二叉排序树如图 2.4.26（b）所示，删除结点 17 后的二叉排序树如图 2.4.26（c）所示，删除结点 13 后的二叉排序树如图 2.4.26（d）所示。

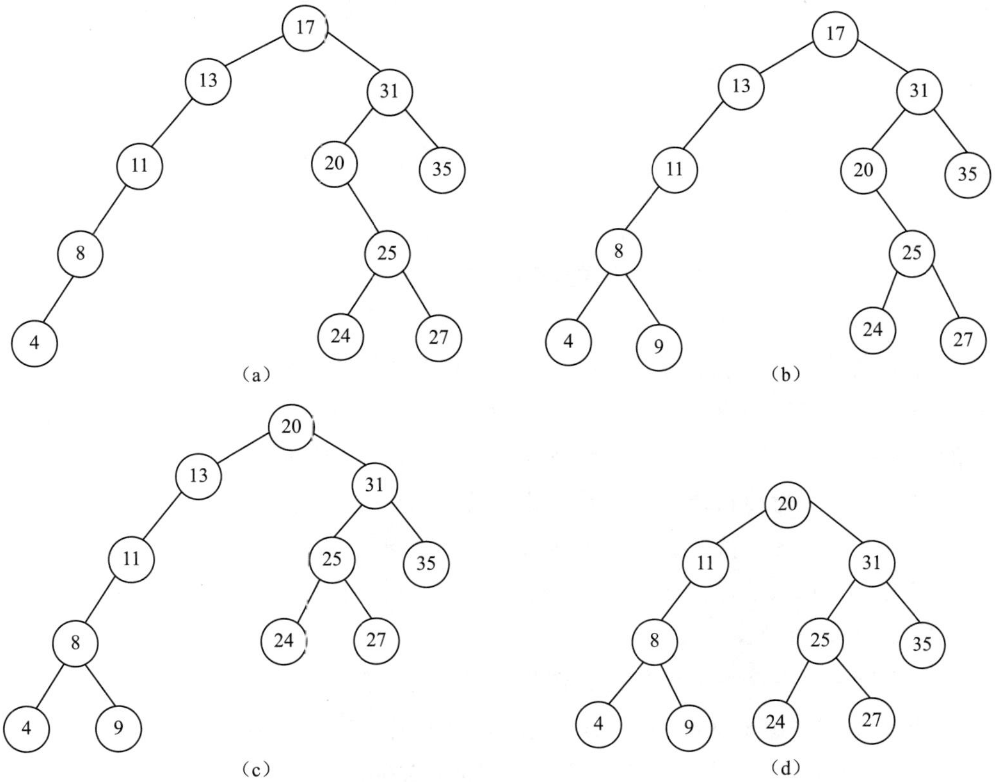

图 2.4.26　对应的二叉排序树

2. 请把{60,40,30,150,130,50,90,80,96,25}为输入序列依次插入初始为空的平衡二叉树中。请依次画出每次插入后所形成的平衡树。

解答：结点依次插入调整过程如图 2.4.27 所示。

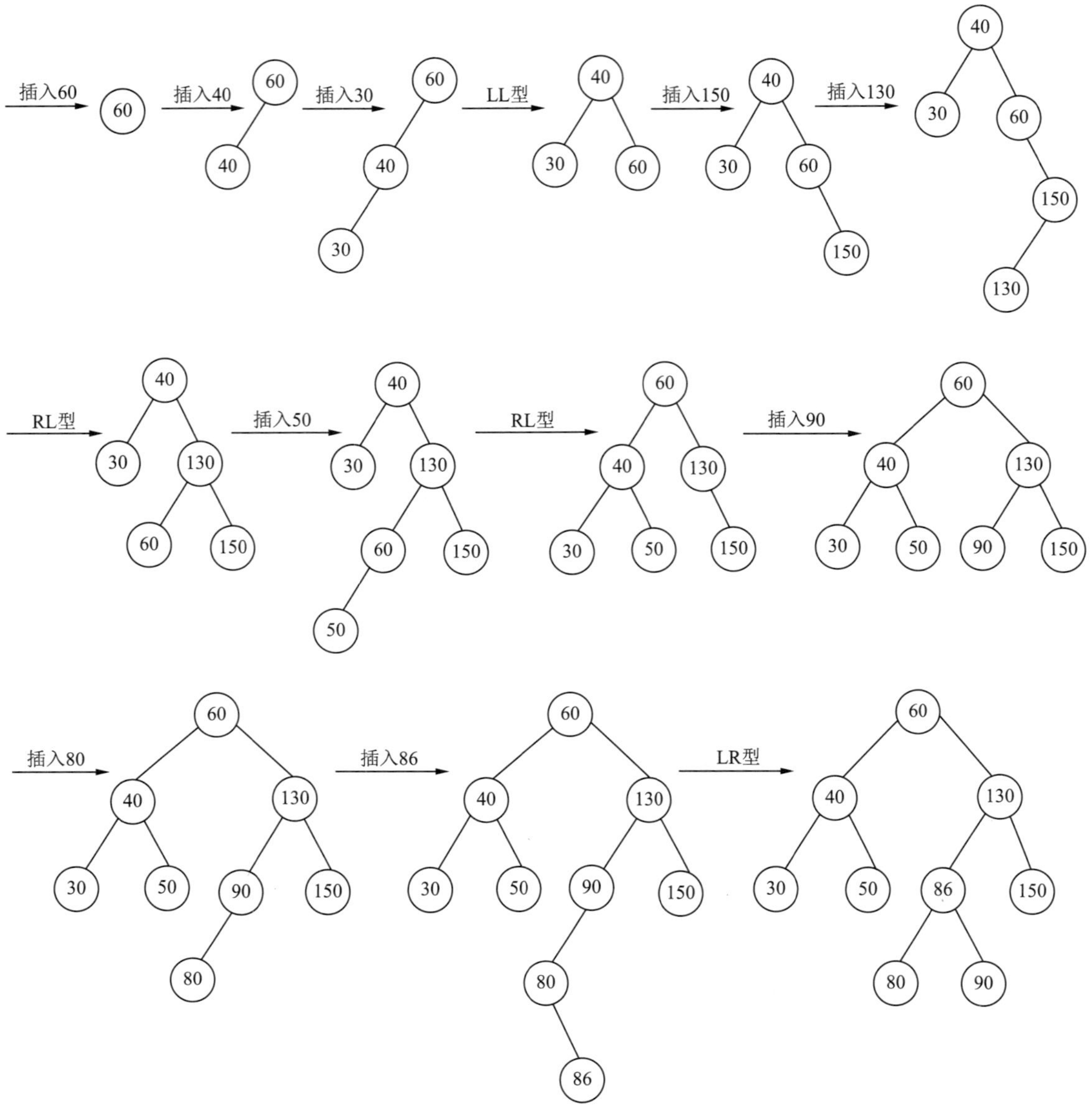

图 2.4.27　结点插入调整平衡二叉树的过程

3. 设待编码字符集为{a,b,c,d,e,f,g,h}，各字符在电文中出现概率分别为：0.05,0.29,0.06,0.09,0.15,0.23,0.02,0.11。请按左子树的权值大于右子树的权值原则构造一棵哈夫曼树，并给出左分支 1 右分支 0 规则下的各字符编码。同时计算等概率情况下的字符的平均编码长度。

解答：由题意及哈夫曼树的构造方法，每次选取两个根结点值最小的树合并成一棵树，将原先值较大的树根作为新树根的左子树、值较小的树根作为右子树，且新树根结点的值为左右孩子值之和。方便起见，可令 W={5,29,6,9,15,23,2,11}，形成 8 个树根结点，并将各树根结点按值递减组建一单链表，具体构造过程如图 2.4.28 所示。

由构造的哈夫曼树按照左分支 1 右分支 0 规则即可得到编码树，如图 2.4.29 所示。进而得到各字符的编码{a:10011,b:11,c:1000,d:000,e:101,f:01,g:10010,h:001}。由构造的哈夫曼树可得字符的平均码长为[(5+2)×5+6×4+(15+11+9)×3+(29+23)×2]/100=2.68。

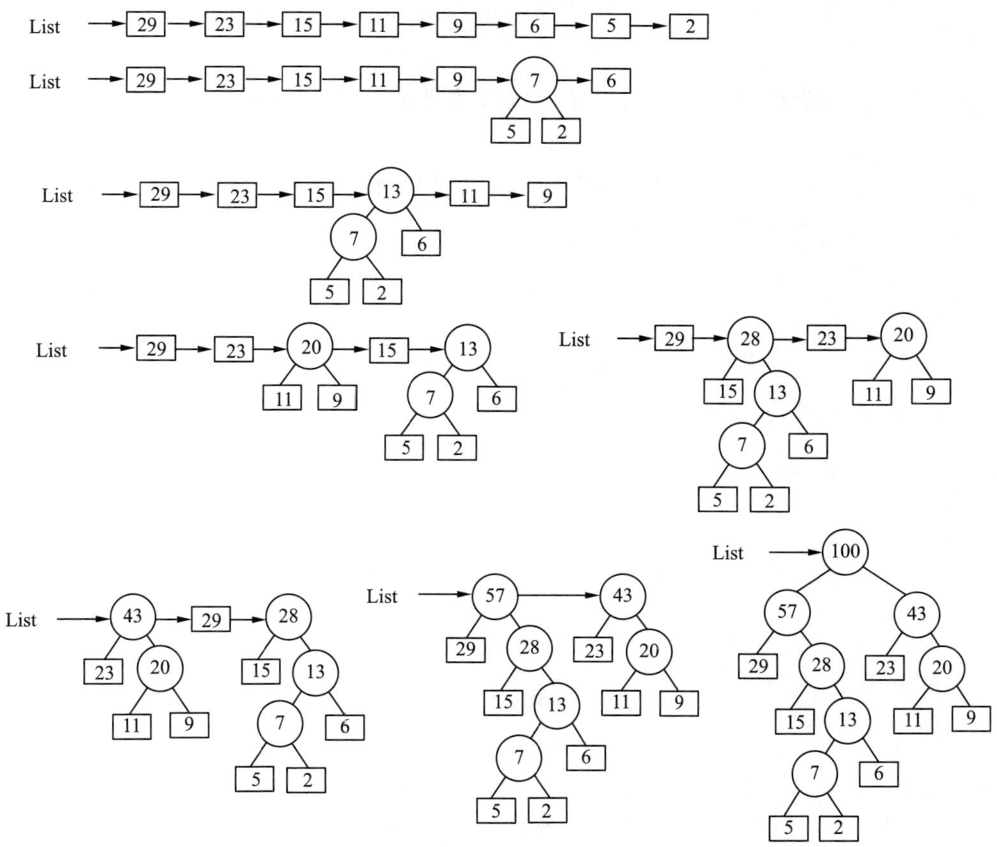

图 2. 4. 28　哈夫曼树的构造过程

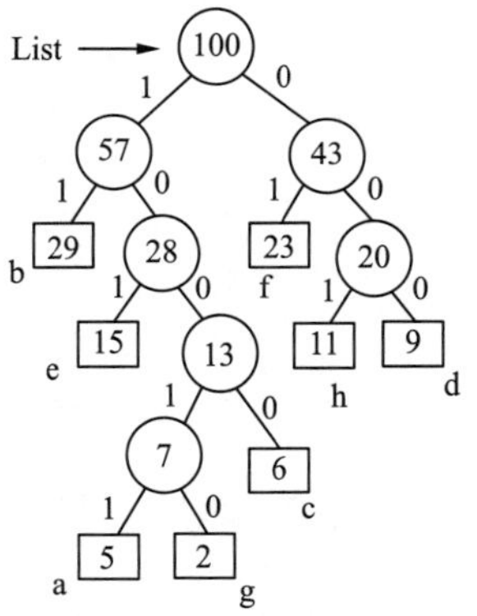

图 2. 4. 29　哈夫曼编码树

4. 试写一个算法判别给定的二叉树是否为二叉排序树，设此二叉树以二叉链表为存储结构，且树中结点的关键字均不相同。

解答：

算法思路：可利用后序递归遍历算法进行判断。以下算法判断结果是二叉排序树，则返回 1，否则返回 0。

（1）当二叉排序树为空树时，返回 1。

（2）当非空二叉排序树中根结点的左右子树均为二叉排序树时，只需判断根结点与左右子树结点值的关系，可能的情况有以下几种：

① 左右子树均非空时判断是否满足左子树结点值小于根结点值，同时根结点值小于右子树结点值。若满足条件，则返回 1。

② 或左子树为空、右子树非空时，判断是否满足根结点值小于右子树结点值。若满足条件，则返回1。

③ 或右子树为空、左子树非空时，判断是否满足左子树结点值小于根结点值。若满足条件，则返回1。

④ 或左右子树均为空时，只有根结点，肯定是二叉排序树，故返回1。

⑤ 其他情况，则不是二叉排序树，返回0。

(3) 当非空二叉排序树中根结点的左子树或右子树不是一棵二叉排序树时，则整棵树不是二叉排序树，返回0。

算法实现：

算法2.4.1 判定二叉排序树

```
typedef  int  DataType ;
typedef struct BinTNode {
    DataType data;
    struct BinTNode *lchild, *rchild;           //左右孩子指针
}BinTNode, *BinTree;
int IsBSTree(BinTree T){
    if(T==NULL)
        return 1;
    else{                                        //T !=NULL 即 T 非空
        if(IsBSTree(T->lchild) && IsBSTree(T->rchild)){            //左右子树均为二叉排序树
            if(T->lchild != NULL&& T->rchild != NULL&&
                T->lchild->data < T->data &&T->data < T->rchild->data) 左右均非空
                return 1;                        //是二叉排序树
            else if(T->rchild != NULL&& T->data < T->rchild->data)     //左子树为空
                return 1;                        //是二叉排序树
            else if(T->lchild != NULL&& T->lchild ->data < T ->data)   //右子树为空
                return 1;                        //是二叉排序树
            else if(T->lchild == NULL&& T->rchild == NULL)             //左右子树均为空时
                return1;                         //是二叉排序树
            else
                return 0;                        //不是二叉排序树
        }
        return 0;    //当左子树或右子树不是一棵二叉排序树时,整棵树不是二叉排序树
    }
}
```

第5章

图

5.1 图概念及存储经典试题

一、选择题

1. 设 $G_1=(V_1,E_1)$ 和 $G_2=(V_2,E_2)$ 为两个图，若 $V_1\subseteq V_2$，$E_1\subseteq E_2$，则称（　　）。

A. G_1 是 G_2 的子图　　B. G_2 是 G_1 的子图

C. G_1 是 G_2 的连通分量　　D. G_2 是 G_1 的连通分量

答案： A

解析： 根据子图的定义，可知 G_1 是 G_2 的子图。故应选 A。

2. 有向图的一个顶点的度数等于该顶点的（　　）。

A. 入度　　B. 出度　　C. 入度与出度之和　　D.（入度+出度）/2

答案： C

解析： 有向图中顶点的度为该顶点的入度和出度之和，记作 $D(v)=\mathrm{ID}(v)+\mathrm{OD}(v)$。故应选 C。

3. 具有 n 个顶点的无向图中最多有（　　）条边。

A. $n-1$　　B. $n\times(n-1)/2$　　C. $n\times(n+1)/2$　　D. $n\times(n-1)$

答案： B

解析： 无向图中任意两个顶点之间都有边直连，此时边数达到最多，所以最多有 $n\times(n-1)/2$ 条边。故应选 B。

4. 具有 n 个顶点的有向图中最多有（　　）条边。

A. $n-1$　　B. $n\times(n-1)/2$　　C. $n\times(n+1)/2$　　D. $n\times(n-1)$

答案： D

解析： 有向图中任意两个顶点之间都有两条双向边，此时边数达到最多，所以最多有 $n\times(n-1)$ 条边。故应选 D。

5. 有 n 个顶点的无向图至少有（　　）条边才能确保其是连通图。

A. $n-1$　　B. $n-2$　　C. $n+1$　　D. $n+2$

答案： A

解析： n 个顶点只需 $n-1$ 条边即可达到连通。故应选 A。

6. n 个顶点的连通图中至少含有（　　）条边。

A. $n-1$　　B. n　　C. $n\times(n-1)/2$　　D. $n\times(n-1)$

答案： A

解析： n 个顶点的图要保证其连通性，至少需要 $n-1$ 条边。故应选 A。

7. n 个顶点的强连通图中至少包含（　　）条弧。

A. $n-1$　　B. n　　C. $n\times(n-1)/2$　　D. $n\times(n-1)$

答案： B

解析： 所有的顶点只有一条出弧，即围成一圈时弧的条数最少。故应选 B。

8. 下列关于无向连通图特性的叙述中，正确的是（　　）。

Ⅰ. 所有顶点的度之和为偶数

Ⅱ. 边数大于顶点个数减 1

Ⅲ. 至少有一个顶点的度为 1

A. 只有Ⅰ　　B. 只有Ⅱ　　C. Ⅰ和Ⅱ　　D. Ⅰ和Ⅲ

答案： A

解析： 无向图中顶点的度数为以该顶点为端点的边的条数，一条边连接两个顶点，同一条边在两个端点中各计算了一次，故所有顶点的度之和为偶数，Ⅰ正确。无向连通图中边数与顶点数没有必然的关系，顶点的度数也无法确定，故Ⅱ与Ⅲ错误。故应选 A。

9. 在一个无向图中，所有顶点的度数之和等于边数的（　　）倍。

A. 1　　B. 2　　C. 1/2　　D. 4

答案： B

解析： 顶点的度数为与之关联的边数，而一条边与两个顶点相关联，所以同一条边在一个关联顶点的度数中算了一次，在另一个关联顶点的度数中又算了一次，故同一条边参与了两次度数的计算，故所有顶点的度数之和等于边数的 2 倍。故应选 B。

10. 在一个含有 E 条弧的有向图中，所有顶点的入度之和为（　　），所有顶点的出度之和为（　　）。

A. E　　B. $2E$　　C. $E/2$　　D. $E\times E$

答案： A、A

解析： 顶点的入度是指以该顶点为弧头的弧的个数，顶点的出度是指以该顶点为弧尾的弧的个数，E 条弧有 E 个入度、E 个出度，所以所有顶点的入度之和为 E，所有顶点的出度之和为 E。

11. 下列关于图的存储叙述中，错误的是（　　）。

A. 邻接表只能用于有向图的存储，邻接矩阵对于有向图和无向图的存储都适用

B. 邻接矩阵适用于稠密图（边数较多），邻接表适用于稀疏图（边数较少）

C. 存储无向图的邻接矩阵是对称的，因此可以只存储邻接矩阵的下（上）三角部分

D. 存储有向图的邻接矩阵有可能是对称的

答案： A

解析： 邻接表不仅适用于有向图的存储，也适用于无向图的存储。所以选项 A 中的叙述错误。故应选 A。

12. 若某图的邻接表中有奇数个表结点，则该图一定（　　）。

A. 有奇数个顶点　　B. 有偶数个顶点

C. 为无向图　　D. 为有向图

答案： D

解析： 无向图的邻接表中表结点的个数是边数的 2 倍，所以肯定为偶数。有向图的邻接表中表结点的个数等于边数，所以有可能为奇数，根据题意，该图只可能为有向图。故应选 D。

13. e 条边的无向图的邻接表存储中，表结点的个数有（　　）。

A. e　　B. $2e$　　C. $e/2$　　D. $e\times e$

答案： B

解析： 无向图的邻接表中表结点的个数是边数的 2 倍。故应选 B。

14. n 个结点，e 条弧的有向图的邻接表存储中，表结点的个数有（　　）。

A. n　　B. $2n$　　C. e　　D. $e\times e$

答案： C

解析：有向图的邻接表中表结点的个数等于边数。故应选 C。

15. 含有 n 个顶点和 e 条边的无向图的邻接矩阵存储中，非零元素的个数有（　　），零元素的个数为（　　）。

A. e　　B. $2e$　　C. $n\times n-e$　　D. $n\times n-2e$

答案：B、D

解析：n 个顶点的无向图的邻接矩阵共有 $n\times n$ 个元素。若 v_i，v_j 是图的两个顶点，则边 (v_i, v_j) 对应的矩阵元素 $A[i][j]$ 和 $A[i][j]$ 均为 1，所以非零元素的个数是边数的 2 倍，为 $2e$，其他元素均为 0，所以零元素为 $n\times n-2e$。

16. 关于图的邻接矩阵的说法中，不正确的是（　　）。

A. 无向图的邻接矩阵肯定是对称矩阵

B. 有向图的邻接矩阵肯定不是对称矩阵

C. 无论是有向图还是无向图，其邻接矩阵肯定是一个方阵

D. 无论是有向图还是无向图，其邻接矩阵中主对角线元素都为 0

答案：B

解析：有向图的邻接矩阵一般不具有对称性，只有当有向图中相邻两个顶点之间均存在双向边时，该图的邻接矩阵具有对称性。故应选 B。

17. 关于图的邻接矩阵的说法中，不正确的是（　　）。

A. 有向图的邻接矩阵中第 i 列中非零元的个数就是第 i 个结点的出度

B. 无向图的邻接矩阵中第 i 行中非零元的个数就是第 i 个结点的度数

C. 有向图的邻接矩阵中第 i 行中非零元的个数就是第 i 个结点的出度

D. 无向图的邻接矩阵中第 i 列中非零元的个数就是第 i 个结点的度数

答案：A

解析：有向图的邻接矩阵中第 i 列中非零元的个数就是第 i 个结点的入度。所以选项 A 描述错误。故应选 A。

18. 设图的邻接矩阵 $\boldsymbol{A}$ 如图 2.5.1 所示，则各顶点的度依次为（　　）。

A. 1,2,1,2　　B. 2,2,1,1

C. 3,4,2,3　　D. 4,4,2,2

$$\boldsymbol{A}=\begin{pmatrix}0 & 1 & 0 & 1\\ 0 & 0 & 1 & 1\\ 0 & 1 & 0 & 0\\ 1 & 0 & 0 & 0\end{pmatrix}$$

图 2.5.1　某图的邻接矩阵

答案：C

解析：观察邻接矩阵是非对称的 4 阶矩阵，则该图为具有 4 个顶点的有向图，有向图中顶点的度为该顶点的出度与入度之和。有向图的邻接矩阵中第 i 行中非零元的个数就是第 i 个结点的出度，所以 4 个顶点的出度分别为2,2,1,1；有向图的邻接矩阵中第 i 列中非零元的个数就是第 i 个结点的入度，所以 4 个顶点的入度分别为1,2,1,2，故各顶点的度分别为3,4,2,3。故应选 C。

19. 从图的邻接矩阵中，容易得到的是（　　）。

Ⅰ. 主对角线元素全为 1。

Ⅱ. 主对角线元素不全为 0。

Ⅲ. 是否为连通图。

Ⅳ. 各个顶点的度数。

Ⅴ. 任意两个顶点之间是否有边相连。

A. Ⅲ　　B. Ⅲ和Ⅳ　　C. Ⅳ　　D. Ⅳ和Ⅴ

答案：D

解析：从邻接矩阵中容易得到的是各个顶点的度数（顶点对应行和/或列中非零元的个数）和两个顶点是否有边相连（对应元素为 1 或∞时代表相连）。故应选 D。

二、综合应用题

1. 试回答下列关于图的问题。

（1）有 n 个顶点的强连通图最多有多少条边？最少有多少条边？

（2）有 n 个顶点的连通图最多有多少条边？最少有多少条边？

（3）表示一个有 500 个顶点、500 条边的有向图的邻接矩阵有多少个非零元素？

（4）G 是一个非连通的无向图，共有 28 条边，则该图至少有多少个顶点？

解答：（1）当 n 个顶点的强连通图为完全图时边的数量达到最多，即最多有 $n(n-1)$ 条边。当 n 个顶点的强连通图的边构成一个回路时，边数最少，即边最少为 n 条。

（2）有 n 个顶点的连通图为完全图时边的数量达到最多，即边最多有 $n(n-1)/2$ 条。当 n 个顶点的连通图的极大连通子图是一棵生成树时，边数最少，即边最少为 $n-1$ 条。

（3）有向图的邻接矩阵中非零元素的个数等于边的个数，为 500 个。

（4）图 G 是一个非连通图，则至少包含两个连通子图，记为 G_1 和 G_2。假设图 G 包含 $n+1$ 个顶点，若子图 G_1 包含 1 个顶点，则子图 G_2 包含 n 个顶点，则可判定 28 条边全部在子图 G_2 中。当子图 G_2 是完全图时边数达到最多，利用公式 $n(n-1)/2$ 可算得子图 G_2 中的顶点最少为 8 个。故图 G 中至少包含 9 个顶点。

2. 对于图 2.5.2 所示的无向图 G_5，试给出：

（1）图中每个顶点的度；

（2）该图的邻接矩阵；

（3）该图的邻接表；

（4）该图的连通分量。

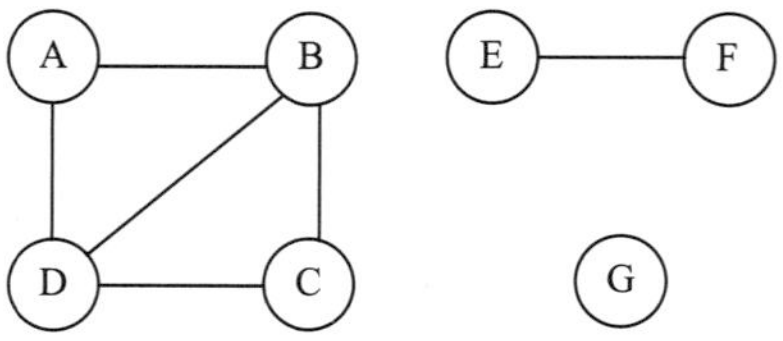

图 2.5.2　无向图 G_5

解答：（1）顶点 A、B、C、D、E、F、G 的度分别为 2，3，2，3，1，1，0。

（2）无向图 G_5 中的顶点按字母顺序存储时，对应的邻接矩阵如图 2.5.3 所示。

（3）无向图 G_5 的邻接表如图 2.5.4 所示。

$$\boldsymbol{A}_{7\times7}=\begin{pmatrix} 0&1&0&1&0&0&0\\ 1&0&1&1&0&0&0\\ 0&1&0&1&0&0&0\\ 1&1&1&0&0&0&0\\ 0&0&0&0&0&1&0\\ 0&0&0&0&1&0&0\\ 0&0&0&0&0&0&0 \end{pmatrix}$$

图 2.5.3　G_5 的邻接矩阵

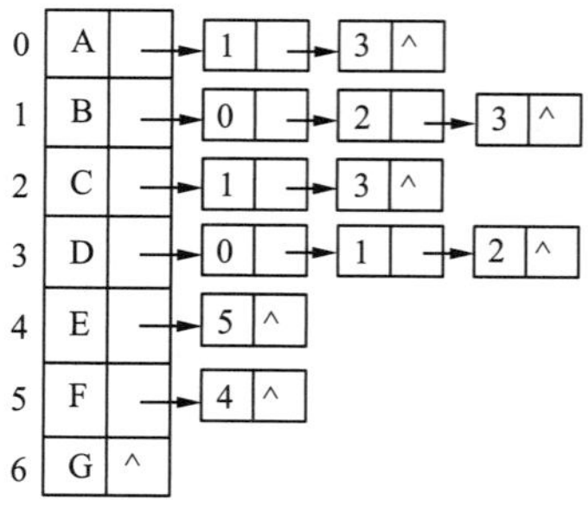

图 2.5.4　G_5 的邻接表

（4）无向图 G_5 的连通分量包含 3 个，如图 2.5.5（a）、（b）、（c）所示。

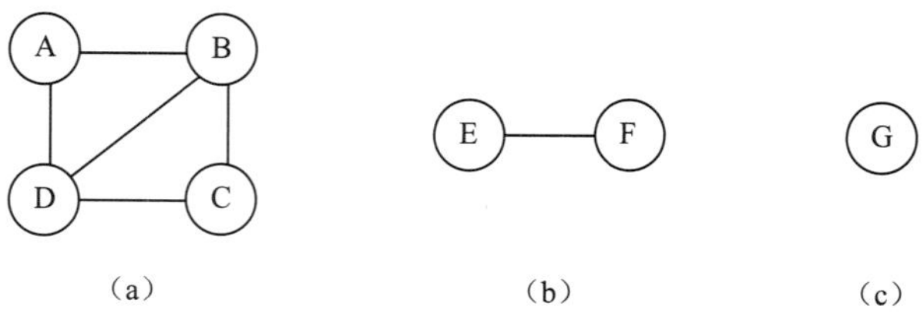

图 2.5.5　G_5 的三个连通分量

3. 对于图 2.5.6 所示的有向图 G_6，试给出：

（1）顶点 B 的度；

（2）该图的出边表与入边表；

（3）该图的强连通分量。

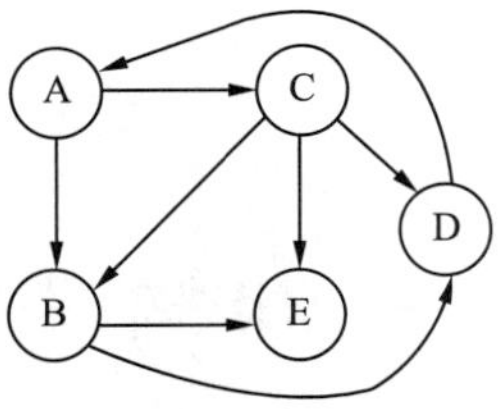

图 2.5.6　有向图 G_6

解答：（1）顶点 B 的入度与出度均为 2，所以顶点 B 的度为 4。

（2）图 G_6 的出边表与入边表如图 2.5.7（a）、（b）所示。

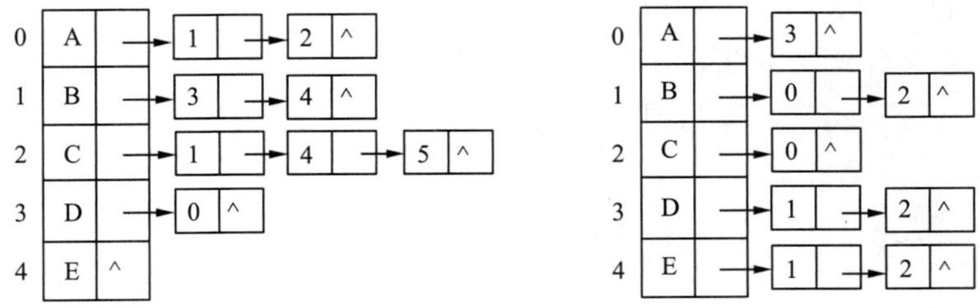

（a）出边表　　（b）入边表

图 2.5.7　图 G_6 的邻接表

（3）图 G_6 的强连通分量有两个，如图 2.5.8（a）、（b）所示。

4. 已知某图 G_7 的邻接矩阵为对称矩阵，采用了压缩存储，只是将下三角区和主对角线的元素按行优先方式存储于一个一维数组中，如图 2.5.9 所示。请画出图 G_7 的逻辑结构。

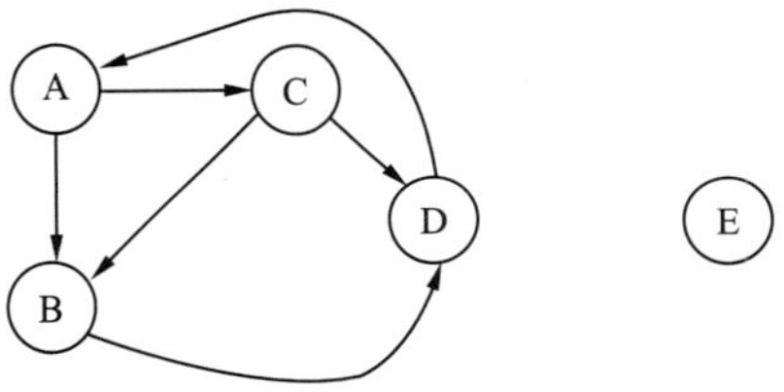

（a）　　（b）

图 2.5.8　图 G_6 的强连通分量

下标	0	1	2	3	4	5	6
值	0	3	0	2	∞	0	∞
下标	7	8	9	10	11	12	13
值	4	4	0	5	2	3	6
下标	14	15	16	17	18	19	20
值	0	∞	∞	6	6	∞	0

图 2.5.9　某一维数组

解答：设图 G_7 中顶点的个数为 n，则图 G_7 的邻接矩阵的大小为 $n \times n$，该矩阵下三角区和主对角线的元素共有 $1+2+3+4+\cdots+n=n(n+1)/2$ 个，而由图 2.5.9 可得一维数组中存储的矩阵元素个数为 21 个，所以 $n(n+1)/2=21$，推得 $n=6$。由图 2.5.9 所示的一维数组可得矩阵的下三角区和主对角线的元素，如图 2.5.10（a）所示。利用对称性，可得图 G_7 的邻接矩阵，如图 2.5.10（b）所示。

$$\boldsymbol{A}_{6\times6}=\begin{pmatrix} 0 & & & & & \\ 3 & 0 & & & & \\ 2 & \infty & 0 & & & \\ \infty & 4 & 4 & 0 & & \\ 5 & 2 & 3 & 6 & 0 & \\ \infty & \infty & 6 & 6 & \infty & 0 \end{pmatrix}$$

（a）

$$\boldsymbol{A}_{6\times6}=\begin{pmatrix} 0 & 3 & 2 & \infty & 5 & \infty \\ 3 & 0 & \infty & 4 & 2 & \infty \\ 2 & \infty & 0 & 4 & 3 & 6 \\ \infty & 4 & 4 & 0 & 6 & 6 \\ 5 & 2 & 3 & 6 & 0 & \infty \\ \infty & \infty & 6 & 6 & \infty & 0 \end{pmatrix}$$

（b）

图 2.5.10　图 G_7 的邻接矩阵

假设顶点为 A、B、C、D、E、F，并按此顺序存储，由上述邻接矩阵，可得图 G_7 的逻辑结构示意图，如图 2.5.11 所示。

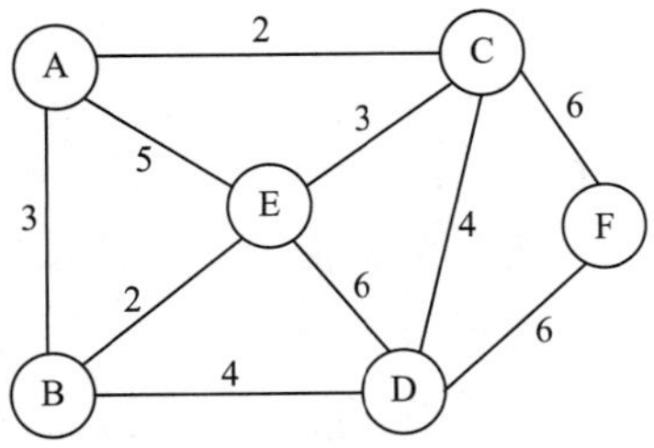

图 2.5.11　图 G_7 的逻辑结构

5.2 图的遍历经典试题

一、选择题

1. 下列关于图的遍历算法中，不正确的是（　　）。

A. 广度优先遍历算法类似于树的后序遍历算法

B. 实现图的广度优先遍历算法时需要用到队列

C. 深度优先遍历算法访问非连通图时，在 DFSTraverse( ) 函数中调用 DFS 的次数正好是该图连通分量的个数

D. 无论是广度优先遍历还是深度优先遍历，结果均可能不唯一

答案： A

解析： 广度优先遍历算法类似于树的层次遍历算法，故选项 A 的说法错误。故应选 A。

2. 设 $G_1=(V_1,E_1)$ 和 $G_2=(V_2,E_2)$ 为两个图，若 G_1 是 G_2 的生成树，则下列不正确的说法是（　　）。

A. G_1 是 G_2 的子图　　B. G_1 是 G_2 的无环子图

C. G_1 是 G_2 的连通分量　　D. G_1 是 G_2 的极小连通子图且 $V_1=V_2$

答案： C

解析： 连通图的极小连通子图就是连通图的生成树，生成树包含该图的所有顶点，所以选项 A、D 是正确的。由于生成树肯定没有回路，故选项 B 是正确的。而图的连通分量是图的极大连通子图，所以选项 C 是错误的。故应选 C。

3. 对于一个有 n 个顶点、e 条边的图，若采用邻接表存储时，DFS 遍历的时间复杂度为（　　），空间复杂度为（　　）；BFS 遍历的时间复杂度为（　　），空间复杂度为（　　）。

A. $O(n)$　　B. $O(e)$　　C. $O(n+e)$　　D. $O(1)$

答案： C、A、C、A

解析： 深度优先遍历时，每个顶点和每条边均查找一次，每个顶点递归调用一次，需要借助一个递归栈；而广度优先遍历时，也是每个顶点和每条边均查找一次，每个顶点进入队列一次。故都选 C、A。

4. 已知一个有向图 G_{10}，如图 2.5.12 所示，则从顶点 a 出发进行深度优先遍历，不可能得到的 DFS 序列为（　　）。

A. a d b e f c　　B. a d c e f b

C. a d c e b f　　D. a d e f b c

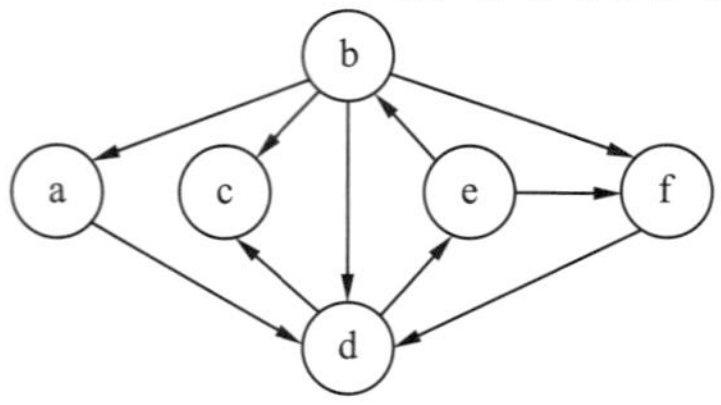

图 2.5.12　有向图 G_{10}

答案： A

解析： 深度优先遍历时在遍历到 d 之后，应该从 d 的两个未访问的邻接点 c、e 中选择其一进行访问，但是选项 A 中选择了 b，显然不符合深度优先遍历。故应选 A。

5. 无向图 $G_{11}=(V,E)$，其中 $V=\{a,b,c,d,e,f\}$，$E=\{(a,b),(a,e),(a,c),(b,e),(e,d),(c,f),(f,d)\}$，对该图进行深度优先遍历，得到的顶点序列正确的是（　　）。

A. a b e c d f　　　　B. a c f e b d

C. a e b c f d　　　　D. a e d f c b

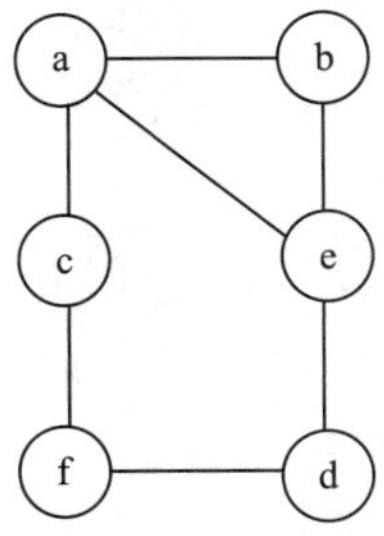

图 2.5.13 无向图 G_{11}

答案：D

解析：可先画草图，如图 2.5.13 所示。选项 A 中，在遍历 e 之后，应该访问 e 的未访问的邻接点 d，但是选项中是访问 c，c 与 e 没有邻接关系，所以 A 错误。选项 B 中遍历 f 之后和选项 C 中遍历 b 之后，也是相同的问题。选项 D 符合深度优先遍历。故应选 D。

二、综合应用题

1. 有无向图如图 2.5.14 所示。(1) 请给出两个从顶点 w_0 出发的深度优先遍历的顶点序列和对应的生成树。(2) 请给出两个从顶点 w_0 出发的广度优先遍历的顶点序列和对应的生成树。

解答：(1) 深度优先遍历

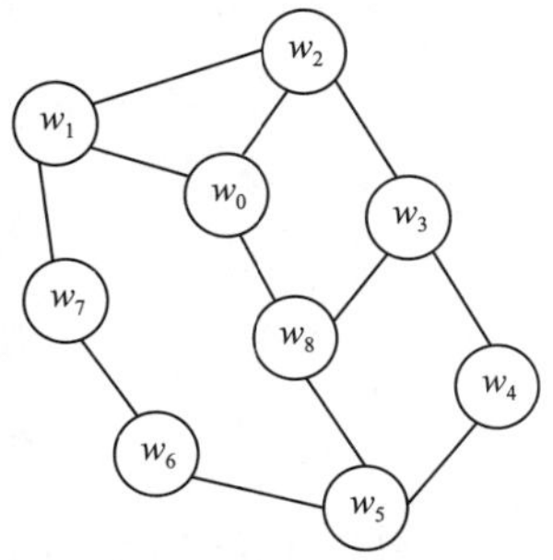

图 2.5.14 无向图 G_{12}

① 首先访问 w_0，再在 w_0 的三个未被访问邻接点 w_1、w_2、w_8 中的选择访问 w_1，继续深度优先遍历：从 w_1 的两个未被访问邻接点 w_7、w_2 中的选择访问 w_2，w_2 只有的一个未被访问的邻接点 w_3，所以访问 w_3，然后继续深度优先遍历：选择访问 w_3 的未被访问的邻接点 w_8，再选择访问 w_8 的未被访问的邻接点 w_5，再访问 w_5 的一个未访问的邻接点 w_4，此时发现 w_4 不存在未访问的邻接点，故回溯至 w_5 访问 w_5 的另一个未访问的邻接点 w_6，进而访问 w_7，此时图中所有的顶点均已被访问，得到深度优先遍历顶点序列为：$w_0 \to w_1 \to w_2 \to w_3 \to w_8 \to w_5 \to w_4 \to w_6 \to w_7$，其对应的生成树如图 2.5.15 (a) 所示。

② 首先访问 w_0，再在 w_0 的三个未被访问邻接点 w_1、w_2、w_8 中的选择访问 w_1，继续深度优先遍历：从 w_1 的两个未被访问邻接点 w_7、w_2 中选择访问 w_7，w_7 只有的一个未被访问的邻接点 w_6，所以访问 w_6，然后继续深度优先遍历：选择访问 w_6 的未被访问的邻接点 w_5，再从 w_5 的两个未被访问的邻接点 w_4、w_8 中选择访问 w_4，再访问 w_4 的未访问的邻接点 w_3，然后从 w_3 的两个未被访问邻接点 w_8、w_2 中选择访问 w_8，此时发现 w_8 不存在未访问的邻接点，故回溯至 w_3 访问 w_3 的另一个未访问的邻接点 w_2，此时图中所有的顶点均已被访问，得到深度优先遍历顶点序列为 $w_0 \to w_1 \to w_7 \to w_6 \to w_5 \to w_4 \to w_3 \to w_8 \to w_2$，其对应的生成树如图 2.5.15 (b) 所示。

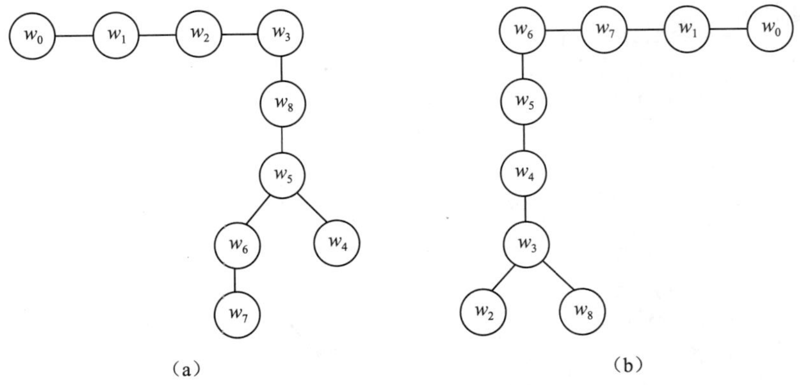

图 2.5.15 图 G_{12} 深度优先遍历生成树

(2) 广度优先遍历

① 首先访问 w_0，再访问 w_0 的三个未被访问的邻接点，顺序为 w_1、w_2、w_8，然后依次访问 w_1 的未被访问的邻接点 w_7，w_2 的未被访问的邻接点 w_3，w_8 的未被访问的邻接点 w_5，继续访问 w_7 的未被

访问的邻接点 w_6，w_3 的未被访问的邻接点 w_4，w_5 没有未被访问的邻接点，此时图中所有顶点均被访问，得到广度优先遍历顶点序列为 $w_0 \to w_1 \to w_2 \to w_8 \to w_7 \to w_3 \to w_5 \to w_6 \to w_4$。其生成树如图 2.5.16（a）所示。

② 首先访问 w_0，再访问 w_0 的三个未被访问的邻接点，顺序为 w_8、w_2、w_1，然后依次访问 w_8 的未被访问的邻接点 w_5、w_3，w_2 没有未被访问的邻接点，w_1 的未被访问的邻接点 w_7，继续访问 w_5 的未被访问的邻接点 w_4、w_6，w_7 没有未被访问的邻接点，此时图中所有顶点均被访问，得到广度优先遍历顶点序列为 $w_0 \to w_8 \to w_2 \to w_1 \to w_5 \to w_3 \to w_7 \to w_4 \to w_6$。生成树如图 2.5.16（b）所示。

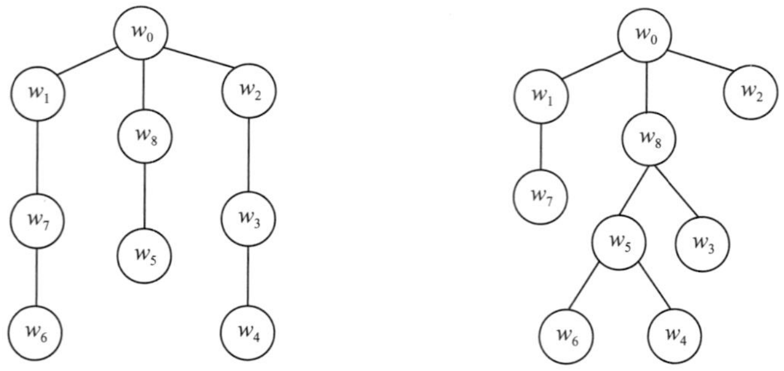

（a）　　　　（b）

图 2.5.16　图 G_{12} 广度优先遍历生成树

2. 图 2.5.17 所示的是有向图 G_{13} 的出边表，试：

（1）画出此图；

（2）写出从顶点 1 开始的 DFS 遍历结果及相应的生成树；

（3）写出从顶点 1 开始的 BFS 遍历结果及相应的生成树。

解答：

（1）有向图 G_{13} 如图 2.5.18 所示。

（2）从顶点 1 开始的 DFS 遍历结果为 1→2→4→3→6→5，对应的生成树如图 2.5.19（a）所示。

（3）从顶点 1 开始的 BFS 遍历结果为 1→2→3→4→6→5，对应的生成树如图 2.5.19（b）所示。

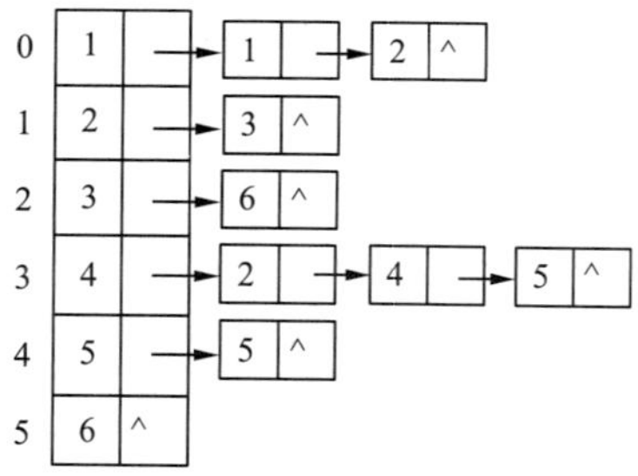

图 2.5.17　有向图的出边表

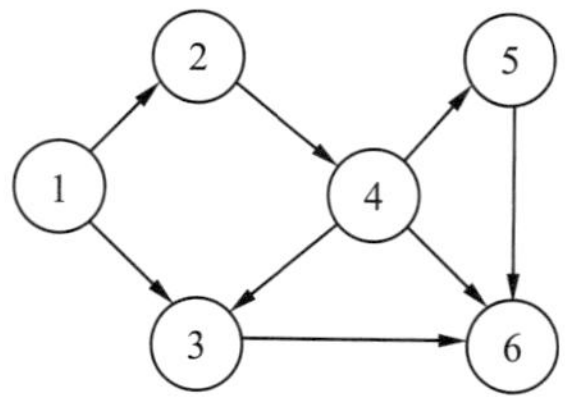

图 2.5.18　有向图 G_{13}

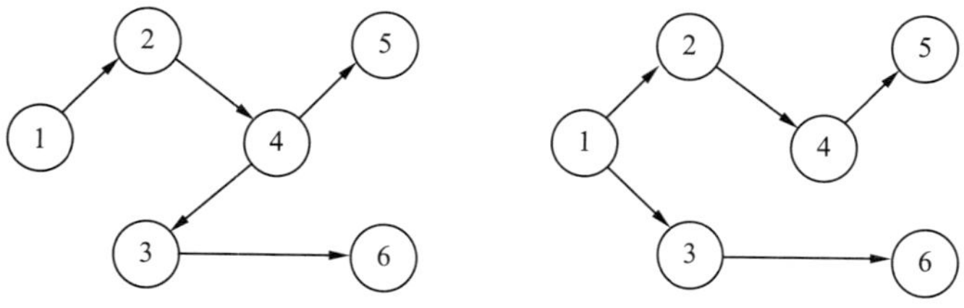

（a）　　　　（b）

图 2.5.19　生成树

5.3　最小生成树经典试题

一、选择题

1. 关于图的最小生成树的说法中，不正确的是（　　）。

A. 图的最小生成树的形状可能不唯一

B. 图的最小生成树的权值是唯一的

C. 图的最小生成树的生成算法有 Prim 算法和 Kruskal 算法两种

D. 图的最小生成树上的结点数肯定比边数少一个

答案： D

解析： 图的最小生成树中结点数永远比边数多一。所以 D 叙述错误。故应选 D。

2. 一个连通图的最小生成树是包含图中所有顶点的一个（　　）。

A. 极小子图　　B. 连通子图　　C. 极小连通子图　　D. 无环子图

答案： C

解析： 连通图的最小生成树是该图的极小连通子图，故应选 C。

3. 任何一个连通图的最小生成树（　　）。

A. 只有一棵　　B. 一棵或多棵　　C. 一定有多棵　　D. 可能不存在

答案： B

解析： 当连通图中所有边上的权值完全不相等时，其最小生成树是唯一的，只有一棵。当连通图中存在权值相同的边时，其最小生成树可能不唯一。由于该图是连通图，所以最小生成树肯定存在。故应选 B。

4. 在一个边上带不同权值的连通图中，权值最小的边一定包含在该图的（　　）。

A. 最小生成树中　　B. 深度优先生成树中

C. 广度优先生成树中　　D. 深度优先生成森林中

答案： A

解析： 因为各边多带权值不同，所以权值最小的边一定包含在该图的最小生成树中。故应选 A。

5. 下列关于图的说法中，正确的是（　　）。

Ⅰ. 有向图中顶点 V 的度等于其邻接矩阵中第 V 行中 1 的个数

Ⅱ. 无向图的邻接矩阵一定是对称矩阵，有向图的邻接矩阵一定是非对称矩阵

Ⅲ. 在图 G 的最小生成树 G_1 中，某条边的权值可能会超过未选边的权值

A. Ⅰ、Ⅱ和Ⅲ　　B. Ⅱ　　C. Ⅲ　　D. Ⅰ和Ⅲ

答案： C

解析： 有向图邻接矩阵的第 V 行中 1 的个数是顶点 V 的出度，而有向图中顶点的度为入度与出度之和，Ⅰ错。无向图的邻接矩阵一定是对称矩阵，但当有向图中任意两个顶点之间有边相连，且是两条方向相反的有向边（无向图也可视为有两条方向相反的有向边的特殊有向图）时，有向图的邻接矩阵也是一个对称矩阵，Ⅱ错。最小生成树中的 $n-1$ 条边并不能保证是图中权值最小的 $n-1$ 条边，因为权值最小的 $n-1$ 条边并不一定能使图连通，Ⅲ正确。故应选 C。

6. 以下叙述中，正确的是（　　）。

A. 只要无向连通图中没有权值相同的边，则其最小生成树唯一

B. 只要无向图中有权值相同的边，则其最小生成树一定不唯一

C. 从 n 个顶点的连通图中选取 $n-1$ 条权值最小的边，即可构成最小生成树

D. 设连通图 G 含有 n 个顶点，则含有 n 个顶点、$n-1$ 条边的子图一定是 G 的最小生成树

答案：A

解析：显然选项 A 是正确的。对于选项 B，当无向图本身就是一棵树，则最小生成树就是它本身，显然最小生成树是唯一的。对于选项 C，选取 $n-1$ 条权值最小的边可能构成回路。对于选项 D，含有 n 个顶点、$n-1$ 条边的子图可能不连通，也可能构成回路。故应选 A。

7. 用 Prim 算法和 Kruskal 算法构造图的最小生成树，所得到的最小生成树（　　）。

A. 相同　　B. 不相同

C. 可能相同，可能不同　　D. 无法比较

答案：C

解析：由于无向连通图的最小生成树不一定唯一，所以用不同的算法得到的最小生成树可能不同。但当无向连通图的最小生成树唯一时，不同算法生成的最小生成树必定是相同的。故应选 C。

8. 下列关于最小生成树的叙述中，正确的是（　　）。

Ⅰ. 最小生成树的代价唯一。

Ⅱ. 所有权值最小的边一定会出现在所有的最小生成树中。

Ⅲ. 使用 Prim 算法从不同顶点开始得到的最小生成树一定相同。

Ⅳ. 使用 Prim 算法和 Kruskal 算法得到的最小生成树总不相同。

A. 仅Ⅰ　　B. 仅Ⅱ　　C. 仅Ⅰ、Ⅲ　　D. 仅Ⅱ、Ⅳ

答案：A

解析：最小生成树的形态可能不唯一（因为可能存在权值相同的边），但其代价（权值）肯定是唯一的，Ⅰ正确。若权值最小的边有多条并且构成环状，则总有权值最小的边将不出现在某棵最小生成树中，Ⅱ错误。设图中的 n 个结点构成环，其中 $n-1$ 条边权值相等，另一条边权值较小，则从不同的顶点开始 Prim 算法会得到 $n-1$ 种不同的最小生成树，Ⅲ错误。当最小生成树唯一时（各边的权值不同），Prim 算法和 Kruskal 算法得到的最小生成树相同，Ⅳ错误。故应选 A。

9. 图 2.5.20 所示的连通网的最小生成树的权为（　　）。

A. 20　　B. 19

C. 17　　D. 18

答案：D

解析：可先构造最小生成树，然后再计算。根据计算结果，应选 D。

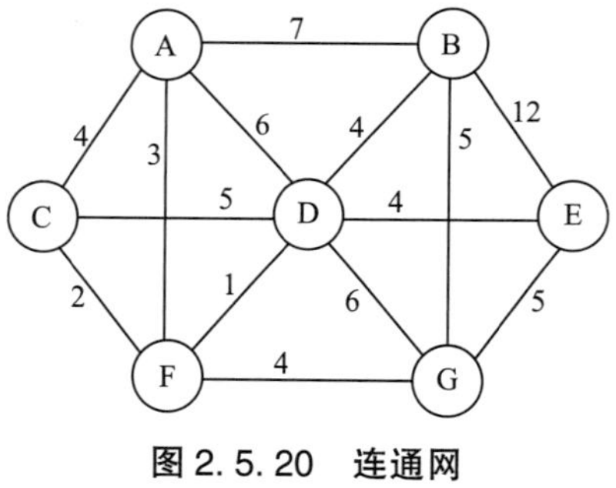

图 2.5.20　连通网

二、综合应用题

1. 对图 2.5.21 所示的连通网 G_{16}，用 Prim 算法构造其最小生成树，给出详细过程。

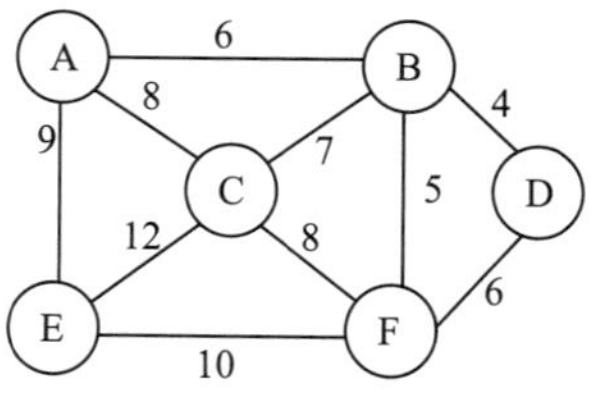

图 2.5.21　连通网 G_{16}

解答：利用 Prim 算法构造 G_{16} 最小生成树的详细过程，如图 2.5.22（a）~（e）所示。

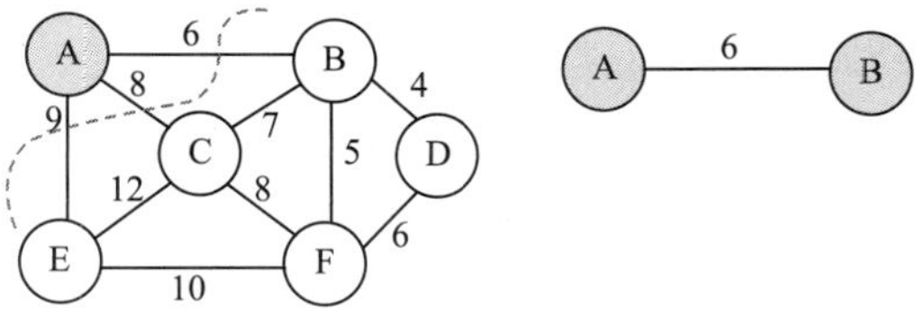

（a）选定两栖边(A,B)

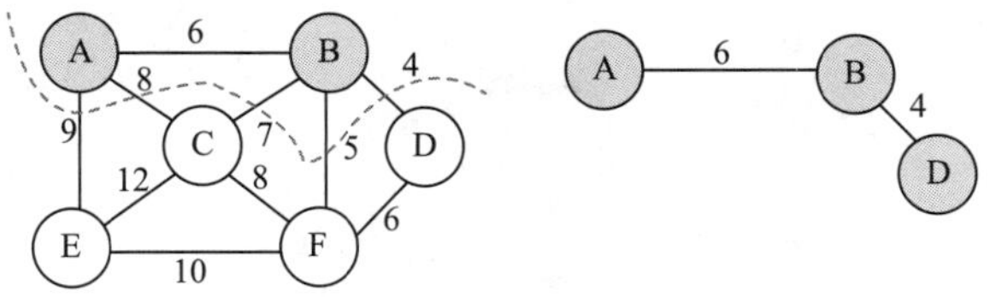

（b）选定两栖边(B,D)

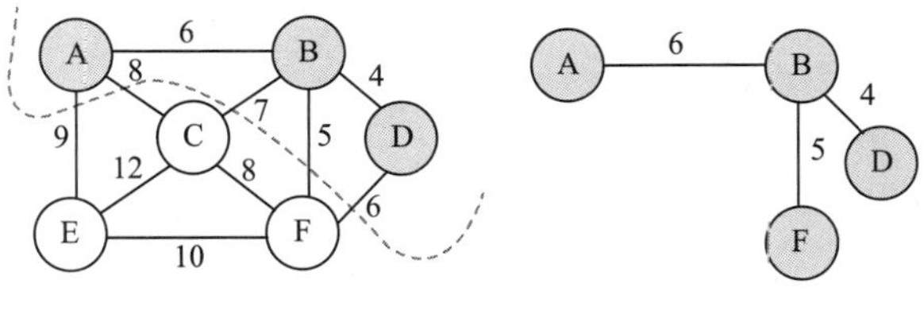

（c）选定两栖边(B,F)

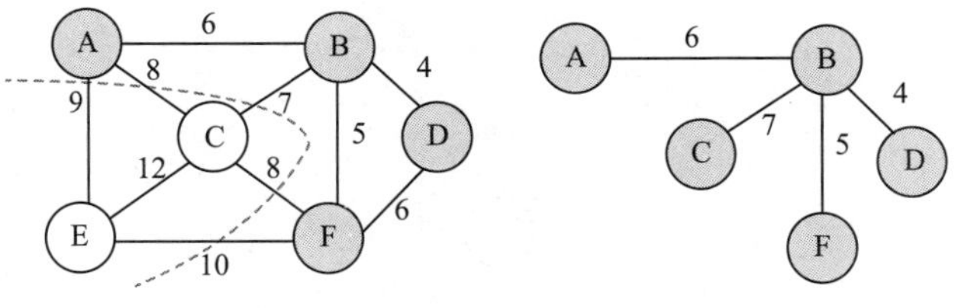

（d）选定两栖边(B,C)

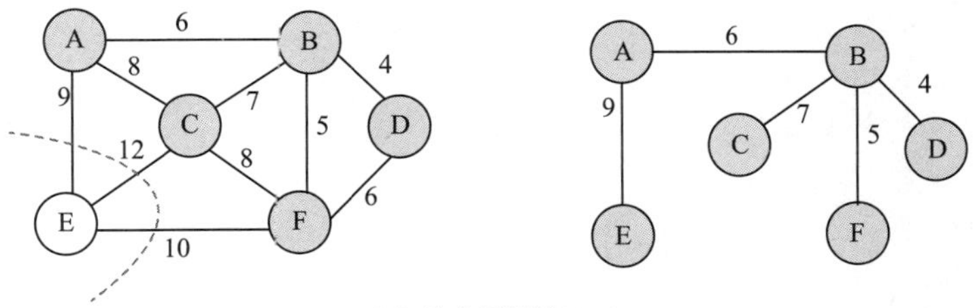

（e）选定两栖边(A,E)

图 2.5.22　Prim 算法构造 G_{16} 最小生成树的详细过程

2. 对图 2.5.23 所示的连通网 G_{17}，用 Kruskal 算法构造其最小生成树，给出详细过程。

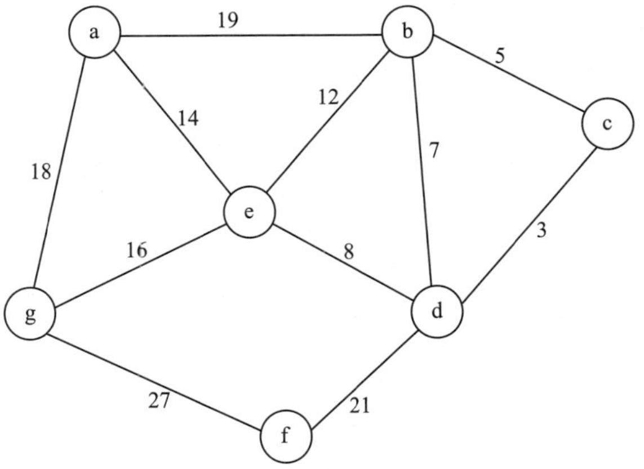

图 2.5.23　连通网 G_{17}

解答：首先 G_{17} 中的 7 个顶点加入生成树，所以需要选取合适的 6 条边，即按边所带权值从小到大将边依次加入生成树中，若某边加入后生成树不构成回路则选取该边加入生成树，若某边加入后生成树构成回路则舍弃该边。详细过程如图 2.5.24（a）~（g）所示。

网 G_{17} 最小生成树如图 2.5.24（g）所示。在图 2.5.24（c）中，若将边(b,d)，权值为 7 加入生成树会构成回路，所以舍弃该边；在图 2.5.24（d）中，若将边(b,e)，权值为 12 加入生成树会构成回路，所以舍弃该边；在图 2.5.24（f）中，若将边(a,g)，权值为 18 或边(a,b)，权值为 19 加入生成树均会构成回路，所以舍弃这两条边。

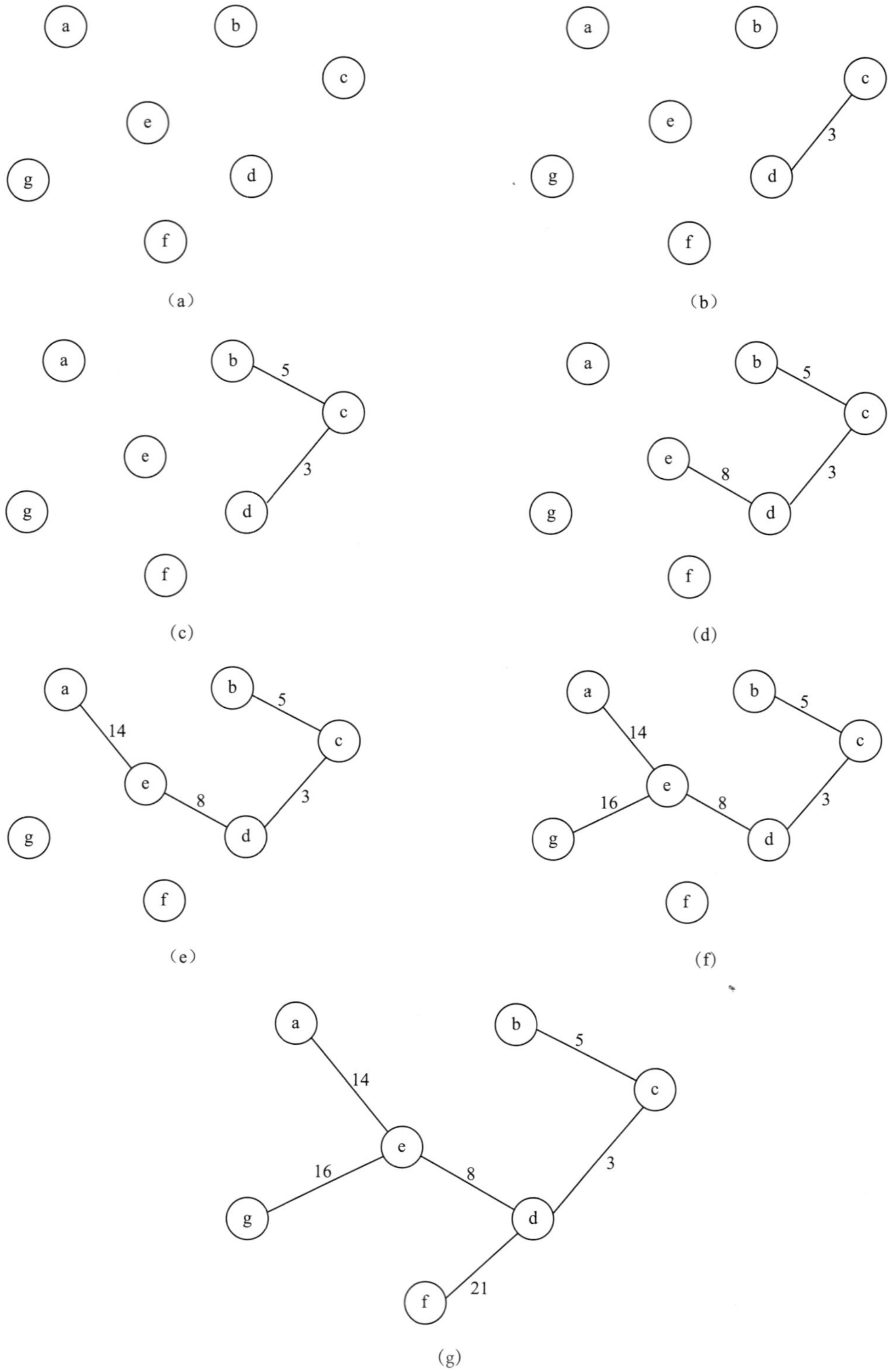

图 2. 5. 24　Kruskal 算法构造 G_{17} 最小生成树的详细过程

5. 4　有向无环图经典试题

一、选择题

1. 对图 2. 5. 25 所示的有向图进行拓扑排序，可得到的不同拓扑序列有（　　）个。

A. 1　　B. 2　　C. 3　　D. 4

答案：C

解析：可得到 01234，02314，02134 这三种拓扑序列，故应选 C。

2. 对图 2.5.26 所示的有向图进行拓扑排序，可能的拓扑序列是（　　）。

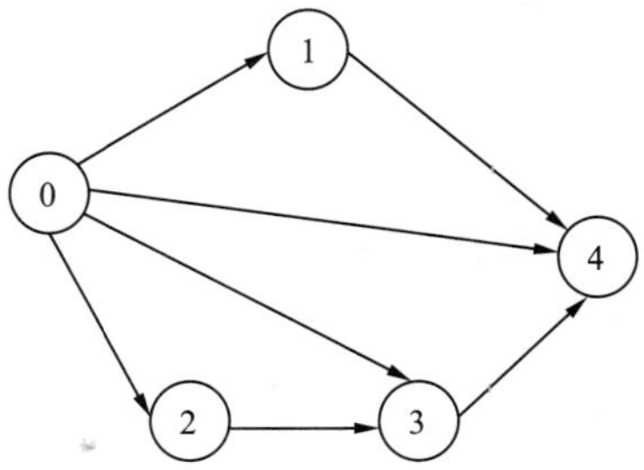

图 2.5.25　一个有向图

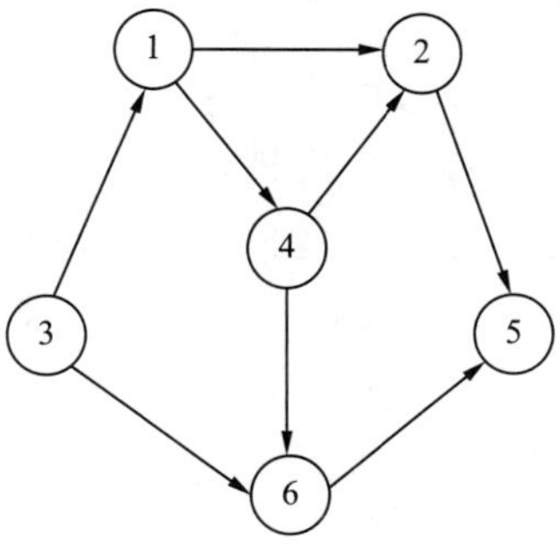

图 2.5.26　一个有向图

A. 3 1 2 4 6 5　　B. 3 1 4 2 6 5　　C. 3 1 2 4 5 6　　D. 3 1 4 2 5 6

答案：B

解析：对该图进行拓扑排序，可能得到的序列为 3 1 4 2 6 5 与 3 1 4 6 2 5，故应选 B。

3. 下列（　　）不是图 2.5.27 所示有向图的拓扑排序结果（　　）。

A. A F B C D E　　B. F A B C D E

C. F A C B D E　　D. F A D B C E

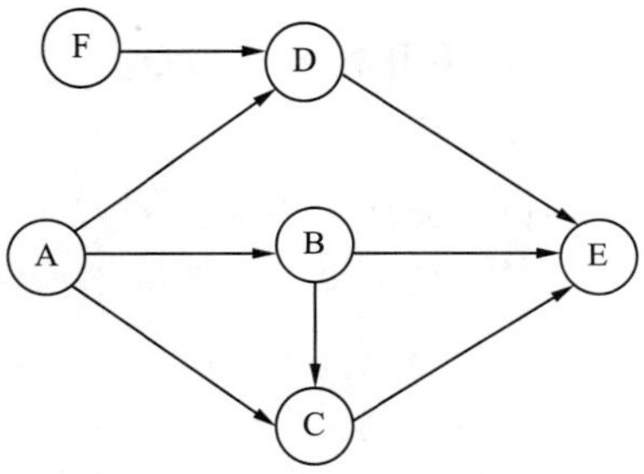

图 2.5.27　一个有向图

答案：C

解析：由于拓扑序列中每个活动的所有前驱活动都应排在该活动的前面，图中顶点 B 是 C 的前驱，在拓扑序列中，顶点 B 应排在 C 的前面，但选项 C 中顶点 C 在 B 的前面，故选项 C 不是拓扑排序结果。故应选 C。

4. 若用邻接矩阵存储有向图，矩阵中主对角线下方的元素均为 0，则该图的拓扑序列（　　）。

A. 存在，且唯一　　B. 存在，且不唯一

C. 存在，可能不唯一　　D. 无法确定是否存在

答案：C

解析：矩阵中主对角线下方的元素均为 0，表明只有从顶点 i 到顶点 $j(i<j)$ 可能有边，从 j 到 i 一定没有边，即有向图一定无环，所以一定存在拓扑序列。对于拓扑序列是否唯一则无法给出确定的结论，因为不清楚主对角线上方的元素中 1 的分布。故应选 C。

5. 若一个有向图具有有序的拓扑排序序列，则它的邻接矩阵必定为（　　）。

A. 对称　　B. 稀疏　　C. 三角　　D. 一般

答案：C

解析：可以证明，对有向图中的顶点适当地编号，使其邻接矩阵为三角矩阵且主对角线上元素均为 0 的充分必要条件是该有向图不存在环，因此可进行拓扑排序。

6. 下面的（　　）方法可以判断出一个有向图是否有环（回路）。

Ⅰ. 深度优先遍历

Ⅱ. 广度优先遍历

Ⅲ. 拓扑排序

Ⅳ. 求关键路径

A. Ⅰ，Ⅱ，Ⅳ　　B. Ⅰ，Ⅳ　　C. Ⅰ，Ⅲ　　D. 全部可以

答案：C

解析：使用深度优先遍历，若从有向图上的某个顶点 u 出发，在 DFS(u)结束之前出现一条从顶点 v 到 u 的边，由于 v 在生成树上是 u 的子孙，则图中必定存在包含 u 和 v 的环，因此深度优先遍历方法可以检测出一个有向图是否有环。广度优先遍历类似于层次遍历，无法判断是否有环。拓扑排序时，当某顶点不为任何边的前驱时才能加入序列，存在环路时环路中的顶点一直是某条边的起点，不能加入拓扑序列。也就是说，还存在无法找到下存在加入拓扑序列的顶点，则说明此图存在回路。关键路径本身虽然不允许有环，但求关键路径的算法本身无法判断是否有环。故应选 C。

7. 若对有 n 个顶点、e 条弧的有向图采用邻接表存储，则对该图进行拓扑排序算法的时间复杂度是（　　）。

A. $O(n)$　　B. $O(n+e)$　　C. $O(e)$　　D. $O(n^2)$

答案：B

解析：采用邻接表作为 AOV 网的存储结构进行拓扑排序，需要对 n 个顶点做入队、出队、输出各一次，在处理 e 条边时，需要检测这 n 个顶点的出边表的 e 个表结点，共需要的时间代价为 $O(n+e)$。故应选 B。补充一点：若采用邻接矩阵作为 AOV 网的存储结构进行拓扑排序，在处理 e 条边时需对每个顶点检测相应矩阵中的某一行，寻找与它相关联的边，以便对这些边的入度减 1，需要的时间代价为 $O(n^2)$。

8. 在有向图 G 的拓扑序列中，若顶点 u 在顶点 v 之前，则下列情形不可能出现的是（　　）。

A. G 中有弧 $\langle u,v\rangle$　　B. G 中有一条从 u 到 v 的路径

C. G 中没有弧 $\langle u,v\rangle$　　D. G 中有一条从 v 到 u 的路径

答案：D

解析：有向图 G 的拓扑序列中每个活动的所有前驱活动都排在该活动的前面，所以顶点 u 在顶点 v 之前说明可能 u 是 v 的直接前驱（存在弧 $\langle u,v\rangle$）或间接前驱（存在从 u 到 v 的路径），也有可能 u 与 v 没有直接关系（不存在弧 $\langle u,v\rangle$），但不可能出现的情况是 u 为 v 的后继，即不可能存在一条从 v 到 u 的路径。故应选 D。

9. 若一个有向图的顶点不能排在一个拓扑序列中，则可判定该有向图（　　）。

A. 是一个有根的有向图　　B. 是一个强连通图

C. 含有多个入度为 0 的顶点　　D. 含有顶点数目大于 1 的强连通分量

答案：D

解析：若不存在拓扑排序，则表示图中必定存在回路，该回路构成一个强连通分量（不难理解顶点数目大于 1 的强连通分量中必然存在回路）。故应选 D。

10. 以下关于拓扑排序的说法中，错误的是（　　）。

Ⅰ. 若某有向图存在环路，则该有向图一定不存在拓扑排序。

Ⅱ. 在拓扑排序算法中为暂存入度为零的顶点，可以使用栈，也可以使用队列。

Ⅲ. 若有向图的拓扑有序序列唯一，则图中每个顶点的入度和出度最多为 1。

Ⅳ. 若有向无环图的拓扑序列唯一，则可以唯一确定该图。

A. Ⅰ，Ⅲ　　B. Ⅱ，Ⅲ　　C. Ⅱ，Ⅳ　　D. Ⅲ，Ⅳ

答案：D

解析：Ⅰ中，对于一个存在环路的有向图，使用拓扑排序算法运行后，肯定会出现有环的子图，此环中无法再找到入度为 0 的结点，拓扑排序也就进行不下去。Ⅱ中，若两个结点之间不存在祖先或子孙关系，则它们在拓扑序列中的关系是任意的。因此使用栈或队列都可以，因为进栈或入队的都是入度为 0 的顶点，这些顶点是没有关系的。拓扑序列有序且唯一并不能确定顶点的入度和出度值，Ⅲ错。有向无环图的拓扑序列唯一并不能唯一确定该图，可画示意图举例，Ⅳ错。故应选 D。

11. 关键路径是 AOE 网中（　　）。

A. 从源点到汇点的最长路径　　B. 从源点到汇点的最短路径

C. 最长的回路　　D. 最短的回路

答案：A

解析：关键路径是指从源点到汇点的权值之和最大的路径。故应选 A。

12. 若使用 AOE 网估算工程进度，则下列叙述中正确的是（　　）。

A. 关键路径是从源点到汇点的边数最多的一条路径

B. 关键路径是从源点到汇点的路径长度最长的路径

C. 增加任一关键活动的时间不会延长工程的工期

D. 缩短任一关键活动的时间将会缩短工程的工期

答案：B

解析：关键路径是指权值之和最大而非边数最多的路径，故选项 A 错误，选项 B 正确。无论是存在一条还是存在多条关键路径，增加任一关键活动的时间都会延长工程的工期。因为关键路径始终是权值之和最大的那条路径，选项 C 错误。仅有一条关键路径时，减少关键活动的时间会缩短工程的工期；存在多条关键路径时，缩短一条关键活动的时间不一定会缩短工程的工期，缩短了路径长度的那条关键路径不一定还是关键路径，选项 D 错误。故应选 B。

13. 下列不正确的说法是（　　）。

Ⅰ. 在 AOE 网中，减少任一关键活动上的权值后，整个工期也就相对减小。

Ⅱ. AOE 网中工程的工期为关键活动上的权之和。

Ⅲ. 在关键路径上的活动都是关键活动，而关键活动也必在关键路径上。

A. Ⅰ　　B. Ⅱ　　C. Ⅲ　　D. Ⅰ和Ⅱ

答案：A

解析：当仅有一条关键路径时，减少关键活动的时间会缩短工程的工期。存在多条关键路径时，缩短一条关键活动的时间不一定会缩短工程的工期，缩短了路径长度的那条关键路径不一定还是关键路径，只有缩短多条关键路径共有的关键活动，才会缩短工程工期。故Ⅰ错误。关键路径由关键活动构成，关键活动上的权之和就是关键路径的长度，也就是工程的工期，故Ⅱ和Ⅲ均正确。故应选 A。

14. 下面关于求关键路径的说法中，不正确的是（　　）。

A. 求关键路径是以拓扑排序为基础的

B. 一个活动的最早开始时间是该活动的尾事件的最早开始时间相同

C. 一个事件的最迟发生时间是以该事件为尾的弧的活动的最迟开始时间与活动的持续时间的差

D. 关键活动一定位于关键路径上

答案：C

解析：一个活动的最迟发生时间是该活动的头事件的最迟开始时间与活动的持续时间之差。故应选 C。

15. 下列关于关键路径的说法中，正确的是（　　）。

Ⅰ. 改变某一关键路径上的任一关键活动后，必将产生不同的关键路程。

Ⅱ. 在 AOE 图中关键路径上活动的时间延长多少，整个工程的时间也随之延长多少。

Ⅲ. 缩短关键路径上任意一个关键活动的持续时间可缩短关键路径长度。

Ⅳ. 缩短所有关键路径上共有的任意一个关键活动的持续时间可缩短关键路径长度。

Ⅴ. 缩短多条关键路径上共有的任意一个关键活动的持续时间可缩短关键路径长度。

A. Ⅱ和Ⅴ　　B. Ⅰ、Ⅱ和Ⅳ　　C. Ⅱ和Ⅳ　　D. Ⅰ和Ⅳ

答案：C

解析：若是改变的是所有关键路径上的共有活动，则不一定会产生不同的关键路径（延长必然不会导致，只有缩短才有可能导致）。根据关键路径的定义，可知Ⅱ是正确的。关键路径是指从源点到汇点的权值之和最大的路径，只有所有关键路径的长度都缩短时，整个图的关键路径才能缩短，但也不能任意缩短，因为一旦缩短到一定程度，这些关键路径可能会变成非关键路径。故应选 C。

16. 下列关于关键路径的说法中，正确的是（　　）。

Ⅰ. 在 AOE 网中一定只有一条关键路径。

Ⅱ. 对于 AOE 网，加速任一关键活动就能使整个工程提前完成。

Ⅲ. 对于 AOE 网，任一关键活动延迟将导致整个工程延迟完成。

A. Ⅰ　　B. Ⅱ　　C. Ⅲ　　D. Ⅱ和Ⅲ

答案：C

解析：AOE 网可能存在多条关键路径，其长度相同。当存在多条关键路径时只加速非共有关键活动并不能使整个工程提前。但只要某一关键活动延时完成将会导致整个工期延时。故应选 C。

17. 图 2.5.28 所示的 AOE 网表示一项包含 8 个活动的工程。通过同时加快若干活动的进度可以缩短整个工程的工期。下列选项中，加快其进度就可以缩短工程工期的是（　　）。

A. d 和 e　　B. b 和 d

C. b 和 f　　D. b 和 h

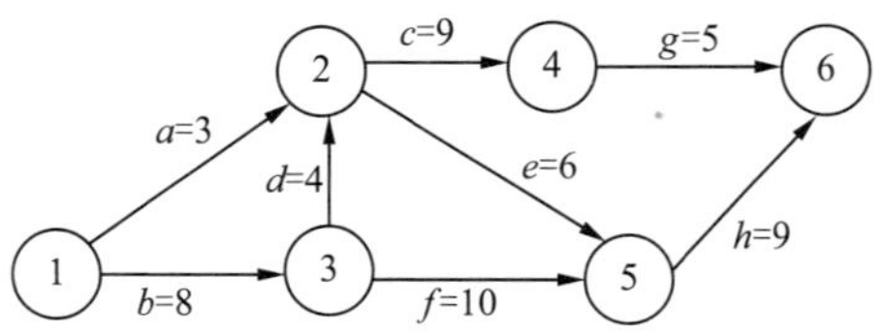

图 2.5.28　AOE 网

答案：D

解析：对于不复杂的 AOE 网，找出所有路径计算长度，得到关键路径及其长度，图 2.5.28 所示的 AOE 网的所有关键路径为 $bdeh$ 和 bfh。根据定义，只有关键路径上的共有活动时间减少时，才能缩短工期。选项 A、B 和 C 中的活动并不存在于所有关键路径中，只有 D 中的两个活动是。因此加快 b 和 h 这两个活动才能缩短工期。

18. 图 2.5.28 所示的 AOE 网中，活动 c 的最早开始时间和最迟开始时间分别是（　　）。

A. 12 和 13　　B. 3 和 14　　C. 12 和 14　　D. 3 和 13

答案：A

解析：对于不复杂的 AOE 网，找出所有路径计算长度，得到关键路径及其长度，图 2.5.28 所示的 AOE 网的所有关键路径为 $bdeh$ 和 bfh，长度为 27。

活动 c 的最早开始时间等于该活动弧的起点所表示的事件的最早发生时间，即活动 c 的最早开始时间等于事件 2 的最早发生时间 $\max(a,b+d)=\max\{3,12\}=12$。活动 d 的最迟开始时间等于活动弧的终点所表示的事件的最迟发生时间与该活动所需时间之差，而事件 4 的最迟发生时间为 $\min(27-g)=\min(27-5)=22$，活动 d 的最迟开始时间为 $22-c=22-9=13$。故应选 A。

二、综合应用题

1. 试写出图 2.5.29 所示 AOV 网的 4 个不同拓扑序列。

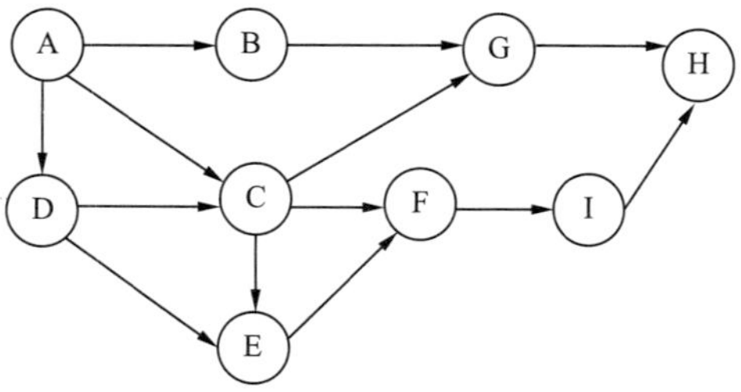

图 2.5.29　AOV 网

解答：图 2.5.29 所示的 AOV 网的 4 个不同的拓扑序列为 ABDCEGFIH，ABDCEFIGH，ADBCEFIGH，ADCEBGFIH。

2. 计算图 2.5.30 所示 AOE 网中各顶点所表示的事件的最早发生时间和最迟发生时间，各边所表示的活动的最早开始时间和最迟开始时间，并找出其关键路径。若该 AOE 网代表某个工程的流程，请计算这个工程的工期，哪些活动加速可使整个工程提前完成。

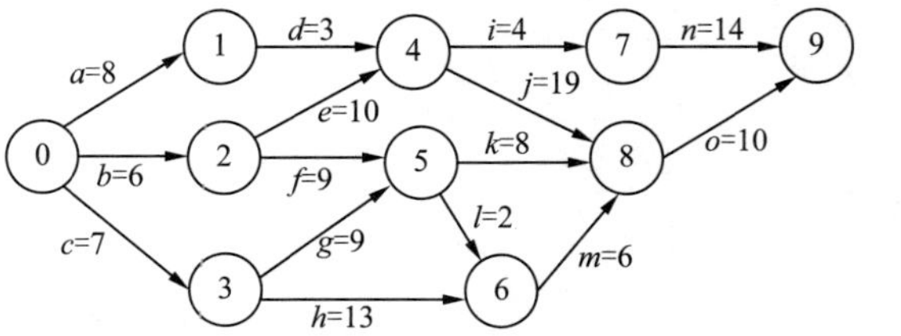

图 2.5.30　AOE 网

解答：

（1）该网的一个拓扑序列为：0123456789。

（2）按拓扑序列顺序计算顶点所表示的事件的最早发生时间：

ve[0] = 0

ve[1] = max{ve[0]+a} = 8

ve[2] = max{ve[0]+b} = 6

ve[3] = max{ve[0]+c} = 7

ve[4] = max{ve[1]+d, ve[2]+e} = max{8+3, 6+10} = 16

ve[5] = max{ve[2]+f, ve[3]+g} = max{6+9, 7+9} = 16

ve[6] = max{ve[5]+l, ve[3]+h} = max{16+2, 7+13} = 20

ve[7] = max{ve[4]+i} = max{16+4} = 20

ve[8] = max{ve[4]+j, ve[5]+k, ve[6]+m} = max{16+19, 16+8, 20+6} = 35

ve[9] = max{ve[7]+n, ve[8]+o} = max{20+14, 35+10} = 45

（3）按拓扑序列逆顺序计算顶点所表示的事件的最迟发生时间：

vl[9] = ve[9] = 45

vl[8] = min{vl[9]−o} = min{45−10} = 35

vl[7] = min{vl[9]−n} = min{45−14} = 31

vl[6] = min{vl[8]−m} = min{35−6} = 29

vl[5] = min{vl[8]−k, vl[6]−l} = min{35−8, 29−2} = 27

vl[4] = min{vl[8]−j, vl[7]−i} = min{35−19, 31−4} = 16

vl[3] = min{vl[6]−h, vl[5]−g} = min{29−13, 27−9} = 16

vl[2] = min{vl[4]−e, vl[5]−f} = min{16−10, 27−9} = 6

vl[1] = min{vl[4]−d} = min{16−3} = 13

vl[0] = min{vl[1]−a, vl[2]−b, vl[3]−c} = min{13−8, 6−6, 16−7} = 0

顶点所表示的事件的最早发生时间和最迟发生时间，见表 2.5.1。

表 2.5.1　事件的最早发生时间和最迟发生时间

顶点 j 的下标	0	1	2	3	4	5	6	7	8	9
ve[j]	0	8	6	7	16	16	20	20	35	45
vl[j]	0	13	6	16	16	27	29	31	35	45

（4）计算（可按字母顺序）边所表示的活动的最早开始时间 ee[i]：

ee[0]=ve[0]=0

ee[1]=ve[0]=0

ee[2]=ve[0]=0

ee[3]=ve[1]=8

ee[4]=ve[2]=6

ee[5]=ve[2]=6

ee[6]=ve[3]=7

ee[7]=ve[3]=7

ee[8]=ve[4]=16

ee[9]=ve[4]=16

ee[10]=ve[5]=16

ee[11]=ve[5]=16

ee[12]=ve[6]=20

ee[13]=ve[7]=20

ee[14]=ve[8]=35

（5）计算（可按字母顺序）边所表示的活动的最迟开始时间 el[i]：

el[0]=vl[1]$-a$=13−8=5

el[1]=vl[2]$-b$=6−6=0

el[2]=vl[3]$-c$=16−7=9

el[3]=vl[4]$-d$=16−3=13

el[4]=vl[4]$-e$=16−10=6

el[5]=vl[5]$-f$=27−9=18

el[6]=vl[5]$-g$=27−9=18

el[7]=vl[6]$-h$=29−13=16

el[8]=vl[7]$-i$=31−4=27

el[9]=vl[8]$-j$=35−19=16

el[10]=vl[8]$-k$=35−8=27

el[11]=vl[6]$-l$=29−2=27

el[12]=vl[8]$-m$=35−6=29

el[13]=vl[9]$-n$=45−14=31

el[14]=vl[9]$-o$=45−10=35

各边所表示的活动的最早开始时间 ee[i]和最迟开始时间 el[i]，见表 2.5.2。

（6）按照公式 $t[i]$=el[i]−ee[i]计算活动的时间余量：

活动的时间余量 $t[i]$见表 2.5.2。

表 2.5.2　活动的最早、最迟开始时间及时间余量

有向边	下标 i	$\langle j,k\rangle$	权值	ee[i]	el[i]	t[i]	关键路径
a	0	⟨0,1⟩	8	0	5	5	
b	1	⟨0,2⟩	6	0	0	0	√
c	2	⟨0,3⟩	7	0	9	9	
d	3	⟨1,4⟩	3	8	13	5	
e	4	⟨2,4⟩	10	6	6	0	√

续表

有向边	下标 i	$\langle j,k\rangle$	权值	ee[i]	el[i]	t[i]	关键路径
f	5	$\langle 2,5\rangle$	9	6	18	12	
g	6	$\langle 3,5\rangle$	9	7	18	11	
h	7	$\langle 3,6\rangle$	13	7	16	9	
i	8	$\langle 4,7\rangle$	4	16	27	11	
j	9	$\langle 4,8\rangle$	19	16	16	0	√
k	10	$\langle 5,8\rangle$	8	16	27	11	
l	11	$\langle 5,6\rangle$	2	16	27	11	
m	12	$\langle 6,8\rangle$	6	20	29	9	
n	13	$\langle 7,9\rangle$	14	20	31	11	
o	14	$\langle 8,9\rangle$	10	35	35	0	√

(7) 求得关键活动和关键路径

表 2.5.2 中打钩的这四个活动 b、e、j 和 o 的时间余量为 0，所以这四个活动就是关键活动。由这四个关键活动构成的关键路径如图 2.5.31 所示。

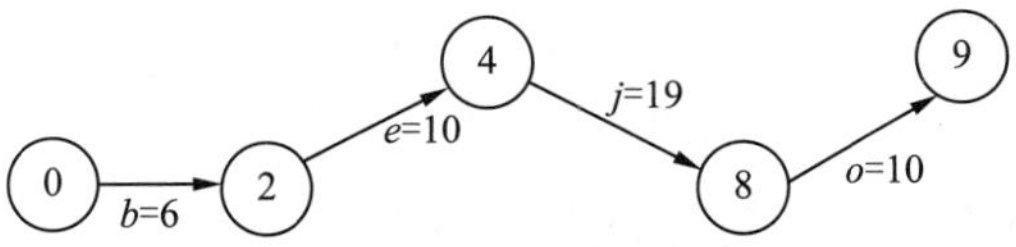

图 2.5.31　关键路径

(8) 求得工程的工期

关键路径的长度为关键活动的持续时间之和：$b+e+j+o=45$，所以整个工程的工期为 45。加快这四个关键活动，可使工程提前完工。

5.5　最短路径经典试题

一、选择题

1. 以下叙述中，正确的是（　　）。

A. 最短路径一定是简单路径

B. Dijkstra 算法不适合求有回路的带权图的最短路径

C. Dijkstra 算法不适合求任意两个顶点的最短路径

D. Floyd 算法不适合求任意两个顶点的最短路径

答案： A

解析： 最短路径一定是简单路径，故选项 A 正确。Dijkstra 算法适合求解有回路的带权图的最短路径，也可以求任意两个顶点的最短路径，不适合求带负权值的最短路径问题。Floyd 算法适合求任意两个顶点的最短路径。故应选 A。

2. 已知带权连通无向图 $G=(V,E)$，其中 $V=\{a,b,c,d,e,f,g\}$，$E=\{(a,b)10,(a,e)2,(e,d)2,(e,f)11,(b,c)1,(d,c)4,(d,f)6,(c,g)7,(f,g)3\}$（顶点偶对括号外的数据表示边上的权值），从源点 a 到顶点 g 的最短路径上经过的顶点序列是（　　）。

A. a,b,c,g　　　　B. a,e,d,f,g

C. a,e,d,c,g　　　　D. a,b,c,d,f,g

答案：B

解析：首先根据题干画出图 G 的逻辑结构示意图，如图 2.5.32 所示。利用 Dijkstra 算法求出 a 到 g 的最短路径为 $a\to e\to d\to f\to g$。还可以采用排除法，因为 A、B、C 和 D 四个选项对应的路径长度分别为 18，13，15 和 24。故应选 B。

3. 对图 2.5.33 所示的带权有向图，若采用 Dijkstra 算法求从源点 A 到其他各点的最短路径，则得到的第一条最短路径的目标顶点是 B，第二条最短路径的目标顶点是 E，后续得到的其余各最短路径的目标顶点（　　）。

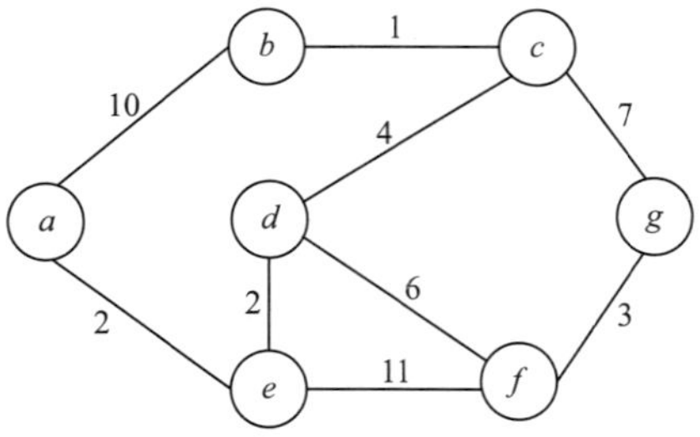

图 2.5.32　带权连通无向图 G

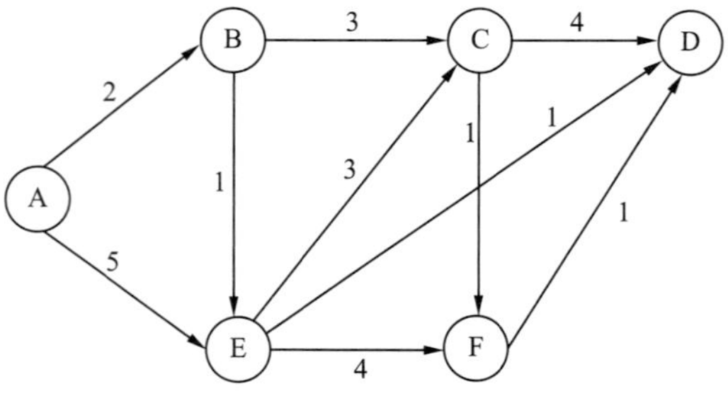

图 2.5.33　有向带权图

A. D,C,F　　　　B. D,F,C

C. C,F,D　　　　D. C,D,F

答案：A

解析：若下一个顶点（第三个加入 S 集的顶点）为 D，路径 A、B、E、D 的长度为 4，若下一个顶点为 C，则路径 A、B、C 的长度为 5，显然下一个顶点应为 D，故排除选项 C 和 D。若再下一个顶点（第四个加入 S 集的顶点）为 C，根据刚才的分析路径 A、B、C 的长度为 5，若再下一个顶点为 F，则路径 A、B、E、F 的长度为 7，显然第四个顶点应为 F，这样就能确定答案。故应选 A。还可以用 Dijkstra 算法写出求解详细过程来确定。

二、综合应用题

1. 对于图 2.5.34 所示的有向网，用 Dijkstra 方法求从顶点 0 到图中其他顶点的最短路径，要求给出整个计算过程。

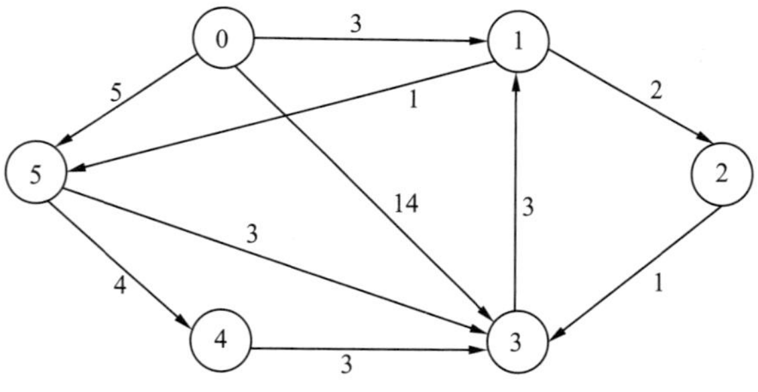

图 2.5.34　有向网

解答：有向网中共有 6 个顶点，故需进行 5 轮。

具体算法执行过程如下：

第 1 轮：初始状态集合 $S=\{0\}$，计算其他顶点的距离值。

dist[1].length=3，dist[1].pre=0

dist[2].length=∞，dist[2].pre=−1

dist[3].length=14，dist[3].pre=0

dist[4].length=∞，dist[4].pre=−1

dist[5].length=5，dist[3].pre=0

所以选择 length 值最小的顶点 1 并入 S 集，即 $S=\{0,1\}$，源点 0 至顶点 1 的最短路径为⟨0,1⟩，长度为 3。

第 2 轮：根据新的 S 集，计算其他顶点的距离值。

dist[2].length=min{∞,dist[1].length+$w_{\langle 1,2\rangle}$}=min{∞,3+2}=5，dist[2].pre=1

dist[3].length=14,dist[3].pre=0（没有边⟨1,3⟩，所以无须计算，保持不变）

dist[4].length=∞,dist[4].pre=−1（没有边⟨1,4⟩，所以无须计算，保持不变）

dist[5].length=min{5,dist[1].length+$w_{\langle 1,5\rangle}$}=min{5,3+1}=4，dist[5].pre=1

选择 length 值最小的顶点 5 并入 S 集，即 $S=\{0,1,5\}$，源点 0 至顶点 5 的最短路径由〈0,1〉和〈1,5〉两条弧构成，长度为 4。

第 3 轮：根据新的 S 集，计算其他顶点的距离值。

dist[2]. length=5，dist[2]. pre=1（没有边〈5,2〉，所以无须计算，保持不变）

dist[3]. length=min{14,dist[5]. length+$w_{\langle 5,3\rangle}$}=min{14,4+3}=7，dist[3]. pre=5

dist[4]. length=min{∞,dist[5]. length+$w_{\langle 5,4\rangle}$}=min{∞,4+4}=8，dist[4]. pre=5

选择 length 值最小的顶点 2 并入 S 集，即 $S=\{0,1,2,5\}$，源点 0 至顶点 2 的最短路径由〈0,1〉和〈1,2〉这两条弧构成，长度为 5。

第 4 轮：根据新的 S 集，计算其他顶点的距离值。

dist[3]. length=min{7,dist[2]. length+$w_{\langle 2,3\rangle}$}=min{7,5+1}=6，dist[3]. pre=2

dist[4]. length=8,dist[4]. pre=5（没有边〈2,4〉，所以无须计算，保持不变）

顶点 3 并入 S 集，即 $S=\{0,1,2,3,5\}$，源点 0 至顶点 3 的最短路径由〈0,1〉和〈1,2〉、〈2,3〉这三条弧构成，长度为 6。

第 5 轮：根据新的 S 集，计算其他顶点（只有顶点 4）的距离值。

dist[4]. length=8,dist[4]. pre=5（没有边〈3,4〉，所以无须计算，保持不变）

顶点 4 并入 S 集，即 $S=\{0,1,2,3,4,5\}$，源点 0 至顶点 4 的最短路径由〈0,1〉和〈1,5〉、〈5,4〉这三条弧构成，长度为 8。

至此图中所有的顶点均已并入 S 集，从源点 0 到其余各顶点的最短路径及其长度均已得到。整个运算过程见表 2.5.3。

表 2.5.3　用 Dijkstra 算法计算源点 0 到其余各顶点最短路径的过程

顶　点	第 1 轮		第 2 轮		第 3 轮		第 4 轮		第 5 轮	
	length	pre	length	pre	length	pre	length	pre	length	pre
顶点 1	3	0								
顶点 2	∞	−1	5	1	5	1				
顶点 3	14	0	14	0	7	5	6	2		
顶点 4	∞	−1	∞	−1	8	5	8	5	8	5
顶点 5	5	0	4	1						
并入 S 的顶点	顶点 1		顶点 5		顶点 2		顶点 3		顶点 5	
集合 S	{0,1}		{0,1,5}		{0,1,2,5}		{0,1,2,3,5}		{0,1,2,3,4,5}	
最短路径构成	〈0,1〉		〈0,1〉和〈1,5〉		〈0,1〉和〈1,2〉		〈0,1〉和〈1,2〉、〈2,3〉		〈0,1〉和〈1,5〉、〈5,4〉	
最短路径长度	3		4		5		6		8	

2. 对于图 2.5.35 所示的有向网，用 Floyd 方法求任意顶点对之间的最短距离，并写出执行算法过程。

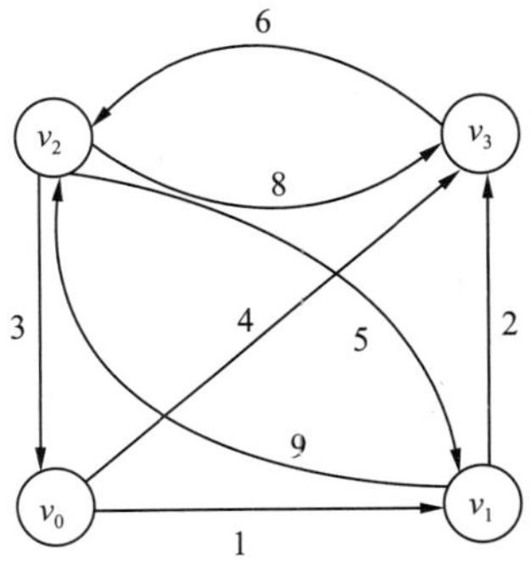

（a）带权有向图 G

$$A=\begin{pmatrix} 0 & 1 & \infty & 4 \\ \infty & 0 & 9 & 2 \\ 3 & 5 & 0 & 8 \\ \infty & \infty & 6 & 0 \end{pmatrix}$$

（b）G 的邻接矩阵

图 2.5.35　带权有向图 G 及其邻接矩阵

解答：应用 Floyd 算法求所有顶点对之间的最短距离过程中的矩阵系列见表 2.5.4。

表 2.5.4 Floyd 算法中的矩阵系列

$\boldsymbol{A}$	$\boldsymbol{A}_{-1}$				$\boldsymbol{A}_0$				$\boldsymbol{A}_1$				$\boldsymbol{A}_2$				$\boldsymbol{A}_3$			
	v_0	v_1	v_2	v_3	v_0	v_1	v_2	v_3	v_0	v_1	v_2	v_3	v_0	v_1	v_2	v_3	v_0	v_1	v_2	v_3
v_0	0	1	∞	4	0	1	∞	4	0	1	10	3	0	1	10	3	0	1	9	3
v_1	∞	0	9	2	∞	0	9	2	∞	0	9	2	12	0	9	2	11	0	8	2
v_2	3	5	0	8	3	4	0	7	3	4	0	7	3	4	0	7	3	4	0	7
v_3	∞	∞	6	0	∞	∞	6	0	∞	∞	6	0	9	10	6	0	9	10	6	0

算法执行过程如下：

首先初始化：$A_{-1}[i][j]=A[i][j]$。

第一轮 $k=0$：将 v_0 作为中间顶点，对所有顶点对 $\langle v_i, v_j\rangle$，如果有 $A_{-1}[i][j]>A_{-1}[i][0]+A_{-1}[0][j]$，则将 $A_{-1}[i][j]$ 更新为 $A_{-1}[i][0]+A_{-1}[0][j]$。有 $A_{-1}[2][1]>A_{-1}[2][0]+A_{-1}[0][1]$，即 $5>3+1=4$，更新 $A_{-1}[2][1]$ 为 4，有 $A_{-1}[2][3]>A_{-1}[2][0]+A_{-1}[0][3]$，即 $8>3+4=7$，更新 $A_{-1}[2][3]$ 为 7。记更新后的矩阵为 $\boldsymbol{A}_0$。

第二轮 $k=1$：将 v_1 作为中间顶点，对所有顶点对 $\langle v_i, v_j\rangle$，如果有 $A_0[i][j]>A_0[i][1]+A_0[1][j]$，则将 $A_0[i][j]$ 更新为 $A_0[i][1]+A_0[1][j]$。有 $A_0[0][2]>A_0[0][1]+A_0[1][2]$，即 $\infty>1+9=10$，将更新 $A_0[0][2]$ 为 10。有 $A_0[0][3]>A_0[0][1]+A_0[1][3]$，即 $4>1+2=3$，将更新 $A_0[0][3]$ 为 3。记更新后的矩阵为 $\boldsymbol{A}_1$。

第二轮 $k=2$：将 v_2 作为中间顶点，对所有顶点对 $\langle v_i, v_j\rangle$，如果有 $A_1[i][j]>A_1[i][2]+A_1[2][j]$，则将 $A_1[i][j]$ 更新为 $A_1[i][2]+A_1[2][j]$。有 $A_1[1][0]>A_1[1][2]+A_1[2][0]$，即 $\infty>9+3=12$，将更新 $A_1[1][0]$ 为 12。有 $A_1[3][0]>A_1[3][2]+A_1[2][0]$，即 $\infty>6+3=9$，将更新 $A_1[3][0]$ 为 9。有 $A_1[3][1]>A_1[3][2]+A_1[2][1]$，即 $\infty>6+4=10$，将更新 $A_1[3][1]$ 为 10。记更新后的矩阵为 $\boldsymbol{A}_2$。

第二轮 $k=3$：将 v_3 作为中间顶点，对所有顶点对 $\langle v_i, v_j\rangle$，如果有 $A_2[i][j]>A_2[i][3]+A_2[3][j]$，则将 $A_2[i][j]$ 更新为 $A_2[i][3]+A_2[3][j]$。有 $A_2[0][2]>A_2[0][3]+A_2[3][2]$，即 $10>3+6=9$，将更新 $A_2[0][2]$ 为 9。有 $A_2[1][0]>A_2[1][3]+A_2[3][0]$，即 $12>2+9=11$，将更新 $A_2[1][0]$ 为 11。有 $A_2[1][2]>A_2[1][3]+A_2[3][2]$，即 $9>2+6=8$，将更新 $A_2[1][2]$ 为 8。记更新后的矩阵为 $\boldsymbol{A}_3$。此时 $\boldsymbol{A}_3$ 中保存的就是任意顶点对之间的最短距离。

第6章

查 找

6.1 线性表查找经典试题

一、选择题

1. 静态查找表与动态查找表的根本区别在于（　　）。

A. 它们的逻辑结构不一样　　B. 施加在其上的操作不一样

C. 所包含的数据元素类型不一样　　D. 存储实现不一样

答案： B

解析： 静态查找表上只能进行查找记录或检索记录的属性这两种操作，而动态查找表还可以进行插入、删除操作，所以两种查找表上的操作不同。故应选B。

2. 顺序查找适用于存储结构为（　　）的线性表。

A. 哈希存储　　B. 压缩存储

C. 顺序存储或链式存储　　D. 索引存储

答案： C

解析： 顺序查找不要求随机存取，故可以是顺序存储，也可以是链式存储。故应选C。

3. 用顺序查找法对具有n个结点的线性表查找一个结点的时间复杂度为（　　）。

A. $O(n^2)$　　B. $O(n\log_2 n)$　　C. $O(n)$　　D. $O(\log_2 n)$

答案： C

解析： 对n个结点的线性表顺序查找第1，2，…，n个元素依次需要比较1，2，…，n次，故平均需要比较$(1+2+\cdots+n)/n=(n+1)/2$次，故时间复杂度为$O(n)$。故应选C。

4. 具有n个数据元素的顺序组织的表，一个递增有序，一个无序，查找一个元素时采用顺序查找算法，对有序表从头开始查找，发现表中当前元素已不小于待查元素时停止，确定查找失败。已知查找任一元素的概率是相同的，则在两种表中成功查找时（　　）。

A. 平均时间后者小　　B. 无法确定

C. 平均时间两者相同　　D. 平均时间前者小

答案： C

解析： 对于顺序查找算法，不管查找表是否有序，查找成功时的平均查找长度相同。故应选C。

5. 在表长为n的顺序表上实施顺序查找，在查找不成功时，与关键字比较的次数为（　　）。

A. n　　B. 1　　C. $n+1$　　D. $n-1$

答案： A

解析： 顺序查找是从查找表的第一个元素开始，依次取表中的元素与待查元素比较是否相同，只要不同，则继续比较，若直到最后一个（第n个）元素与待查元素比较依然不同，则查找失败，故共比较了n次。故应选A。

6. 在一个长度为4的顺序表上进行查找，若查找第1，2，3，4个元素的概率分别为1/6，1/4，

1/4，1/3，则查找任一元素的平均查找长度为（　　）。

A. 11/4　　B. 2　　C. 3/2　　D. 5/3

答案：A

解析：平均查找长度 $ASL=\sum_{i=1}^{4}p_ic_i=\frac{1}{6}\times1+\frac{1}{4}\times2+\frac{1}{4}\times3+\frac{1}{3}\times4=\frac{11}{4}$。故应选 A。

7. 适用于折半查找的表的存储方式及元素排列要求为（　　）。

A. 链式存储，元素无序　　B. 链式存储，元素有序

C. 顺序存储，元素无序　　D. 顺序存储，元素有序

答案：D

解析：

8. 在一个顺序存储的有序表上查找一个元素时，既可以用顺序查找，也可以采用折半查找。则后者比前者的查找速度（　　）。

A. 必然快　　B. 必然慢　　C. 不确定　　D. 大多数情况下要快

答案：D

解析：折半查找在一般情况下要比顺序查找快，但对于某些特殊情况，顺序查找会比折半查找快，比如在包含 1 000 个元素的查找表中查找第一个元素时，顺序查找的比较次数为 1 次，而折半查找则需要比较 9 或 10 次（判定树的树叶存在于第 9 层或第 10 次）。故应选 D。

9. 折半查找过程所对应的判定树是一棵（　　）。

A. 最小生成树　　B. 平衡二叉树　　C. 完全二叉树　　D. 满二叉树

答案：B

解析：判定树不带权，故可以排除 A 选项。由于判断树不一定是完全二叉树或满二叉树，故也可以排除选项 C 和 D。由于判断树中每个结点值均大于其左子结点值，且均小于其右子结点值。并且折半查找时，每次把一个区间从中间分隔，分成前后结点数相差不超过 1 的两个子区间，从而使得判定树左右子树高度之差的绝对值不超过 1，故判定树是平衡二叉树。故应选 B。

10. 对表长为 n 的有序表进行折半查找，其判定树的高度为（　　）。

A. $\lceil\log_2(n+1)\rceil$　　B. $\lfloor\log_2 n\rfloor-1$　　C. $\lceil\log_2(n+1)\rceil-1$　　D. $\lfloor\log_2 n\rfloor$

答案：A

解析：由于判定树肯定是一棵平衡树，结点数 n 与树高 k 满足 $2^{k-1}<n\leqslant2^k-1$，故 $k=\lceil\log_2(n+1)\rceil$。

11. 已知一个长度为 21 的顺序表，其元素按关键字有序排列，若采用折半查找法查找一个不存在的元素，则关键字的比较次数最少为（　　），最多为（　　）。

A. 4　　B. 5　　C. 6　　D. 7

答案：A、B

解析：长度为 n 的有序顺序表进行折半查找时，其判定树的高度为 $k=\lceil\log_2(n+1)\rceil$或$\lfloor\log_2 n\rfloor+1$，故长度为 21 的查找表的判定树的高度为 5，所以查找失败时最多比较 5 次，而判定树左右子树的高度最多相差 1，所以至少应比较 4 次。另外，折半查找成功时最多比较次数也为判定树的高度，最少比较 1 次。

12. 折半查找和二叉排序树的时间性能（　　）。

A. 相同　　B. 有时不相同　　C. 完全不同　　D. 无法比较

答案：A、B

解析：折半查找的性能分析可以用二叉判定树来衡量，平均查找长度和最大查找长度都是 $O(\log_2 n)$。二叉排序树的查找性能与数据的输入顺序有关，最好情况下的平均查找长度与折半查找相同，但最坏情况（形成单支树）下其查找长度为 $O(n)$。

13. 已知一个有序表 $A[1..11]$，其关键字为(13,19,28,34,47,53,62,85,99,115,130)，对其采用二分查找$\lfloor(low+high)/2\rfloor$，当查找关键字值为 99 的元素时，比较次数为（　　）。

A. 1　　B. 2　　C. 4　　D. 6

答案： B

解析： 按照二分查找的思路，第一次 $mid=\lfloor(1+11)/2\rfloor=6$，缩小查找区间至$[7..11]$，第二次 $mid=\lfloor(7+11)/2\rfloor=9$，而 $A[9]=99$，所以第二次就找到 99，故应选 B。

14. 在有 13 个元素的有序表 $A[0..12]$中进行折半查找$\lfloor(low+high)/2\rfloor$，查找元素 $A[12]$时，被比较的元素下标依次是（　　）。

A. 6,8,10,12　　B. 6,9,11,12　　C. 6,8,11,12　　D. 6,9,10,12

答案： B

解析： 按照二分查找的思路，第一次 $mid=\lfloor(0+12)/2\rfloor=6$，缩小查找区间至$[7..12]$，第二次 $mid=\lfloor(7+12)/2\rfloor=9$，缩小查找区间至$[10..12]$，第三次 $mid=\lfloor(10+12)/2\rfloor=11$，缩小查找区间至$[12..12]$，第四次 $mid=\lfloor(12+12)/2\rfloor=12$。故应选 B。

15. 已知一个有序表 $A[0..11]$，其关键字为(1,3,9,12,32,41,62,75,77,82,95,100)，对其采用二分查找$\lfloor(low+high)/2\rfloor$，当查找关键字值为 83 的元素时，比较次数为（　　）。

A. 1　　B. 2　　C. 4　　D. 6

答案： C

解析： 按照二分查找的思路，第一次 $mid=\lfloor(0+11)/2\rfloor=5$，$A[5]=41<83$，故缩小查找区间至后半区$[6..11]$，第二次 $mid=\lfloor(6+11)/2\rfloor=8$，而 $A[8]=77<83$，故缩小查找区间至后半区$[9..11]$，第三次 $mid=\lfloor(9+11)/2\rfloor=10$，而 $A[10]=95>83$，故缩小查找区间至前半区$[9..9]$，第四次 $mid=\lfloor(9+9)/2\rfloor=9$，而 $A[9]=82<83$，此时应令 $low=mid+1=10>high$，故查找失败共比较了 4 次。故应选 C。

16. 下列选项中，不能构成折半查找中关键字比较序列的是（　　）。

A. 500，200，450，180　　B. 500，450，200，180

C. 180，500，200，450　　D. 180，200，500，450

答案： A

解析： 根据选项中的关键字序列，画出各个选项对应的查找路径，如图 2.6.1 所示。因为判定树是一棵二叉排序树，所以只需确认查找路径上各结点是否符合大于其左子树上的结点、小于其右子树上的结点这个要求。显然图 2.6.1（a）中结点 180 在结点 200 的右子树上，但却小于 200，不符合二叉排序树的特点。图 2.6.1（b）、（c）与（d）中的结点均符合二叉排序树的特点。故应选 A。

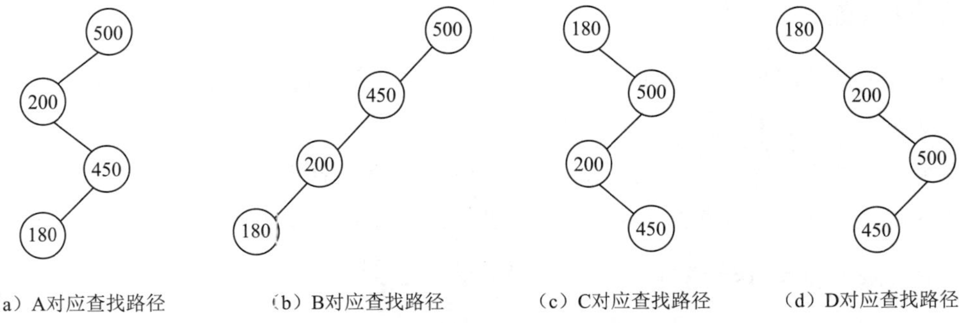

图 2.6.1　各选项对应的查找路径

17. 采用分块查找时，数据的组织方式为（　　）。

A. 数据分成若干块，每块内数据有序

B. 数据分成若干块，每块内数据不必有序，但块间必须有序，每块内最大（或最小）的数据组成索引表

C. 数据分成若干块，每块内数据有序，每块内最大（或最小）的数据组成索引表

D. 数据分成若干块，每块内数据有序，每块（除最后一块）中数据个数需相同

答案： B

解析： 通常分块查找不要求每块中数据个数相同，但要求块间有序，块内的最值构成索引表。故应选 B。

18. 设顺序存储的线性表共有 120 个元素，按分块查找的要求等分成 4 块。若对索引表采用顺序查找来确定块，并在确定的块中进行顺序查找，则在查找概率相等的情况下，分块查找成功时的平均查找长度为（　　）。

A. 17　　B. 18　　C. 21　　D. 22

答案： B

解析： 根据顺序查找确定结点所在块、块内顺序查找方法的平均查找长度公式 $ASL=L_i+L_b=\frac{b+1}{2}+\frac{s+1}{2}=1+\frac{b+s}{2}=1+\frac{b^2+n}{2b}$，代入 $n=120$，$b=4$ 即可求得 ASL = 18。故应选 B。

19. 采用分块查找时，若线性表中共有 625 个元素，查找每个元素的概率相同，假设采用顺序查找来确定结点所在的块时，每块应分（　　）个结点最佳。

A. 10　　B. 25　　C. 6　　D. 625

答案： B

解析： 根据顺序查找确定块、块内顺序查找方法（块内只能顺序查找）的平均查找长度公式 $ASL=L_i+L_b=\frac{b+1}{2}+\frac{s+1}{2}=1+\frac{b+s}{2}=1+\frac{b^2+n}{2b}$，当 $b=\sqrt{n}=\sqrt{625}=25$，ASL 达到最小，即效率达到最佳。故应选 B。

20. 为提高查找效率，对有 261 121 个元素的有序顺序表建立索引顺序结构，在最好情况下查找表中已有元素最多需要执行（　　）次关键字比较。

A. 10　　B. 14　　C. 16　　D. 18

答案： D

解析： 要使查找效率最高，应使每块的大小应为 $\sqrt{261\,121}=511$，共有 511 块，同时建立包含 511 个索引项的索引表，所以采用折半查找确定待查元素所在块，效率为 $\lceil\log_2(511+1)\rceil$。因为查找表是有序表，故块内查找也采用折半查找，效率为 $\lceil\log_2(511+1)\rceil$。此时平均查找长度达到最优为 $\lceil\log_2(511+1)\rceil+\lceil\log_2(511+1)\rceil=18$。故应选 D。

二、综合应用题

1. 在分块检索中，对 256 个元素的线性表分成多少块最好？每块的最佳长度是多少？若每块的长度为 8，其平均检索的长度是多少？

解答： 当包含 256 个元素的线性表分成 $\sqrt{256}=16$ 块，每块的长度是 256/16 = 16 时分块检索的效率最佳。若每块的长度为 8，则共有 256/8 = 32 块，当采用顺序检索方法确定所在的块、块内采用顺序检索查找元素时平均检索长度是 $ASL=L_i+L_b=\frac{b+1}{2}+\frac{s+1}{2}=\frac{32+1}{2}+\frac{8+1}{2}=20$，当采用二分检索方法确定所在的块、块内采用顺序检索查找元素时平均检索长度是 $ASL=\lceil\log_2(8+1)\rceil+\frac{s+1}{2}=8.5$。

2. 设一有序顺序表，其元素关键字依次为01,09,15,17,25,45,50,55,59,62,67,76,85，请画出对此有序顺序表进行二分查找的判定树。求出等概率情况下查找成功时的平均查找长度，等概率情况下查找失败时的平均查找长度。若查找关键字 25 和 69 元素时，将依次与表中的哪些关键字比较？

解答：（1）判定树如图 2.6.2 所示。

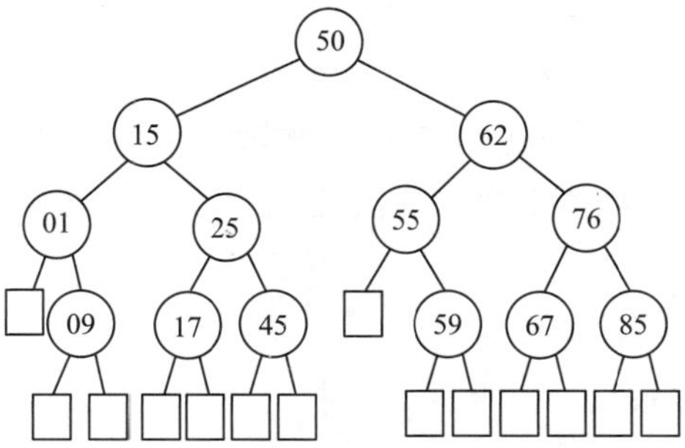

图 2.6.2　二分查找的判定树

（2）查找成功时，会找到图 2.6.2 中的圆形结点，共 13 个结点，等概率情况下，查找每个结点概率为 1/13，平均查找长度为

$$\mathrm{ASL}=\sum_{i=1}^{n}p_ic_i=\frac{1}{13}\sum_{i=1}^{13}c_i=\frac{1}{13}\times(1+2\times2+4\times3+6\times4)=\frac{41}{13}$$

（3）查找失败时，会找到图 2.6.2 中的方形结点，共 14 个，等概率情况下，查找每个结点概率为 1/14。但这些方形结点是虚构的，查找这些方形结点时实际最后一次比较的元素是方形结点的双亲结点（上一层的圆形结点），故等概率情况下平均查找长度为

$$\mathrm{ASL}=\sum_{i=1}^{n}p_ic_i=\frac{1}{14}\sum_{i=1}^{14}c_i=\frac{1}{14}\times(2\times3+12\times4)=\frac{54}{14}=\frac{27}{7}$$

（4）查找 25 时，一次与表中的关键字 50、15、25 进行比较，共比较 3 次。若查找 69，则依次与表中的关键字 50、62、76、67 进行比较，共比较 4 次。

6.2　散列查找经典试题

一、选择题

1. 散列查找一般适用于（　　）的情况。

A. 查找表为顺序表　　B. 查找表为链表
C. 关键字与存储地址之间有对应关系　　D. 关键字数量与存储空间一样大

答案： C

解析： 关键字与存储地址之间有对应关系时，通过散列函数表示这种关系。故应选 C。

2. 散列函数有一个共同的性质，即函数值应当以（　　）取其值域的每个值。

A. 最大概率　　B. 最小概率　　C. 平均概率　　D. 同等概率

答案： D

解析： 散列函数值就是散列地址，即关键字对应的存储位置，为尽可能地降低冲突的发生，应使函数值均匀地覆盖整个散列表。故应选 D。

3. 对于哈希函数 $H(\mathrm{key})=\mathrm{key}\%17$，被称为同义词的关键字是（　　）。

A. 35 和 41　　B. 23 和 40　　C. 15 和 44　　D. 25 和 51

答案： B

解析： 同义词是指哈希地址相同的关键字。根据哈希地址的计算可算得每个选项中两个关键字对应的哈希地址，因 $H(23)=6$，$H(40)=6$，故应选 B。

4. 在哈希函数 $H(\mathrm{key})=\mathrm{key}\%p$ 中，一般 p 应取（　　）。

A. 奇数　　B. 偶数　　C. 素数　　D. 充分大的数

答案： C

解析：为尽可能地降低冲突的发生，应使函数值均匀地覆盖整个散列表。因为素数的素因子只有1和它本身，为避免模数相同的数之间具备公共因子的问题，故 p 应取素数。故应选C。

5. 设哈希表长为14，哈希函数为 $H(\text{key})=\text{key}\%11$。当前哈希表中已有4个结点：$H(15)=4$，$H(27)=5$，$H(83)=6$，$H(53)=9$。如用二次探测法处理冲突，则关键字49的结点的地址是（　　）。

A. 6　　B. 1　　C. 5　　D. 9

答案：B

解析：二次探测法中 $H_i=(H(\text{key})+d_i)\%m$，其中 $d_i=1^2,-1^2,2^2,-2^2,\cdots,k^2,-k^2$，$H(49)=49\%11=5$，发生冲突，$H_1=(5+1)\%14=6$，发生冲突，$H_2=(5-1)\%14=4$，发生冲突，$H_3=(5+4)\%14=9$，发生冲突，$H_4=(5-4)\%14=1$，无冲突。故应选B。

6. 利用哈希函数 $H(\text{key})=\text{key}\%13$，采用链地址法处理冲突，对关键字序列{15,27,23,1,69,12,84,40,55,25,30,66}构造哈希表，则地址为1的链表中有（　　）个记录。

A. 3　　B. 4　　C. 1　　D. 2

答案：B

解析：根据哈希地址的计算可算得关键字14,1,27,79对应的哈希地址均为1，故地址为1的链表中有4个记录。故应选B。

7. 下列关于散列表的说法中，正确的是（　　）。

Ⅰ. 若散列表的装填因子∝<1，则可避免冲突的产生

Ⅱ. 散列查找中不需要关键字进行比较

Ⅲ. 散列表在查找成功时平均查找长度与表长有关

Ⅳ. 散列表在查找成功时平均查找长度与装填因子有关

A. Ⅰ和Ⅳ　　B. Ⅱ和Ⅲ　　C. Ⅲ　　D. Ⅳ

答案：D

解析：冲突（碰撞）是不可避免的，与装填因子无关，因此需要设计好的处理冲突的方法，Ⅰ错误。散列查找的思想是计算出散列地址来进行查找，然后比较关键字以确定是否查找成功，Ⅱ错误。散列查找成功的平均查找长度与装填因子有关，与表长无关，Ⅲ错误、Ⅳ正确。故应选D。

8. 下列关于散列冲突处理的说法中，正确的是（　　）。

Ⅰ. 采用再散列法处理冲突时不易产生冲突聚集

Ⅱ. 采用线性探测法处理冲突时，所有同义词在散列表中一定相邻

Ⅲ. 采用链地址法处理冲突时，若限定在链首插入，则插入任一元素的时间是相同的

Ⅳ. 采用链地址法处理冲突时易引起冲突聚集

A. Ⅰ和Ⅲ　　B. Ⅱ和Ⅲ　　C. Ⅲ和Ⅳ　　D. Ⅱ和Ⅳ

答案：A

解析：利用再散列法处理冲突时，按一定的距离，跳跃式地寻找“下一个”空闲位置，减少了发生聚集的可能，Ⅰ正确。散列地址 i 的关键字，和为解决冲突形成的某次探测地址为 i 的关键字，都争夺地址 i，$i+1,\cdots$，因此不一定相邻，Ⅱ错误。Ⅲ正确。同义词冲突不等于聚集，链地址法处理冲突时将同义词放在同一个链表中，不会引起聚集现象，Ⅳ错误。故应选A。

9. 在开放定址法中散列到同一个地址而引起的“堆积”问题是由于（　　）引起的。

A. 同义词之间发生冲突　　B. 非同义词之间发生冲突

C. 同义词之间或非同义词之间发生冲突　　D. 散列表的溢出

答案：A

解析：在开放定址法中散列到同一个地址而产生的“堆积”问题，是同义词冲突的探查序列和非同义词之间不同的探查序列交织在一起，导致关键字查询需要经过较长的探测距离，降低了散列查找效率。

因此要选择好的处理冲突的方法来避免“堆积”。故应选 A。

10. 哈希表的平均查找长度和（　　）无直接关系。

A. 哈希表记录类型　B. 哈希函数　C. 处理冲突的方法　D. 装填因子

答案：A

解析：哈希表的查找效率取决于三个要素：散列函数、冲突处理的方法和装填因子，与记录类型无直接关系。故应选 A。

11. 对包含 n 个元素的散列表进行查找，平均查找长度（　　）。

A. 为 $O(\log_2 n)$　B. 为 $O(1)$

C. 不直接依赖于 n　D. 直接依赖于表长 m

答案：C

解析：在散列表中，平均查找长度与装填因子直接相关，表的查找效率不直接依赖表中已有表项个数 n 或表长 m。若散列表中存放的记录全部是某个地址的同义词，则平均查找长度为 $O(n)$ 而非 $O(1)$。故应选 C。

12. 采用开放定址法解决冲突的散列查找中，发生聚集的原因主要是（　　）。

A. 数据元素过多　B. 负载因子过大

C. 数列函数选择不当　D. 解决冲突的方法选择不当

答案：A

解析：聚集是因选取不当的处理冲突的方法，而导致不同关键字的元素对同一散列地址进行争夺的现象。用线性再探测法时，容易引发聚集现象。故应选 A。

13. 下列选项中，会受堆积现象直接影响的是（　　）。

A. 存储效率　B. 散列函数　C. 装填因子　D. 平均查找长度

答案：D

解析：堆积不会对存储效率、散列函数和装填因子产生影响，但会增大平均查找长度。故应选 D。

14. 为提高散列表的查找效率，可以采取的正确措施是（　　）。

Ⅰ. 增大装填因子

Ⅱ. 设计冲突少的散列函数

Ⅲ. 处理冲突时避免产生聚集现象

A. 仅Ⅰ　B. 仅Ⅱ　C. Ⅰ和Ⅱ　D. Ⅱ和Ⅲ

答案：D

解析：散列表的查找效率取决于散列函数、处理冲突的方法和装填因子。显然，冲突的产生概率与装填因子（即表中记录数与表长之比）的大小成正比，Ⅰ与题意相反。Ⅱ显然正确，采用好的散列函数、合适的冲突处理方法可避免聚集现象，也将提高查找效率，Ⅱ和Ⅲ显然正确。例如，用链地址法处理冲突时不存在聚集现象，用线性探测法处理冲突时易引起聚集现象。故应选 D。

15. 若采用链地址法构造散列表，散列函数为 $H(\text{key})=\text{key}\%13$，则需（ ① ）个链表。这些链表的头指针构成一个指针数组，该数组的下标范围是（ ② ）。

① A. 13　B. 12　C. 14　D. 任意

② A. 0~12　B. 1~13　C. 0~13　D. 1~12

答案：A、A

解析：散列函数的模数是 13，即散列值有 13 种可能，对应到 13 个链表。散列值的取值范围为 0~12，故下标为 0~12。故①与②均应选 A。

16. 在采用链地址法处理冲突所构成的散列表上查找某一关键字，则在查找成功的情况下，所探测的这些位置上的键值（　　），若采用线性探测法处理冲突，则（　　）。

A. 一定都是同义词　　B. 不一定都是同义词

C. 都相同　　D. 一定都不是同义词

答案： A、B

解析： 因为在链地址法中，映射到同一散列地址的关键字都会链到与此地址相对应的链表上，所以探测过程一定是在此链表上进行的，而这些具有同一散列地址的关键字均为同义词；但在线性探测法处理冲突的散列表中相邻两个或多个地址中的关键字，可能是同义词，也有可能不是同义词。故应选 A、B。

17. 假定有 k 个关键字互为同义词，若用线性探测法把这 k 个关键字存入散列表中，至少要进行（　　）次探测。

A. $k-1$　　B. k　　C. $k+1$　　D. $k(k+1)/2$

答案： D

解析： 把 k 个关键字依次存入时，只有第一个不会发生冲突，从第二个至第 k 个发生冲突的次数分别为 $1\sim k-1$，探测次数比冲突次数多 1，故探测总次数为 $1+2+\cdots+k=k(k+1)/2$。故应选 D。

二、综合应用题

1. 设散列表长度为 11，散列函数 $H(\text{key})=\text{key}\%11$，给定关键字序列{40,46,23,78,38,55,60,33,69}。试画出分别用链地址法和线性探测法解决冲突时所构造的散列表，并求出在等概率的情况下，这两种方法查找成功和失败时的平均查找长度。

解答： (1) 链地址法构造的散列表，如图 2.6.3 所示。

查找成功时根据查找每个元素时与关键字的比较次数来统计平均查找长度。查找成功时，等概率情况下显然每个关键字的查找概率均为 1/9。对于关键字 33，仅需比较 1 次就确定查找成功。对于关键字 55，需要比较 2 次才能确定查找成功。其他关键字的分析类似，查找成功时各关键字的比较次数，如图 2.6.4 所示。

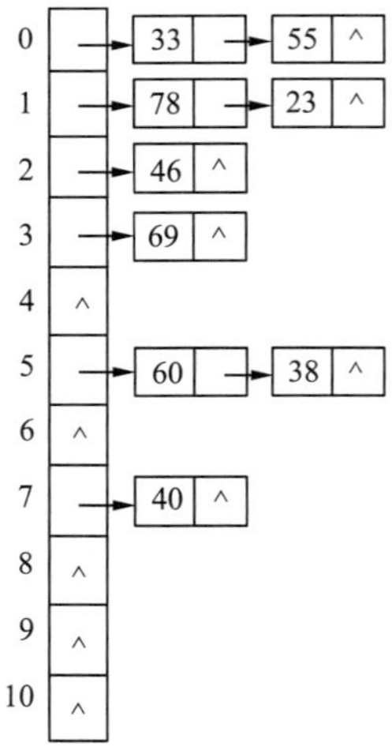

图 2.6.3　链地址法构造的散列表

关键字	40	46	23	78	38	55	60	33	69
次数	1	1	2	1	2	2	1	1	1

图 2.6.4　查找各关键字时的比较次数

所以，等概率情况下查找成功时的平均查找长度为 $ASL=(1+1+2+1+2+2+1+1+1)/9=12/9$。

查找失败时以查找每个地址时的关键字的比较次数和空指针的比较次数总和来统计平均查找长度。地址 4、6、8、9 和 10 的比较次数为 1 次，就能确定查找失败。地址 0、1 和 5 需比较 3 次才能确定查找失败，地址 2、3 和 7 需比较 2 次才能确定查找失败，所以查找失败时的比较次数如图 2.6.5 所示。

地址	0	1	2	3	4	5	6	7	8	9	10
次数	3	3	2	2	1	3	1	3	1	1	1

图 2.6.5　查找失败时的比较次数

在等概率情况下，查找失败时的平均查找长度为 ASL＝(3+3+2+2+1+3+1+2+1+1+1)/11＝20/11。

(2) 线性探测法构造的散列表

$H(40)=40\%11=7$，把 40 存入 7 号单元。

$H(46)=46\%11=2$，把 46 存入 2 号单元。

$H(23)=23\%11=1$，把 23 存入 1 号单元。

$H(78)=78\%11=1$(冲突)$\rightarrow H_1(78)=(H(78)+1)\%11=2$(冲突)$\rightarrow H_2(78)=(H(78)+2)\%11=3$，把 78 存入 3 号单元。

$H(38)=38\%11=5$，把 38 存入 5 号单元。

$H(55)=55\%11=0$，把 55 存入 0 号单元。

$H(60)=60\%11=5$(冲突)$\rightarrow H_1(60)=(H(60)+1)\%11=6$，把 60 存入 6 号单元。

$H(33)=33\%11=0$(冲突)$\rightarrow H_1(33)=(H(33)+1)\%11=1$(冲突)$\rightarrow H_2(33)=(H(33)+2)\%11=2$(冲突)$\rightarrow H_3(33)=(H(33)+3)\%11=3$(冲突)$\rightarrow H_4(33)=(H(33)+4)\%11=4$，把 33 存入 4 号单元。

$H(69)=69\%11=3$(冲突)$\rightarrow H_1(69)=(H(69)+1)\%11=4$(冲突)$\rightarrow H_2(69)=(H(69)+2)\%11=5$(冲突)$\rightarrow H_3(69)=(H(69)+3)\%11=6$(冲突)$\rightarrow H_4(69)=(H(69)+4)\%11=7$(冲突)$\rightarrow H_5(69)=(H(69)+5)\%11=8$，把 69 存入 8 号单元。

查找成功时，等概率情况下显然每个关键字的查找概率均为 1/9。对于关键字 40，因为冲突次数为 0，所以仅需比较 1 次就能确定查找成功。对于关键字 78，因为冲突次数为 1，所以需要比较 2 次才确定查找成功。其他关键字的分析类似。散列表以及查找成功时的比较次数，如图 2.6.6 所示。

地址	0	1	2	3	4	5	6	7	8	9	10
关键字	55	23	46	78	33	38	60	40	69		
次数	1	1	1	3	5	1	2	1	6		

图 2.6.6　散列表以及查找成功时的比较次数

所以，等概率情况下查找成功时的平均查找长度为 ASL＝(1+1+1+3+5+1+2+1+6)/9＝21/9。

查找失败时，根据查找失败地址统计平均查找次数，等概率情况下，查找各地址的概率为 1/11。对于地址 9 和 10，只需比较 1 次就能确定查找失败，而对于地址 0，只有顺序探测完 0~9 单元才能确定查找失败，故需比较 10 次，其他地址的分析类似，故得到各地址查找失败的比较次数如图 2.6.7 所示。

地址	0	1	2	3	4	5	6	7	8	9	10
次数	10	9	8	7	6	5	4	3	2	1	1

图 2.6.7　查找失败的比较次数

所以，等概率情况下查找成功时的平均查找长度为 ASL＝(10+9+8+7+6+5+4+3+2+1+1)/11＝56/11。

2. 设有空散列表 L，表长 $m=11$，即存储空间为 L[0..10]，要求采用双散列法解决冲突。假设散列函数为 $H(\text{key})=\text{key}\%11$，再散列函数为 $H_i(\text{key})=(H_{i-1}(\text{key})+\text{Rev}(\text{key}+1)\%7+1)\%11$，$i=1,2,\cdots,m-1$，$H_0(\text{key})=H(\text{key})$，其中 Rev(key)表示逆转十进制数的各位，如 Rev(58)＝85。

现依次往散列表 L 中插入关键字序列{13,17,23,42,20,52,29,63,70}，请画出插入所有关键字后的散列表，并计算查找成功时的平均查找长度。

解答：

$H(13)=13\%11=2$，把 13 存入 2 号单元。

$H(17)=17\%11=6$，把 17 存入 6 号单元。

$H(23)=23\%11=1$，把 23 存入 1 号单元。

$H(42)=42\%11=9$，把 42 存入 9 号单元。

$H(20)=20\%11=9$（冲突）$\rightarrow H_1(20)=(H_0(20)+\text{Rev}(20+1)\%7+1)\%11=(9+12\%7+1)\%11=4$，把 20 存入 4 号单元。

$H(52)=52\%11=8$，把 52 存入 8 号单元。

$H(29)=29\%11=7$，把 29 存入 7 号单元。

$H(63)=63\%11=8$（冲突）$\rightarrow H_1(63)=(H_0(63)+\text{Rev}(63+1)\%7+1)\%11=(8+46\%7+1)\%11=2$（冲突）$\rightarrow H_2(63)=(H_1(63)+\text{Rev}(63+1)\%7+1)\%11=(2+46\%7+1)\%11=7$（冲突）$\rightarrow H_3(63)=(H_2(63)+\text{Rev}(63+1)\%7+1)\%11=(7+46\%7+1)\%11=1$（冲突）$\rightarrow H_4(63)=(H_3(63)+\text{Rev}(63+1)\%7+1)\%11=(1+46\%7+1)\%11=6$（冲突）$\rightarrow H_5(63)=(H_4(63)+\text{Rev}(63+1)\%7+1)\%11=(6+46\%7+1)\%11=0$，把 63 存入 0 号单元。

$H(70)=70\%11=4$（冲突）$\rightarrow H_1(70)=(H_0(70)+\text{Rev}(70+1)\%7+1)\%11=(4+17\%7+1)\%11=8$（冲突）$\rightarrow H_2(70)=(H_1(70)+\text{Rev}(70+1)\%7+1)\%11=(8+17\%7+1)\%11=1$（冲突）$\rightarrow H_3(70)=(H_2(70)+\text{Rev}(70+1)\%7+1)\%11=(1+17\%7+1)\%11=5$，把 70 存入 5 号单元。

故插入所有关键字后的散列表如图 2.6.8 所示。

地址	0	1	2	3	4	5	6	7	8	9	10
关键字	63	23	13		20	70	17	29	52	42	

图 2.6.8　插入所有关键字后的散列表

查找成功时根据查找每个元素时与关键字的比较次数来统计平均查找长度。查找成功时，等概率情况下显然每个关键字的查找概率均为 1/9。对于关键字 13，因为冲突次数为 0，所以仅需比较 1 次就查找成功。对于关键字 20，因为冲突次数为 1，所以需要比较 2 次才查找成功。其他关键字的分析类似，查找成功时各关键字的比较次数如图 2.6.9 所示。

地址	0	1	2	3	4	5	6	7	8	9	10
关键字	63	23	13		20	70	17	29	52	42	
次数	6	1	1		2	4	1	1	1	1	

图 2.6.9　查找成功时各关键字的比较次数

所以，等概率情况下查找成功时平均查找长度为 ASL=(6+1+1+2+4+1+1+1+1)/9=18/9。

第7章

排　序

7.1　插入排序经典试题

一、选择题

1. 从未排序序列中依次取出元素与已排序序列中的元素进行比较，将其放入已排序序列的正确位置上，这种排序方法称为（　　）。

A. 归并排序　　B. 冒泡排序　　C. 插入排序　　D. 选择排序

答案：C

解析：考查直接插入排序算法的基本原理。根据直接插入排序算法思想可知选 C。

2. 基于关键字比较的排序算法中，（　　）算法在最坏情况下的时间复杂度为 $O(n\log_2 n)$。

A. 冒泡排序　　B. 选择排序　　C. 快速排序　　D. 归并排序

答案：D

解析：考查算法在最坏情况下的时间复杂度。在最坏情况下，冒泡排序、选择排序、快速排序的时间复杂度都为 $O(n^2)$，归并排序的时间复杂度为 $O(n\log_2 n)$。故应选 D。

3. 用直接插入排序，对下面四个序列进行排序（由小到大），元素间的比较次数最少的是（　　）。

A. {94,32,40,90,80,46,21,69}　　B. {32,40,21,46,69,94,90,80}

C. {21,32,46,40,80,69,90,94}　　D. {90,69,80,46,21,32,94,40}

答案：C

解析：考查直接插入排序的基本性质。待排序序列越基本有序，直接插入排序耗时越短。故应选 C。

4. 若要求排序是稳定的，且关键字为实数，则下列排序方法中应选（　　）排序最为恰当。

A. 直接插入　　B. 直接选择　　C. 希尔　　D. 冒泡

答案：A

解析：考查排序算法稳定性。直接插入排序是稳定的，直接选择排序、希尔排序、冒泡排序是不稳定的。故应选 A。

5. 下列排序算法中，（　　）不能保证每趟排序至少能将一个元素放到其最终的位置上。

A. 希尔排序　　B. 快速排序　　C. 冒泡排序　　D. 堆排序

答案：A

解析：快速排序的每趟排序能将作为枢轴的元素放到最终位置；冒泡排序的每趟排序能将最大或最小的元素放到最终位置；堆排序的每趟排序能将最大或最小的元素放到最终位置。故应选 A。

6. 用希尔排序方法给一个数据序列进行递增排序时，若第 1 趟排序结果为{9,1,4,13,7,8,20,23,15}，则该趟排序采用的增量（间隔）可能是（　　）。

A. 2　　B. 3　　C. 4　　D. 5

答案：B

解析：考查希尔排序的过程。可用代入法，分别用每个增量去两两比较。若用该增量两两比较满足都是递增关系，则增量是正确选项。故应选B。

7. 未必在一趟排序结束后能把一个元素放到最终位置上的是（　　）。

A. 堆排序　　B. 快速排序　　C. 希尔排序　　D. 冒泡排序

答案：C

解析：希尔排序是增量逐渐降低的插入排序，只有最后一趟才能把元素调整到最终位置。其他三种排序的每一趟均能把一个元素放到最终位置上。故应选C。

8. 若数据元素序列{11,12,13,7,8,9,23,4,5}是采用下列排序方法之一得到的第二趟排序后的结果，则该排序算法只能是（　　）。

A. 冒泡排序　　B. 插入排序　　C. 选择排序　　D. 二路归并排序

答案：B

解析：考查各排序算法的特点。对于冒泡排序和选择排序而言，每一趟过后都能确定一个元素的最终位置，而由题目中所说，前两个元素和后两个元素均不是最小或最大的两个元素并按序排列。二路归并排序，第一趟排序结束都可以得到若干有序子序列，而此时的序列中并没有两两元素有序排列。插入排序在每趟排序结束后能保证前面的若干元素是有序的，而此时第二趟排序后，序列的前三个元素是有序的，符合其特点。故应选B。

9. 以下关于排序的叙述中正确的是（　　）。

A. 排序算法都是在顺序表上实现的，在链表上无法实现排序算法

B. 稳定的排序算法优于不稳定的排序算法，因为稳定的排序算法效率较高

C. 在顺序表上实现的排序算法在链表上也同样适合

D. 对同一个顺序表使用不同的排序算法进行排序，得到的排序结果可能不同

答案：D

解析：稳定的排序算法的效率不一定都比不稳定的排序算法高。有些排序算法既可以在顺序表上实现，也可以在链表上实现，但不是所有的排序算法都如此。由于排序算法具有不同的稳定性，所以对同一个存在多个数据元素有相同关键字的顺序表使用不同的排序算法进行排序，得到的排序结果可能不同。故应选D。

10. 对有 n 个数据元素的序列进行直接插入排序，在最好情况下需比较（　　）次关键字。

A. $n(n-1)/2$　　B. $n-1$　　C. $n/2$　　D. $n+1$

答案：B

解析：直接插入排序在初始数据正序时效率最好，此时只需要 $n-1$ 次关键字比较。故应选B。

11. 希尔排序的组内排序采用的是（　　）。

A. 直接插入排序　　B. 折半插入排序

C. 快速排序　　D. 归并排序

答案：A

解析：希尔排序基本思想是先将整个待排元素序列分割成若干子序列（由相隔某个“增量”的元素组成的）分别进行直接插入排序，然后依次缩减增量再进行排序，待整个序列中的元素基本有序（增量足够小）时，再对体元素进行一次直接插入排序。故应选A。

二、综合应用题

1. 设待排序序列的关键字序列为{12,2,16,30,28,10,<u>16</u>,20,6,18}，试分别写出按直接插入排序和希尔排序每趟排序结束后的关键字序列状态。

解答：

（1）直接插入排序

[2	12	16	30	28	10	16	20	6	18]
[2	12	16	30	28	10	16	20	6	18]
[2	12	16	30	28	10	16	20	6	18]
[2	12	16	28	30	10	16	20	6	18]
[2	10	12	16	28	30	16	20	6	18]
[2	10	12	16	16	28	30	20	6	18]
[2	10	12	16	16	20	28	30	6	18]
[2	6	10	12	16	16	20	28	30	18]
[2	6	10	12	16	16	18	20	28	30]

（2）希尔排序（增量选取 5，3，1）

10	2	16	6	18	12	16	20	30	28
6	2	12	10	18	16	16	20	30	28
2	6	10	12	16	16	18	20	28	30

2. 请按要求完成直接插入排序（升序）。其中，待排序关键字为整型，存放在数组 list 中，list[0] 留空。

```
void InsertSort(int list[], int len)
{
    for(int _______; i<=len; i++)
        if(list[i]<list[i-1])
        {
            list[0]=_______;
            list[i]=list[i-1];
            for(int j=i-2;list[0]<list[j];j--)
                _______;                    //关键字后移
            _______;
        }
}
```

解答： i=2

list[i]

list[j+1]=list[j]

list[j+1]=list[0]

3. 在快速排序过程中，可以采用对规模小于 M 的序列调用直接插入排序来改进其性能。请通过实验研究，M 的选择对改进快速排序性能的影响。

解答： 随着 M 的增加，排序性能先提高后降低。当 M 较小时，使用直接插入排序可以降低快速排序在短序列时递归的次数，使性能提高；而当 M 较大时，直接插入排序本身需要消耗较多的时间，使性能降低。思路：设计适当的例子进行编程测试，应当注意如何测量时间开销。

7.2 交换排序经典试题

一、选择题

1. 快速排序在下列（　　）情况下最易发挥其长处。

A. 被排序的数据中含有多个相同排序码

B. 被排序的数据已基本有序

C. 被排序的数据完全无序

D. 被排序的数据中的最大值和最小值相差悬殊

答案： C

解析： 考查快速排序的特点。C选项是快速排序的最好情况，B选项是快速排序的最坏情况。故应选C。

2. 对 n 个不同的排序码进行冒泡排序，在元素无序的情况下比较的次数最多为（　　）。

A. $n+1$　　B. n

C. $n-1$　　D. $n(n-1)/2$

答案： D

解析： 比较次数最多时，第一次比较 $n-1$ 次，第二次比较 $n-2$ 次，……，最后一次比较1次，即 $(n-1)+(n-2)+\cdots+1=n(n-1)/2$。故应选D。

3. 对 n 个不同的关键字由小到大进行冒泡排序，在（　　）情况下比较的次数最多。

A. 从小到大排列好的　　B. 从大到小排列好的

C. 元素无序　　D. 元素基本有序

答案： B

解析： 对关键字进行冒泡排序，关键字逆序时比较次数最多。故应选B。

4. 对 n 个关键字作快速排序，在最坏情况下，算法的时间复杂度是（　　）。

A. $O(n)$　　B. $O(n^2)$

C. $O(n\log_2 n)$　　D. $O(n^3)$

答案： B

解析： 快速排序的平均时间复杂度为 $O(n\log_2 n)$，但在最坏情况下，即关键字基本排好序的情况下，时间复杂度为 $O(n^2)$。故应选B。

5. 将一个递归算法改为对应的非递归算法时，通常需要使用（　　）。

A. 数组　　B. 栈

C. 队列　　D. 二叉树

答案： B

解析： 考查栈“先进后出”的特点。在本小节中快速排序算法的非递归实现需要使用栈结构。故应选B。

6. 若一序列的排序码为{46，79，56，38，40，84}，则利用快速排序的方法，以第一个元素为基准得到的一次划分结果为（　　）。

A. 38，40，46，56，79，84　　B. 40，38，46，79，56，84

C. 40，38，46，56，79，84　　D. 40，38，46，84，56，79

答案： C

解析： 该序列快速排序的依次划分的元素移动过程如下：故应选C。

46	__，79，56，38，40，84
46	40，79，56，38，__，84
46	40，__，56，38，79，84
46	40，38，56，__，79，84
46	40，38，__，56，79，84
__	40，38，46，56，79，84

7. 对长度为 10 的线性表进行冒泡排序，最坏情况下需要比较的次数为（　　）。

A. 5　　B. 100　　C. 10　　D. 45

答案：D

解析：在最坏的情况下，冒泡排序要经过 $n/2$ 遍的从前往后的扫描和 $n/2$ 的从后往前的扫描，需要的比较次数为 $n(n-1)/2$，所以比较的次数为$10\times(10-1)/2=45$。故应选 D。

8. 冒泡排序最少数据元素移动的次数是（　　）。

A. $3n(n-1)/2$　　B. 0　　C. n　　D. 1

答案：B

解析：考查冒泡排序算法的流程。当待排序序列正序的时候，冒泡排序移动数据元素的次数为 0。故应选 B。

9. 已知用某种排序算法对一组待排序序列｛23，72，21，47，15，27，59，35，20｝，进行排序时，前三趟的结果如下：

23，21，47，15，27，59，35，20，72
21，23，15，27，47，35，20，59，72
21，15，23，27，35，20，47，59，72

那么，所采用的排序算法是（　　）。

A. 选择排序　　B. 冒泡排序　　C. 归并排序　　D. 快速排序

答案：B

解析：经过观察发现，第一趟排序后，最大的元素到达了右数第一位；第二趟排序后，第二大的元素到达了右数第二位；第三趟排序后，第三大的元素到达了右数第三位。根据冒泡排序的基本思想可知，题中所给的排序结果最符合冒泡排序。故应选 B。

10. 已知用某种排序算法对一组待排序序列｛25，84，21，47，15，27，68，35，20｝，进行排序时，前三趟的结果如下：

20，15，21，25，47，27，68，35，84
15，20，21，25，35，27，47，68，84
15，20，21，25，27，35，47，68，84

那么，所采用的排序算法是（　　）。

A. 选择排序　　B. 冒泡排序　　C. 归并排序　　D. 快速排序

答案：D

解析：经过观察发现，三趟排序下来，25 是固定的。首先第一趟以 25 为基准，小于 25 的放在 25 的左边，大于 25 的放在 25 的右边获得｛20,15,21,25,47,27,68,35,84｝；第二趟在 25 的两边分别进行快速排序，左边以 20 为基数，右边以 47 为基数获得｛15,20,21,25,35,27,47,68,84｝；第三趟将｛35,27｝这个子序列排序，获得｛15,20,21,25,27,35,47,68,84｝。所以，符合快速排序的流程。故应选 D。

二、综合应用题

1. 写出采用冒泡排序算法对字符序列{A, S, O, R, T, I, N, G, $\underline{A}$, L, $\underline{G}$, $\underline{O}$, $\underline{R}$, $\underline{I}$, $\underline{T}$, H, M}按照字母表顺序进行排序的过程。

解答：

A, S, O, R, T, I, N, G, $\underline{A}$, L, $\underline{G}$, $\underline{O}$, $\underline{R}$, $\underline{I}$, $\underline{T}$, H, M
A, O, R, S, I, N, G, $\underline{A}$, L, $\underline{G}$, $\underline{O}$, $\underline{R}$, $\underline{I}$, T, H, M, $\underline{T}$
A, O, R, I, N, G, $\underline{A}$, L, $\underline{G}$, $\underline{O}$, $\underline{R}$, $\underline{I}$, S, H, M, T, $\underline{T}$
A, O, I, N, G, $\underline{A}$, L, $\underline{G}$, $\underline{O}$, R, $\underline{I}$, $\underline{R}$, H, M, S, T, $\underline{T}$
A, I, N, G, $\underline{A}$, L, $\underline{G}$, O, $\underline{O}$, $\underline{I}$, R, H, M, $\underline{R}$, S, T, $\underline{T}$
A, I, G, $\underline{A}$, L, $\underline{G}$, N, O, $\underline{I}$, $\underline{O}$, H, M, R, $\underline{R}$, S, T, $\underline{T}$
A, G, $\underline{A}$, I, $\underline{G}$, L, N, $\underline{I}$, O, H, M, $\underline{O}$, R, $\underline{R}$, S, T, $\underline{T}$
A, $\underline{A}$, G, $\underline{G}$, I, L, $\underline{I}$, N, H, M, O, $\underline{O}$, R, $\underline{R}$, S, T, $\underline{T}$
A, $\underline{A}$, G, $\underline{G}$, I, $\underline{I}$, L, H, M, N, O, $\underline{O}$, R, $\underline{R}$, S, T, $\underline{T}$
A, $\underline{A}$, G, $\underline{G}$, I, $\underline{I}$, H, L, M, N, O, $\underline{O}$, R, $\underline{R}$, S, T, $\underline{T}$
A, $\underline{A}$, G, $\underline{G}$, I, H, $\underline{I}$, L, M, N, O, $\underline{O}$, R, $\underline{R}$, S, T, $\underline{T}$
A, $\underline{A}$, G, $\underline{G}$, H, I, $\underline{I}$, L, M, N, O, $\underline{O}$, R, $\underline{R}$, S, T, $\underline{T}$

2. 请写出序列{28, 07, 39, 10, 65, 14, 61, 17, 50, 21}第一趟快速排序的过程并划分。

解答：

[$\boxed{28}$, 07, 39, 10, 65, 14, 61, 17, 50, 21]
↑low (28)　↑high (21)

[21, 07, 39, 10, 65, 14, 61, 17, 50, $\boxed{28}$]
↑low (07)　↑high (28)

[21, 07, 39, 10, 65, 14, 61, 17, 50, $\boxed{28}$]
↑low (39)　↑high (28)

[21, 07, $\boxed{28}$, 10, 65, 14, 61, 17, 50, 39]
↑low (28)　↑high (50)

[21, 07, $\boxed{28}$, 10, 65, 14, 61, 17, 50, 39]
↑low (28)　↑high (17)

[21, 07, 17, 10, 65, 14, 61, $\boxed{28}$, 50, 39]
↑low (10)　↑high (28)

[21, 07, 17, 10, 65, 14, 61, $\boxed{28}$, 50, 39]
↑low (65)　↑high (28)

[21, 07, 17, 10, $\boxed{28}$, 14, 61, 65, 50, 39]
↑low (28)　↑high (61)

[21, 07, 17, 10, $\boxed{28}$, 14, 61, 65, 50, 39]
↑low (28)　↑high (14)

[21, 07, 17, 10, 14, $\boxed{28}$, 61, 65, 50, 39]
↑low high (28)

[21, 07, 17, 10, 14] **28** [61, 65, 50, 39]

7.3　选择排序经典试题

一、选择题

1. 利用直接选择排序对 n 个元素进行排序，最坏情况下，元素交换次数为（　　）。

A. n　　B. $n-1$　　C. $2n$　　D. $2(n-1)$

答案：B

解析： 直接选择排序总共需要 $n-1$ 趟，在最坏情况下，每一趟找到一个合适的元素，该元素都必须要交换 1 次，因此交换 $n-1$ 次元素。故应选 B。

2. 从未排序序列中挑选元素，并将其依次放入已排序序列（初始时为空）的一端的方法，称为（　　）。

A. 归并排序　　B. 冒泡排序　　C. 插入排序　　D. 选择排序

答案：D

解析： 考查选择排序的基本思想。故应选 D。

3. 如果将序列 {50，16，23，68，94，70，73} 建成堆，只需要把 16 与（　　）进行交换。

A. 50　　B. 23

C. 70　　D. 73

答案：A

解析： 该序列的堆示意图如图 2.7.1 所示。除了根结点 50 以外，其左、右子树均为小顶堆，所以只需要交换 16 和 50 即可。故应选 A。

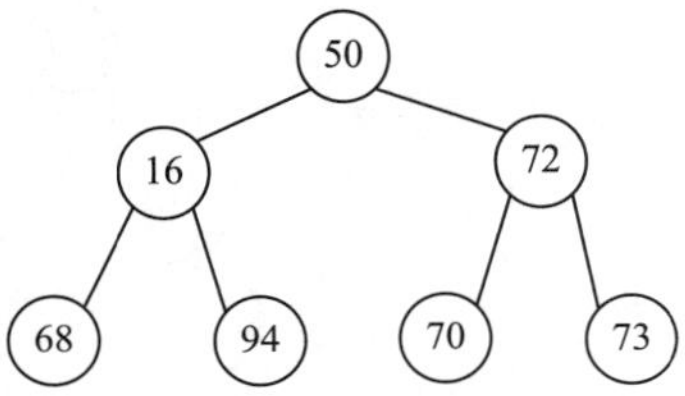

图 2.7.1　堆示意图

4. 下列排序算法中，时间复杂度为 $O(n\log_2 n)$ 且占用额外空间最少的是（　　）。

A. 堆排序　　B. 冒泡排序　　C. 快速排序　　D. 希尔排序

答案：A

解析： 采用排除法。冒泡排序的时间复杂度是 $O(n^2)$，希尔排序的时间复杂度是 $O(n\log_2 n)$ 和 $O(n^2)$ 之间，在最好情况达 $O(n^{1.5})$，所以排除 B、D。堆排序的算法空间复杂度为 $O(1)$，快速排序算法的空间复杂度为 $O(n)$。故应选 A。

5. 已知待排序列 A 中每个元素距离其最终位置不远，则采用（　　）算法最节省时间。

A. 堆排序　　B. 插入排序　　C. 快速排序　　D. 归并排序

答案：B

解析： 若序列中每个元素距离其排序后的最终位置不远，说明该序列基本有序，这对插入排序来说是最好的情况，对快速排序来说是最坏的情况，对归并排序和堆排序影响不大。故应选 B。

6. 下列算法中（　　）算法是不稳定排序法。

A. 插入排序　　B. 冒泡排序　　C. 二路归并排序　　D. 堆排序

答案：D

解析： 考查排序算法的稳定性。故应选 D。

7. 设有 5 000 个待排序的关键字序列，如果需要用最快的方法选出其中最小的 10 个关键字，则用下列（　　）算法可达到此目的。

A. 快速排序　　B. 堆排序　　C. 归并排序　　D. 插入排序

答案：B

解析： 堆排序适用于数据量比较大的排序，虽然建堆所消耗的时间比较长，但是面对庞大的数据量，系统性能显得尤为重要。快速排序的时间复杂度为可能达到 $O(n^2)$，堆排序为 $O(n\log_2 n)$。故应选 B。

8. 若一组待排序序列关键字为 {46，79，56，38，40，84}，利用堆排序的方法建立的初始大顶堆为（　　）。

A. 79，46，56，38，40，84　　　　B. 84，79，56，38，40，46

C. 84，79，56，46，40，38　　　　D. 84，56，79，40，46，38

答案：B

解析：建堆过程如图 2.7.2 所示。图 2.7.2（a）为原始序列，图 2.7.2（d）为调整后的初始大顶堆。故应选 B。

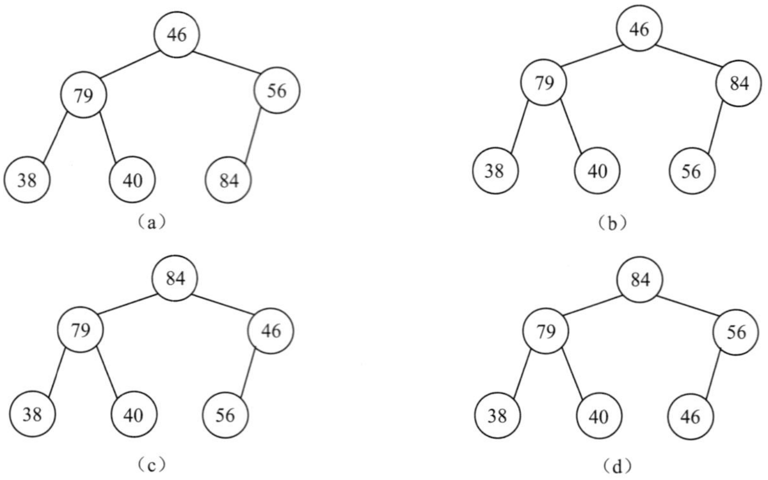

图 2.7.2　建堆过程示意图

9. 下列关键字序列中，（　　）是堆。

A. 16，72，31，23，94，53　　　　B. 94，23，31，72，16，53

C. 16，53，23，94，31，72　　　　D. 16，23，53，31，94，72

答案：D

解析：通过画出各选项的二叉树形式可看出，D 选项为小顶堆。故应选 D。

10. 下列二叉树中，（　　）满足一个小顶堆的条件。

A.

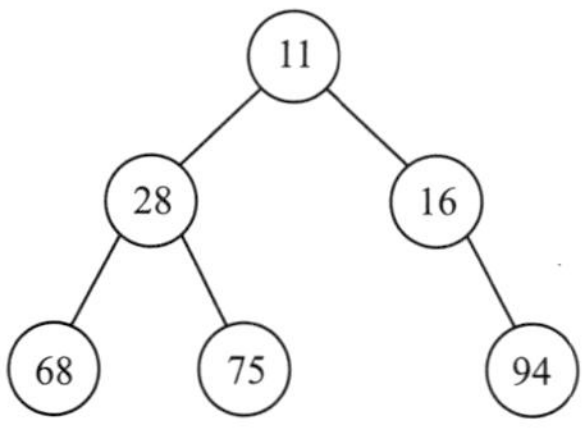

B.

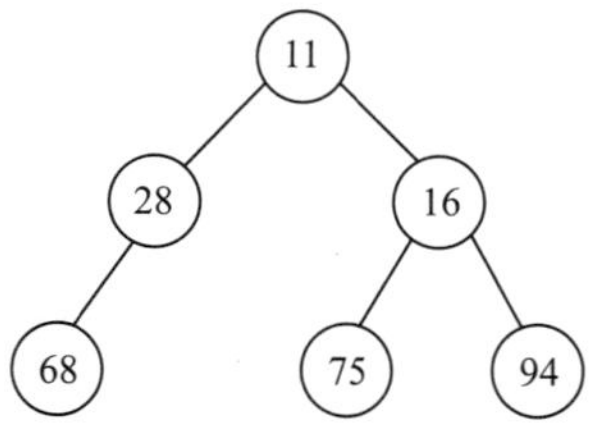

C.

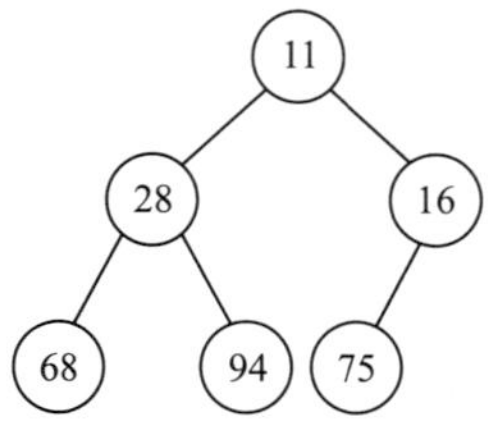

D.

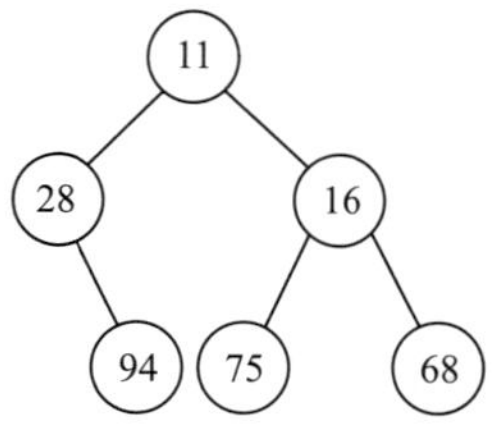

答案：C

解析：考查堆的定义。堆可以理解为利用完全二叉树的结构来维护的一维数组。按照堆的特点可以把堆分为大顶堆和小顶堆。大顶堆每个结点的值都大于或等于其左右孩子结点的值，小顶堆每个结点的值都小于或等于其左右孩子结点的值。故应选 C。

11. 在直接插入排序、冒泡排序、直接选择排序和快速排序方法中，能在第一趟排序结束后就得到最大（或最小）元素的排序方法是（　　）。

A. 冒泡排序和快速排序　　B. 直接插入排序和直接选择排序

C. 冒泡排序和直接选择排序　　D. 直接插入排序和快速排序

答案： C

解析： 冒泡排序第一趟排序结束后，将关键字最大（或最小）的数据元素安置到最后一个数据元素的位置上。直接选择排序：在进行每趟排序时，从无序的数据元素中选择出关键字最小（或最大）的数据元素，将其插入有序序列（初始时为空）的尾部。快速排序：第一趟排序将待排序元素分割成独立的两部分，其中一部分数据元素的关键字均比另一部分数据元素的关键字小，但并未将其中最小（或最大）的数据元素选择出来。直接插入排序：是将一个数据元素直接插入已排好的有序表中，得到一个新的、数据元素数增 1 的有序表，并没有比较最大（或最小）关键字。故应选 C。

二、综合应用题

1. 请按要求完成直接选择排序（升序）。其中，待排序关键字为整型，存放在数组 list 中，list[0] 留空。

```
void SelectSort(int list[], int len)
{
    int j;
    for(int i=1; i<=len;i++)
    {
        j=i;
        for(int k=i+1; k<=len; k++)                 //选取最小关键字的位置
            if(list[j]>list[k])
                ________;
        if(________)
        {
            list[0]=list[i];list[i]=list[j];_______;  //交换数据
        }
    }
}
```

解答： j=k

list[i]>list[j]

list[j]=list[0]

2. 有两个关键字序列：{3, 10, 12, 22, 36, 18, 28, 40} 和 {5, 8, 11, 15, 23, 20, 32, 7}。试问它们是不是堆？如果不是堆，把该序列通过筛选将它调整为一个堆。

解答： 依照序列的顺序，画出对应的完全二叉树如图 2.7.3（a）和（b）所示。

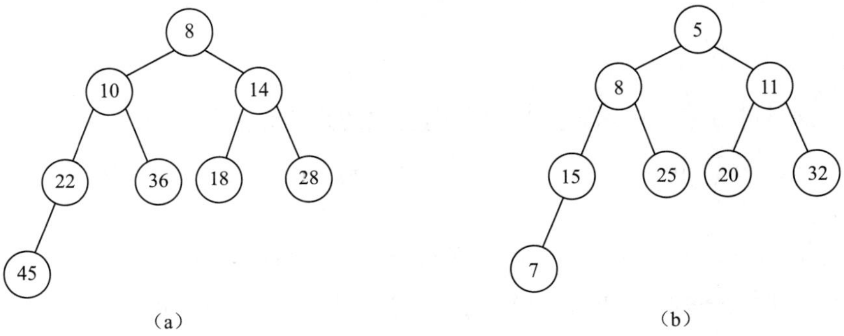

图 2.7.3　堆的完全二叉树形式

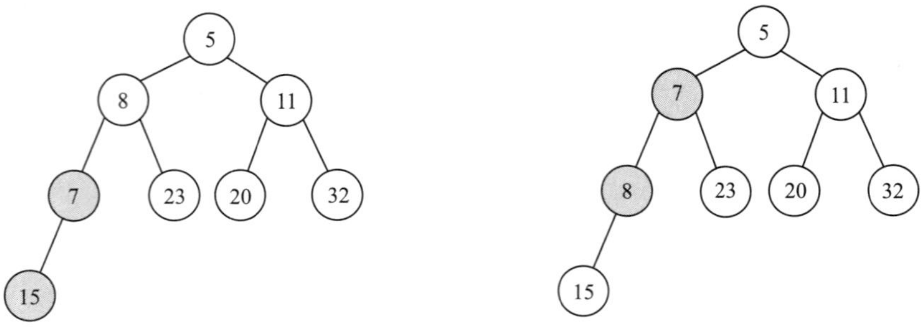

（c）　　　　（d）

图 2.7.3　堆的完全二叉树形式（续）

根据堆的定义可以看出，图 2.7.3（a）是一个堆，图 2.7.3（b）则不是，因为结点 7 破坏了堆的性质。为此，先将 7 和 15 对换，如图 2.7.3（c）所示；再将 7 和 8 对换，如图 2.7.3（d）所示。这时，该序列就被调整为一个堆了。

3. 已知序列｛12，47，10，18，60，15，7，13，25，100｝，完成以下问题：

（1）使用最少的调整次数将其调整为大顶堆（画图），写出调整后的序列。

（2）写出按大顶堆进行堆排序的第一趟排序序列（画图和序列）。

（3）写出堆排序的时间复杂度、空间复杂度、稳定性。

解答：

（1）如图 2.7.4（a）所示，对应序列为｛100，60，15，25，47，10，7，13，18，12｝。

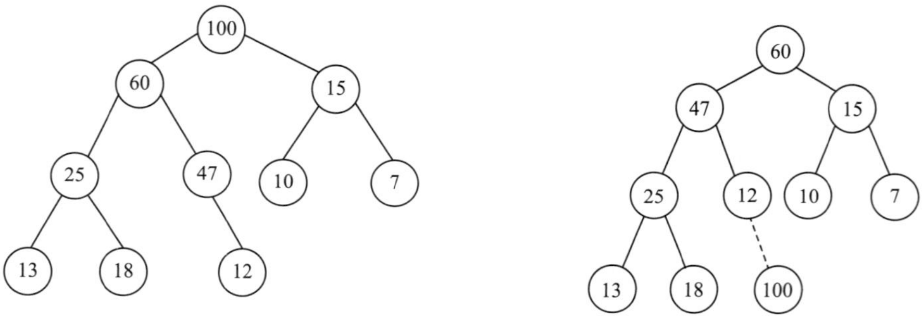

（a）　　　　（b）

图 2.7.4　调整为大顶堆并进行第一趟堆排序

（2）如图 2.7.4（b）所示，对应序列为｛60，47，15，25，12，10，7，13，18，100｝。

（3）时间复杂度为 $O(n\log_2 n)$，空间复杂度为 $O(1)$，稳定性为不稳定。

7.4　归并排序经典试题

一、选择题

1. 若对 27 个元素只进行三趟多路归并排序，则选取的归并路数是（　　）。

A. 2　　B. 3　　C. 4　　D. 5

答案： B

解析： 归并就是将两个或两个以上的有序序列组合成一个新的有序序列。m 个元素 k 路归并的归并趟数 $s=\log_k m$，代入题目所给数据，得到条件 $\log_k 27\leqslant 3$，解得 k 取 3 最符合题意。所以选取的归并路数为 3。故应选 B。

2. 用某种排序方法对关键字序列 {25，84，21，47，15，27，68，35，20} 进行排序时，序列的变化情况如下：

20，15，21，25，47，27，68，35，84

15，20，21，25，35，27，47，68，84

15，20，21，25，27，35，47，68，84

则所采用的排序方法是（　　）。

A. 选择排序　　B. 希尔排序　　C. 归并排序　　D. 快速排序

答案：D

解析：快速排序的基本思想是通过一趟排序将待排序序列分成两部分，其中一部分关键字比另一部分关键字都小，则可分别对这两部分进行独立排序，从序列的变化情况看出是快速排序的表现形式。故应选 D。

3. 下述几种排序方法中，要求内存最大的是（　　）。

A. 希尔排序　　B. 快速排序　　C. 归并排序　　D. 堆排序

答案：C

解释：堆排序、希尔排序的空间复杂度为 $O(1)$，快速排序的空间复杂度为 $O(\log_2 n)$，归并排序的空间复杂度为 $O(n)$。故应选 C。

4. 下述几种排序方法中，（　　）是稳定的排序方法。

A. 希尔排序　　B. 快速排序　　C. 归并排序　　D. 堆排序

答案：C

解析：不稳定排序有希尔排序、直接选择排序、快速排序、堆排序；稳定排序有直接插入排序、冒泡排序、归并排序、基数排序。故应选 C。

5. 若数据元素序列 {12，13，8，11，5，16，2，9} 是采用下列排序方法之一得到的第一趟排序后的结果，则该排序算法只能是（　　）。

A. 快速排序　　B. 选择排序　　C. 堆排序　　D. 归并排序

答案：D

解析：考查各排序算法的特点。选择排序每一趟过后都能确定一个元素的最终位置，与题干序列不符。题干给出序列中找不到一个元素使其左边的元素都小于（或大于）它而右边的元素都大于（或小于）它，故不是快速排序。将题干序列按以二叉树形式画出，不满足堆的定义，故不是堆排序。所以，只能是归并排序。故应选 D。

6. 设关键字序列 {25，48，16，35，79，82，23，40，36，72}，其中含有 5 个长度为 2 的有序子序列，按二路归并排序算法对该序列进行一趟合并后的结果为（　　）。

A. 16，23，35，48，23，40，79，82，36，72

B. 16，25，35，48，79，82，23，36，40，72

C. 16，25，48，35，79，82，23，36，40，72

D. 16，25，35，48，79，23，36，40，72，82

答案：A

解析：根据题意，5 个长度为 2 的有序子序列为 [25，48]，[16，35]，[79，82]，[23，40]，[36，72]。第一趟合并后的子序列为 [25，48，16，35]，[79，82，23，40]，[36，72]，排序后为 [16，23，35，48]，[23，40，79，82]，[36，72]。故应选 A。

7. 若要求尽可能快地对实数数组进行稳定的排序，则应选（　　）。

A. 快速排序　　B. 堆排序　　C. 归并排序　　D. 基数排序

答案：C

解析：考查排序算法的稳定性。此类题目可以采用排除法，首先，稳定的排序这里有 C 和 D，其次，D 不适用于实数的排序，因此只可用 C。故应选 C。

8. 下列说法错误的是（　　）。

A. 冒泡排序在数据有序的情况下具有最少的比较次数

B. 直接插入排序在数据有序的情况下具有最少的比较次数

C. 二路归并排序需要借助 $O(n)$ 的存储空间

D. 基数排序适合于实型数据的排序

答案：D

解析：实型数据也称浮点数或实数。因此，根据基数排序的原理可知，基数排序不适合实型数据的排序。故应选 D。

9. 对 n 个元素采用二路归并排序，其中归并的趟数是（　　）。

A. $\lceil \log_2 n \rceil$　　B. n　　C. n^2　　D. $\lceil \log_2 n \rceil + 1$

答案：A

解析：归并排序中每趟归并子段的长度倍增，所以趟数为 $\lceil \log_2 n \rceil$。故应选 A。

10. 数据序列 {10，9，8，7，6，5，4，3，2，1} 采用二路归并排序方法进行递增排序，第 2 趟排序结束后的结果是（　　）。

A. 1,2,3,4,7,8,9,10,1,2　　B. 9,10,7,8,5,6,3,4,1,2

C. 1,2,3,4,5,6,7,8,9,10　　D. 7,8,9,10,3,4,5,6,1,2

答案：D

解析：第一趟分为 [10，9]，[8，7]，[6，5]，[4，3]，[2，1] 这 5 个子序列。对其内部进行排序后的结果是 [9，10]，[7，8]，[5，6]，[3，4]，[1，2]，即 {9，10，7，8，5，6，3，4，1，2}。然后对其分为 3 个子序列：[9，10，7，8]，[5，6，3，4]，[1，2]。对其内部进行排序，得到 [7，8，9，10]，[3，4，5，6]，[1，2]。故应选 D。

11. 有 n 个十进制整数进行基数排序，其中最大的整数为 5 位，基数排序过程中临时建立的队数个数是（　　）。

A. 2　　B. 5　　C. 10　　D. n

答案：C

解析：基数排序中建立队列个数等于进制数。故应选 C。

二、综合应用题

1. 对关键字序列 {27，188，9，5，70，333，480，659，103} 进行二路归并排序，写出每一趟的排序结果。

解答：二路归并排序就是对含有 n 个关键字的初始序列，看成 n 个长度为 1 的有序的子序列，两两归并，得到 $\lceil n/2 \rceil$ 个长度为 2 或 1 的有序子序列；再两两归并，直到得到一个长度为 n 的有序序列位置。整个排序过程如图 2.7.5 所示。

初始关键字	[27]	[188]	[9]	[5]	[70]	[333]	[480]	[659]	[103]
第一趟排序结果	[27	188]	[5	9]	[70	333]	[480	659]	[103]
第二趟排序结果	[5	9	27	188]	[70	333	480	659]	[103]
第三趟排序结果	[5	9	27	70	188	333	480	659]	[103]
第四趟排序结果	[5	9	70	27	103	188	333	480	659]

图 2.7.5　二路归并排序过程

2. 给出如下关键字序列 {321，156，57，46，28，7，331，33，34，63}，试按链式基数排序算法列出每一趟分配和收集的过程。

解答： 如图 2.7.6 所示，按最低位优先：

→321→156→57→46→28→7→331→33→34→63

第一趟分配：

[0]	[1]	[2]	[3]	[4]	[5]	[6]	[7]	[8]	[9]
	321		33	34		156	57	28	
	331		63			46	7		

第一趟收集：

→321→331→33→63→34→156→46→57→7→28

第二趟分配：

[0]	[1]	[2]	[3]	[4]	[5]	[6]	[7]	[8]	[9]
7		321	331	46	156	63			
		28	33		57				
			34						

第二趟收集：

→7→321→28→331→33→34→46→156→57→63

第三趟分配：

[0]	[1]	[2]	[3]	[4]	[5]	[6]	[7]	[8]	[9]
7	156		321						
28			331						
33									
34									
46									
57									
63									

第三趟收集：

→7→28→33→34→46→57→63→156→321→331

图 2.7.6　基数排序过程

3. 有一种排序算法叫枚举排序，其基本思想是对序列中的每个元素，统计小于它的所有元素的个数，然后根据这些个数得到该元素最终在序列中的位置。请实现这一算法，分析算法的执行时间，并将其与直接选择排序算法相比，讨论哪个算法性能更好。假设待排序的序列中没有相同元素，并要求按关键字递增排序。

解答：

一种算法答案：

```
void EnumerationSort(int List[],int len){
    int i=0;
    int *temp=new int[len+1];             //开辟临时数组空间
    for(i=0;i<=len;i++){
        temp[i]=L[i];
    }
    for (i=0;i<=len;i++){
        int index=0;
        for(int j=0;j<=len;j++){
            if(i!=j&&temp[i]>tmp[j])
                index++;
        }
        List[index]=temp[i];              //将排序好的结果存入数组 List 中
    }
    delete temp;                          //释放临时数组空间
}
```

根据算法可以得到，该枚举排序算法时间复杂度为 $O(n+k)$，空间复杂度均为 $O(n)$。直接选择算法的时间复杂度为 $O(n^2)$，空间复杂度为 $O(1)$。不难看出，该枚举排序是一个非基于比较的排序算法，是一种牺牲空间换取时间的做法，因此各有优劣，应根据实际情况进行选择。

4. 将待排序序列{61，87，12，3，8，70，97，75，53，26}按下列排序算法进行递增排序，写出各趟排序的结果。

（1）直接选择排序；（2）希尔排序；（3）冒泡排序；（4）快速排序；（5）直接插入排序；（6）堆排序；（7）二路归并排序。

解答：

（1）直接选择排序

第一趟：3 87 12 61 8 70 97 75 53 26

第二趟：2 8 12 61 87 70 97 75 53 26

第三趟：3 8 12 61 87 70 97 75 53 26

第四趟：3 8 12 26 87 70 97 75 53 61

第五趟：3 8 12 26 53 70 97 75 87 61

第六趟：3 8 12 26 53 61 97 75 87 70

第七趟：3 8 12 26 53 61 70 75 87 97

第八趟：3 8 12 26 53 61 70 75 87 97

第九趟：3 8 12 26 53 61 70 75 87 97

第十趟：3 8 12 26 53 61 70 75 87 97

（2）希尔排序

第一趟：61 87 12 3 8 70 97 75 53 26

第二趟：61 87 12 3 8 70 97 75 53 26

第三趟：8 3 12 26 53 70 61 75 97 87

第四趟：3 8 12 26 53 61 70 75 87 97

（3）冒泡排序

第一趟：61 12 3 8 70 87 75 53 26 97

第二趟：12 3 8 61 70 75 53 26 87 97

第三趟：3 8 12 61 70 53 26 75 87 97

第四趟：3 8 12 61 53 26 70 75 87 97

第五趟：3 8 12 53 26 61 70 75 87 97

第六趟：3 8 12 26 53 61 70 75 87 97

第七趟：3 8 12 26 53 61 70 75 87 97

第八趟：3 8 12 26 53 61 70 75 87 97

第九趟：3 8 12 26 53 61 70 75 87 97

（4）快速排序

第一趟：26 53 12 3 8 61 97 75 70 87

第二趟：8 3 12 26 53 61 97 75 70 87

第三趟：3 8 12 26 53 61 97 75 70 87

第四趟：3 8 12 26 53 61 87 75 70 97

第五趟：3 8 12 26 53 61 70 75 87 97

第六趟：3 8 12 26 53 61 70 75 87 97

（5）直接插入排序

第一趟：61 87 12 3 8 70 97 75 53 26

第二趟：12 61 87 3 8 70 97 75 53 26

第三趟：3 12 61 87 8 70 97 75 53 26

第四趟：3 8 12 61 87 70 97 75 53 26

第五趟：3 8 12 61 70 87 97 75 53 26

第六趟：3 8 12 61 70 87 97 75 53 26

第七趟：3 8 12 61 70 75 87 97 53 26

第八趟：3 8 12 53 61 70 75 87 97 26

第九趟：3 8 12 26 53 61 70 75 87 97

(6) 二路归并排序

第一趟：61 87 12 3 8 70 97 75 53 26

第二趟：61 87 3 12 8 70 75 97 26 53

第三趟：3 12 61 87 8 70 75 97 26 53

第四趟：3 8 12 61 70 75 87 97 26 53

第五趟：3 8 12 26 53 61 70 75 87 97

(7) 堆排序

第一趟：61 87 12 3 8 70 97 75 53 26

第二趟：87 75 70 53 26 61 12 3 8 97

第三趟：75 53 70 8 26 61 12 3 87 97

第四趟：70 53 61 8 26 3 12 75 87 97

第五趟：61 53 12 8 26 3 70 75 87 97

第六趟：53 26 12 8 3 61 70 75 87 97

第七趟：26 8 12 3 53 61 70 75 87 97

第八趟：12 8 3 26 53 61 70 75 87 97

第九趟：8 3 12 26 53 61 70 75 87 97

第十趟：3 8 12 26 53 61 70 75 87 97

第 3 篇

实验指导

实验 1

基于线性表的学生信息管理

一、实验目的

1. 掌握顺序表的存储结构及其描述方法和基本运算的实现。
2. 掌握单链表结点的存储结构及其描述方法。
3. 掌握带头结点单链表的基本运算的实现。
4. 掌握用顺序表、单链表表示数据的方法，并能设计出有关算法。

二、实验内容

请分别采用顺序存储结构、链式存储结构来实现信息的存储，并设计相关基本运算来完成下述学生信息管理系统的各项功能需求。

现有学生信息保存在 studentinfo. txt 中，每位学生信息包含班级、学号、姓名和成绩这四个数据项，一位学生信息占用一行，共有 76 行。请实现学生信息管理系统，包含以下功能：

① 以 studentinfo. txt 中的学生信息，创建线性表。

② 将①创建的线性表按班级拆分开成两个表，并在屏幕上输出两个表的信息。

③ 核对时发现某班的一位学生信息中姓名错了，需根据学号去查找该生，并将其姓名修改为“兴中华”。

④ 核对时发现另一个班有一位学生的信息重复了，其学号是需要删除一个

⑤ 请判断“计 2002”这个线性表是否均按学号升序排列，如果没有的话请排序。

⑥ 排序号发现其中“计 2002”班少了一位学生，他的四项信息分别是“计 2002，205150214，赵国兴，90”，请将其插入合适的位置，结果依然有序。

⑦ 请判断某班“计 2002”班是否按学号降序排列，如果是则就地逆转。

⑧ 请将处理后的两表信息分别写入以班级名为文件名的文本文件中。

三、实验步骤

1. 顺序存储结构及相关算法的设计

(1) 为学生信息设计存储结构

观察 studentinfo. txt 中的学生信息，可知班级、学号、姓名和成绩这四个数据项的数据类型，进而确定学生信息的类型 DataType 与存储结构类型 SeqStudent 如下：

```
#define  MaxLength  3300
typedef  struct  Student{
    char  className[10];
    int  number;
    char  name[10];
    int  score;
}DataType;

typedef  struct{
```

```
    DataType   data[MaxLength];
    int      length;          //表长
} SeqStudent;
```

（2）设计必要的基本运算

根据功能需求描述，分析得到本系统应该包含以下几个基本运算：

① 初始化空表。置表长为 0 即可。

② 以文件数据创建顺序表。

a. 打开文件。

b. 按行读取四项数据，直至文件尾。每读一行，完成一个数据元素信息的输入。

c. 表长的设置。

d. 关闭文件。

③ 输出顺序表信息到屏幕上。

当顺序表非空时，按存储顺序使用 printf( ) 函数输出每个数据元素的各个数据项。利用循环遍历下标即可。

④ 输出顺序表信息到相关文件中。

a. 当顺序表非空时，创建并打开文件。

b. 按存储顺序使用 fprintf( ) 函数输出每个数据元素的各个数据项，利用循环遍历下标即可。

c. 关闭文件。

⑤ 根据学号查找学生信息。

当顺序表非空时，循环遍历下标比较学号。即从下标 0 开始按存储顺序依次比较该数据元素中的学号是否为所要找的学号，如果找到，返回该下标；如果没找到，则返回-1。

⑥ 修改学生信息。

利用按学号查找运算得到该生在顺序表中的存储下标，再修改其他数据项信息。

⑦ 在按学号有序的表中根据学号删除某生信息。

先按学号查找，再删除。

⑧ 判断顺序表是否有序。

利用循环遍历顺序表，不断比较前后两个数据元素是否按学号递增（前小后大）排列。

利用循环遍历顺序表，不断比较前后两个数据元素是否按学号递减（前大后小）排列。

如果递增，则返回 1；如果递减，则返回-1。如果无序，则返回 0。

⑨ 在有序表中插入一位学生信息。

首先根据学号，找到插入位置（下标），然后移动元素，最后插入并修改表长。

（3）实现基本运算

下方给出前三个基本运算的 C 语言实现，请参考第一篇 2.1 节的相关算法实现其他基本运算。

算法 3.1.1 初始化空表

```
void Init (SeqStudent * stuList) {
    stuList ->length = 0;
}
```

算法 3.1.2 读取文件数据以创建学生顺序表

```
void InputFromFile(SeqStudent *stuList) {
    if( (fp = fopen("studentinfo.txt", "r") ) == NULL)
        exit(1);
    //从文件若干学生的信息
    i = stuList->length;
```

```
    while( !eof(fp) ){
        fscanf(fp, "%s%d%s%d\n", stuList->data[i].className, &stuList->data[i].num,
stuList->data[i].name, & stuList->data[i].score);
        i++;
    }
    stuList->length = i;
    fclose(fp);
}
```

算法3.1.3 输出顺序表信息到屏幕上

```
voidPrint(SeqStudent *L) {
    int i;
    if (L->length<=0) {
        printf("NULL"); exit(1); }
    for(i = 0; i < L->length; i++)
        printf("%10s%12d%12s%5d\n",
            L->data[i].className, L->data[i].num, L->data[i].name, L->data[i].score);
    printf("\n");
}
```

(4) 测试各项功能

可在 main( ) 函数中以菜单方式呈现功能选项供用户选择。可由用户输入要修改的学生信息和要删除的学生信息。

2. 链式存储结构及相关算法的设计

可按顺序存储结构实现的步骤一一实现各项内容。其中（1）与（2）可参看第二篇 2.2 节相关原理与算法。

（1）设计合适的链式存储结构。

（2）设计必要的基本运算。

（3）实现基本运算。

（4）测试各项功能。

实验 2

基于线性表的大整数运算

一、实验目的

1. 掌握利用线性表来解决实际问题。
2. 掌握简单功能的分析设计。

二、实验内容

本实验要求设计并实现大整数（超过十位的整数）的加减运算。

日常生活中在不借助计算器的手工条件下，人们往往会通过列竖式的形式来计算结果。当借助计算机来运算时，由于计算机对于整数的存储往往只有 2 B 或 4 B 的空间，因此能够表示的整数存储范围比较有限。即使采用 4 B 来存储整数，它所能表示的范围也只有［-2 147 483 648,+2 147 483 647］。

一般称十位以上的十进制整数为大整数，这类大整数在 C 语言系统中因超界溢出，是不能直接用基本数据类型 int 来表示和计算的。因此，采用特定的数据结构和算法，通过编写计算机程序的方式来实现这些功能，具有较大的实际意义。

1. 输入/输出的要求

① 程序运行后应首先输出一个主菜单，呈现所有功能（包含加、减），在主菜单上供用户进行选择，以便进行相应的操作。

② 运算对象应能够从键盘输入，并且运算过程中可以不断更新运算的输入数据。

③ 用户每次更新输入数据并选择运算菜单后，应能立即输出运算的结果。

④ 运行结果的输出应整齐、清晰，以便用户能够验证程序的正确性。

⑤ 在用户输入大整数之前，程序可以先预设两个大整数。预设的大整数可以在程序代码中固定，也可以将程序前一次运行时的大整数以参数形式保存到指定文件中，以便程序下次启动时能够从指定文件读入大整数的值。

2. 程序实现的功能要求

（1）大整数的具体存储可以采用顺序或链式结构，但是必须抽象出具体的大整数类型 BigInt。

（2）本实验中参与运算的大整数至少应能达到 30 位，通过修改程序中的符号常量值后，重新编译可以方便地扩充大整数的位数。

（3）每次运算除了能得到正确的运算结果外，不能改变运算对象的值（因为后续运算中还需要使用当前的两个运算对象）。

（4）无论大整数为正、为负或为零，均可以正常运算得到正确的结果。

（5）能够实现加法、减法的功能。

三、实验步骤

1. 大整数存储结构的设计

用户输入的大整数是一个数字字符串，在运算过程中，最常做的操作是提取串中的各位数字字符去运算，而大整数本身在运算过程中并不会作任何改变。

当字符串中不涉及频繁地插入和删除操作，并且需要快速地随机存取串中各个字符的情况下，采用数组形式的顺序存储是最好的选择。由于串中每个单元的值基本上都是数字字符'0'～'9'，因此从有效节约存储空间的角度考虑，数组元素的类型应该选择字符型。

另外就是大整数正负符号的表示和存储。可采用将大整数的符号和数值分开表示和存储。这样，任何时候大整数的运算只需考虑运算对象绝对值的计算，而运算结果的符号，可以根据运算对象的符号来单独确定。这样做的另一个好处，就是当两个异号的大整数相减时，可以调用加法函数来完成；当两个异号的大整数相加时，完全可以调用减法函数来完成；当两个负的大整数相减时，也完全可以转换为两个正数相减的形式，从而可以使加减运算在最大程度上得到统一。

综上分析，大整数类型 BigInt 可定义如下：

```
#define  BITNUM 51              //确保大整数的绝对值可以达到 50 位
typedef struct{
    char  data[BITNUM];         //保存大整数的绝对值(数字字符串)
    char sign;                  //符号位,0 表示正数,1 表示负数
}BigInt;
```

2. 功能设计

根据要求，整个程序可划分为加法、减法、更新两个运算对象、清屏和退出这几个模块。所以主菜单应该提供对应的功能选项。针对几个特殊功能作如下分析设计：

（1）输入数据的合法性检测

另外，为防止输入非法数据，在更新运算对象之前，需对用户输入数据进行合法性检测。从整数输入习惯分析，用户的合法输入可能有如下三种情形：

① 以正号起始的正大整数，比如+765 432。

② 以负号起始的负大整数，比如-765 432。

③ 无符号的大整数，比如 765 432，很显然，它应该视为正大整数。

若输入的大整数串保存于 buf 中，首先需检测首位的合法性（只能正负数字字符），若出现其他符号，可立即判定用户输入错误。在首位输入合法时，再检测其余位上的字符，若出现非数字字符，则立即判定用户输入错误。当用户输入时提示重新输入，直到通过合法性检测。

通过合法性检测后，根据上述大整数存储结构的设计，再对用户输入的大整数将其符号和数值分开存储。

（2）加法运算的分析设计

大整数的加法运算，需要先将大整数字符串中的各个数字字符转换为对应的整型数字，可依次转存于另一数组中，然后再将对应位置的数字相加。

加法运算是从大整数的最低位开始往高位方向，对应位置的数字依次进行加法运算。由于两个大整数的长度可能不等，将两个大整数从个位开始对齐会让加法运算的过程更为清晰。因此，可将大整数整体就地高低逆置，这样处理后个位数字存于 0 号单元。

大整数数字串转换为低位对齐的数字数组后，还应根据两个运算对象的符号，对不同的相加运算情况进行区分。如果是两个异号的大整数相加，则可以转换为相减的形式，通过调用减法函数予以实现。如果是两个同号的大整数相加，则从最低位开始，对应位置的数字相加，再加上相邻低位向该位的进位，即形成当前位的“和”。该“和”对 10 求余后得到的余数，即为当前位应保留的最终数字；该“和”除以 10 的商，即构成当前位向相邻高位的进位。需要注意的是，运算对象的最高位相加后，产生的进位标志仍需存入运算结果中作为最高位。

（3）减法运算

减法运算前，也应先根据两个运算对象的符号，对不同的情况进行区分。如果是两个异号的大整数

相减，则应转换为相加的形式，通过调用加法函数予以实现；若是两个负数相减，则应先将两个运算对象的符号都设置为正，并且交换减数和被减数的位置之后再相减。因此，真正需要实现的减法运算，只是两个正的大整数相减的情况。

两个正的大整数相减时，需要先比较被减数和减数绝对值的大小，根据绝对值的比较情况，先设置运算结果的符号，然后再让绝对值大的整数来减绝对值小的整数。相减过程中，从两个大整数的最低位开始往高位方向，让对应位置的数字依次相减。如果出现被减数当前位的数字不够减的情况，应向其相邻的高位进行借位，相邻高位的数字减 1 的同时，当前位的数字应加 10，即从相邻高位借来的“1”在当前位应当成“10”来用。

3. 功能实现

根据上述相关设计，针对各功能进行代码实现与测试。

实验 3

基于栈的后缀表达式求值

一、实验目的

① 掌握中缀算术表达式转换为后缀表达式的算法。

② 掌握后缀表达式求值算法。

二、实验内容

采用合适的数据结构设计程序实现将输入的中缀算术表达式转换为后缀表达式，再对后缀表达式进行求值。输入的中缀算术表达式是由操作数、算术运算符和一对圆括号“(”和“)”组合而成的表达式。其中操作数为小于 10 的正整数，算术运算符包括五个双目运算符：“+”、“-”、“*”、“/”和“%”。

要求输入时中缀算术表达式以“=”结尾，输出时第 1 行为中缀算术表达式对应的后缀表达式，第 2 行为后缀表达式求值的结果。例如：

输入样例：

```
9*3+(4-6/3)*5=
```

输出样例：

```
93*463/-5*+
值为 37
```

三、实验步骤

1. 设计存储结构

对于算术表达式的求值，首先借助一个运算符栈将中缀算术表达式转换为后缀表达式，然后借助一个运算数栈对后缀表达式进行求值。故有两方面的存储需求：

① 利用字符数组存储输入的中缀算术表达式和后缀表达式，即操作数与运算符皆以字符形式存储。

② 利用字符类型的顺序栈用以解决转换与求值。

2. 中缀算术表达式转后缀表达式

中缀表达式不便于计算机程序做处理，通常要将中缀算术表达式转换成一个等价的后缀表达式。例如，中缀表达式8/(5*2+1)的等价后缀表达式为852*1+/。其实中缀算术表达式与后缀表达式中操作数的出现次序是相同的，但运算符的出现次序不同，而且后缀表达式中没有括号。在后缀表达式中运算符出现的顺序恰为运算顺序。

将中缀算术表达式转换成后缀表达式过程如下：

① 因表达式的结束符为“=”，预设运算符栈的栈底为“=”。

② 遍历原表达式字符串，若当前字符是操作数，则直接发送给后缀式。

③ 若当前运算符的优先数高于栈顶运算符，则进栈；否则，栈顶运算符（出栈）发送给后缀式；重复③)。

④“(”对它之前后的运算符起隔离作用，若当前字符为“(”直接进栈，“)”可视为自相应左括弧开始的表达式的结束符，“)”时，栈顶运算符出栈（可能多个），直至最后出栈的是“(”。

3. 后缀表达式的求值

① 运算符在后缀式中出现的顺序恰为中缀算术表达式的运算顺序。

② 每个运算符和在它之前出现且紧靠它的两个操作数构成一个最小表达式。

③ +，-、*、/、%四则运算的计算方法求解。

后缀表达式的求值过程如下：

借助一个栈用以寄存操作数或运算结果。从左到右扫描后缀表达式，读取第一个字符 ch。若 ch 不是运算符，则入栈，读取下一字符；若 ch 是运算符，则从栈中依次弹出两个数分别到 Y 和 X，然后以“XchY”的形式计算出结果，并将结果入栈，读取下一字符。如果后缀表达式未读完，则重复执行上述过程，最后栈顶元素即为整个后缀表达式的求值结果，输出此结果。

4. 功能实现

根据上述相关设计，进行代码实现与测试。

实验 4

基于二叉树的表达式求值

一、实验目的

① 掌握二叉树的链式存储表示法，以及二叉树的遍历等算法。

② 掌握由中缀表达式创建表达式树的算法。

③ 掌握基于表达式树的表达式求值算法。

二、实验内容

一般情况下，一个表达式由一个运算符和两个操作数构成，两个操作数之间有次序之分，并且操作数本身也可以是表达式，这个结构类似于二叉树，因此可以利用二叉树来表示表达式，称为表达式树。

以二叉树表示表达式的递归定义如下：若表达式为操作数，则相应二叉树中仅有一个根结点，其数据域存放该操作数信息；若表达式为“第一操作数 运算符 第二操作数”的形式，则相应的二叉树中以左子树表示第一操作数，右子树表示第二操作数，根结点的数据域存放运算符。

表达式9 * 3+(4-6/3) * 5的二叉树表示法如图 3.4.1 所示。在二叉树中表达式中并无括号，但其结构却有效地表达了其运算符间的运算次序。利用二叉树的遍历等操作，可实现表达式的求值运算。

设计一个算法实现创建一个基于二叉链表的表达式树；并设计一个算法对该表达式树进行后序遍历，得到表达式的值。输入一个中缀算术表达式（表达式中的操作数均为小于 10 的正整数，运算符包括五个双目运算符：“+”、“-”、“ * ”、“/” 和“%”。）以 “ = ” 结尾。输出时直接输出表达式的值。

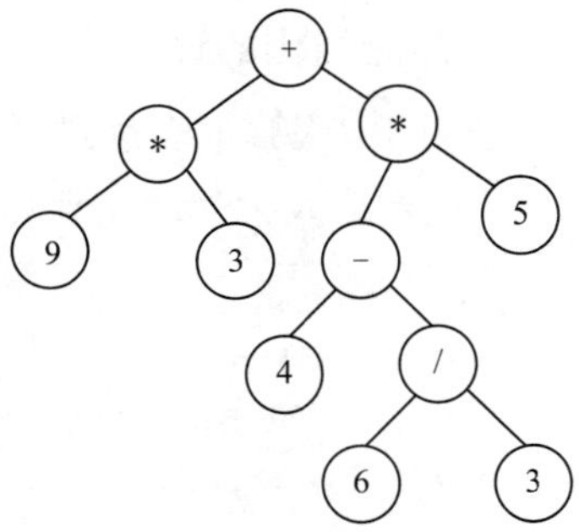

图 3.4.1　表达式树

三、实验步骤

1. 表达式树创建算法的分析与设计

本实验的关键是如何创建表达式树，下面讨论由中缀算术表达式创建表达式树的方法。

因运算符均为双目运算符，故表达式对应的表达式树中叶子结点均为操作数，分支结点均为运算符。由于创建的表达式树需要准确地表达运算次序，因此在扫描表达式创建表达式树的过程中，当遇到运算符时不能直接创建结点，而应将其与前面的运算符进行优先级比较，根据比较的结果再进行处理。这种处理方式类似于上一个实验中运算符的比较，可以借助一个运算符栈，来暂存已经扫描到的还未处理的运算符。

根据表达式树与表达式对应关系的递归定义，每两个操作数和一个运算符就可以建立一棵表达式树，而该二叉树又可以作为另一个运算符结点的一棵子树。可以另外借助一个表达式树栈，来暂存已建立好的表达式树的根结点，以便其作为另一个运算符结点的子树而被引用。

为实现表达式的创建，首先设立两个工作栈，一个称为 OS，用以暂存运算符；另一个称为 ES，用以暂存已建立好的表达式树的根结点。创建表达式树的算法过程如下：

① 初始化 OS 栈和 ES 栈，将 “ = ” 压入栈 OS 中。

② 从左到右扫描表达式，读取第一个字符 ch，如果表达式没有扫描完毕至“=”或 OS 的栈顶元素不为“=”时，则循环执行以下操作：

a. 若 ch 不是运算符，则以 ch 为根创建一棵只有根结点的二叉树，且将该树根结点压入 ES 栈中，读取下一字符 ch。

b. 若 ch 是运算符，则根据 OS 的栈顶元素和 ch 的优先级比较结果，做不同的处理：

- 若是小于，则 ch 压入 OS 栈，读取下一字符 ch；
- 若是大于，则弹出 OS 栈顶的运算符，从 ES 栈弹出两个表达式子树的根结点，以该运算符为根结点，以 ES 栈中弹出的第二个子树根结点作为左子树，以 ES 栈中弹出的第一个子树根结点作为右子树，创建一棵新的二叉树，并将该树根结点压入 ES 栈；
- 若是等于，则 OS 的栈顶元素是“(”且 ch 是“)”，这时弹出 OS 栈顶的“(”，相当于括号匹配成功，然后读取下一字符 ch。

2. 表达式求值算法的设计

利用表达式树的后序遍历来求值：

① 设变量 lvalue 和 rvalue 分别用以记录表达式树中左子树和右子树的值，初始均为 0。

② 如果当前结点为叶子（结点为操作数），则返回该结点的数值，否则（结点为运算符）执行以下操作：

a. 递归计算左子树的值记为 lvalue。

b. 递归计算右子树的值记为 rvalue。

c. 根据当前结点中运算符的类型，将 lvalue 和 rvalue 作相应的运算并返回结果。

3. 存储结构的设计

输入的中缀算术表达式可用字符数组来存储，算法过程中涉及的其他存储结构主要有以下三个：

（1）表达式树的结点设计

```
typedef struct node{
    char  data;                              //保存操作数或运算符
    struct node * left, *right;              //指向左右子树的指针
}treeNode, *tree;
```

（2）运算符栈 OS 设计

```
#define  MAX 50
typedef struct {
    char  data[MAX];                         //保存运算符
    int  top;
}OperatorStack;
```

（3）操作数栈 ES 设计

```
#define  MAX 50
typedef struct {
    treeNode  * data[MAX];                   //保存根结点指针
    int  top;
}ExpressionStack;
```

4. 功能实现

根据上述相关设计，进行代码实现与测试。

实验 5
基于哈夫曼树的数据压缩算法

一、实验目的

① 掌握哈夫曼树的构造算法。
② 掌握哈夫曼编码的构造算法。
③ 掌握利用哈夫曼编码对字符文件进行压缩（编码）、解压缩（译码）的方法。

二、实验内容

若中国四大名著之一《西游记》英文版简介存储在一个文本文件 JourneytotheWest. txt 中，字符数不多于 5 000 个，设计一个程序实现以下三个功能：

① 从文件 JourneytotheWest. txt 中读取内容（字符串），统计该字符串中字符出现的频度（过滤掉所有的标点），并建立相应的哈夫曼树，建立哈夫曼编码表。

② 打印/写入文件：字符（按 ASCII 码值从小到大）及其出现频度、对应的哈夫曼编码，一个字符占一行，格式为：字符-频度-哈夫曼编码。

③ 利用上述建立的哈夫曼编码对该文件进行压缩，将压缩信息保存在文件 bin. txt。再对压缩后的二进制编码文件进行解压缩，解压缩后的内容保存在 JourneytotheWest2. txt（应与 JourneytotheWest. txt 内容相同）中。

三、实验步骤

本实验的核心任务是哈夫曼树的构造。对于给定权值$\{W_1, W_2 \cdots W_n\}$的 n 个叶子结点，构造哈夫曼树的算法流程如下：

① 以给定的 n 个权值$\{W_1, W_2 \cdots W_n\}$构造 n 棵二叉树的集合 $F=\{T_1, T_2 \cdots T_n\}$，其中每棵二叉树中均只含一个带权值为 W_1 的根结点，其左、右子树为空树。

② 在 F 中选取其根结点的权值为最小的两棵二叉树，分别作为左、右子树构造一棵新的二叉树，这棵新二叉树根结点的权值为其左、右子树根结点的权值之和。

③ 从 F 中删去这两棵树，同时加入刚生成的新树。

④ 重复②和③两步，直至 F 中只含一棵树为止。

1. 存储结构的分析与设计

因算法执行过程中频繁涉及选取权值最小、插入、删除操作，故可以采用有序单链表存放 F 集合中各棵子树的根结点，根结点中的权值从小到大排列。这样每次只需从单链表的表头取两个结点（权值最小和次小的两棵子树）构成新的子树，同时从单链表中删除这两个结点，并将新子树按其根的权值插入有序单链表中。当单链表中只有一个结点时，该结点即为哈夫曼树的根结点。因此，哈夫曼树适宜采用二叉链表的存储方式，其结点类型可定义如下：

```
typedef struct hnode {
    char ch;                    //字符,分支结点中不存储信息
    int pv;                     //频度
    struct hnode * lChild, * rChild;
}HNode, *HTree;
```

有序单链表中结点类型可定义如下：

```
typedef struct lnode {
    HNode * LData;
    struct lnode * next;
}LNode, *LinkList;
```

2. 函数模块需求分析

根据实验内容要求可设计以下主要函数。

① 统计函数。

② 初始化有序单链表。

③ 创建哈夫曼树函数。

④ 新子树结点的创建、插入函数。

⑤ 哈夫曼编码建立、打印函数。

⑥ 压缩函数。

⑦ 解压缩函数。

3. 功能实现

根据上述相关分析，设计各函数算法流程，进行代码实现。最后利用文件 JourneytotheWest. txt 对相关函数进行测试。

实验 6
基于 Dijkstra 算法的最短路径

一、实验目的

① 掌握带权图的邻接矩阵表示法。

② 掌握求解最短路径的 Dijkstra 算法。

二、实验内容

一张北京市旅游地图包括 n 个景点，假设景点间有 m 条路径（有向图），每条路径的长度已知。给定地图的一个出发地景点，利用 Dijkstra 算法求出出发地到其他景点之间的最短路径及其长度。

地图信息保存在 BeijingDigramFile. txt 中。比如，第一行为两个整数 n 和 m，分别代表景点个数 n 和路径条数 m。第二行有 n 个字母字符，代表每个景点的名字。第三行到第 m+2 行每行有两个字母和一个整数（如 ABd），代表从景点 A 到景点 B 有一条距离为 d 的路。最后一行为两个字母，代表待求最短路径的出发地和目的地。

输出时在第 1 行为一个整数，为从出发地到目的地之间最短路径的长度。第 2 行为一串字符串，代表该路径，每两个字符之间用空格隔开。

输入样例：

```
6 8
ABCDEF
AF100
AE30
AC10
BC5
CD50
DE20
EF60
DF10
AF
```

输出样例：

```
60
A E D F
```

三、实验步骤

1. 存储结构的设计

根据实验内容中地图信息的描述，采用邻接矩阵存储地图信息。可设计邻接矩阵的类型如下：

```
#define  MAXINF  32767          //定义一个足够大的常量值代表无穷
#define  MAX  100               //最大顶点数
typedef  char  vDataType;       //顶点的类型
typedef  struct {
    vDataType  v[MAX];          //存放顶点
```

```
    int  vNum;                 //顶点数
    int  A[MAX][MAX];          //邻接矩阵
    int  eNum;                 //边数
}AdjMatrixGraph;
```

2. 相关功能函数的需求分析

① 建立图的邻接矩阵存储结构。

② Dijkstra 算法求单源最短路径。

③ 输出最短路径及其长度。

3. 功能实现

根据上述相关分析，设计各函数算法流程，进行代码实现。最后利用文件 BeijingDigramFile. txt 对相关函数进行测试。

实验 7

基于不同方法的检索系统

一、实验目的

① 掌握基于线性表的查找算法。

② 掌握基于二叉排序树的查找算法。

③ 掌握基于散列表的查找算法。

④ 掌握不同检索方法对应的平均查找长度（ASL）的计算方法。

二、实验内容

若一篇关于中国近三十年快速发展的英文介绍文章存储在一个文本文件 China. txt（单词的个数不超过 5 000 个）中，分别基于线性表、二叉排序树和哈希表不同的存储结构，实现单词词频的统计和单词的检索功能。同时计算不同检索方法对应的 ASL，比较分析不同检索方法的时间性能。具体实验内容如下：

① 从文件 China. txt 中读取英文单词，过滤掉所有的标点。

② 分别基于线性表、二叉排序树和哈希表不同的存储结构，实现单词词频的统计和单词的检索功能。其中，线性表分别实现基于顺序表和单链表两种不同的存储结构的顺序查找、基于顺序表的折半查找；哈希表分别实现基于开放地址法和链地址法的哈希查找。因此，包括基于二叉排序树的查找，总计实现六种不同的检索方法。

三、实验步骤

1. 为不同的检索方法设计合理的存储结构

主要有顺序表、单链表、二叉树、哈希表。

2. 功能需求分析

不论采取哪种检索方法，实现的功能均相同。

(1) 词频统计

当从文件中读取一个单词后，若该单词还未出现，则在不同的查找表的适当位置上添加该单词，将其词频计为 1；若该单词已经出现过，则将其词频增加 1。统计结束后，将所有单词及其频率按照词典顺序写入文本文件中。不同的检索方法所采取的数据结构不一样，算法实现的过程不一样，但查找结果是一样的。

(2) 单词检索

检索时先输入一个单词，如果查找成功，则输出该单词对应的频率，同时输出查找成功的平均查找和查找所花费的时间。如果查找失败，则输出“查找失败”的提示。

3. 呈现方式分析

可设计一个主菜单用于不同检索方法的选择和退出系统。主菜单的各功能项可参考：

① 基于顺序表的顺序查找。

② 基于单链表的顺序查找。

③ 基于顺序表的折半查找。

④ 基于二叉排序树的查找。

⑤ 基于开放地址法的哈希查找。

⑥ 基于链地址法的哈希查找。

⑦ 退出。

单词查找时的结果输出可参考：

```
请输入要查找的单词:China
此单词的词频为:3
查找该单词所花的时间:30
平均查找长度:6.5
请按任意键返回
```

4. 功能实现

根据上述相关分析，设计各函数算法流程，进行代码实现。最后利用文件 China.txt 对相关函数进行测试。

附录 A

课程设计任务书

一、目的与要求

1. 目的

课程设计的目的是训练学生灵活应用所学数据结构知识，独立完成问题分析、总体设计、详细设计和编程实现等软件开发全过程的综合实践能力。巩固、深化学生的理论知识，提高编程水平，并在此过程中培养他们严谨的科学态度和良好的工作作风。课程设计要求独立完成一个较为完整的应用需求分析，在完成设计和编程大型作业的同时，达到如下效果：

① 深化对算法与数据结构课程中基本概念、理论和方法的理解。

② 训练综合运用所学知识处理实际问题的能力。

③ 使程序设计与调试水平有明显的提高。

④ 培养科学算法设计与分析能力，提高创造性思维能力。

2. 要求

基本要求：

① 必须仔细阅读“数据结构”课程设计方案，认真主动完成课程设计的要求。有问题及时主动通过各种方式与教师联系沟通。

② 要发挥自主学习的能力，充分利用时间，安排好课程设计的时间计划，并在课程设计过程中不断检测自己的计划完成情况，及时向教师汇报。

③ 在处理每一个题目的时候，要从分析题目的需求入手，按照设计抽象数据类型、构思算法、通过设计实现抽象数据类型、编制上机程序代码并调试的步骤完成题目，最终写出完整的实验报告。见到题目，案头工作准备不足，忙于上机敲程序不是优秀程序员的工作风格。注意设计与实现过程的经验积累，编码应尽量利用前阶段的成熟数据结构包，加大代码的重用率。

课程设计所安排的题目，在难度和深度方面都大于课内实验。

3. 创新要求

在基本要求达到后，可进行创新设计，如对算法的优化。

二、课程设计任务

从表 A-1 所示课程设计案例集中，根据不同题目的层次抽取易、中、难各一题为课程设计任务。

表 A-1　课程设计案例集

序号	选　　题	难易度	序号	选　　题	难易度
1	成绩表中查找排名第 k 的学生	易	5	高效率实现矩阵中的查找	易
2	大数的存储问题	易	6	矩形覆盖	易
3	翻转单词顺序序列	易	7	考核结果的合并	易
4	非线性结构的线性化问题	易	8	青蛙跳台阶	易

续表

序号	选　题	难易度	序号	选　题	难易度
9	删除调查问卷中重复的数据	易	22	矩阵中的字符路径	中
10	停车场的管理	易	23	礼物的最大价值	中
11	舞伴搭配问题	易	24	删数问题	中
12	找出体重和最大的相邻两人	易	25	树的反序列化	中
13	至少用两种排序算法实现高考成绩的排序	易	26	算术表达式的求值	中
14	组织机构的打印问题	易	27	字符串的排列	中
15	背包问题	中	28	最长不含重复字符的子字符串	中
16	程序代码查重	中	29	地铁换乘推荐	难
17	股票的最大利润	中	30	航班订票系统	难
18	猴王选举问题	中	31	局域网部署方案的确定	难
19	滑动窗口的最大值	中	32	旅行商问题	难
20	机器人的运动范围	中	33	迷宫问题	难
21	基于动态规划的连续子数组的最大和	中	34	实现一篇英文小说的压缩编码	难

三、课程设计步骤

课程设计就是要运用本课程以及到目前为止的有关课程中的知识和技术来解决实际问题，解决问题的基本步骤如下：

1. 分析问题，给出数学模型，设计相应的数据结构

（1）问题建模

分析问题的特点，用数学表达式或其他形式描述其数学模型。用形式模型来刻画问题，将有益于问题的解决。对于形式化的问题，我们容易知道是否有现成的算法或程序可以利用。如涉及多个对象及相互关系的问题时所用的模型可以为图论；在符号与文本处理问题时常用字符串来做模型。这里“数据结构”课程中所介绍的各种数据结构均可作为一种模型。

（2）选择数据结构

① 选择能够体现问题本身特点的逻辑结构。

② 在逻辑结构确定的情况下，为算法的设计选择相应的存储结构，顺序存储结构和非顺序存储结构的不同存储方式对算法的时间、空间、性能方面可能有不同的影响，其对应的算法也不相同。除了要能将所需的数据元素及其关系存储起来外，还需要考虑所选择的结构是否便于问题的求解，时间和空间复杂度是否符合要求。

2. 算法设计

（1）确定抽象数据类型

根据上一步定义的数据模型以及需要完成的功能，划分程序模块、定义合适的抽象数据类型。设计的结果应写出每个抽象数据类型的定义，各个主要的算法，并画出算法内各函数之间的调用关系图。

（2）详细设计算法

本部分的设计要综合考虑预实现的功能，使得算法结构清晰，合理，简单和易于调试，基本操作的规格说明尽可能明确具体。设计的结果应该写出相应的数据存储结构的类型定义，并写出各函数的算法框架或伪码。

3. 编程实现算法验证、分析、比较与优化

（1）编程实现、调试

把设计的结果用程序设计语言来实现并调试得到有效结论。

（2）算法分析、优化

从时间代价与空间代价两个方面，分析和评价算法的性能，判断优劣。分析劣根性，进而找到算法的优化方法，并尝试优化算法。

4. 总结并编写设计报告

设计报告就是对设计进行总结和讨论，包括本设计的优点、缺点、时间性能、空间性能、与其他可能存在的求解方法之间的比较等。

学生在指导老师的指导下进行正确、规范地撰写课程设计报告。

5. 考核阶段

学生可以用语言表达方式和直接在机房中进行实际操作与调试相结合的方式来展示自己课程设计的成果，指导教师将根据每一学生的表现及能力进行综合评分。

四、进度安排

课程设计时间为一周，分四个阶段完成：

① 分析设计阶段。指导教师积极引导学生自主学习和钻研问题，明确设计要求，找出实现方法。这一阶段在第 1 天完成。

② 编码调试阶段：根据分析设计方案编写 C、Python 或 Java 语言代码，然后调试该代码，实现课题要求的功能。这一阶段在第 2~3 天完成。

③ 总结报告阶段：总结设计工作，写出课程设计说明书，要求学生写出问题分析、设算法、编码、分析与验证、优化等步骤和内容。这一阶段在第 4 天完成。

④ 考核阶段。这一阶段在第 5 天完成。

五、报告要求

总结报告包括题目、目的、任务、步骤、问题分析、建模，算法设计、编码（详细写出编程步骤）、测分析与验证、优化、课程设计总结等，不符合以上要求者，则本次设计以不合格记。

参 考 文 献

[1] 李云清，杨庆红，揭安全. 数据结构：C 语言版（微课版）[M]. 4 版. 北京：人民邮电出版社，2023.

[2] 严蔚敏，吴伟民. 数据结构：C 语言版 [M]. 北京：清华大学出版社，2021.

[3] 夏克俭，王绍斌. 数据结构 [M]. 2 版. 北京：国防工业出版社，2008.

[4] 吴跃，尚明生，李树全，等. 数据结构与算法 [M]. 北京：机械工业出版社，2010.

[5] 马睿，孙丽云. 数据结构：C 语言版 [M]. 北京：北京邮电大学出版社，2009.